新工科建设·智能化物联网工程与应用系列教材

RFID 技术原理及应用

/ 潘春伟 / 编著

電子工業出版社
Publishing House of Electronics Industry
北京·BEIJING

内 容 简 介

射频识别（RFID）是物联网的重要核心技术，本书根据最新的物联网工程本科专业教学需要和发展方向，结合 RFID 技术的最新发展及编者多年的 RFID 技术研发经验和教学经验编写而成。本书主要介绍 RFID 技术的基本工作原理、编解码技术、天线技术、射频前端、低频 RFID 技术、高频 RFID 技术、微波 RFID 技术、标准体系、中间件、系统检测及应用系统的构建、应用实例等内容。

通过学习本书，读者可以获得 RFID 技术必要的基础理论、基本知识和基本技能，了解 RFID 技术应用和我国 RFID 技术发展的概况，为学习后续课程及从事物联网相关工程应用和科研工作打下必要的基础。

本书可供物联网、电子信息、通信技术等相关领域或专业的本科生、研究生、研究人员、教师阅读，也可供相关领域工程技术人员参考。

图书在版编目（CIP）数据

RFID 技术原理及应用 / 潘春伟编著. —北京：电子工业出版社，2020.8
ISBN 978-7-121-38588-9

Ⅰ. ①R… Ⅱ. ①潘… Ⅲ. ①无线电信号－射频－信号识别－高等学校－教材 Ⅳ. ①TN911.23

中国版本图书馆 CIP 数据核字（2020）第 032617 号

责任编辑：章海涛　　文字编辑：路　越
印　　刷：涿州市般润文化传播有限公司
装　　订：涿州市般润文化传播有限公司
出版发行：电子工业出版社
北京市海淀区万寿路 173 信箱　　邮编：100036
开　　本：787×1092　1/16　　印张：21.25　字数：544 千字
版　　次：2020 年 8 月第 1 版
印　　次：2025 年 1 月第 9 次印刷
定　　价：65.00 元

凡所购买电子工业出版社图书有缺损问题，请向购买书店调换。若书店售缺，请与本社发行部联系，联系及邮购电话：（010）88254888，88258888。

质量投诉请发邮件至 zlts@phei.com.cn，盗版侵权举报请发邮件至 dbqq@phei.com.cn。

本书咨询联系方式：192910558（QQ 群）。

前 言

物联网是当前的热门技术，物联网被称为继计算机、互联网之后世界信息产业的第三次浪潮，且已上升为国家战略，成为IT产业的新兴热点。物联网即万物相连的互联网，是在互联网基础上延伸和扩展的网络，可以实现在任何时间、任何地点，人、机、物的互联互通。而要实现这种互联互通，对物的识别和定位是至关重要的前提之一，射频识别（RFID）技术就是可以满足这一要求的重要技术手段。

RFID技术是自动识别技术的一种，通过无线射频方式进行非接触式双向数据通信，实现读写器对电子标签或射频卡的读写，达到识别目标和数据交换的目的。RFID技术的工作频率覆盖低频、高频、微波等多个频段，工作距离从几厘米到几十米不等，电子标签可以有源或无源，可以只读或可读写，其存储容量可以从一位到数千字节。RFID技术被认为是21世纪最具发展潜力的信息技术之一。

RFID位于物联网系统的前端，是物联网的关键技术。RFID技术与互联网、移动通信等技术相结合，可以实现全球范围内物品的互联互通，消除人、机、物之间通信的距离限制，最终组成万物互联、无所不在的物联网。

本书根据最新的物联网工程专业本科教学需要，并结合RFID技术的最新发展及编者多年的RFID教学与工程实践经验编写而成，主要探讨了RFID技术的基本理论、基本方法及实际应用，全书共10章。第1章在叙述RFID技术基本概念的基础上，介绍RFID技术的基本原理、应用框架、系统特征与发展展望；第2章介绍RFID技术的基本理论，包括射频信号的编码与解码、调制与解调、加密与认证、基本的防冲突算法等内容；第3章介绍RFID技术的工作频率与天线；第4章介绍射频前端的相关内容；第5～7章依次介绍低频、高频、微波RFID技术，包括该频段的电子标签、射频芯片、读写器设计等；第8章介绍与RFID技术相关的国际标准；第9章介绍RFID技术的应用；第10章简要介绍RFID中间件与系统测试。

本书内容全面覆盖RFID技术的相关知识，理论与实践紧密结合，反映了RFID技术的最新理论与应用成果，主要特点如下。

① 内容全面。本书涵盖物联网工程专业本科教学所需要的全部内容，对RFID技术的基本概念、基本理论、基本方法、基本应用都进行了详细的介绍，对RFID系统的读写器、电子标签、中间件和应用系统软件的结构及原理均有论述。

② 体系清晰。按照从基础知识到实际系统、从低频到高频、从电子标签到读写器、从理论到应用的原则组织材料，力求结构清晰，内容方便学习与查阅。

③ 逻辑严密。本书的所有内容均由一人编写，各部分结构紧密，前后呼应，有机结合。每一章内容均按照由浅入深、由整体到详细的顺序讲解，各章内容联系紧密又相互独立，逻辑性强。

④ 注重应用。编者具有多年的RFID技术研发经验和教学经验，能够将理论与应用有机结合。书中涉及大量编者近几年公开或未公开发表的关于RFID技术的理论与应用研究成

果，这些真实应用案例，多数为编者实际设计验证的系统。理论内容与应用实例的紧密结合，使全书内容更加协调均衡。

本书主要面向物联网工程专业本科教学及物联网工程研发人员，使学生学完本课程后，在掌握 RFID 技术的基本理论和基础知识的基础上，能够在毕业后与实际工作无缝对接，设计和解决物联网前端识别与应用问题。本书也可供相关领域或专业的研究人员、教师、本科生、研究生、工程技术人员参考。读者阅读本书时，可以按章节顺序依次全面阅读，也可以直接查阅相关章节内容。

在本书历时一年多的编写过程中，得到了山东建筑大学信息与电气工程学院领导和同事们的大力帮助与支持，同时参考了大量国内外相关研究成果及互联网资料，书中无法一一列出，在此衷心感谢所有涉及的专家与研究人员。书中如有内容涉及相关人士的知识产权，请给予谅解并及时与我联系。同时，电子工业出版社的编辑为本书出版做了大量辛苦而细致的工作，在此一并表示感谢。

另外，RFID 技术的发展日新月异，RFID 系统涉及通信、控制、软件等多个学科，由于作者的学识水平所限，书中不妥之处，敬请同行专家和读者批评指正。

作者的电子邮件地址是 panchunwei@sdjzu.edu.cn。

编者

2020 年 8 月

目 录

第 1 章　RFID 技术概述

1.1　RFID 基本概念

射频识别（Radio Frequency Identification，RFID）技术是自动识别技术的一种，它通过无线射频方式自动识别目标对象，识别过程中读写器与目标对象之间无须建立机械或者光学接触，并可实现同时识别多个目标。

1.1.1　识别与自动识别

所谓识别，就是把被识别对象辨认、区分出来，要求被识别对象必须具有区别于其他对象的唯一特征。根据要求不同，可以是单个对象具有唯一特征，也可以把一批对象看成一个整体而具有唯一特征，唯一特征的范围可以是一个班组、一个工厂、一个国家乃至全世界。

自动识别是相对于人工识别而言的。人工识别利用人工手段识别和录入被识别对象的特征信息，自动识别是利用机器识别和录入被识别对象的特征信息。随着人类社会进入信息时代，需要识别的信息量不断加大，人工识别劳动强度大，出错率高，速率低下，在许多场合已经难以满足要求，而以计算机技术和通信技术为基础的自动识别技术可以完全克服人工识别的各种缺点及限制，大大促进了识别技术的发展。

被识别对象的“唯一特征”可以是其固有属性，比如人的指纹、掌纹、面部特征等，生物识别就是利用这些固有的生理特性来进行个人身份的鉴定。然而现实世界中的对象种类和数量繁多，找出每一个或一组对象的“唯一特征”并且用合适的方法将其识别出来并不是一件容易的事，所以实际应用中更多的情况下采用了一种简单易行的方法，即给被识别对象分配一个唯一识别码（Unique Identifier，UID）作为该对象的“唯一特征”，通过识别对象的 UID 将特定对象与其他对象区分开来，并且可进一步与被识别对象交换信息。

UID 可唯一代表物体本身，是衔接现实物理世界与虚拟信息世界的钥匙。生活中常见的汽车、计算机、医疗器械等物品都有唯一识别码。UID 在 RFID 技术中不仅用来唯一标识电子标签，还是读写器与电子标签之间相互认证、加密通信的重要参与要素。

1.1.2　常用的自动识别技术

根据不同的应用领域和分类标准，常用的基于 UID 的自动识别技术主要有以下几种。

1. 条码识别技术

条码（barcode）是将宽度不等的多个黑条和白条，按照一定的编码规则排列，用以表达一组信息的图形标识符。常见的条码是由反射率相差很大的黑条和白条排成的平行线图案。条码可以标出物品的生产国、制造厂家、商品名称、生产日期、图书的分类号、邮件的起止地点、类别、日期等许多信息，因而在商品流通、图书管理、邮政管理、银行系统等许多领域都得到了广泛应用。

条码分为一维条码和二维条码。二维条码是在一维条码无法满足实际应用需求的前提下产生的，二维条码在横向和纵向两个方位同时表达信息，因此可在很小的面积内表达大量信息。

条码信息的读取由条码扫描器完成。条码扫描器利用自身光源照射条码，再利用光电转换器接收反射的光线，将反射光线的明暗转换成数字信号从而获得条码信息。常用的一维条码、二维条码及条码扫描器如图 1.1 所示。

(a)一维条码

(b)二维条码

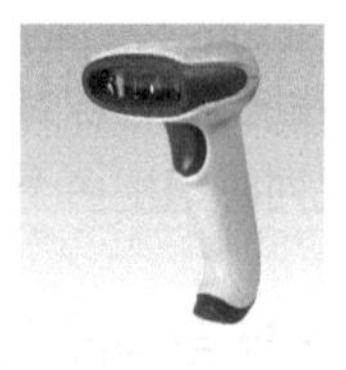

(c)条码扫描器

图 1.1　一维条码、二维条码及条码扫描器

2. 磁卡识别技术

磁卡及其读写器如图 1.2 所示。磁卡磁条记录数据的原理和录音机磁带类似。录音机磁带上通常有 4 个磁道，分别用来记录正反两个方向上的左右声道，磁条上有 3 个磁道。磁道 1 与磁道 2 是只读磁道，在使用时磁道上记录的信息只能读出而不允许写入或修改。磁道 3 为读写磁道，在使用时可以读出，也可以写入。

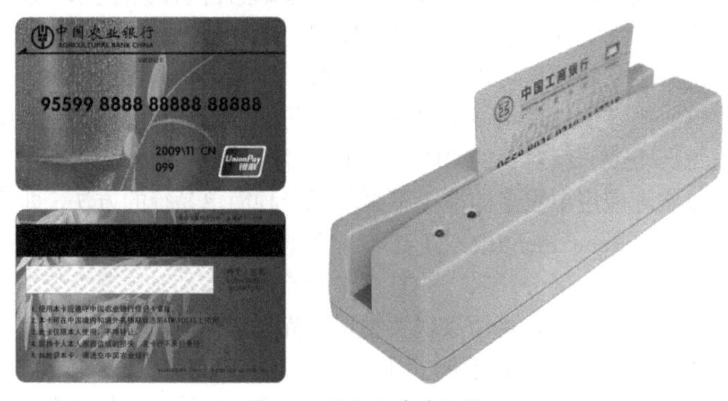

图 1.2　磁卡及其读写器

磁道 1 可记录数字（0～9）、字母（A～Z）和其他一些符号（如括号、分隔符等），最大可记录 79 个数字或字母；磁道 2 和 3 所记录的字符只能是数字（0～9）。磁道 2 最大可记录 40 个字符，磁道 3 最大可记录 107 个字符。

磁卡成本低廉，易于使用，便于管理，因此得到了广泛应用，尤其在银行系统普及率非常高。但磁卡的缺点也非常明显，首先是磁卡的保密性和安全性较差。磁条上的信息比较容易读出，非法修改磁条上的内容也比较容易，所以大多数情况下磁卡都是作为静态数据输入使用的。虽然磁道 3 可读写，并且有金额字段，也只是用于小金额的应用领域。其次，使用磁卡的应用系统需要有可靠的计算机系统和中央数据库的支持。因为磁卡长度有限，因而记录的数据量较小，加上安全考虑，一般磁卡上只是记录一个识别号、主账号等索引信息，而把金额、交易记录等保存在金融机构的数据库中，使用时读卡终端读到磁条数据后发送给数据库，数据库根据磁条数据查找对应的用户数据并返回给终端设备。鉴于上述缺点，在可预见的未来，磁卡将逐渐被淘汰。

3. 接触式 IC 卡识别技术

IC 卡即集成电路卡（Integrated Circuit Card），卡片中嵌入微电子集成电路芯片用以存储信息，带有 CPU 的 IC 卡还可以实现各种复杂的运算功能。根据集成电路芯片与外界交换信息的方式不同，IC 卡可以分为接触式 IC 卡和非接触式 IC 卡。接触式 IC 卡的表面有 8 个规则触点，使用时将卡片插入读写器的卡座，卡片触点与卡座触点接触形成物理连接，读写器通过卡座向卡片提供电源并实现信息交换。图 1.3 所示为两种常见的接触式 IC 卡。

(a)接触式金融 IC 卡

(b)移动电话 IC 卡

图 1.3　接触式 IC 卡

接触式 IC 卡的优点是存储容量大，安全保密性强，携带方便。但是与非接触式的射频卡相比，接触式 IC 卡需要与读卡器的触点接触才能得到电源并进行通信，因而容易磨损；当有多卡需要同一个读卡器读写时，卡片需要依次插拔读写，效率比较低。

4. RFID 技术

RFID 技术是自动识别技术的一种，通过无线射频方式进行非接触双向数据通信，利用无线射频方式对记录媒体（电子标签或射频卡）进行读写，从而达到识别目标和数据交换的目的，被认为是 21 世纪最具发展潜力的信息技术之一。

RFID 利用无线电波进行数据传递，其最大优点是免接触以及一个读写器可以同时识别多个电子标签，无源电子标签还解决了电子标签的能量供应问题。RFID 技术已经逐渐成为自动识别领域中最有前途和应用最广泛的自动识别技术。

1.1.3　RFID 技术

20 世纪 40 年代，由于雷达技术的改进和应用，产生了 RFID 技术。

第二次世界大战期间，英国空军首先在飞机上使用 RFID 技术，用来分辨敌方飞机和己方飞机，这是有记录的第一个 RFID 系统，也是 RFID 技术的第一次实际应用。之后 RFID 技术的发展基本可按 10 年期划分为几个阶段，如表 1.1 所示。

表 1.1　RFID 技术发展历史

时间	RFID 技术发展
1941—1950 年	雷达的改进和应用催生了 RFID 技术，1948 年奠定了 RFID 技术的理论基础
1951—1960 年	早期 RFID 技术的探索阶段，主要处于实验室研究阶段
1961—1970 年	RFID 技术的理论得到了发展，开始了一些应用尝试
1971—1980 年	RFID 技术与产品研发处于一个大发展时期，各种 RFID 技术测试得到加速，出现了一些最早的 RFID 应用
1981—1990 年	RFID 技术及产品进入商业应用阶段，各种封闭系统应用开始出现
1991—2000 年	RFID 技术标准化问题日趋得到重视，RFID 产品得到广泛采用
2001—2010 年	标准化问题更加为人们所重视，RFID 产品种类更加丰富，有源电子标签、无源电子标签及半无源电子标签均得到发展，电子标签成本不断降低
2011 年至今	RFID 标准门类越来越齐全，超高频、远距离、低功耗电子标签得到更广泛应用

与其他自动识别技术相比，RFID 技术是利用无线通信实现的非接触式自动识别，它的通信需要占用无线电频率资源，必须遵守无线电频率使用的各种规范。RFID 电子标签中存放的是数字化标识，可以实现多种应用，读写器与电子标签之间能够实现一对多、多对一、多对多的通信。RFID 技术涉及计算机、无线通信、集成电路、电磁场等众多学科，是一个融合多种技术的综合产业。RFID 技术具有以下特点。

1. 快速扫描

RFID 技术使用非接触式射频通信，与条码一次只能扫描一个相比，RFID 读写器可以同时识别多个 RFID 电子标签；与接触式 IC 卡相比，RFID 读写器不仅可以同时读取多个电子标签，还省去了卡片从卡座插拔的时间。

2. 体积小型化、形状多样化

RFID 电子标签的读取不受其尺寸大小与形状限制，不必像条码和接触式 IC 卡那样需要相对固定的尺寸及形状。RFID 电子标签可以向小型化与多样形态发展，以适应不同的产品和应用环境。

3. 抗污染能力和耐久性

传统条码的载体是纸张，因此容易受到污染和折损；接触式 IC 卡由于需要插拔，裸露在外的触点容易受到污染和损坏。RFID 电子标签使用非接触式读写，数据保存在电子标签的非易失性存储体中，对常见的水、油和化学品等物质具有很强抵抗性，卡片表面的污损不影响电子标签的读写性能。

4. 可重复使用

条码打印后无法更改，而 RFID 电子标签的内部存储内容可以改写，方便数据的更新，达到重复使用的目的。

5. 穿透性和无屏障阅读

条码扫描器必须在无遮挡的情况下才能扫描和识别条码信息，接触式 IC 卡必须将卡片插在卡座上才能实现卡内信息的读写，而 RFID 技术能够穿透纸张、木材和塑料等非金属或非透明的材质，在被覆盖和遮挡的情况下也能实现电子标签与读写器之间的通信。

6. 数据的记忆容量大

一维条码通常能存储 30 个字符左右，二维条码最大可存储近 3000 字符，而 RFID 电子标签容量可以达到几千甚至几兆字节。随着记忆载体技术的发展，RFID 电子标签容量还可以更大。

7. 安全性

由于 RFID 电子标签承载的是数字电子信息，对数据的读写可以使用认证，数据交换过程中可以使用加密，以防止非法访问及窃听，安全性大大提高。

1.2 RFID 技术的基本原理

RFID 技术涵盖多个学科，其中无线电通信、耦合方式和防冲突机制构成了 RFID 技术的最基本原理。

1.2.1 无线电通信

RFID 本质上仍然是无线电数据传输，从字面意思看，射频（Radio Frequency，RF）通信就是无线电通信，载波、调制与解调、数据编码与解码是无线电通信的基本要素。射频通信的过程，就是将要传输的数据进行编码，然后用编码后的信号对各种频率的正弦波进行调制，最后通过天线将调制后的正弦波发射出去。接收端对接收的调制正弦波解调、解码得到有效数据。

1. 载波

载波是由振荡器产生并在通信信道上传输的电波，被调制后用来传送模拟或数字信息。载波可以是正弦波，也可以是非正弦波（如周期性脉冲序列、方波等）。RFID 技术中使用的载波一般都是所在国家或地区的 ISM（Industrial Scientific Medical）频段，主要分布在低频（30～300kHz）、高频（3～30MHz）和微波（300MHz～3000GHz）三个频段。

2. 调制与解调

调制就是用基带信号去控制载波信号的某个或几个参量变化，将信息荷载在载波上形成已调信号传输；而解调是调制的反过程，通过某种方式从已调信号的参量变化中恢复原始的基带信号。

一般通过改变正弦波的幅度、频率、相位来携带要传送的数据信息，相应的调制方法分别称为调幅、调频和调相。由于调幅的调制与解调电路简单成本低，所以在 RFID 技术中得到了广泛的应用。

3. 数据的编码与解码

为了使发送的数据信息适合于在信道中传输，数据在调制前要进行数据编码，解调后要进行数据解码。RFID 系统中常用的数据编码方式有反向不归零码、曼彻斯特编码、差动双相编码、米勒码等。

1.2.2 耦合方式

虽然同为无线电通信，与电视广播、移动电话等无线电通信方式相比，RFID 还是有自己独特的地方，其中一个显而易见的特点是传输距离较近，最远的微波频段通常也不超过 50m，由于距离近，电子标签和读写器之间的通信通常用“耦合”这个词表示。RFID 中的耦合方式主要指电子标签向读写器发送数据的方式，主要有电感耦合方式与反向散射耦合方式，分别适用于距离较近的 RFID 通信和距离较远的 RFID 通信。

1. 电感耦合方式

电感耦合方式适用于距离较近的 RFID 通信，其通信原理类似于变压器，读写器相当于变压器的原边，电子标签相当于变压器的副边。读写器调制正弦波向电子标签发送数据，电子标签作为读写器的负载，通过改变自身的负载值，向读写器回送信息。电子标签通过改变自身负载值向读写器传送数据的方法，一般称为负载调制。由于距离较近，电子标签可以像变压器副边那样从读写器的天线中获得能量，所以电感耦合方式的电子标签通常都是无源电子标签，其能量来自读写器的天线磁场。

电子标签的负载调制方式一般有两种：电阻负载调制方式和电容负载调制方式。二者分别使用电阻和电容作为负载，通过接入或断开负载影响读写器的天线射频场，从而向读写器发送数据。

2. 反向散射耦合方式

当电子标签与读写器的距离较远时，二者之间的通信使用雷达原理。雷达向目标发送一定频率的电磁波，电磁波遇到目标后，一部分被目标吸收，另一部分将沿着各个方向产生反射，其中的一部分电磁能量反射回雷达的方向，被雷达天线获取。雷达接收机放大微弱的回波信号，经过信号处理机处理，提取出包含在回波中的信息。例如，通过计算发射波与反射波的间隔时间，可以得到目标的距离；通过计算发射波与反射波的频率变化，可以得到目标的运行速度；而电子标签通过调制反射波，就可以向读写器发送数据信息，这就是反向散射耦合方式。

与电感耦合方式相比，反向散射耦合方式下电子标签从读写器获得能量比较困难，故这种调制方式下的无源电子标签通常读写距离不能太远。为了增加读写距离，可以增大读写器的天线发射功率，或者使用有源电子标签。由于目标的反射性能通常随频率的升高而增强，所以反向散射耦合调制方式的工作频段一般位于微波段。

1.2.3 防冲突机制

不同于接触式 IC 卡工作时一个卡座对应一个卡片，RFID 技术除了一个读写器读写一个电子标签的情况，还可能出现一个读写器对应多个电子标签的情况。当读写器的天线磁场中同时存在多个电子标签时，读写器需要通过某种方法选择出唯一的电子标签与其通信，这种方法就是防冲突机制，也称为防碰撞机制。RFID 的防冲突机制可以分为基于概率的防冲突机制和确定性的防冲突机制两种。

1. 基于概率的防冲突机制

基于概率的防冲突机制不能保证一定能防冲突成功，可能很快从射频场中选择出一个电子标签出来，也可能很慢甚至无法选择出来，其代表算法是 ALOHA 算法。ALOHA 算法的基本原理可以总结为“想说就说”，电子标签和读写器之间可以在需要的时候随时通信，如果不成功就随后择机再次发起通信。为了提高 ALOHA 算法防冲突成功的概率，又对 ALOHA 算法进行了优化，提出了时隙 ALOHA 算法和动态时隙 ALOHA 算法。

2. 确定性的防冲突机制

确定性的防冲突机制保证读写器一定能成功地从射频场中选择出一个电子标签与之通信，其典型算法是二进制搜索算法。这类算法一般基于电子标签的全球唯一序列号，算法的执行过程通常较慢。

实际的 RFID 防冲突算法通常是上述两种算法的变形或组合，防冲突算法的选择与调制方式、编码方式、电子标签计算能力等许多因素有关。

1.3 RFID 系统应用架构

典型的 RFID 系统一般由电子标签、读写器、RFID 中间件和 RFID 应用系统软件 4 部分组成，如图 1.4 所示。其中读写器和电子标签属于硬件组成，RFID 中间件和 RFID 应用系统软件属于软件组成。

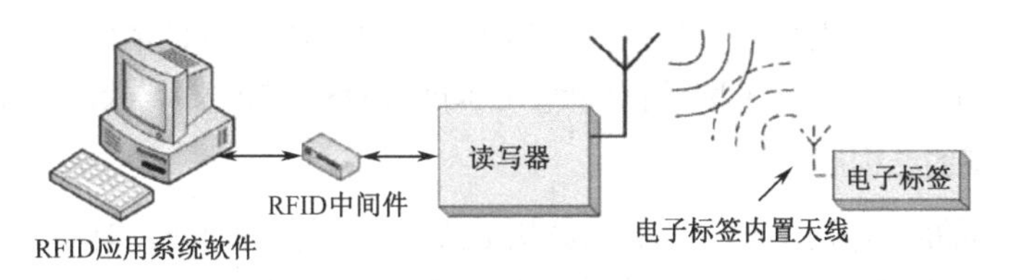

图 1.4 RFID 系统组成

1.3.1 电子标签

电子标签又称应答器、射频卡，是 RFID 系统中携带识别信息的载体。实际应用中往往把卡片形状的称为射频卡，其他形状的称为电子标签。无论是射频卡还是电子标签，其工作原理都是一样的。不同之处在于，卡片一般比电子标签面积大，因而卡片上可以使用较大的天线，读写性能比电子标签好一些；卡片的使用对象一般是人，而电子标签的使用对象通常是其他生物或物体。

1. 电子标签的基本组成

如图 1.5 所示，电子标签内部一般由控制与存储电路、射频前端和天线三部分组成。

（1）天线

电子标签的天线负责与读写器通信，无源电子标签还通过天线获得工作时所需的能量。天线一般是电子标签组成中最大的部分，电子标签的大小主要取决于天线的尺寸。

（2）射频前端

射频前端对接收或发送的数据进行放大整形、调制解调，无源电子标签还通过模拟前端对天线的感应电压进行整流、滤波、稳压，给电子标签芯片提供稳定的工作电源。

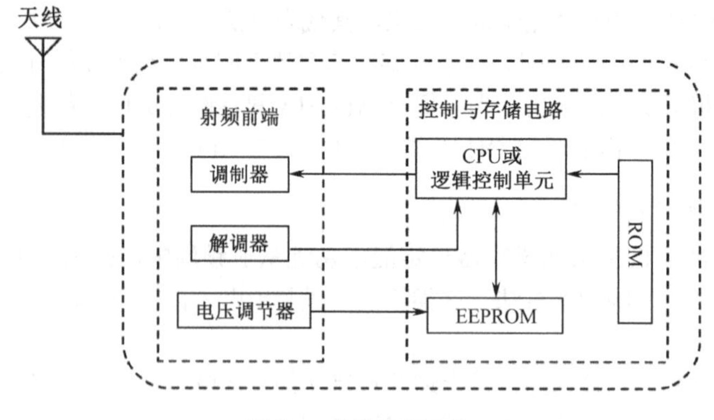

图 1.5　电子标签结构

（3）控制与存储电路

控制与存储电路包括控制部分和存储部分。存储部分用来存储电子标签数据，通常是各种类型的非易失性存储器。控制部分在读操作时读出存储器中的数据，并通过天线发送给读写器；在写操作时把从读写器接收来的数据写入电子标签的存储器。

控制部分又分为使用 CPU 的电子标签和不使用 CPU 的电子标签。不使用 CPU 的电子标签没有微处理器，内部的专用集成电路（Application Specific Integrated Circuit，ASIC）执行地址和安全逻辑，通过状态机对所有的过程和状态进行控制。使用 CPU 的电子标签芯片内部包含 CPU，通过运行内部操作系统（Chip Operating System，COS）对相关读写过程和状态进行控制。

2. 电子标签的结构形式

为满足不同的应用需求，电子标签的结构形式多种多样，有卡形、环形、纽扣形、条形、盘形、手表形等。电子标签可以是独立的，也可以与其他物品集成在一起，其形状会受到天线结构的影响，是否需要电池也会影响电子标签的结构形式。电子标签不同的结构形式如图 1.6 所示。

3. 电子标签的技术参数

选择电子标签时主要参考的技术参数如下。

① 工作频率，指电子标签工作时的载波频率，可以是低频、高频或微波段。

② 读写距离。电子标签的读写距离与多个因素有关，主要取决于读写器的天线磁场和电子标签本身的性能。

③ 存储容量。根据不同的用途，电子标签的存储容量差别较大。电子标签存储容量并非越大越好，应从实际需求、成本、读写时间等方面因素综合考虑。

④ 数据传输速率。电子标签的数据传输速率包括两方面，一方面是接收来自读写器数据的速率，另一方面是向读写器发送数据的速率。这两个速率可以一致，也可以不同。

⑤ 读写速度。电子标签的读写速度与命令类型、命令长度、数据传输速率、存储器写入时间等因素有关。一般，电子标签的读写速度都是毫秒级，读取速度比写入速度快。

⑥ 激活的能量要求。无论是有源、半有源、还是无源电子标签，都需要读写器天线产生的磁场激活电子标签开始工作，其中无源电子标签还需要从读写器的天线磁场中获取工作时所需的能量。电子标签对读写器的天线磁场强度要求有一个数值范围，读写器天线产生的磁场，其强度不能超出这个范围。

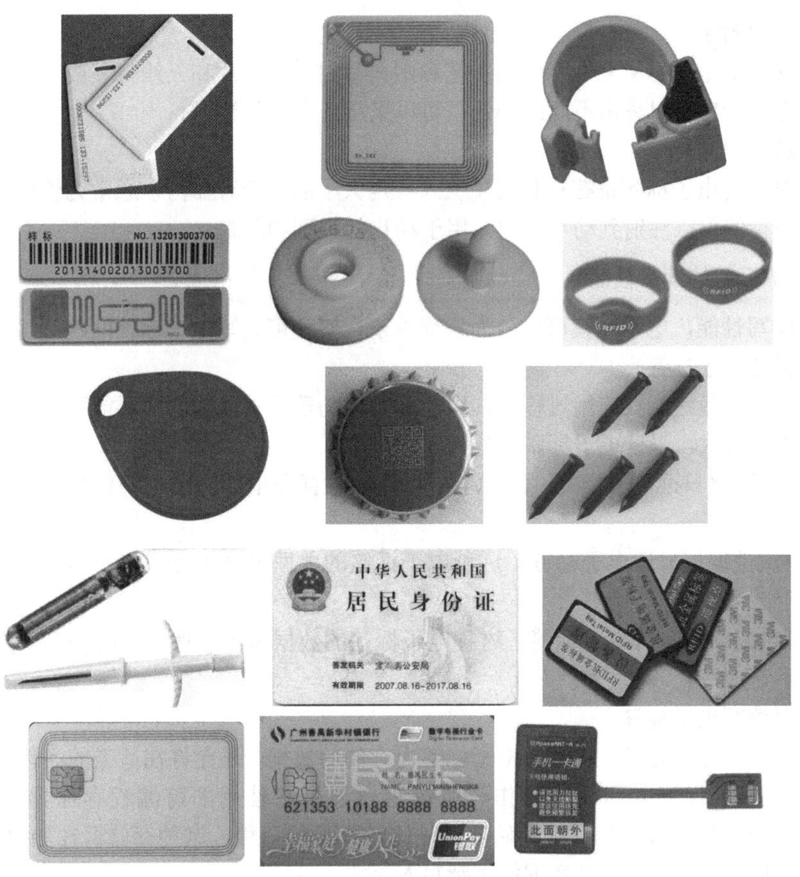

图 1.6 电子标签不同的结构形式

⑦ 封装尺寸。电子标签的封装尺寸、形状等主要取决于电子标签天线大小、应用形式、所附着物品的形状等因素。

⑧ 可靠性。电子标签的可靠性与电子标签工作的环境、大小、材料、质量、读写距离等因素有关。一般的电子标签说明书上都会标注在规定的工作条件下，可靠读取与写入数据的最小次数。

⑨ 价格。电子标签价格直接关系到 RFID 技术的应用和普及程度，随着新技术、新材料和新的制造工艺的出现，电子标签的价格呈不断下降的趋势。

4. 电子标签的封装

对电子标签的硬件来说，封装在电子标签成本中占据了较大比重。由于射频应用领域的多样性，对电子标签的封装形式也提出了各种各样的要求。根据封装材料的不同，电子标签常用的封装有以下几种。

（1）纸质封装

纸质封装的电子标签一般由面层、芯片电路层、胶层和底层组成。这种电子标签价格便宜，一般具有自粘贴功能，可以直接粘贴在被识别物品的表面。

（2）塑料封装

塑料封装的电子标签采用特定的工艺和塑料基材，将芯片和天线封装成不同的形式。塑料封装的电子标签可以采用不同的颜色，可以采用耐高温的塑料。

（3）玻璃封装

玻璃封装的电子标签将芯片和天线植入一定大小的玻璃容器内，通常为管状样式。玻璃封装的电子标签可以注射到动物体内，用于动物的识别和跟踪。

5. 电子标签的读写性能

根据读写性能，电子标签可以分为只读电子标签和可读写电子标签两种类型。

（1）只读电子标签

只读电子标签是指在应用过程中，电子标签内的数据只能读出、不能写入。根据在应用前数据写入的方式，只读电子标签又分为 3 种类型。

① 出厂固化只读电子标签。这种电子标签的数据在出厂时已经编程写入并固化，出厂后无法更改。

② 一次性编程只读电子标签。这种电子标签的数据可以在应用前一次性编程写入，之后数据不可改写。

③ 可重复编程只读电子标签。这种电子标签的数据可多次重复编程写入，但在应用过程中数据不可改写。

（2）可读写电子标签

可读写电子标签除了可以读出电子标签内存储的数据，还允许在适当的条件下对电子标签内的存储器进行写入和修改操作。可读写电子标签使用的可编程存储器有许多种，EEPROM（电可擦除可编程只读存储器）是比较常见的一种，这种存储器在加电的情况下，可以实现对原有数据的擦除及数据的重新写入。

6．电子标签的存取安全等级

数据存储是电子标签必备的基本功能，根据数据存储的安全级别，通常把电子标签分为以下几类。

（1）存储器电子标签

存储器电子标签没有存取限制，读写器可以在任意时刻无须任何验证读出或写入电子标签的内容。存储器电子标签是安全级别最低的电子标签，常用于考勤、小区门禁、临时一次性使用等场合。

（2）逻辑加密电子标签

逻辑加密电子标签对电子标签内数据的存取设置了密码，只有密码验证正确，读写器才能读写电子标签内的数据。逻辑加密电子标签的安全性比存储器电子标签高，但其密码写入后，每次使用时密码往往固定不变，安全强度较低，常用于数据采集、小金额应用、城市或校园一卡通等场合。

（3）CPU 电子标签

CPU 电子标签内嵌 CPU 芯片，CPU 芯片上运行片内操作系统，数据存取时需要进行读写器与电子标签之间的身份验证和密码验证，认证时的口令随时间或序列号随机变化，且电子标签内部使用文件系统，不同的文件使用不同的密码，同一文件的读操作与写操作也设置不同的密码，是目前安全级别最高的电子标签，常用于银行金融服务、机密数据认证等场合。

7. IC 卡与 ID 卡

RFID 应用中经常使用“IC 卡”和“ID 卡”的概念。IC 卡全称为集成电路卡（Integrated Circuit Card），又称为智能卡（Smart Card）。IC 卡可读写，容量大，有加密功能，数据记录可靠，使用很方便。

ID 卡全称为身份识别卡（IDentification Card），含有固定的编号，具备基本的识别功能，通常为只读卡。有时在不严格区分概念的情况下，笼统地把所有只读的识别卡统称为 ID 卡，而把可读写的智能卡统称为 IC 卡。

1.3.2 读写器

读写器又称读卡器、阅读器，负责与电子标签的双向通信，同时接收和处理来自上位机的命令。

1. 读写器的基本组成

读写器通常由天线、射频接口、控制单元和应用接口四部分组成，如图 1.7 所示。

① 天线。读写器通过天线产生电磁场，与电子标签通过电磁波交换数据信息。

② 射频接口。负责调制和发送到天线的信号，并接收和解调来自天线的信号。

③ 控制单元。控制单元一般以嵌入式微控制器为核心，完成与上位机及电子标签之间通信数据的处理。

④ 应用接口。是读写器与中间件或应用系统软件交换数据的通道。

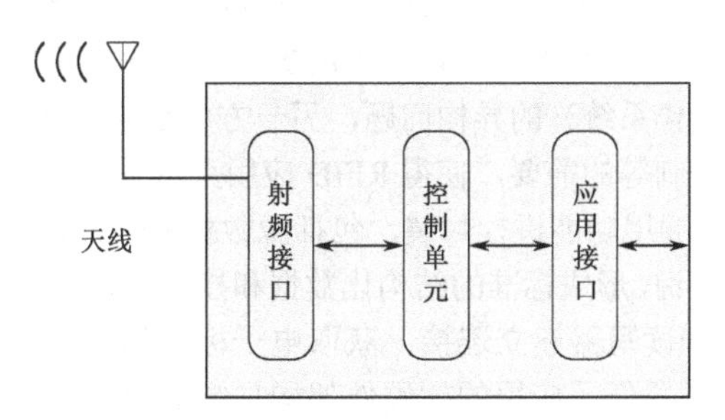

图 1.7　读写器的基本组成

2. 读写器的结构形式

读写器没有一个固定的结构形式。根据实际应用需求的不同，读写器可以有各种各样的外观和结构形式。

① 按读写器天线和主模块是否分离，读写器可以分为集成式读写器和分离式读写器。集成式读写器的天线和主模块集成在一起，分离式读写器的天线通过馈线与主模块连接。

② 按读写器工作时位置是否固定，读写器可以分为固定式读写器和移动式读写器。固定式读写器使用位置固定，一般通过外接电源供电；移动式读写器通常为手持便携式，使用电池供电。

③ 按读写器与上位机的关系，读写器可以分为独立式读写器和模块式读写器。独立式读写器有独立的封装外壳，对外表现为独立的产品；模块式读写器是一个更大电路系统的组成部分，与整个系统公用一个封装。

3. 读写器的技术参数

读写器有很多技术参数，主要包括以下几方面。

① 工作频率。整个 RFID 系统的工作频率都是由读写器决定的，其工作频率必须与电子标签的工作频率一致。

② 读写距离。读写器的读写距离指读写器有效读写电子标签的距离，与国际标准、电子标签结构尤其是读写器的功率有关。

③ 接口。读写器与上位机接口的形式多种多样，常见的有 RS-232、RS-485、USB、Wi-Fi、键盘接口等。

④ 工作方式。按照工作方式不同，读写器可以分为读写式读写器和只读式读写器。读写式读写器接收上位机的命令，可以执行对电子标签的读写操作；只读式读写器通常只能读取电子标签固定的内容，比如电子标签的唯一序列号、指定的电子标签中某一数据块的内容等。

1.3.3 RFID 中间件与 RFID 应用系统软件

1. RFID 中间件

RFID 中间件扮演读写器和应用系统软件之间的中介角色。应用系统软件通过使用中间件提供的一组通用的应用程序接口（API）或服务接口，就可以连接到 RFID 读写器，读写电子标签的数据。RFID 中间件可以屏蔽不同读写器之间的差异，对不同读写器进行协调控制，对从读写器获取的数据进行统一的格式化处理，并可以对读写器数据进行路由和集成。

RFID 中间件的诞生，一方面是为了解决 RFID 应用系统中各类设备和软件（电子标签、读写器、应用服务器和操作系统）的异构问题，另一方面是为了满足海量数据处理、分布式计算、开发效率、成本控制等的需要，使得 RFID 应用系统更易于部署。

RFID 中间件将一些通用功能进行封装，包括源数据的采集、过滤、整合、传送、互联网路由解析和物品信息查询，形成标准的结构化数据和接口向外部开放。通过 RFID 中间件，应用系统软件可以直接和读写器建立连接，获取电子标签相关信息，并在网络中查询其关联数据。RFID 中间件有效降低了应用的软硬件架构与维护的复杂性，有利于实现敏捷开发、轻载运营。

RFID 中间件并不是 RFID 应用系统必备的组成部分，小型的 RFID 应用系统可能不需要中间件，应用系统软件直接与读写器通信。大型 RFID 应用系统的中间件功能非常强大，软件在逻辑上又分为多个功能层和模块，可以服务于多个应用系统。

2. RFID 应用系统软件

RFID 应用系统软件是针对特定的应用需求开发的应用软件，可以直接或通过 RFID 中间件控制读写器对电子标签进行读写，并且对收集的电子标签信息进行集中的统计、分析和处理。RFID 应用软件可以集成到其他大型软件中，以利于行业应用整合，提高软件效率。

RFID 应用系统软件可以分为商业类应用和公共服务类应用。商业类应用包括客户关系管理系统（Custom Relation Manager，CRM）、企业资源管理系统（Enterprise Resource Planning，ERP）、供应链管理系统（Supply Chain Management，SCM）、仓库管理系统（Warehouse Management System，WMS）、订单管理系统（Order Management System，OMS）、资产管理

系统（Asset Management System，AMS）、物流管理系统（Logistics Management System，LMS）等。公共服务类应用包括 ETC（Electronic Toll Collection，电子不停车收费）系统、电子票证（如一次性地铁票）、门禁安保系统等。

与 RFID 中间件类似，RFID 应用系统软件的性能和体量与具体的实际应用密切相关。简单的 RFID 应用软件可能仅有一个界面，直接实现通过读写器对电子标签进行读写。大型的 RFID 应用系统软件基于数据库和互联网，可以实现复杂的网络通信和数据分析、处理与存储。

1.4 RFID 的系统特征

读写器与电子标签是组成 RFID 系统的核心部分，直接反映了一个 RFID 系统的主要特征。图 1.8 所示为读写器与电子标签关系模型，可以从数据传输、时序和能量三方面讨论 RFID 的系统特征。

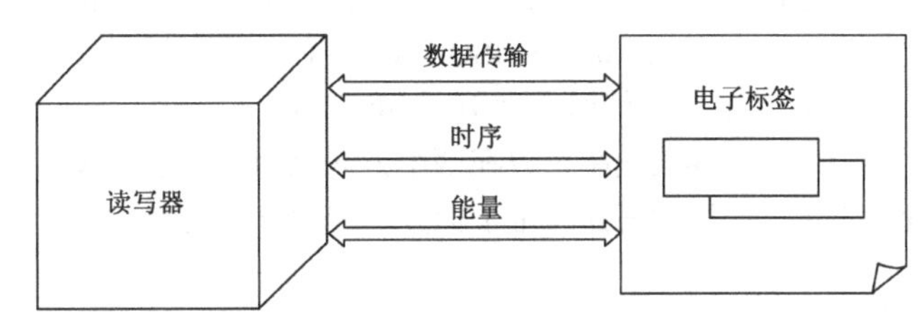

图 1.8 读写器与电子标签关系模型

1.4.1 数据传输

与数据传输有关的系统特征包括工作频率、耦合方式、读写距离、通信速率等。

1. 工作频率

RFID 系统的工作频率主要分为低频、高频和微波三个频段。

① 低频（Low Frequency，LF），频率范围为 30～300kHz。常见的 RFID 系统工作频率为 125kHz 和 134.2kHz，低频段一般使用电感耦合方式。

② 高频（High Frequency，HF），频率范围为 3～30MHz。常见的 RFID 系统工作频率为 13.56MHz。高频段通常也使用电感耦合方式。

③ 微波，频率范围为 300MHz～3000GHz。常见的 RFID 系统工作频率为 433MHz、860～960MHz、2.45GHz 和 5.8GHz。其中，位于 300MHz～3GHz 范围的频率也称为超高频（Ultra High Frequency，UHF）。微波 RFID 系统一般使用反向散射耦合方式。

由于三个频段的频率值、频率特性差别较大，故三个频段的电子标签和读写器实现技术也各不相同。

2. 耦合方式

RFID 系统中的典型耦合方式主要包括电感耦合方式和反向散射耦合方式。事实上只要能实现读写器和电子标签之间双向数据交换的所有无线通信方式都可以应用在 RFID 系统中。

3. 读写距离

按照电子标签与读写器之间的作用距离，RFID 系统可以分为密耦合系统、近耦合系统、疏耦合系统和远距离系统。

① 密耦合系统。典型工作距离为 1 cm。

② 近耦合系统。典型工作距离为 10 cm。

③ 疏耦合系统。典型工作距离为 1 m。

④ 远距离系统。典型工作距离为 10 m。

近耦合系统与疏耦合系统有时也统称为遥耦合系统。密耦合系统、近耦合系统、疏耦合系统的电子标签与读写器之间一般使用电感耦合方式，工作频率通常局限在 30MHz 以下的低频段和高频段；远距离系统电子标签与读写器之间一般使用反向散射耦合方式，工作频率为微波段。

4. 通信速率

读写器与电子标签之间的通信速率根据不同的工作频率、国际标准和应用有所不同。低频段的通信速率一般为 2～16 kb/s；高频段 ISO/IEC14443 标准的通信速率为 106～848 kb/s；超高频段 ISO/IEC18000-6 标准的通信速率为 10～640 kb/s。

读写器与电子标签之间的通信速率可以在两个方向上相同，也可以不同；可以在整个通信过程中保持不变，也可以通过读写器与电子标签之间的协商改变。

1.4.2 通信时序

和通信时序相关的系统特征包括通信的发起方式和通信方式两个方面。

1. 通信发起方式

读写器与电子标签之间的通信必须由其中的一方主动发起。根据发起通信的一方是读写器还是电子标签，通信方式可以分为 RTF 模式和 TTF 模式两种。

（1）RTF 模式

RTF 模式即“读写器先讲（Reader Talk First，RTF）”，通信的发起方是读写器。此种情况下，读写器每间隔一段时间就向其天线磁场中发送轮询命令，询问天线磁场中有没有电子标签。进入天线磁场的电子标签收到读写器的轮询命令后发回应答，读写器收到电子标签的应答后，开启后续的通信过程。

（2）TTF 模式

TTF 模式则是采用“标签先讲（Tag Talk First，TTF）”，即通信的发起方是电子标签。符合 TTF 协议的电子标签进入读写器天线磁场后，主动发送自身信息，而无须等待读写器发送命令。TTF 通信协议简单，多用在读写器与只读电子标签的通信中。

2. 通信方式

一般数据通信中的通信方式可以分为全双工通信（Full DupleX，FDX）和半双工通信（Half DupleX，HDX）。全双工通信是指通信双方可以同时向对方发送数据，半双工通信指通信双方不能同时向对方发送数据，只能分时向对方发送数据。从这个意义上讲，RFID 系统中的电子标签和读写器之间的通信通常都是分时向对方发送数据的半双工通信。但在 RFID 系统中有些场合（如 ISO11785 中）提到的“全双工通信”和“半双工通信”与上述概念有所不同，具体含义如下。

（1）全双工通信

在读写器与电子标签的整个通信期间，读写器的天线磁场都是打开的，读写器与电子标签不同时向对方发送数据。

（2）半双工通信

在读写器与电子标签的整个通信期间，读写器的天线磁场并不都是打开的，从电子标签到读写器的信息传输期间，读写器的天线磁场是关闭的，读写器与电子标签不同时发送数据。例如，无源半双工系统的工作过程如下。

① 读写器先发射射频能量，该能量传送给电子标签，给电子标签的储能元件充电，电子标签将能量存储起来，这时电子标签的芯片处于省电模式或备用模式。

② 读写器停止发射能量，电子标签开始工作，电子标签利用储能元件的储能向读写器发送信号，这时读写器处于接收电子标签响应的状态。

③ 能量传输与信号传输交叉进行，一个完整的读出周期由充电和读出两个阶段构成。

通过上述介绍可知，RFID 技术中提到的全双工通信和半双工通信概念，要根据不同的上下文语境去理解。本书中如无特殊说明，全双工通信和半双工通信按一般数据通信中的概念理解。

1.4.3 能量获取

能量获取指电子标签工作电源的获取方式，可以分为有源电子标签、半有源电子标签和无源电子标签三种类型。

1. 有源电子标签

有源电子标签又称主动电子标签，电子标签的工作电源完全由自身携带的电池供给，同时电子标签电池的能量供应也部分地转换为电子标签与读写器通信所需的射频能量。

2. 半有源电子标签

半有源电子标签又称半主动电子标签，电子标签携带的电池仅对电子标签内要求供电维持数据的电路或者电子标签芯片工作所需电压提供辅助支持。电子标签未进入工作状态前，一直处于休眠状态，相当于无源电子标签，电子标签内部电池能量消耗很少，因而电池可维持几年，甚至长达 10 年；当电子标签进入读写器的作用区域时，受到读写器发出的射频信号激励，进入工作状态后，电子标签与读写器之间信息交换的能量支持以读写器供应的射频能量为主，电子标签内部电池的作用主要在于弥补电子标签所处位置的射频场强不足，电子标签内部电池的能量并不转换为射频能量。

3. 无源电子标签

无源电子标签又称被动电子标签，没有内装电池，在读写器的天线作用范围之外时，电子标签处于无源状态，在读写器的天线作用范围之内时，电子标签从读写器发出的射频能量中提取其工作所需的电源。

1.5 RFID 技术的应用与发展前景

随着 RFID 技术的快速发展，其应用领域越来越广泛，发展前景十分广阔。

1.5.1 RFID 技术的应用领域

RFID 技术应用领域十分广泛，涵盖票务系统、收费卡、交通管理、门禁、考勤、家政、物流、食品安全、药品管理、矿井生产安全、防盗防伪、证件、动物识别、生产自动化、商业供应链等多个行业，每种应用都会带动相关行业的发展，形成一个重要的经济增长点。RFID 技术的应用行业如表 1.2 所示。

表 1.2 RFID 技术的应用行业

行　业	应　用
物流	物流过程中的货物清点、查询、发货、追踪、仓储
零售	商品销售数据实时统计，补货、防盗、结账
制造	生产数据实时监控，质量追踪，自动化生产
服装	自动化生产，仓储管理，品牌管理，单品管理，渠道管理
医疗	医疗器械管理，病人身份识别，婴儿防盗
身份识别	电子护照，身份证，学生证等各类电子证件
防伪	贵重物品（烟、酒、药品等）的防伪，票证防伪
资产管理	各类资产（尤其重要或数量庞大的同类物品）的清点、存档
交通	智能交通，高速收费，出租车管理，公交 / 铁路电子车票
食品	各类食品的溯源、保鲜管理
图书	书店、图书馆、出版社等应用
航空	旅客机票，托运包裹追踪
军事	枪支、弹药、物资、人员、卡车等识别与追踪
动物识别	宠物管理、赛鸽竞翔、肉制品溯源等
旅游	景点电子门票、酒店门卡等

1. 高速公路自动收费及智能交通系统

高速公路自动收费系统是 RFID 技术最成功的应用之一。目前中国的高速公路发展非常快，地区经济发展的先决条件就是要有便利的交通。高速公路人工收费或半自动收费存在一些问题，首先是交通堵塞，在收费站口，许多车辆要停车排队交费，成为高速公路的交通瓶颈；二是少数不法的收费员可能会贪污收取的过路费，使高速公路企业蒙受损失。

RFID 技术应用在高速公路自动收费上能够充分体现该技术的优势。在车辆高速通过收费站的同时自动完成交费，解决了高速公路交通瓶颈问题，提高了通行速度，避免了交通堵塞，提高了高速公路通行效率，同时可以杜绝可能存在的人为贪污收取过路费问题。

2. 生产的自动化及过程控制

RFID 技术因其具备抗恶劣环境能力强、非接触识别等特点，在生产过程控制中有很多应用。通过在大型工厂的自动化流水线上使用 RFID 技术，可以实现物料跟踪和生产过程自动监视与控制，提高了生产效率，降低了成本。

在生产线的自动化及过程控制方面，将 RFID 系统应用在汽车装配线上，可以保证汽车在流水线各位置准确地完成装配任务。半导体企业采用 RFID 技术的自动识别工序控制系统，满足了半导体生产对环境的特殊要求，同时提高了生产效率。

3. 车辆的自动识别及防盗

建立采用 RFID 技术的自动车号识别系统，能够随时了解车辆的运行情况，不仅实现了车辆的自动跟踪管理，还可以大大减少发生事故的可能性，并且可以通过 RFID 技术对车辆的主人进行有效验证，防止车辆偷盗发生，在车辆丢失以后可以有效地寻找丢失的车辆。

采用 RFID 技术可以对道路交通流量进行实时监控、统计、调度，还可以用作车辆闯红灯记录报警，被盗（可疑）车辆报警与跟踪，特殊车辆跟踪，肇事逃逸车辆排查等。在汽车上安装射频芯片，可以在车辆行驶超速时被自动“举报”。

4. 电子票证

使用电子标签来代替各种不含芯片的“卡”或接触式 IC 卡，实现非现金结算，解决了现金交易不方便也不安全以及各种磁卡、IC 卡容易损坏等问题。非接触式 IC 卡用起来方便、快捷，还可以多卡同时识别，实现并行收费。

公共交通是非接触式 IC 卡（电子标签）应用潜力最大的领域之一。非接触式 IC 卡具有使用方便、交易时间短、降低运营成本等优势。城市公交一卡通已经在多数城市普及，航空、铁路等领域的电子票证也已获得应用。

5. 货物跟踪管理及监控

RFID 技术为货物的跟踪管理及监控提供了方便、快捷、准确的自动化技术手段。

以 RFID 技术为核心的集装箱自动识别，将记录有集装箱位置、物品类别、数量等数据的电子标签安装在集装箱上，从而可以确定集装箱在货场内的确切位置。系统还可以识别未被允许的集装箱移动，有利于管理和安全。

在货物的跟踪、管理及监控方面，将 RFID 技术应用于行李管理中，大大提高了分拣效率，降低了出错率，还可以实现行李的自动追踪管理。

6. 仓储、配送等物流环节

RFID 技术应用于智能仓库货物管理，可以有效地解决仓库中数量庞大的货物难以管理的问题，并且可以监控货物信息，自动识别货物，确定货物的位置；通过实时了解库存情况，实现对进货和出货数量的监视与控制。

7. 邮件、邮包的自动分拣系统

RFID 技术已经被成功应用到邮政领域的包裹自动分拣系统中，该包裹自动分拣系统具有非接触的特点，所以包裹传送中可以不考虑包裹的方向性问题。另外，当多个包裹同时进入识别区域时，可以同时识别，大大提高了包裹分拣能力和处理速度。由于电子标签可以记录包裹的所有特征数据，更有利于提高包裹分拣的准确性。

8. 动物跟踪和管理

RFID 技术可以用于动物跟踪与管理。将玻璃封装的电子标签植于动物皮下，可以标识动物，监测动物健康状况等重要信息，为牧场的管理现代化提供了可靠的技术手段。在大型养殖场，可以通过 RFID 技术建立饲养档案、预防接种档案等，达到高效、自动化管理牲畜的目的，同时为食品安全提供保障。

在动物的跟踪及管理方面，许多发达国家采用 RFID 技术，通过对动物个体识别，保证动物大规模疾病爆发期间对感染者的有效跟踪及对未感染者进行隔离控制。

9. 门禁保安

未来的门禁保安系统都可以应用电子标签，一卡可以多用，例如，可以用作工作证、出入证、停车证、饭店住宿证甚至旅游护照等。使用电子标签可以有效地识别人员身份，进行安全管理及高效收费，不仅简化了出入手续，提高了工作效率，还能有效保护个人安全和隐私。人员出入时，该系统会自动识别身份，非法闯入时会有报警。安全级别要求高的地方，还可以结合其他的识别方式，将指纹、掌纹或面部特征存入电子标签。

10. 防伪

伪造问题在世界各地都是令人头疼的问题，现在应用的防伪技术，如全息防伪等同样会被不法分子伪造。将 RFID 技术应用在防伪领域有它自身的技术优势，它具有成本低而又很难伪造的优点。电子标签的成本相对便宜，且芯片的制造需要有昂贵的工厂，使伪造者望而却步。电子标签本身具有内存，可以存储、修改、加密与产品有关的数据，利于进行真伪的鉴别。利用这种技术不用改变现行的数据管理体制，唯一的产品标识号完全可以做到与已有的数据库体系兼容。

随着技术的进步，RFID 产品的种类将越来越丰富，应用也越来越广泛。RFID 技术将会渗透到我们生活的方方面面，并与其他高新技术相结合，从独立系统走向网络化，实现跨地区、跨行业的综合应用。

1.5.2 读写器的发展趋势

随着 RFID 技术的发展和应用日益普及，读写器的结构和性能不断更新，价格也不断降低。多功能、多数据接口、多频段的读写器将被更多地应用。读写器会朝着小型化、便携化和模块化方向发展，成本将更加低廉，应用范围将更加广泛。

从技术角度看，读写器的发展趋势主要体现在以下几方面。

1. 多标准兼容

RFID 技术的应用频段较多，采用的技术标准也不一致。未来读写器的发展方向之一就是多频段、多制式兼容，实现同一读写器对不同频段、不同标准的电子标签的读写操作。

2. 多功能、接口多样化

随着计算机技术的发展，新的通信接口不断出现，读写器的应用接口也越来越多样化。

3. 采用新技术

包括采用智能天线、MIMO（Multi-Input & Multi-Output，多输入多输出）天线，新的防冲突机制使防冲突能力更强，多电子标签读写更快捷有效；多读写器管理技术，当多个读写器组网工作时，读写器的配置、控制、认证和协调更有效。

4. 模块化与标准化

随着读写器射频模块和基带信号处理模块的标准化与模块化日益完善，读写器的品种将日益丰富，功能增强的同时使用更灵活。

1.5.3 电子标签的发展趋势

为适应越来越多样化的实际应用需求，近年来电子标签的发展也日新月异。电子标签的发展主要有以下趋势。

1. 体积更小，成本更低

由于实际应用的限制，通常要求电子标签的体积小于所附着物品的体积，成本也尽量降低。为减小电子标签的体积，降低成本，电子标签的制造采用了许多新的工艺，比如采用油墨印刷天线技术，在生产速度大大提高的同时，其成本也远低于传统的金属天线。

2. 读写性能更加完善

读写电子标签内容的速度更快，作用距离更远，电子标签的功耗更低。随着低功耗设计技术的发展，电子标签工作时所需的功耗可以降到 5μW 甚至更低，可以大大延长无源电子标签的工作距离。用于高速移动物品的电子标签，识别速度更快。

3. 智能性更高，可靠性更高

在频繁读写和多电子标签操作的场合中，采用合适的通信协议，在满足误码率和抗干扰性要求的情况下，实现快速的多标签读写功能。在强电磁环境中，为保护电子标签不受损害，电子标签需要具备强磁场下的自我保护功能。某些安全性要求较高的领域，电子标签将采用智能性更强，加密特性更完善的安全算法。

4. 功能扩展

在某些特殊应用场合中，要求电子标签具备一些功能扩展。比如，有些应用要求在电子标签上配置指示灯或蜂鸣器，有些电子标签需要具备自行销毁功能以保护敏感数据，有些电子标签则要求能与传感器相连，不仅能识别物品，还能全面感知物品。

1.5.4 RFID 技术与 5G

RFID 技术与移动通信技术都是无线传输技术，二者之间具有许多相同点，可以互相促进对方的发展。移动通信技术的发展经历了 1G、2G、3G、4G，目前 5G 已经处于部署阶段，6G 的研发也已提上议事日程。

5G 作为第五代移动通信技术，采用毫米波、小基站、Massive MIMO、全双工和波束成形等关键技术，实现了比 4G 更高的速度、容量及更低的延迟，有着许多 4G 不具备的优势。5G 将在多个方面助力 RFID 技术的发展。

1. 5G 将大幅提高 RFID 系统的组网性能

RFID 系统是物联网的重要组成部分，读写器识别得到的电子标签信息需要在网络上传输，这里的传输网络并不仅限于互联网，包括其他各种通信网络，尤其是以 5G 为代表的移动通信网络，将会是实现物联网通信的关键技术。5G 将使“万物互联”成为现实。5G 高传输速率、大带宽容量、低网络延迟的特性为物联网 RFID 系统提供了强大的支撑能力。

2. 5G 将拓宽 RFID 技术的应用领域

目前，RFID 技术已经相对成熟，广泛应用在食品药品安全、医疗、智慧城市、智慧楼宇、军事等多个领域，但是受网络覆盖和网络通信速度的影响，还有一些领域无法使用，5G的发展促进了RFID技术在这些领域的应用。

3. 5G为RFID系统设计提供参考

为满足各种场景的差异化需求，5G采用包括大规模天线阵列、超密集组网、新型多址、全频谱接入和新型网络架构在内的一组关键技术，这些关键技术的应用为RFID系统设计提供了有益的参考。比如微波段RFID系统的天线设计，就可以参考和借鉴5G的天线设计思路。

1.5.5 RFID技术与大数据

大数据指无法在一定时间范围内用常规软件工具进行捕捉、管理和处理的数据集合，是需要新处理模式才能具有更强决策力、洞察力和流程优化能力的海量、高增长率和多样化的信息资产。大数据具有海量的数据规模、快速的数据流转、多样的数据类型和价值密度低四大特征。

大数据已经成为企业和社会关注的重要战略资源，许多企业提前制订大数据营销战略计划，抢占市场先机。大数据的发展推动了数据科学成为一门专门的学科，催生了一批与之相关的新就业岗位。基于对大数据分析的需求，必将推动跨领域的数据共享平台的建立，数据共享扩展到企业层面，并且成为未来产业的核心一环。

RFID技术是连接物体与网络的重要桥梁，凭借其便携性与低成本成为物联网最重要的信息感知技术。通过RFID技术，可以获取超大量的、准确且有价值的数据。可见，RFID技术是推动大数据研究和应用的催化剂。

目前，许多“RFID技术+大数据”产品已经开始应用。例如，无人便利店利用RFID技术及核心软件算法，通过各类电子标签，有效识别和定位货品售卖动态，对各种货损、被盗等异常情况进行有效处理和防范，并辅助以摄像头提高检测率。尽管RFID技术需要一定的成本支出，但相比人员成本、商品管理成本和促销成本来说，还是大大降低了店面成本支出。

一方面，RFID系统以指数级的速度生成数据，这将对数据管理系统产生巨大的压力；另一方面，针对RFID技术的大数据的挖掘将对各领域产生不可估量的收益。数据管理领域的发展为RFID技术的大数据应用提供了技术基础，而RFID技术的大数据的典型特征为数据系统的设计优化提供了重要依据。

1.5.6 RFID技术与人工智能

人工智能（Artificial Intelligence，AI）是研究、开发用于模拟、延伸和扩展人的智能的理论、方法、技术及应用系统的一门新的技术科学。它企图了解智能的实质，并生产出一种新的能以人类智能相似的方式做出反应的智能机器，该领域的研究包括机器人、语言识别、图像识别、自然语言处理和专家系统等。

人工智能涉及许多专业领域，其关键技术包括智能感知技术、智能驱动技术、智能数控技术、智能物流技术等。其中，RFID技术作为智能感知技术的重要手段，对人工智能的实现起着举足轻重的作用。

在实体零售的典型应用中，货品盘点机器人配备一个内置的超高频RFID读写器和天线阵列，可以在整个门店的盘点过程中收集RFID数据。同样的应用也出现在大型图书馆中，配备了 RFID 读写器的智能机器人从书架间经过，就可以通过读取书籍上粘贴的电子标签实现图书的智能化管理。

在智慧物流体系中，自动驾驶配送车辆配置了 RFID 读写器，通过对定位标签的读取可以运行在设定的路径上而不会发生偏移。这种自动驾驶配送车辆应用在仓储园区可以实现智慧物流体系；应用在医院可以实现智能医药配送；家庭机器人利用 RFID 技术可以很容易地搜索到隐藏的物品。

习题 1

1-1 什么是 RFID 技术？常用的 RFID 技术有哪些？

1-2 简述 RFID 技术的主要特点。

1-3 RFID 技术常用的耦合方式和防冲突机制有哪些？

1-4 典型的 RFID 系统由哪几部分组成？

1-5 电子标签根据读写性能、安全等级、能量获取方式分别可以分为几种类型？

1-6 简述读写器的组成及各组成部分的功能。

1-7 RFID 系统按读写距离、通信时序分别可以分为几种类型？

1-8 试列举生活中 RFID 技术应用的实例。

第 2 章 RFID 技术基础

RFID 系统通常包括电子标签、读写器、中间件和应用系统软件四部分，相邻的组成部分之间都要进行信息交换。其中电子标签与读写器之间的信息交换是最核心的内容，本章主要介绍与此相关的通信基础知识。

2.1 数字通信基础

根据所传送信号性质的不同，通信可以分为模拟通信和数字通信。RFID 的读写器和电子标签之间传送数字信号，是典型的数字通信系统。

2.1.1 RFID 系统的通信模型

读写器与电子标签之间的数据交换是通过电信号实现的，即双方将要传送的数据信息附着在电信号的某一参量上，收发的双方通过解析从对方接收到的电信号获取数据信息。RFID 系统的通信模型如图 2.1 所示。

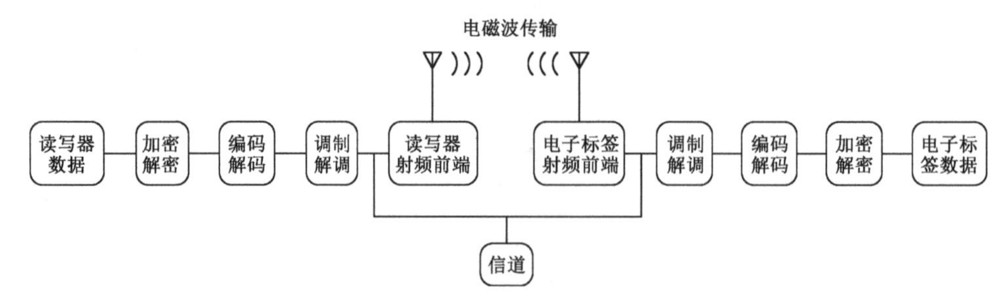

图 2.1 RFID 系统的通信模型

图 2.1 中，读写器与电子标签的通信模型结构呈现对称特性。以读写器向电子标签发送数据为例，读写器对将要发送给电子标签的明文数据进行加密后获得密文数据，之后对数据进行编码并调制在载波上，通过读写器的射频前端电路处理后由读写器天线发射出去。电子标签通过天线接收到读写器发送的信号，经过电子标签的射频前端电路处理后，对信号解调、解码、解密，最后得到读写器传送的明文数据。

电子标签向读写器发送数据时过程相同，只是方向相反。在 RFID 系统的通信模型组成中，不一定要有加密解密模块，一些 RFID 系统的读写器与电子标签之间使用明文传输，则 RFID 系统不包含加密解密模块。

2.1.2 信号

信号是数据消息的载体，在通信系统中，数据以信号的形式从发送端传送到接收端。信号可以分为模拟信号和数字信号，对信号进行频谱分析是研究信号的重要方法。

1. 模拟信号和数字信号

模拟信号是指用连续变化的物理量表示的信息，模拟信号的幅度、频率或相位随时间作连续变化。例如，播放音乐时驱动扬声器发出声音的电信号，其电压值随时间的变化是连续的，它是模拟信号。

数字信号是离散的，其值随时间的变化不是连续的。二进制信号就是一种典型的数字信号，例如，可以使用恒定的正电压表示二进制数据 1，恒定的负电压表示二进制数据 0。

模拟信号和数字信号根据其特点有不同的适用场合，RFID 系统中一般采用数字信号，主要原因如下。

（1）信号的完整性

RFID 系统的电子标签和读写器之间使用非接触技术传输数据信息，容易受到干扰，使传输的数据信息发生改变。数字信号抗干扰能力强，容易校验和实现多标签的防冲突操作，从而保持数据的完整性。

（2）信号的安全性

RFID 系统由于采用非接触式通信，容易受到各种主动和被动的安全攻击。与模拟信号相比，数字信号更容易实现加密和认证，保障信号的安全传送。

（3）便于存储、处理和交换

电子标签存储的数据一般为二进制码，数字信号的形式与计算机所用的信号一致，因此便于与计算机连接通信，并使用计算机对获得的电子标签信息进行存储、处理和交换。

（4）设备便于集成化和微型化

采用数字信号，RFID 设备中可以使用数字电路，便于集成电路的实现，使设备具有体积小、低成本和低功耗的特性。

（5）便于构成物联网

RFID 系统采用数字信号的传输方式，可以实现传输和交换的综合，实现业务数字化，更容易与互联网结合组成物联网。

2. 信号的频谱

信号的分析可以从时域和频域两个方面进行。时域分析是对信号的波形进行观测，研究信号电压和时间之间的关系；频域分析则是研究信号电压与频率之间的关系。在 RFID 系统中，通常对信号频域的研究比对时域的研究重要得多。

频谱是信号在频域中的重要参数。频谱是频率谱密度的简称，复杂信号可以分解为振幅不同和频率不同的谐振，这些谐振的幅值按频率排列的图形称为信号的频谱图。

2.1.3 信道

信道是信号传输的通道。按照传输介质的不同，信道可以分为有线信道和无线信道。RFID 系统中读写器与电子标签之间使用无线信道传送信息。信道的体征主要体现在信道带宽、信道的数据传输速率、信道容量等几个方面。

1. 信道带宽

信道能通过的信号频率范围称为信道的频带宽度，简称为带宽。模拟信道的带宽为

$$BW = f_2 - f_1 \tag{2-1}$$

式中，f_1为信号在信道中能够通过的最低频率，f_2为信号在信道中能够通过的最高频率，两者都是由信道的物理特性决定的。

数字信道的带宽为信道中能不失真地传输脉冲序列的最高速率，一般直接用波特率来描述。

2. 信道的数据传输速率

信道的数据传输速率就是数据在信道上的传输速率，在数值上等于每秒传输数据代码的二进制比特数，单位为比特/秒，记作 b/s。信道的数据传输速率是描述数据传输系统的重要技术指标之一。

例如，如果在通信信道上发送 1 位数据所需要的时间是 0.5 μs，则该信道的数据传输速率为 2000000 b/s。在实际应用中，常用的数据传输速率单位还有 kb/s、Mb/s、Gb/s 等，它们之间的关系如下：

1 kb/s=1000 b/s，1 Mb/s=1000 kb/s，1 Gb/s=1000 Mb/s

3. 波特率与比特率

在通信系统中经常用到波特率与比特率的概念，二者含义不同，常常容易混淆。

（1）波特率

波特率指的是信号被调制以后在单位时间内状态的变化次数。在信息传输系统中，携带数据信息的信号单元称为码元，每秒通过信道传输的码元数称为码元传输速率，简称为波特率。波特率的单位为波特（Baud）。

（2）比特率

比特率是数据的传输速率，表示单位时间内可传输的二进制数据的位数。比特率的单位为比特/秒（b/s）。

（3）波特率与比特率的关系

比特率与波特率在数值上的关系为：比特率=波特率×单个调制状态对应的二进制位数。

或者表示为

$$S=B\times\log_2 M \tag{2-2}$$

式中，S为比特率，B为波特率，M为码元的有效状态。例如，如果用 0 V 表示二进制数据 0，5 V 表示二进制数据 1，即码元有 2 个状态，式（2-2）中 M=2。由于 $\log_2 2=1$，因此 $S=B$，波特率与比特率数值相等，此时也称为两相调制。

如果我们用 4 种不同的电压幅值 0 V、2 V、4 V 和 6 V 分别表示二进制的 00、01、10 和 11，则码元有 4 种状态，式（2-2）中 M=4。由于 $\log_2 4=2$，所以 $S=2B$，在这种情况下比特率是波特率的 2 倍，用这种信号传输数据时，每改变一次信号值就可用来传送 2 位数据。此时称为四相调制，另外还有八相调制、十六相调制等。

4. 信道容量

信道容量是信道的一个参数，反映了信道无错误传送的最大信息传输速率。信道的最大传输速率主要决定于信道的带宽（BW），分为两种情况。

（1）具有理想低通矩形特性的信道

根据奈奎斯特准则，这种信道的最高码元传输速率为

$$最高码元传输速率=2BW \tag{2-3}$$

其最高数据传输速率为

$$C=2BW\log_2 M \tag{2-4}$$

式（2-4）称为具有理想低通矩形特性的信道容量。

（2）带宽受限且有高斯白噪声干扰的信道

香农提出并证明了在被高斯白噪声干扰的信道中，最大信息传输速率的公式为

$$C = BW\log_2\left(1+\frac{S}{N}\right) \tag{2-5}$$

式中，S 是信号功率，N 是噪声功率。可以看出，信道容量与信道带宽成正比，同时还取决于系统信噪比和编码技术种类。式（2-5）表明，如果信源的信息速率小于等于信道的最大传输速率，那么在理论上总是存在某种方法，可以使信源的输出以任意小的差错概率通过信道传输；相反，如果信源的速率大于信道的最大传输速率，则没有办法无差错地使信源信息通过信道传输。

（3）RFID 的信道容量

由前述内容可知，信道的最大数据传输速率主要取决于信道的带宽、信噪比和编码技术。因此在 RFID 系统中，如果需要提高读写器与电子标签之间的数据传输速率，可以从以下几方面考虑。

① 选择较高的载波频率。带宽越大，信道容量越大，选择微波频段要比低频频段和高频频段拥有更大的带宽。

② 减小干扰，提高信噪比。信噪比越大，信道容量越大，应尽量减小衰减和失真，提高信噪比。

2.2 数据编码技术

编码是为了达到某种目的而对信号进行的一种变换，其逆变换称为解码或译码。合理的编码选择对 RFID 系统的性能有着非常重要的影响。

2.2.1 编码技术分类

根据编码的目的不同，编码技术可以分为信源编码、信道编码和保密编码三个分支。

1. 信源编码

信源编码是对信源输出的信号进行的一种变换，其目的是提高通信有效性，减少或消除信源冗余度。信源编码的实现主要包括以下几方面。

（1）连续信号离散化

当信源给出的是模拟信号时，信源编码器将其转化为数字信号，以便实现模拟信号的数字化传输。

（2）数据压缩

数据压缩是指在不丢失有用信息的前提下，缩减数据量以减少码元数目和降低码元速率，节省存储空间，提高数据传输、存储和处理效率。数据压缩包括有损压缩和无损压缩两种。

（3）数字信号编码

将数字数据编码成更适合传输的数字信号。RFID 系统中电子标签和读写器所要发送的信息都是数字数据，在发送前都要进行数字信号编码，这是本书介绍的重点。

2. 信道编码

信道编码是为了对抗信道中的噪声和衰减，通过增加冗余、校验等，来提高抗干扰能力及检错和纠错能力。

3. 保密编码

保密编码是为了防止信息在传输的过程中不被窃译而对信号进行的再变换。保密编码的目的是隐藏敏感信息，常通过各种加密算法实现。

2.2.2 RFID 常用编码方式

在各类不同的 RFID 系统中，选择的编码方式也不一样。RFID 系统中常用的信源数据编码方式有以下几种。

1. 反向不归零码

反向不归零（Non-Return to Zero Inverted，NRZI）码是一种最基本的数字基带编码方式，使用不同幅值的高低电平表示二进制数据。反向不归零码的示例如图 2.2 所示。

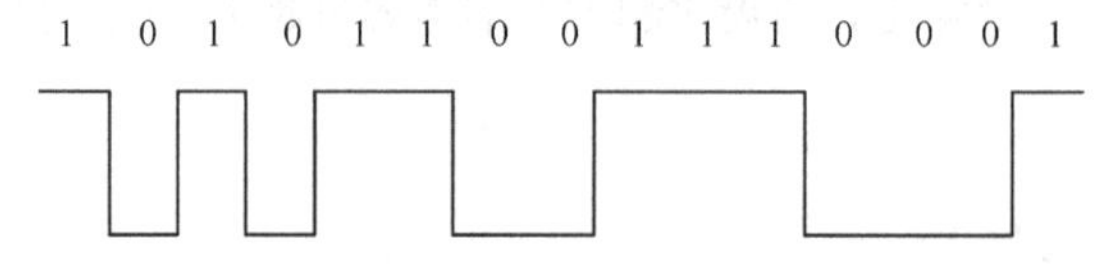

图 2.2 反向不归零码的示例

反向不归零码的主要优点是编码简单，但是当传送连续的数据 0 或连续的数据 1 时，编码会维持长时间的高电平或低电平不变，很可能导致接收方识别错误，比如将连续的 10 个数据 1 识别为 11 个。

2. 曼彻斯特编码

曼彻斯特编码使用电压的跳变来表示二进制数据，通常使用上升沿表示数据 0，使用下降沿表示数据 1，其特点是在数据位的中间部分总有跳变。曼彻斯特编码的示例如图 2.3 所示。

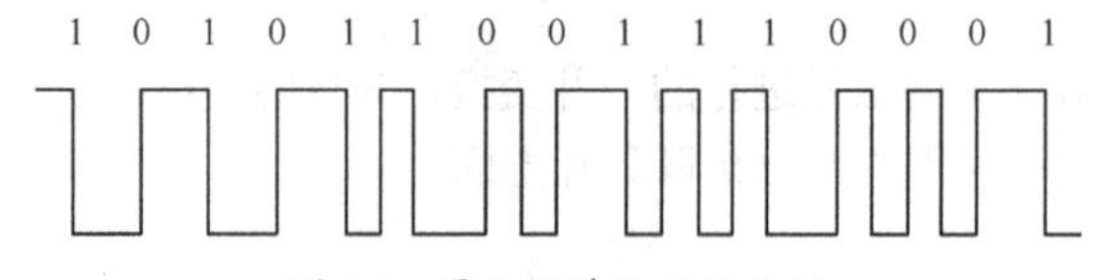

图 2.3 曼彻斯特编码的示例

曼彻斯特编码由于在数据位的中间部分总存在跳变沿，接收方可以根据这一跳变获得同步时钟，保障数据接收的可靠性。由图 2.3 可以看出，当发送连续的 0 或连续的 1 时，数据的波特率是比特率的 2 倍，意味着与反向不归零码相比，传送数据所需要的带宽增大。

3. 差动双相编码

差动双相编码又称为两相码、FM0 编码，其编码规则是在两位相邻数据的交界部分总有跳变，根据数据位的中间部分是否有跳变来区分数据 0 和 1，中间有跳变表示数据 0，中间没有跳变表示数据 1。差动双相编码的示例如图 2.4 所示。

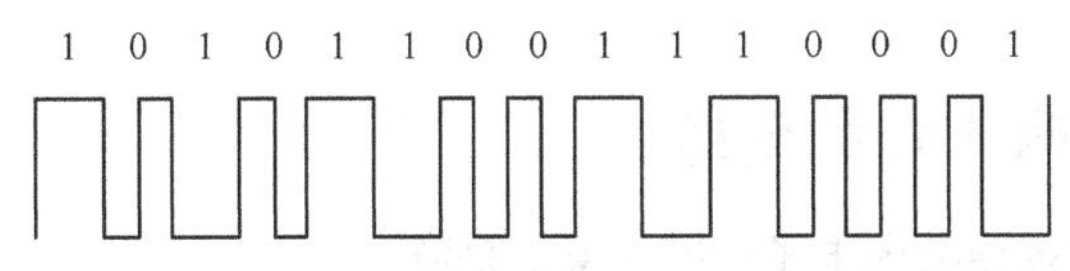

图 2.4　差动双相编码的示例

与曼彻斯特编码类似，由于在数据位的起始部分总存在跳变沿，接收方可以根据这一跳变获得同步时钟，保障数据接收的可靠性。由图 2.4 可以看出，当发送连续的 0 时，数据的波特率是比特率的 2 倍，意味着与反向不归零码相比，传送数据所需要的带宽增大。

4. 米勒码

米勒（Miller）码根据数据中心是否有跳变来表示二进制的 0 和 1。数据中心有跳变表示 1，数据中心无跳变表示 0。当发送连续的 0 时，从第 2 个 0 开始在数据的起始处增加一个跳变以便接收方识别区分每一位数据 0。米勒码的示例如图 2.5 所示。

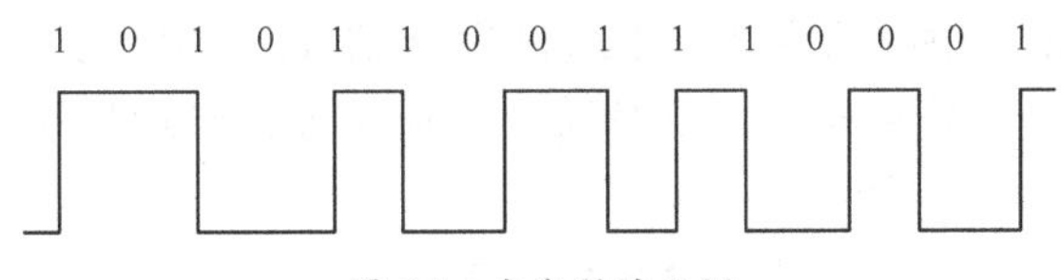

图 2.5　米勒码的示例

5. 修正的米勒码

修正的米勒码是对米勒码的改进，将米勒码中的跳变改为使用窄脉冲表示，米勒码就变成修正的米勒码。修正的米勒码中传送数据的信号大部分时间都是高电平。数据中间有窄脉冲表示 1，数据中间没有窄脉冲表示 0，当发送连续的 0 时，从第 2 个 0 开始在数据的起始处增加一个窄脉冲。修正的米勒码示例如图 2.6 所示。

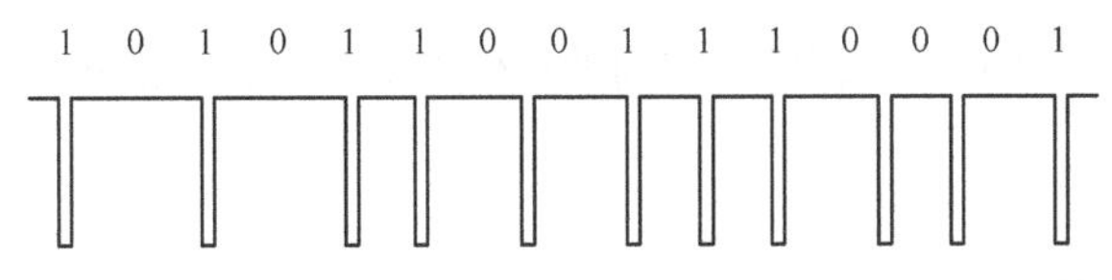

图 2.6　修正的米勒码的示例

6. 二进制脉冲宽度码

二进制脉冲宽度码（Binary Pulse Length Coding，BPLC）使用不同的脉冲宽度表示数据 0 和 1。前面 5 种编码方式中的数据 0 和 1 的位宽时间都是相同的，而二进制脉冲宽度码中的数据 0 和 1 的位宽时间不同，数据 0 的位宽小，数据 1 的位宽大，同时为了区分识别数据，在每一位数据的起始处都有一个窄脉冲。二进制脉冲宽度码的示例如图 2.7 所示。

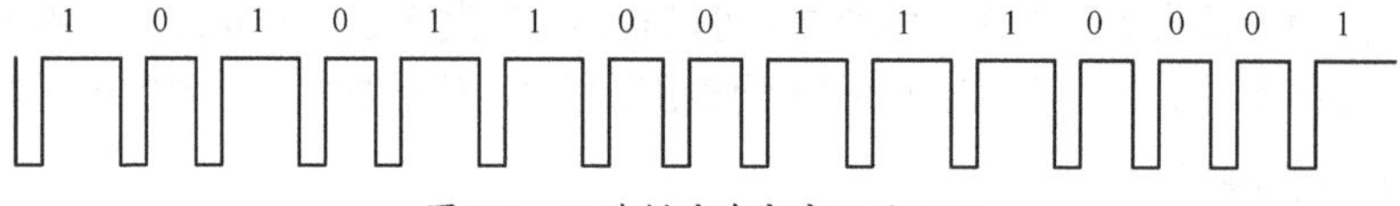

图 2.7 二进制脉冲宽度码的示例

除上述几种编码之外，RFID 系统中还常采用脉冲位置编码（Pulse Position Modulation，PPM）、脉冲间隔编码（Pulse Interval Encoding，PIE）等编码方法，关于这些编码的规则将在后续有关章节中叙述。

2.2.3 RFID 编码方式的选择

1．编码方式的选择要考虑电子标签能量的来源

在无源 RFID 系统中，电子标签的能量来源于读写器的天线磁场。在 100%幅度调制的系统中，高电平调制时对应着天线磁场的全开，而低电平调制对应着天线磁场的关闭。当读写器发送连续的低电平信号时，天线磁场的长时间关闭会导致电子标签上的储能耗尽而停止工作。这时候选择修正的米勒码和二进制脉冲宽度码则可以避免上述情况出现。

2．编码方式的选择要考虑电子标签检错的能力

通常外界的干扰对幅度的影响较大，而对频率和相位的影响较小。用电平的跳变表示数据类似于相位调制，抗干扰能力较强。

读写器与电子标签通信时，每一位数据的位宽判断是正确解码数据的第一步。曼彻斯特编码、差动双相编码和二进制脉冲宽度码均自带同步信号，可以容易地识别数据位宽；米勒码及修正的米勒码也能相对容易地提取同步信号，而反向不归零码当出现连续的 0 或连续的 1 时，则很可能会导致接收方识别错误。

3．编码方式的选择要考虑电子标签时钟的提取

电子标签上的电路工作时也需要时钟信号，该时钟信号获取的一个方法是从读写器产生的射频场中提取。电子标签时钟的提取与载波和编码方式都有很大关系，上述编码方式除了反向不归零码，其他编码方式都很容易提取时钟。

2.3 调制技术

RFID 系统的读写器和电子标签之间的数据使用无线传输，数据的收发需要通过调制与解调技术实现。

2.3.1 调制与解调

1. 调制

调制是一种将信源产生的信号转换为适合无线传输形式的过程。调制是用基带信号去控制载波信号的某个或几个参量的变化，将信息荷载在载波上形成已调信号传输；而解调是调制的反过程，通过具体的方法从已调信号的参量变化中恢复原始的基带信号。

2. 调制的实现

调制的目的是把要传输的模拟信号或数字信号转换成适合信道传输的信号，其实现方式通常是把信源的基带信号转变为一个相对基带频率比较高的带通信号，该信号称为已调信号，而基带信号称为调制信号。当使用正弦波作为载波时，可以让调制信号控制正弦波的幅度、相位或者频率来实现调制。

3. 调制的分类

根据不同的标准，调制有许多种分类方法，不同的调制方法有不同的特点和性能。

① 按调制信号的形式，可分为模拟调制和数字调制。调制信号为模拟信号则称为模拟调制，调制信号为数字信号则称为数字调制。RFID 系统中都是数字调制。

② 按被调信号的种类，可分为脉冲调制、正弦波调制和光波调制等，对应的被调信号分别是脉冲、正弦波和光波。其中正弦波调制又分为幅度调制、频率调制和相位调制。RFID 系统中一般使用正弦波调制。

③ 按传输特性，可分为线性调制和非线性调制。线性调制不改变信号原始频谱结构，而非线性调制则改变了信号原始频谱结构。正弦波的幅度调制属于线性调制，正弦波的频率调制和相位调制属于非线性调制。

2.3.2 RFID 调制类型

RFID 系统中使用的是被调信号为正弦波的数字调制。数字调制的方法通常称为键控法，可以利用数字信号改变正弦波的幅度、频率或相位以达到携带有用信号的目的，相应的调制方式分别称为幅移键控（Amplitude Shift Keying，ASK）、频移键控（Frequency Shift Keying，FSK）和相移键控（Phase Shift Key，PSK）。

1. 幅移键控

幅度调制是指载波的频率和相位不变，载波的振幅随调制信号的变化而变化。幅移键控（ASK）是利用载波的幅度变化来传递数字信息的，在二进制数字调制中，载波的幅度只有两种变化，分别对应二进制信息的 1 和 0。ASK 调制的示例如图 2.8 所示。

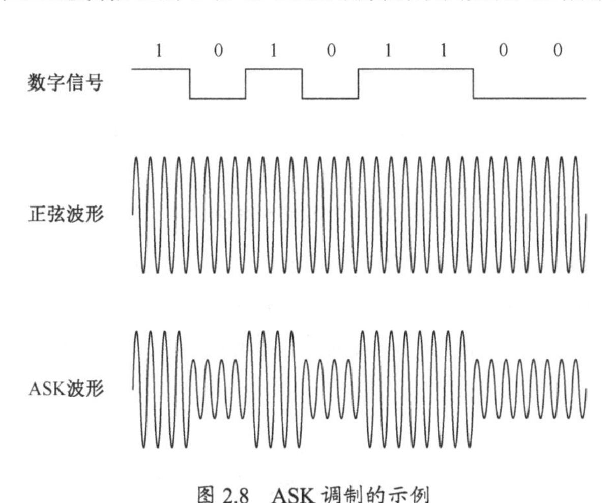

图 2.8 ASK 调制的示例

常使用键控度表示幅度调制的程度。如果用 a_0 表示 ASK 波形中数据 1 对应的振幅，用 a_1 表示 ASK 波形中数据 0 对应的振幅，则已调波的键控度 m 表示为

$$m = \frac{a_0 - a_1}{a_0 + a_1} \tag{2-6}$$

由式（2-6）可知，当 $a_0 = a_1$ 时，键控度为 0，相当于载波没有被调制；当 $a_1 = 0$ 时，键控度为 1，相当于载波幅度为 0，对应 RFID 系统中的天线磁场关闭。

2．频移键控

频率调制是指载波的幅度不变，载波的频率随调制信号的变化而变化。频移键控（FSK）是利用载波的频率变化来传递数字信息的，二进制频移键控载波的频率有两种，载波频率在两个频率点变化，分别对应二进制信息的 1 和 0。FSK 调制的示例如图 2.9 所示。

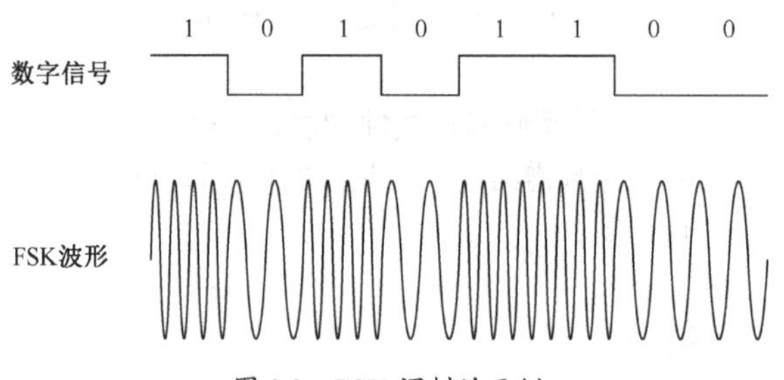

图 2.9 FSK 调制的示例

3．相移键控

相位调制是指载波的幅度不变，载波的相位随调制信号的变化而变化。相移键控（PSK）是利用载波的相位变化来传递数字信息的，二进制相移键控载波的初始相位有两种值，通常取 0 和 180°，分别对应二进制信息的 1 和 0。FSK 和 PSK 有密切的关系，频移键控的同时有相移伴随发生；反之相移键控时，同时伴随频移发生。PSK 调制的示例如图 2.10 所示。

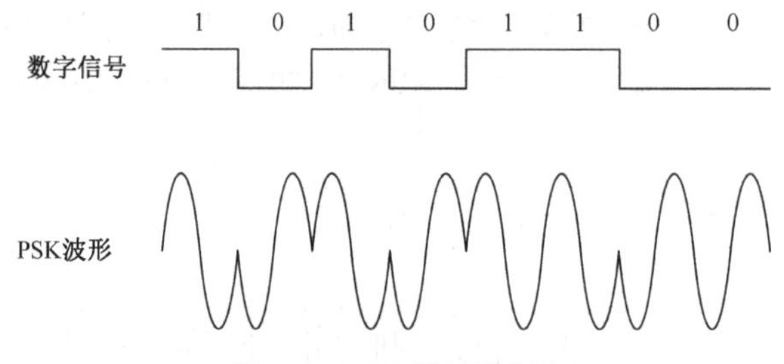

图 2.10 PSK 调制的示例

上述键控方式是以正弦波为载波的 3 种基本数字调制方式。与 FSK 和 PSK 相比，ASK 调制抗干扰性差，但电路简单，更符合 RFID 系统电子标签低成本的要求。由于读写器与电子标签之间通信距离短、抗干扰性差的缺点对系统影响不突出，故多数 RFID 系统中选用 ASK 作为数字信号的调制方式。

4．副载波调制

有时出于某种目的会使用两次调制，即先把信号调制在载波 1 上，再用这个结果去调制

另一个频率更高的载波 2，这种调制方式称为副载波调制，载波 1 称为副载波。副载波调制的示例如图 2.11 所示。

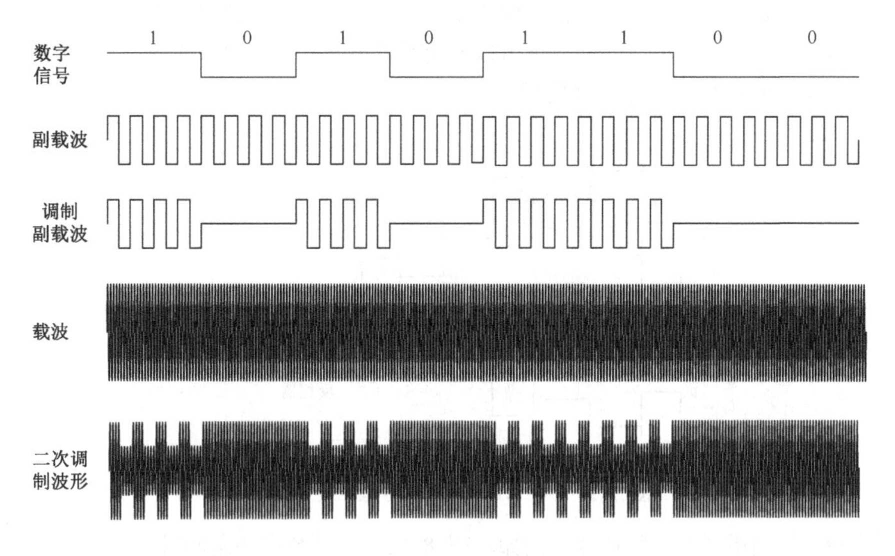

图 2.11 副载波调制的示例

在图 2.11 中，数字信号先对副载波进行 100% ASK 调制，再调制副载波对载波进行幅度调制，调制的方法为每一个副载波对应一个负脉冲，而没有副载波的地方则不进行调制。副载波调制可以让载波和副载波同时传递两路信息。在 RFID 系统中，副载波调制一般用在电子标签向读写器发送信息时，有利于读写器对所接收数据的识别与解码，并降低电子标签的能量消耗。

2.4 通信数据的完整性

通信数据的完整性是数据安全传输的一个重要方面，它要求接收方收到的数据必须是发送方发出的正确无误的数据。在数据传输过程中，通信介质中的数据会受到各种环境因素的干扰，窃听者有时也会篡改数据，导致接收方收到的数据与发送方发送的数据不一致。

保障数据完整性的措施之一是进行数据的信道编码，对数据实施完整性校验。完整性校验的基本方法是在传输的数据中额外增加一些纠错信息，这些纠错信息和传输的数据存在某种算数或逻辑关系，接收方可以利用这些关系和纠错码来判断接收的信息是否与发送方发出的信息一致。

RFID 系统中读写器与电子标签之间通信采用的保障数据完整性的措施主要有奇偶校验、纵向冗余校验和循环冗余码校验等。

2.4.1 奇偶校验

奇偶校验（Parity Check）是一种简单而应用广泛的数据校验方法。奇偶校验的基本思路是在传送的每一个 8 位字节后面增加 1 位校验位，如果这 9 位中 1 的个数是奇数，那么称为奇校验；如果 9 位中 1 的个数为偶数，那么称为偶校验。

通信双方在通信之前要约定好采用奇校验还是偶校验。通信时接收方每收到1字节的数据位和校验位后检查1的个数，如果约定的是偶校验而1的个数为奇数，或者约定的奇校验但是1的个数为偶数，则判断所接收数据错误，否则判定所接收数据正确。

奇偶检验的实现可以采用软件，也可以使用硬件电路。用简单的逻辑门搭建的8位二进制数奇偶校验位生成电路如图2.12所示。

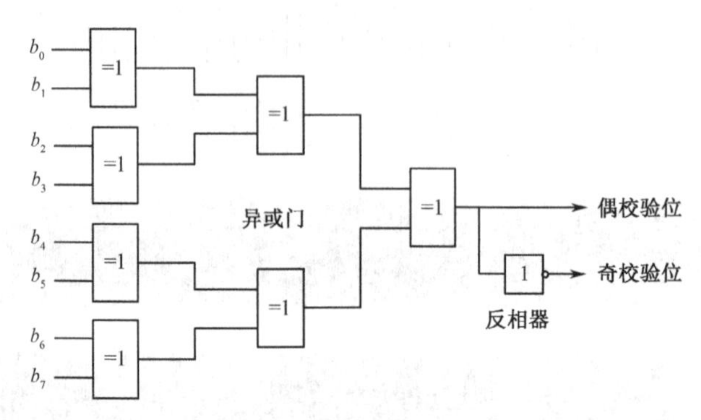

图2.12　8位二进制数奇偶校验位生成电路

奇偶检验识别错误的能力较低。例如，在8位二进制数中如果同时有两位发生了反转，则这种错误不影响奇偶校验位的输出值，从而无法检验出错误。可见奇偶校验只能判断奇数个错误，而对偶数个错误无能为力。

2.4.2 纵向冗余校验

纵向冗余校验（Longitudinal Redundancy Check，LRC）是通信中常用的另一种校验形式。LRC是把传输数据中的所有字节进行按位运算，其结果就是校验字节。在传输数据时，校验字节同正常数据一起发送。接收方收到数据后对数据字节做同样的运算，若结果和发送方的校验字节相同，则认为接收的数据是正确的，否则认为数据接收错误。

LRC 中采用的运算方法有多种，常见的有求和运算和异或运算。例如，发送数据0x495A3D6E87，当采用异或运算时，发送方与接收方的运算过程如图2.13所示。

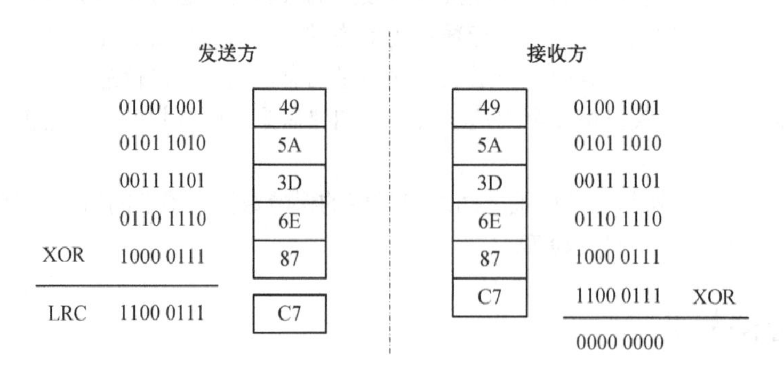

图2.13　采用异或运算的LRC实例

LRC识别错误的能力也不高。当字节间采用异或运算时，与奇偶检验类似，当8列中的某一列数据中同时有两位发生了反转，这种错误不影响LRC的结果，从而无法检验出错误。

2.4.3 循环冗余码校验

循环冗余校码校验（Cyclic Redundancy Check，CRC）广泛应用于数字通信中的数据链路层，其原理是利用除法及其余数来进行错误检测。通信的双方需要事先约定好一个除数，然后将要传输的数据视为被除数，发送方在发送数据前执行被除数与除数之间的除法运算得到余数，之后将这个余数附着在待发送数据的尾部一起发送。接收方收到全部数据后做同样的除法运算，若余数相同，则认为所接收的数据正确，否则判定所接收的数据错误。与我们常规对除法的理解不同，CRC 的除法中各要素规定如下。

1. 除数

CRC 中的除数是一个由二进制位串组成的代码，该代码通常用一个系数取值仅为 0 和 1 的多项式表示，称为生成多项式，生成多项式应满足以下条件：

① 生成多项式的最高位和最低位必须为 1。

② 当被传送信息任何一位发生错误时，被生成多项式做除法后应该使余数不为 0。

③ 不同位发生错误时，应该使余数不同。

④ 对余数继续做除法，应使余数循环。

一般根据余数的位数命名不同的 CRC，命名形式为 CRC-R，比如 CRC-8、CRC-16 等，除数比余数多一位。常用的 CRC 及其生成多项式如表 2.1 所示。

表 2.1 常用的 CRC 及其生成多项式

名称	生成多项式	二进制数	十六进制数
CRC-4	x^4+x+1	10011	13
CRC-8	$x^8+x^5+x^4+1$	100110001	131
CRC-12	$x^{12}+x^{11}+x^3+x^2+x+1$	1100000001111	180F
CRC-16	$x^{16}+x^{15}+x^2+1$	11000000000000101	18005
CRC-ITU	$x^{16}+x^{12}+x^5+1$	10001000000100001	11021
CRC-32	$x^{32}+x^{26}+x^{23}+x^{22}+x^{16}+x^{12}+x^{11}$ $+x^{10}+x^8+x^7+x^5+x^4+x^2+x+1$	100000100110000010001110110110111	104C11DB7

2. 被除数

被除数由待发送的信息生成，但被除数并不完全等于待发送信息数据，而是由待发送的信息数据左移 R 位得到，或者说，由待发送数据右侧补充 R 个 0 得到。

3. 除法

用被除数除以生成多项式（二进制数）。这里的二进制除法不同于日常运算中的除法，除式中的竖向运算不使用减法，而是使用模 2 加，即异或运算。

4. 余数

余数由被除数除以生成多项式得到，如果余数的宽度不足 R 位，要在左侧补 0 凑足 R 位。将余数拼到信息码后面的位置，即得到完整的 CRC 码。

例如，待发送的信息为二进制数据 10110，使用表 2.1 中的 CRC-4 进行校验，则除数为 10011，发送端的被除数后面补 4 个 0，运算后得到余数 1111。发送时使用余数代替被除数后面的 4 个 0，形成发送数据 101101111，接收方收到该数据后用相同的除数进行除法运算，结果余数为 0，证明数据接收正确。发送方与接收方的计算过程如下。

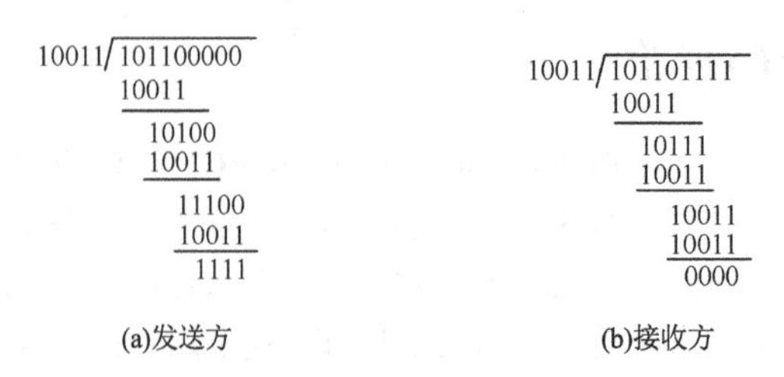

图 2.14 CRC 实例

2.5 通信数据的安全性

RFID 系统是一个开放的无线通信系统，其安全性问题比较显著。为了抵抗某些非法攻击对数据的非授权访问，以及防止 RFID 系统的信息数据被跟踪、窃听和恶意篡改，必须系统分析 RFID 系统面临的安全风险，并采取有效措施保障数据的有效性和隐私性，从而确保数据的安全性。

2.5.1 RFID 系统安全需求

一个理想的 RFID 系统安全需求是多方面的，一般至少应该满足以下几项。

1. 机密性

RFID 系统中的读写器与电子标签之间的通信数据应该保密，不应向任何未被授权的第三方泄露任何敏感信息。

2. 真实性

RFID 系统中通信的双方应该确信对方是真正合法的对话方，能够采取可靠的机制进行相互的身份认证。

3. 完整性

读写器与电子标签所接收的对方信息应该是正确完整的，应该能防止并识别信息在传输过程中被攻击者篡改或替换。

4. 可用性

RFID 系统采用的安全措施应该方案可靠、运行节能、算法易于实现，安全措施成本低，便于在 RFID 系统中大规模推广应用。

2.5.2 RFID 系统安全风险因素

RFID 系统中的安全问题类似于计算机系统和网络中的安全问题，但也有其自身特点，其安全风险因素主要来源于以下几点。

1. 非接触和无线通信

非接触和无线通信是 RFID 系统的最大安全风险因素。射频场的开放性为窃听提供了比有线传输更为便利的条件。

2. 电子标签和读写器的计算能力

受制于成本限制，电子标签的编程与计算能力通常较差，读写器一般都是普通的嵌入式系统，二者之间的通信很难使用强度较高的安全算法。

3. 中间件和应用系统软件的安全性

读写器通过中间件与应用系统软件通信，因此中间件和应用系统软件的安全设计对整个RFID系统有着重要影响。物联网中的RFID系统，读写器通常通过互联网将数据传送到中间件和应用系统软件，互联网本身的安全风险将直接映射到所连接的RFID系统。

2.5.3 RFID系统所受攻击类型

针对RFID系统主要的安全攻击可以分为主动攻击和被动攻击两种类型。

1. 主动攻击

主动攻击是攻击者为得到所需信息的故意行为，攻击者是在主动地实施一系列不利于系统安全的操作。RFID系统中常见的主动攻击有以下形式。

① 主动攻击电子标签。利用获得的电子标签实体，通过物理手段在实验室环境中去除芯片封装，使用微探针获取敏感信息，实现对电子标签的重构或伪造。

② 主动攻击读写器与电子标签之间的通信。通过探测射频场中读写器命令与电子标签的响应，寻求安全协议和加密算法存在的漏洞，实现对电子标签的篡改、假冒和破坏。

③ 主动攻击读写器。通过分析读写器接口获得认证数据，从而假冒读写器与电子标签通信；通过干扰射频场、阻塞信道或其他手段，构建异常应用环境，使合法读写器发生故障，进行拒绝服务攻击等。

应对主动攻击除了采取各种物理手段对通信双方及其工作环境进行保护和采取抗干扰措施，软件上的主要技术手段是采用认证技术。

2. 被动攻击

被动攻击是通过收集信息进行分析而不是主动进行访问，因为被动攻击并不涉及数据的任何改变，数据的合法用户对这种活动很难觉察到，从而对被动攻击的检测十分困难。

被动攻击的形式主要是窃听。RFID系统中的窃听主要包括两方面。

① 窃听读写器与电子标签之间的通信。通过分析微处理器正常工作过程中产生的各种电磁特征，来获得电子标签和读写器之间或其他RFID系统通信设备之间的通信数据。

② 窃听读写器与应用系统软件之间的通信。通过监听RS-232、TCP/IP、USB等常用的读写器与应用系统之间的通信接口获得有用数据，进而分析、推测电子标签的相关信息。

应对被动攻击的主要技术手段是对通信数据进行加密。

2.5.4 RFID系统认证技术

1. 身份认证的概念

身份认证是通信双方确认对方身份的过程。RFID系统中一切信息（包括读写器和电子标签的身份信息）都是用一组特定的数据来表示的，读写器和电子标签只能识别对方的数字身份，如何保证以数字身份进行操作的操作者就是这个数字身份的合法拥有者，即保证操作者的物理身份与数字身份相对应，这就是身份认证。身份认证对于检测主动攻击有着举足轻重的作用。

2. 身份认证的方式

身份认证的方式有许多种，根据运作机制与原理，身份认证的基本方法可以分为三类。

（1）基于信息秘密的身份认证

根据对方所知道的信息来证明其合法身份。最常见的基于信息秘密的身份认证是静态密码认证，只要密码正确，就认为对方身份是合法的。静态密码认证实现起来比较简单，但密码容易泄露，安全性不高。

（2）基于信任物体的身份认证

根据对方所拥有的东西来证明其合法性。基于信任物体的身份认证的常见方法是动态口令，主流的动态口令基于时间同步的方式，每隔一段时间变换一次动态口令，动态口令仅在该段时间内一次有效。动态口令的安全性较高，使用起来非常便捷，因而获得广泛应用。

（3）基于生物特征的身份认证

直接根据生物体独一无二的生物特征来证明其身份，比如人的指纹、掌纹、面部特征等。RFID 系统中交换数据的双方是读写器和电子标签，因此无法应用基于生物体特征的身份认证。

上述各种认证方式中，可以单独使用一种认证方式，更多的时候是综合使用两种或两种以上的认证方式，以提高认证的可靠性，称为双因素认证。

3. 三次相互认证

在 RFID 系统中，认证技术要解决读写器与电子标签之间的互相认证问题，即电子标签应确认读写器的身份，防止存储数据未被授权地读出或重写；读写器也应确认电子标签的身份，以防止假冒和读入伪造数据。

RFID 系统中常采用国际标准 ISO/IEC9798-2 中规定的三次相互认证的方式，这是一种基于共享密钥的认证协议。三次相互认证的过程如图 2.15 所示。

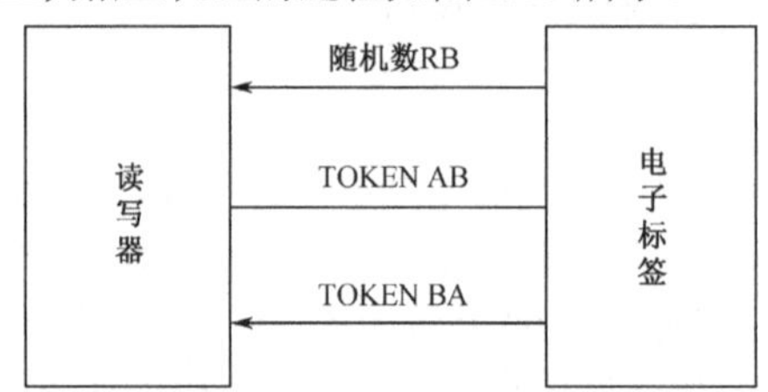

图 2.15　三次相互认证的过程

① 读写器发送获取口令的命令给电子标签，电子标签收到命令后产生一个随机数 RB，作为应答响应传送给读写器。

② 读写器收到随机数 RB 后，产生一个随机数 RA，并使用共享的密钥 KM 和共同的加密算法 EK 对 RA 及 RB 进行运算，得到加密数据块 TOKEN AB，并将 TOKEN AB 传送给电子标签。

$$\text{TOKEN AB}=\text{EK}(\text{RA}, \text{RB}) \tag{2-7}$$

③ 电子标签接收到 TOKEN AB 后进行解密运算，得到随机数 RA 和 RB′，然后将 RB′与之前向读写器发送的随机数 RB 进行比较，若一致，则读写器通过了电子标签的确认。

④ 电子标签发送另一个加密数据块 TOKEN BA 给读写器，TOKEN BA 为

$$\text{TOKEN BA}=\text{EK}(\text{RB1}, \text{RA}) \tag{2-8}$$

式中，RA 为从读写器传来的随机数，RB1 为电子标签产生的另一个随机数。

⑤ 读写器接收到 TOKEN BA 后对其解密，若解密得到的随机数 RA′与读写器原先发送的随机数 RA 相同，则完成了读写器对电子标签的认证。

4．三次相互认证的改进

上述三次相互认证有一个缺点，即所有属于同一应用的电子标签都是使用相同的密钥 KM 保护的。这种情况对于具有大量电子标签（如城市公交一卡通）的应用来说，是一种潜在的危险。由于这些电子标签以不可控的数量分布在众多使用者手中，而且廉价并容易得到，因而必须考虑电子标签的密钥被破解的可能。如果发生了这种情况，则整个过程将被完全公开，且控制改变密钥的代价会非常大，实现起来也会很困难。

为此，需要对三次相互认证过程进行改进，改进的主要思路是让每个电子标签使用不同的密钥来保护。由于每个电子标签一般都有一个全球唯一的识别码 UID，可以将该电子标签的 UID 及原来的主控密钥 KM 作为参数进行某种算法的加密计算，并将计算结果作为该电子标签的保护密钥 KX。这样，每个电子标签都拥有了一个与自己 UID 和主控密钥 KM 相关的专用密钥 KX，即使同一应用中的部分电子标签被破解，也不影响其他电子标签的安全性。

2.6 加密技术

加密技术是防止窃听的主要安全措施，是最常用的保密手段，它是利用技术方法把要传送的重要数据变为密文，到达目的地后再用相同或不同的手段还原成原来的数据。加密技术的应用非常广泛，本节主要讨论加密技术的基本概念及在 RFID 系统中常用的加密技术。

2.6.1 加密技术的基本概念

1. 加密与解密

在加密技术中，待发送的原始数据信息称为明文，加密后的数据信息称为密文。加密的过程就是利用加密算法 E 对明文 m 和加密密钥 K 进行运算，得到密文 c；与加密对应，在接收方利用解密算法 D 对密文 c 和解密密钥 K'进行运算得到明文 m 的过程则称为解密。加密与解密的运算模型如图 2.16 所示。图中的加密密钥 K 与解密密钥 K'既可以相同，也可以不同。

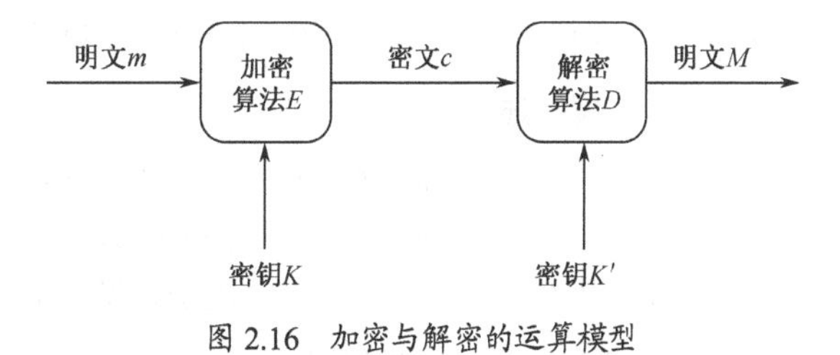

图 2.16 加密与解密的运算模型

加密和解密的关系用数学表达式可以表示为

$$C = E_K(m) \tag{2-9}$$

$$m=D_{K'}(C)=D_{K'}(E_K(m)) \tag{2-10}$$

密码学包含密码编码学和密码分析学。密码编码学研究密码体制的设计，密码分析学则研究破译密码的技术。密码学的一条基本原则是必须假定破译者知道通用的加密方法，即加密算法 E 是公开的，真正的秘密在于密钥。

2. 加密算法的分类

（1）对称加密与非对称加密

根据密钥类型的不同，加密算法可以分为对称加密算法和非对称加密算法。

对称加密算法的加密密钥与解密密钥相同，通信的双方使用同一组密钥，必须保护密钥不被泄露，对称加密算法又称为私密密钥算法。

非对称加密算法的加密密钥与解密密钥不同，其中加密密钥可以公开，称为公钥；解密密钥不能公开，称为私钥。非对称加密算法又称为公开密钥算法。

RFID 系统中常用的对称加密算法有 DES（Data Encryption Standard，数据加密标准）、3DES（Triple DES）、AES（Advanced Encryption Standard，高级加密标准）等，常用的非对称加密算法有 RSA、Elgamal 算法等。

（2）分组加密与序列加密

按照对明文消息加密方式的不同，加密算法可以分为分组加密算法和序列加密算法。

分组加密算法是将明文划分为固定的 n 位的数据组，然后以组为单位，在密钥控制下进行一系列线性或非线性变换而得到密文。上述 DES、3DES、AES 和 RSA 算法都是分组加密算法。

序列加密算法是将明文 m 看成连续的比特流或字符流 $m_1m_2\cdots$，并且用密钥序列 $K=K_1K_2\cdots$中的第 i 个元素 K_i 对明文中的 m_i 进行加密，因此也称为流密码加密。

分组加密算法每次只能处理一个固定长度的明文，当明文长度不足时需要补全，而序列加密算法则可以加密任意长度的明文；分组加密算法在一个固定的密钥作用下，对相同的明文加密，一定能得到相同的密文；而序列加密算法不同时刻的密钥不一定相同，加密同样的明文通常获得的密文前后并不一样。

2.6.2 DES 加密技术

DES 是一种对称分组密码体制，由 IBM 公司研究成功并发表。DES 的分组长度为 64 位，密钥长度为 56 位（密钥其实也是 64 位，分为 8 个字节，其中每个字节的第 8 位为奇偶校验位），将 64 位的明文经加密算法变换为 64 位的密文输出。DES 加密过程如图 2.17 所示。

1. 过程描述

64 位的明文 m 经初始换位（Initial Permutation，IP）后的 64 位输出分别记为左半边 32 位 L_0 和右半边 32 位 R_0，然后经过 16 次迭代运算后，左、右半边的 32 位数据重新组合为 64 位（R_{16} 要排在 L_{16} 前面），再经过逆初始换位 IP^{-1} 得到 64 位的密文输出。

2. 初始换位与逆初始换位

初始换位 IP 与逆初始换位 IP^{-1} 是 DES 运算的第一步和最后一步，其换位规则如图 2.18 所示。

初始换位的功能是将输入的 64 位数据块按位重新组合，并把输出分为 L_0、R_0 两部分，每部分为 32 位。重新组合的规则如图 2.18(a)所示，将输入的第 58 位换至第 1 位，第 50 位换至第 2 位，以此类推。最后一位是原来的第 7 位。L_0 和 R_0 则是换位输出后划分的两部分，L_0 是输出结果的前 32 位，R_0 是后 32 位。如果换位前的输入值记为 $b_1\,b_2\cdots b_{64}$，则经过初始换位后的结果为：

$$L_0=b_{58}b_{50}\cdots b_8$$

$$R_0=b_{57}b_{49}\cdots b_7$$

逆初始换位是在经过 16 次迭代运算后，得到 $R_{16}L_{16}$ 组成的 64 位数据，将之作为输入并按照图 2.18(b)的规则进行换位，输出即为密文。

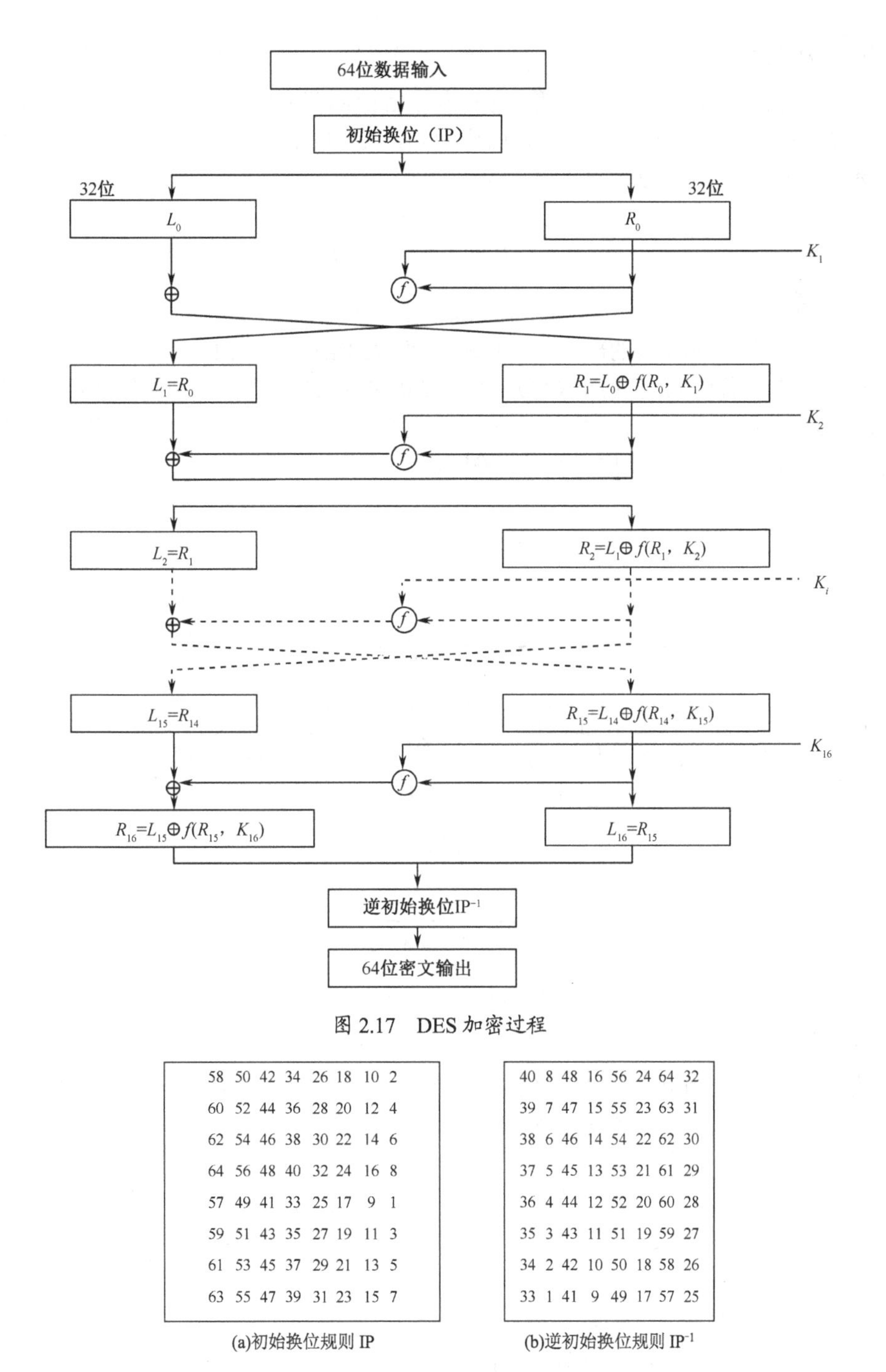

图 2.17　DES 加密过程

58	50	42	34	26	18	10	2
60	52	44	36	28	20	12	4
62	54	46	38	30	22	14	6
64	56	48	40	32	24	16	8
57	49	41	33	25	17	9	1
59	51	43	35	27	19	11	3
61	53	45	37	29	21	13	5
63	55	47	39	31	23	15	7

(a)初始换位规则 IP

40	8	48	16	56	24	64	32
39	7	47	15	55	23	63	31
38	6	46	14	54	22	62	30
37	5	45	13	53	21	61	29
36	4	44	12	52	20	60	28
35	3	43	11	51	19	59	27
34	2	42	10	50	18	58	26
33	1	41	9	49	17	57	25

(b)逆初始换位规则 IP^{-1}

图 2.18　初始换位与逆初始换位规则

由图 2.18(a)和图 2.18(b)之间的对比可以看出，IP-1 完成的功能正好是 IP 的逆过程。例如，第 1 位经过 IP 换位第 40 位，而经过 IP-1 换位，又将第 40 位换回到第 1 位。当然换回的只是数据的原位置，而数据的值则是经过了加密变换之后的数据。

3. 16 次迭代

初始换位后是 16 次迭代运算过程。将 R_0 与子密钥 K_1 经 f 函数的运算得到 $f(R_0,K_1)$，$f(R_0,K_1)$再与 L_0 按位模 2 加得到 R_1，同时将 R_0 作为 L_1，就完成了第一次迭代。之后的迭代以此类推，第 i（i=1,2,⋯,16）次迭代可以表示为：

$$L_i=R_{i-1}$$

$$R_i=L_{i-1}\oplus f(R_{i-1},\ K_i)$$

4. f 函数

在迭代过程中，最重要的部分是 f 函数。f 函数的结构如图 2.19 所示，其功能是利用放大换位表 E 将 32 位的 R_{i-1} 扩展至 48 位，与子密钥 K_i 按位模 2 加后，把结果分为 8 个长度为 6 位的数据块，再分别经选择函数 $S_1,S_2,\cdots,S_8$ 的变换，产生 8 个长度为 4 位的数据块，重新合并为 32 位，最后经过单纯换位表 P 得到输出。

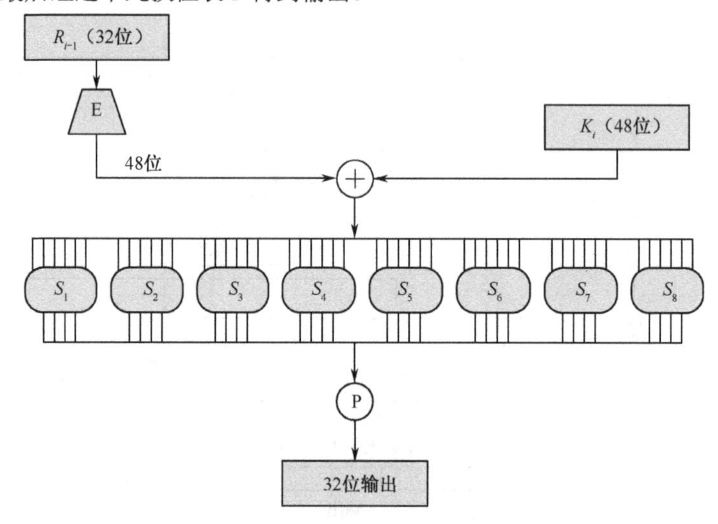

图 2.19　DES 加密 f 函数

（1）放大换位表 E

放大换位表 E 的作用是将 32 位的 R_{i-1} 扩展至 48 位，以便与 48 位的子密钥 K_i 进行按位模 2 加运算，放大换位表 E 的换位规则如图 2.20(a)所示。

32	1	2	3	4	5
4	5	6	7	8	9
8	9	10	11	12	13
12	13	14	15	16	17
16	17	18	19	20	21
20	21	22	23	24	25
24	25	26	27	28	29
28	29	30	31	32	1

(a)放大换位表 E

16	7	20	21
29	12	28	17
1	15	23	26
5	18	31	10
2	8	24	14
32	27	3	9
19	13	30	6
22	11	4	25

(b)单纯换位表 P

图 2.20　放大换位表 E 与单纯换位表 P

（2）S 函数

S 函数又称为 S 盒，其功能是把 6 位的输入转化为 4 位输出，这种转化是通过查表 2.2 实现的。S 函数表由 8 个子表 S_1～S_8 组成，分别对应图 2.19 中的 S_1～S_8。

下面以 S_1 为例说明表 2.2 的使用方法，设输入为：

$$B=b_1b_2b_3b_4b_5b_6$$

表 2.2　S 函数表

行 / 列	0	1	2	3	4	5	6	7	8	9	10	11	12	13	14	15	
0	14	4	13	1	2	15	11	8	3	10	6	12	5	9	0	7	
1	0	15	7	4	14	2	13	1	10	6	12	11	9	5	3	8	S_1
2	4	1	14	8	13	6	2	11	15	2	9	7	3	10	5	0	
3	15	12	8	2	4	9	1	7	5	11	3	14	10	0	6	13	
0	15	1	8	14	6	11	3	4	9	7	2	13	12	0	5	10	
1	3	13	4	7	15	2	8	14	12	0	1	10	6	9	11	5	S_2
2	0	14	7	11	10	4	13	1	5	8	12	6	9	3	2	15	
3	13	8	10	1	3	15	4	2	11	6	7	12	0	5	14	9	
0	10	0	9	14	6	3	15	5	1	13	12	7	11	4	2	8	
1	13	7	0	9	3	4	6	10	2	8	5	14	12	11	15	1	S_3
2	13	6	4	9	8	15	3	0	11	1	2	12	5	10	14	7	
3	1	10	13	0	6	9	8	7	4	15	14	3	11	5	2	12	
0	7	13	14	3	0	6	9	10	1	2	8	5	11	12	4	15	
1	13	8	11	5	6	15	0	3	4	7	2	12	1	10	14	9	S_4
2	10	6	9	0	12	11	7	13	15	1	3	14	5	2	8	4	
3	3	15	0	6	10	1	13	8	9	4	5	11	12	7	2	14	
0	2	12	4	1	7	10	11	6	8	5	3	15	13	0	14	9	
1	14	11	2	12	4	7	13	1	5	0	15	10	3	9	8	6	S_5
2	4	2	1	11	10	13	7	8	15	9	12	5	6	3	0	14	
3	11	8	12	7	1	14	2	13	6	15	0	9	10	4	5	3	
0	12	1	10	15	9	2	6	8	0	13	3	4	14	7	5	11	
1	1	5	4	2	7	12	9	5	6	1	13	14	0	11	3	8	S_6
2	9	14	15	5	2	8	12	3	7	0	4	10	1	13	11	6	
3	4	3	2	12	9	5	15	10	11	14	1	7	6	0	8	13	
0	4	11	2	14	15	0	8	13	3	12	9	7	5	10	6	1	
1	13	0	11	7	4	9	1	10	14	3	5	12	2	15	8	6	S_7
2	1	4	11	13	12	3	7	14	10	15	6	8	0	5	9	2	
3	6	11	13	8	1	4	10	7	9	5	0	15	14	2	3	12	
0	13	2	8	4	6	15	11	1	10	9	3	14	5	0	12	7	
1	1	15	13	8	10	3	7	4	12	5	6	11	0	14	9	2	S_8
2	7	11	4	1	9	12	14	2	0	6	10	13	15	3	5	8	
3	2	1	14	7	4	10	8	13	15	12	9	0	3	5	6	11	

将 $b_2b_3b_4b_5$ 共 4 个二进制位转换为 0～15 之间的某一数值 C，将 b_1b_6 共 2 个二进制位转换为 0～3 之间的某一数值 R，即

$$C=b_2b_3b_4b_5$$

$$R=b_1b_6$$

然后在 S_1 表的第 R 行第 C 列查得一个数值 S，并将 S 以 4 位二进制表示，即得到 S 函数的输出。

例如，假设 S_1 的输入 6 位为 101011，则 C=(0101)B=(5)D，R=(11)B=(3)D，查 S_1 表的第 3 行第 5 列，得到输出为(9)D=(1001)B。

（3）单纯换位表 P

单纯换位表 P 的作用是对 S_1～S_8 产生的 8 个长度为 4 位的数据进行换位，单纯换位表 P 的换位规则如图 2.20(b)所示。

5. 子密钥

在 DES 的 16 次迭代过程中，每次都要使用一个 48 位的子密钥。DES 子密钥的生成过程如图 2.21 所示。8 字节 64 位的 DES 密钥经置换选择 1 得到 56 位，分为左、右两部分 C 和 D（各 28 位），然后 C 和 D 各自独立进行左循环移位，每次移位的次数根据图 2.21 右上角的表确定。移位完成后的 C 和 D 重新组合为 56 位，最后经置换选择 2 得到 48 位的子密钥。置换选择 1 和置换选择 2 的规则分别见图 2.22(a)和图 2.22(b)。

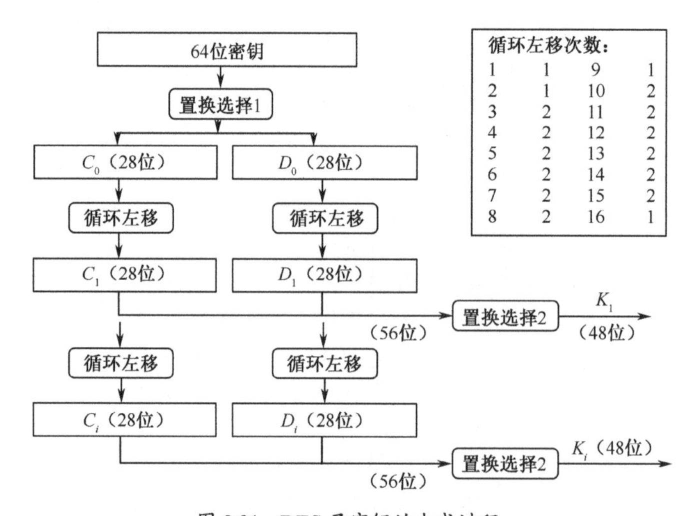

图 2.21　DES 子密钥的生成过程

6. DES 解密

DES 的解密过程与加密过程类似，其加密过程与解密过程对比如下。

（1）加密过程

$L_0R_0 \leftarrow$IP（64 位明文输入）

$L_i \leftarrow R_{i-1}$　　　　$i=1,\cdots,16$

$R_i \leftarrow L_{i-1} \oplus f(R_{i-1}, K_i)$　　　　$i=1,\cdots,16$

（64 位密文输出）$\leftarrow \mathrm{IP}^{-1}(R_{16}L_{16})$

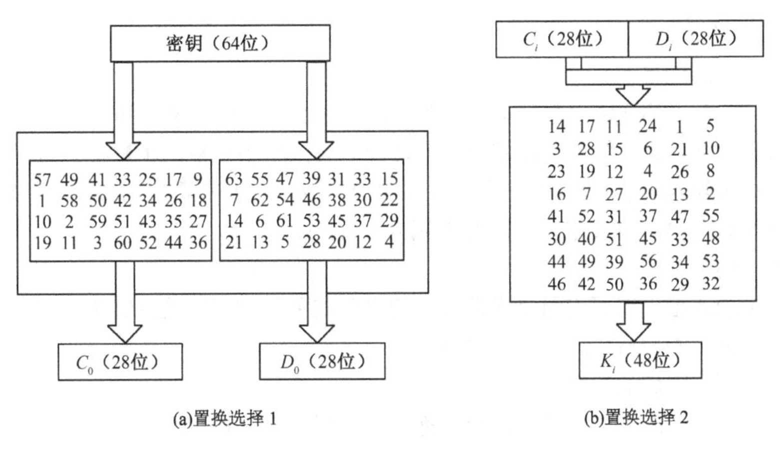

(a)置换选择 1　　(b)置换选择 2

图 2.22　子密钥生成过程中的置换选择

（2）解密过程

$R_{16}L_{16} \leftarrow \text{IP}$（64 位密文输入）

$R_{i-1} \leftarrow L_i \qquad i=16,\cdots,1$

$L_{i-1} \leftarrow R_i \oplus f(L_{i-1}, K_i) \qquad i=16,\cdots,1$

（64 位明文输出）$\leftarrow \text{IP}^{-1}(R_0L_0)$

7. 3DES

3DES（Triple DES）是对每个数据块应用三次 DES 加密算法。由于计算机运算能力的增强，DES 加密算法的密钥长度变得容易被强力破解，3DES 则是通过增加密钥长度来增加强力破解难度的一种相对简单的方法，其加密和解密过程可以描述如下。

3DES 加密过程：$c=E_{K_3}(D_{K_2}(E_{K_1}(m)))$

3DES 解密过程：$m=D_{K_1}(E_{K_2}(D_{K_3}(c)))$

3DES 使用三个密钥 K_1、K_2 和 K_3，加密时首先用 K_1 对明文进行加密，然后用 K_2 对前次运算结果进行解密，用 K_3 对第二次的运算结果进行加密，最后获得密文输出。解密时的运算过程相反。

K_1、K_2、K_3 决定了算法的安全性，若三个密钥互不相同，本质上相当于用一个长为 192 位的密钥进行加密。多年来，它在对付强力攻击时是比较安全的。在数据对安全性要求不太高的场合，经常有密钥 K_3 与 K_1 一样，此时相当于密钥的有效长度为 128 位。

2.6.3　AES 加密技术

高级加密标准（Advanced Encryption Standard，AES），在密码学中又称 Rijndael 加密算法，是美国联邦政府采用的一种区块加密标准。提出 AES 的目的是替代原先的 DES，目前已经被多方分析且在全世界广泛使用。1997 年 9 月，美国国家标准与技术研究院（National Institute of Standards and Technology，NIST）正式公布了征集 AES 方案的通告。2000 年 10 月，由比利时的 Joan Daemen 和 Vincent Rijmen 提出的算法最终胜出。

AES 的特点是有较好的数学理论（有限域）作为基础，能抵抗各种已知的攻击；结构简单；在各种平台上易于实现，速度快。

1. 有限域简介

（1）有限域的概念

有限域（Galois Fields，GF）是一个集合，只包含有限个元素，可以在其上进行加法、减法、乘法和除法运算且结果不会超出域的范围。有限域中元素的个数称为有限域的阶，每个有限域的阶必须为素数的幂，即有限域的阶可表示为p^n（p是素数、n是正整数）的形式，该有限域记为$GF(p^n)$，AES 中使用的有限域为$GF(2^8)$。

（2）不可约多项式

不可约多项式指不能写成两个次数较低的多项式乘积的多项式。AES 加密中使用的不可约多项式为$m(x)= x^8+x^4+x^3+x+1$，即 0x11B。

（3）二进制有限域的运算

二进制有限域中的加法和减法执行的都是位异或运算。乘法运算的步骤与普通的乘法类似，但在做竖向加法的时候仍然使用异或运算。乘法的结果如果超过 255，则需要对 0x11B 求余，求余过程中涉及的加法和减法都使用异或运算。

2. AES 的密钥长度与运算轮次

AES 是分组对称加密算法，加密数据块的分组长度必须为 128 位，密钥长度可以是 128 位、192 位、256 位中的任意一个。128 位的明文经过多轮的运算和变换得到 128 位的密文输出。密钥长度与运算轮次之间的关系如表 2.3 所示。

表 2.3　AES 的密钥长度与运算轮次关系

AES 类型	密钥长度	分组长度	运算轮次（Nr）
AES-128	128	128	10
AES-192	192	128	12
AES-256	256	128	14

3. AES 的加密过程

AES 的加密过程如图 2.23(a)所示。128 位的明文经过初始的轮密钥加运算，之后再经过 Nr 轮的加密运算得到 128 位的密文输出。Nr 轮的加密运算中，前面的 Nr−1 轮中每一轮都包括字节替换、行移位、列混合和轮密钥加 4 个步骤，最后一轮则只有 3 个步骤，少了列混合这一步。所有的轮密钥加运算中，都有一组 16 字节的子密钥参与，整个过程共需要 Nr+1 组子密钥。AES 的解密过程与加密过程相反，如图 2.23(b)所示。

4. 初始状态矩阵

AES 的分组长度固定为 128 位，共 16 字节，以字节为基本单位转换为一个 4×4 的矩阵，称为初始状态矩阵。如果按顺序将明文的 16 字节标记为 $a_{00}, a_{10}, a_{20}, a_{30}, a_{01}, \cdots, a_{23}, a_{33}$，则前 4 字节组成初始状态矩阵的第 1 列，之后的 4 字节组成第 2 列，依次类推，整个初始状态矩阵如图 2.24 所示。加密结束时，输出的密文也是从状态字节中按相同的顺序提取的。

5. 初始密钥

AES 的初始密钥也可以转换为初始状态矩阵的形式。当密钥长度为 128 位时，初始密钥的状态矩阵大小与明文的初始状态矩阵相同。当密钥长度为 192 位或 256 位时，初始密钥的状态矩阵按类似的规则后延。如果把初始密钥的内容按字节顺序编号，密钥长度为 16 字节时编号为 0～15，密钥长度为 24 字节时编号为 0～23，密钥长度为 32 字节时编号为 0～31，则三种长度初始密钥的状态矩阵如图 2.25 所示。

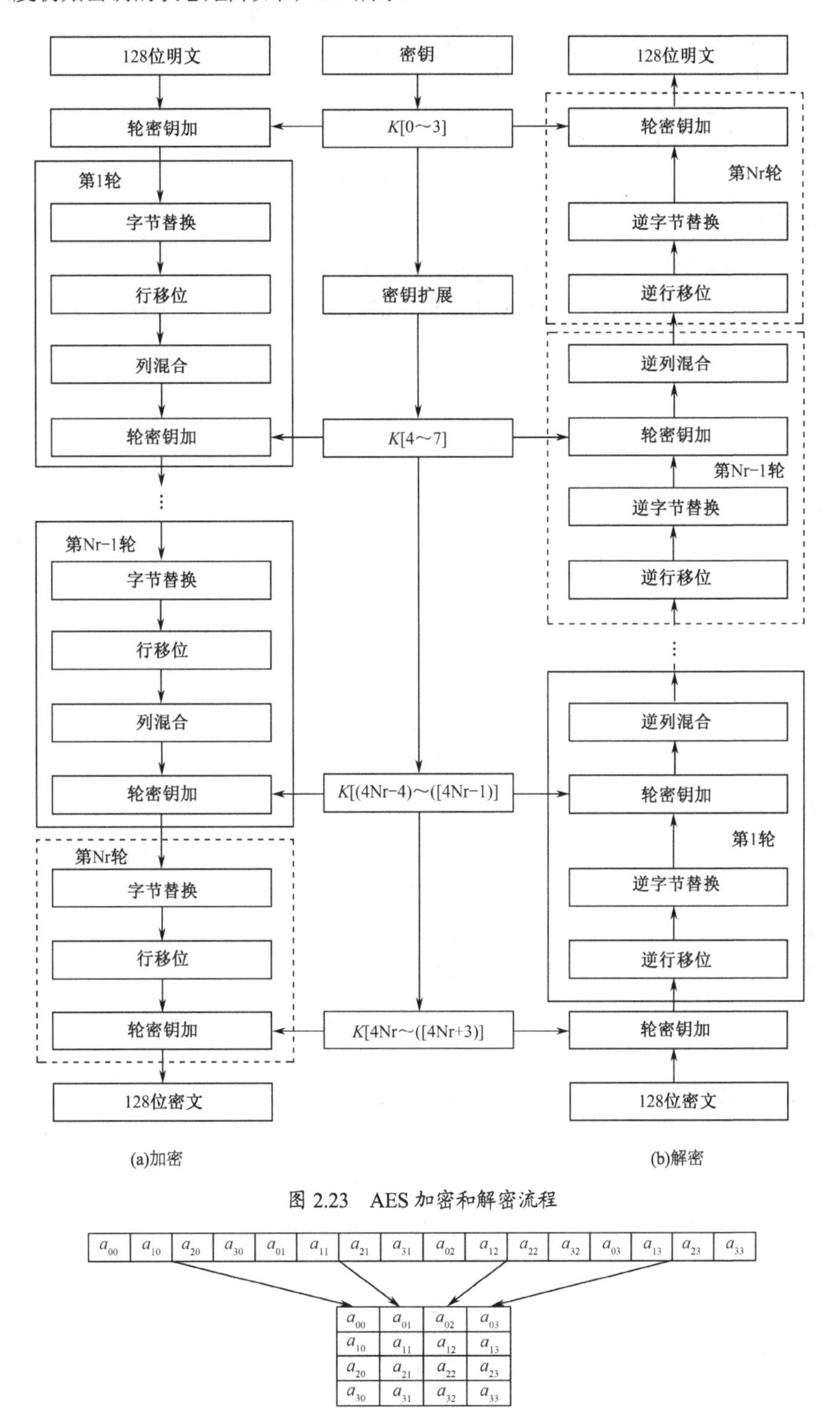

图 2.23　AES 加密和解密流程

图 2.24　AES 初始状态矩阵

0	4	8	12
1	5	9	13
2	6	10	14
3	7	11	15

(a)密钥长度为 16 字节

0	4	8	12	16	20
1	5	9	13	17	21
2	6	10	14	18	22
3	7	11	15	19	23

(b)密钥长度为 24 字节

0	4	8	12	16	20	24	28
1	5	9	13	17	21	25	29
2	6	10	14	18	22	26	30
3	7	11	15	19	23	27	31

(c)密钥长度为 32 字节

图 2.25　初始密钥的状态矩阵

6. 轮密钥加

轮密钥加是将该轮的子密钥简单地与数据的状态矩阵进行逐位异或，其运算过程如图 2.26 所示，图中 $A_{ij} \oplus K_{ij} = B_{ij}$ (mod 2)。轮密钥由初始密钥通过密钥编排算法得到，轮密钥长度等于明文分组长度，即 128 位。

A_{00}	A_{01}	A_{02}	A_{03}
A_{10}	A_{11}	A_{12}	A_{13}
A_{20}	A_{21}	A_{22}	A_{23}
A_{30}	A_{31}	A_{32}	A_{33}

$\oplus$

K_{00}	K_{01}	K_{02}	K_{03}
K_{10}	K_{11}	K_{12}	K_{13}
K_{20}	K_{21}	K_{22}	K_{23}
K_{30}	K_{31}	K_{32}	K_{33}

=

B_{00}	B_{01}	B_{02}	B_{03}
B_{10}	B_{11}	B_{12}	B_{13}
B_{20}	B_{21}	B_{22}	B_{23}
B_{30}	B_{31}	B_{32}	B_{33}

80	53	63	20
5E	25	35	6C
6A	3A	69	28
36	66	03	06

$\oplus$

75	05	73	00
35	61	62	55
6B	39	05	09
99	56	31	32

=

F5	56	10	20
6B	44	57	39
01	03	6C	21
AF	30	32	34

图 2.26　轮密钥加的运算过程

7. 字节替换

字节替换又称 *S* 盒变换，*S* 盒变换其实是一个查表的过程，分别取 1 字节的高 4 位和低 4 位作为行值与列值，然后在 *S* 盒中找到对应的字节进行替换。*S* 盒变换是一个非线性变换，非线性体现在 *S* 盒的构造上。*S* 盒变换是 AES 唯一的非线性变换，是保证 AES 安全的关键。AES 的 *S* 盒变换如表 2.4 所示。例如，输入 0x03，则查表输出为 0x7B。

表 2.4　AES 的 *S* 盒变换

X	***Y***															
	0	**1**	**2**	**3**	**4**	**5**	**6**	**7**	**8**	**9**	**A**	**B**	**C**	**D**	**E**	**F**
0	63	7C	77	7B	F2	6B	6F	C5	30	01	67	2B	FE	D7	AB	76
1	CA	82	C9	7D	FA	59	47	F0	AD	D4	A2	AF	9C	A4	72	C0
2	B7	FD	93	26	36	3F	F7	CC	34	A5	E5	F1	71	D8	31	15
3	04	C7	23	C3	18	96	05	9A	07	12	80	E2	EB	27	B2	75
4	09	83	2C	1A	1B	6E	5A	A0	52	3B	D6	B3	29	E3	2F	84
5	53	D1	00	ED	20	FC	B1	5B	6A	CB	BE	39	4A	4C	58	CF
6	D0	EF	AA	FB	43	4D	33	85	45	F9	02	7F	50	3C	9F	A8
7	51	A3	40	8F	92	9D	38	F5	BC	B6	DA	21	10	FF	F3	D2
8	CD	0C	13	EC	5F	97	44	17	C4	A7	7E	3D	64	5D	19	73
9	60	81	4F	DC	22	2A	90	88	46	EE	B8	14	DE	5E	0B	DB
A	E0	32	3A	0A	49	06	24	5C	C2	D3	AC	62	91	95	E4	79

（续表）

X	Y															
	0	**1**	**2**	**3**	**4**	**5**	**6**	**7**	**8**	**9**	**A**	**B**	**C**	**D**	**E**	**F**
B	E7	C8	37	6D	8D	D5	4E	A9	6C	56	F4	EA	65	7A	AE	08
C	BA	78	25	2E	1C	A6	B4	C6	E8	DD	74	1F	4B	BD	8B	8A
D	70	3E	B5	66	48	03	F6	0E	61	35	57	B9	86	C1	1D	9E
E	E1	F8	98	11	69	D9	8E	94	9B	1E	87	E9	CE	55	28	DF
F	8C	A1	89	0D	BF	E6	42	68	41	99	2D	0F	B0	54	BB	16

8. 行移位

状态矩阵的4个行以字节为基本单位进行循环左移，具体规则为：第1行不变，第2行循环移位1字节，第3行循环移位2字节，第4行循环移位3字节。行移位规则如图2.27所示。

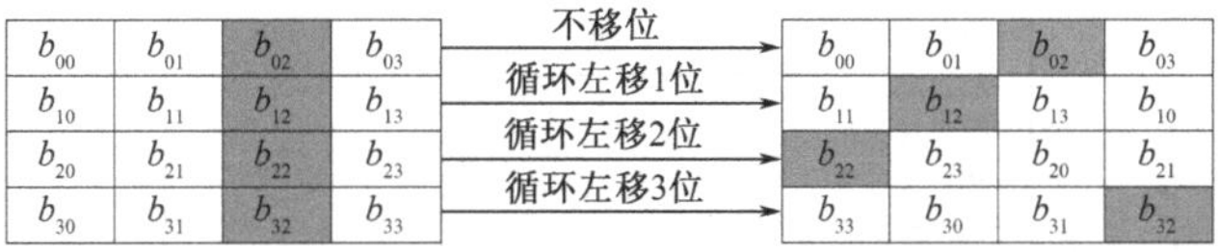

b_{00}	b_{01}	b_{02}	b_{03}	不移位 →	b_{00}	b_{01}	b_{02}	b_{03}
b_{10}	b_{11}	b_{12}	b_{13}	循环左移1位 →	b_{11}	b_{12}	b_{13}	b_{10}
b_{20}	b_{21}	b_{22}	b_{23}	循环左移2位 →	b_{22}	b_{23}	b_{20}	b_{21}
b_{30}	b_{31}	b_{32}	b_{33}	循环左移3位 →	b_{33}	b_{30}	b_{31}	b_{32}

图 2.27 行移位规则

9. 列混合

列混合是用一个常数矩阵与状态矩阵相乘，结果中的每一个元素都对AES的不可约多项式（0x11B）求余，运算过程中涉及的所有加、减运算都使用异或操作。列混合使用的常数矩阵为

$$\begin{bmatrix} 02 & 03 & 01 & 01 \\ 01 & 02 & 03 & 01 \\ 01 & 01 & 02 & 03 \\ 03 & 01 & 01 & 02 \end{bmatrix}$$

例如，假设状态矩阵的第一列数据为0xE61B5018，则常数矩阵第一行与状态矩阵第一列相乘的结果为

$$C_{00}=02*E6 \bmod 11B+03*1B \bmod 11B +01*50 \bmod 11B +01*18 \bmod 11B$$

其中

02*E6 mod 11B =0010*11100110 mod 100011011 =111001100 mod 100011011=11010111

03*1B mod 11B =0011*00011011 mod 100011011 =000101101 mod 100011011=00101101

01*50 mod 11B =0001*01010000 mod 100011011 =001010000 mod 100011011=01010000

01*18 mod 11B =0001*00011000 mod 100011011 =000011000 mod 100011011=00011000

从而

$$C_{00}=11010111+00101101 +01010000 +00011000=10110010=B2$$

10. 密钥扩展

在整个AES加密的过程中，总共需要进行Nr+1次轮密钥加运算，除了第一次可以直接使用初始密钥，其他轮次的子密钥需要通过初始密钥进行扩展得到。每个轮次的子密钥都是

16 字节。图 2.28～图 2.30 是密钥长度分别为 128 位、192 位、256 位时的密钥扩展方法。

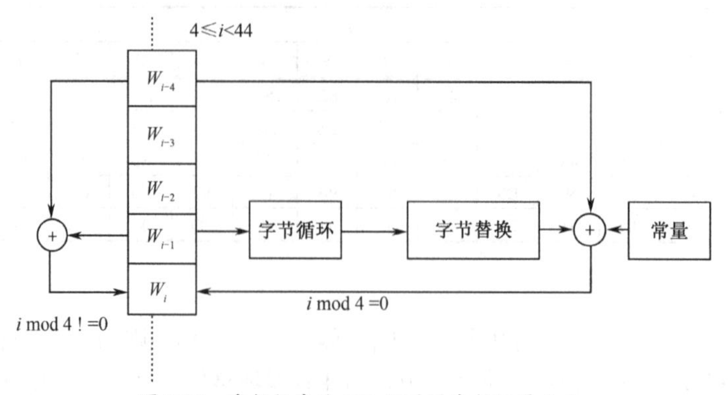

图 2.28　密钥长度为 128 位时的密钥扩展方法

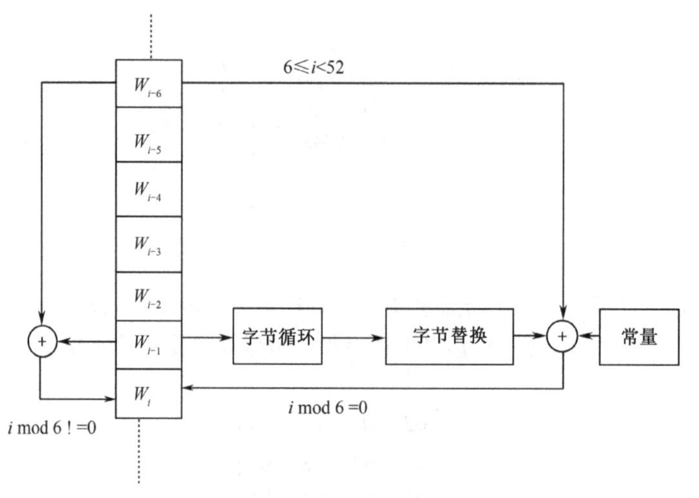

图 2.29　密钥长度为 192 位时的密钥扩展方法

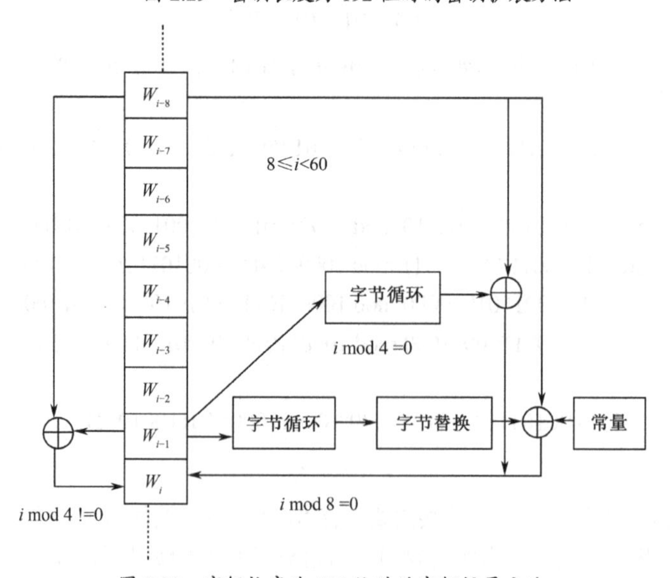

图 2.30　密钥长度为 256 位时的密钥扩展方法

图中的每一个 W 是一个字，包括 4 字节，每连续的 4 个 W 组成一个 16 字节的子密钥。初始密钥的 0～3 字节组成 W_0，4～7 字节组成 W_1，8～11 字节组成 W_2，12～15 字节组成 W_3，之后的 W_i 根据密钥长度不同分为 3 种情况讨论。

（1）密钥长度为 128 位

此种情况下，W_i（$4 \leq i < 44$）需要扩展，扩展方法是，若 i 不是 4 的整数倍，则 $W_i=W_{i-1} \oplus W_{i-4}$，否则按以下步骤生成 W_i。举例说明，假设 W_{i-1}=0x00550932。

① 将 W_{i-1} 的 4 字节以字节为单位循环左移 1 字节，得到 0x55093200。

② 将上一步循环左移的结果作为 S 盒的输入，查表得到 4 字节输出 0xFC012363。

③ 确定常量 Rcon[j]=(RC(j),00,00,00)的值，其中 RC(j)= $(02)^{(j-1)}$ mod 0x11B，$j=i/4$，如表 2.5 所示。Rcon[j]的后 3 字节恒为 0。

表 2.5　AES 的 RC(j)取值

j	1	2	3	4	5	6	7	8	9	10
RC(j)	01	02	04	08	10	20	40	80	1B	36

④ 将 S 盒输出与常量 Rcon[j]对应字节异或。在 j=1 时，0xFC012363⊕0x01000000=0xFD012363。

⑤ 将上一步的结果与 W_{i-4} 异或即得到 W_i 的值。

（2）密钥长度为 192 位

此种情况下，初始密钥的 16～19 字节组成 W_4，20～23 字节组成 W_5，W_i（$6 \leq i < 52$）需要扩展，扩展方法是，若 i 不是 6 的整数倍，则 $W_i=W_{i-1} \oplus W_{i-6}$，否则按以下步骤生成 W_i。

① 将 W_{i-1} 的 4 字节按照字节为单位循环左移 1 字节。

② 将上一步循环左移的结果作为 S 盒的输入，查表得到 4 字节输出。

③ 确定常量 Rcon[j]=(RC(j),00,00,00)的值，其中 RC(j)= $(02)^{(j-1)}$ mod 0x11B，$j=i/6$，如表 2.5 所示。Rcon[j]的后 3 字节恒为 0。

④ 将 S 盒输出与常量 Rcon[j]对应字节异或。

⑤ 将上一步的结果与 W_{i-6} 异或即得到 W_i 的值。

（3）密钥长度为 256 位

此种情况下，初始密钥的 16～19 字节组成 W_4，20～23 字节组成 W_5，24～27 字节组成 W_6，28～32 字节组成 W_7，W_i（$8 \leq i < 60$）需要扩展，扩展方法是，若 i 不是 4 的整数倍，则 $W_i=W_{i-1} \oplus W_{i-8}$，否则按以下步骤生成 W_i。

① 若 i 是 8 的整数倍，则将 W_{i-1} 的 4 字节按照字节为单位循环左移 1 字节；若 i 是 4 的整数倍但不是 8 的整数倍，则保持 W_{i-1} 的数据不变。

② 将上一步的结果作为 S 盒的输入，查表得到 4 字节输出。

③ 确定常量 Rcon[j]=(RC(j),00,00,00)的值，其中 RC(j)= $(02)^{(j-1)}$ mod 0x11B，$j=i/8$，如表 2.5 所示。Rcon[j]的后 3 字节恒为 0。

④ 若 i 是 8 的整数倍，则将 S 盒输出与常量 Rcon[j]对应字节异或；若 i 是 4 的整数倍但不是 8 的整数倍，则保持 S 盒输出数据不变。

⑤ 将上一步的结果与 W_{i-8} 异或，即得到 W_i 的值。

11. AES 解密

AES 解密的过程与加密类似，其过程如图 2.23(b)所示。其中，逆行移位、逆列混合、逆字节替代等均与加密有所不同，详情可参考相关文献。

12. AES与DES比较

① DES采用56位有效密钥，AES采用多种密钥长度。

② DES对64位分组数据进行加密，AES对128位分组数据进行加密。

③ DES是面向位的运算，AES是面向字节的运算。

④ AES的加密算法与解密算法不一致，因而加密电路或程序不能同时用作解密电路或程序，DES的加密和解密的电路或程序则是一样的。

⑤ DES的S盒的设计原理没有完全公开，而AES的S盒的设计则有明确的代数表达式，并使用了有限域求逆和线性运算，这种结构有很好的抵抗密码分析的能力。

2.6.4 非对称加密技术

1. 基本概念

非对称加密算法需要两个密钥：公用密钥和私有密钥。公用密钥与私有密钥是一一对应的，如果用公用密钥对数据进行加密，只有用对应的私有密钥才能解密；如果用私有密钥对数据进行加密，那么只有用对应的公用密钥才能解密。因为加密和解密使用的是两个不同的密钥，所以这种算法被称为非对称加密算法。

2. 加密解密过程

非对称加密算法实现机密信息交换的基本过程是：甲方生成一对密钥并将其中的一个作为公用密钥向其他方公开；得到该公用密钥的乙方使用该密钥对机密信息进行加密后再发送给甲方；甲方再用自己保存的另一个专用私有密钥对加密后的信息进行解密。

类似地，甲方可以使用乙方的公用秘钥对机密信息进行加密后再发送给乙方，乙方收到加密数据后再用自己的私有密钥进行解密。通信的双方都只能用其专用密钥解密由其公用密钥加密后的信息。

3. 主要特点

① 非对称加密算法一般基于某种数学难题，其安全性与使用的数学难题息息相关。

② 非对称加密算法通常算法复杂，使加密解密速度没有对称加密解密的速度快。

③ 对称加密算法中通信双方使用同一组密钥，并且是非公开的，如果要解密就得让对方知道密钥，因此，如何将密钥从一方安全地传递给另一方变得非常关键。而非对称密钥体制有两种密钥，其中一个是公开的，不需要像对称密码那样传输私有密钥，私钥安全性大大提高。

4. 常用算法

常用的非对称加密算法有RSA、ECC、Diffie-Hellman、Elgamal、DSA等，其中使用比较广泛的是RSA算法和Elgamal算法。

RSA算法是1977年由罗纳德·李维斯特（Ron Rivest）、阿迪萨默尔（Adi Shamir）和伦纳德·阿德曼（Leonard Adleman）一起提出的。当时他们三人都在麻省理工学院工作，RSA是他们三人姓氏的开头字母拼在一起组成的。RSA算法依赖的是大整数因子分解的难度，其基本定理为：任何大于1的整数都可以分解成素数乘积的形式，如果不计分解式中素数的次序，该分解式是唯一的。

Elgamal 算法基于有限域上的离散对数求解难题，由 Taher Elgamal 在 1985 年提出，在很多密码学系统中得到广泛应用。

5. 数字签名

书信或文件是根据人的亲笔签名或印章来证明其真实性的，但在计算机网络中传送的文件又如何盖章呢？这就是数字签名所要解决的问题。数字签名必须保证以下三点：

① 接收方能够核实发送方对报文的签名。

② 发送方事后不能抵赖对报文的签名。

③ 接收方不能伪造对报文的签名。

现在已有多种实现数字签名的方法，但采用公用密钥算法要比采用常规密钥算法更容易实现。使用公用密钥算法实现数字签名的过程如图 2.31 所示。

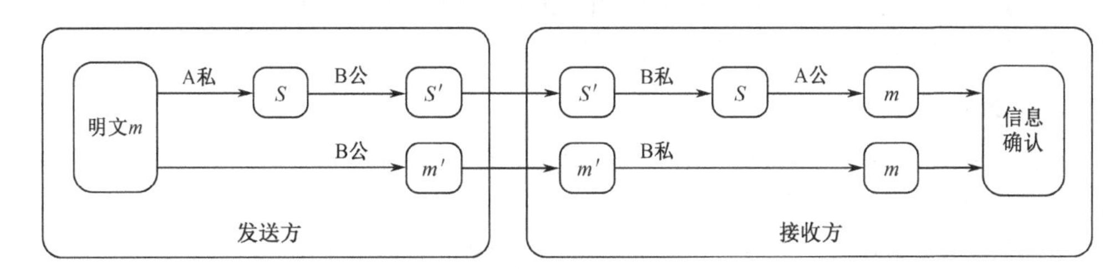

图 2.31　使用公用密钥算法实现数字签名的过程

假设用户 A 要传送一个明文 m 给用户 B，则用户 A 首先用自己的加密密钥对明文 m 加密得到 S，然后用户 A 进一步使用用户 B 的加密密钥对 S 加密得到 S'。与此同时，用户 A 把明文 m 也用用户 B 的加密密钥进行加密得到 m'，然后将这两个结果联合在一起发送给用户 B。

用户 B 收到信息后，首先用自己的解密密钥恢复 S 和 m，然后用用户 A 的加密密钥对 S 进行运算，产生明文 m。如果两个 m 相同，则用户 B 就可以确信信息确实是由用户 A 发送的，同时用户 A 不能否认发送过这个信息，用户 B 也无法伪造该签名。因为整个过程的完成需要双方的 4 个密钥参加，任何一方都最多知道其中的 3 个，任何一方都无法独立完成该过程，因此无法伪造；反之只要过程成立，说明双方的私有密钥都参与了签名过程，因而任何一方都无法否认。

2.7　防冲突算法

正常情况下，射频识别系统的每个读写器每个时刻只能与一个位于其射频场中的电子标签进行通信，否则就会发生通信冲突和数据干扰。不同于接触式 IC 卡的卡座与卡片一一对应，射频识别系统中经常会出现并非一个读写器对应一个电子标签的情况，包括单读写器读写多个电子标签、多读写器读写多个电子标签和多读写器读写单个电子标签等。这些情况下，如果不采取措施而直接进行读写器与电子标签之间的通信就会发生冲突。为了防止这些冲突的发生，需要在射频识别系统中设置相关的命令或机制来避免冲突，这些命令或机制称为防冲突算法，也称为防碰撞算法。

2.7.1 防冲突算法分类

在无线通信技术中，无线通信冲突是长久以来一直存在的问题。解决无线通信冲突常用的方法有四种，分别是空分多路法（Space Division Multiple Access，SDMA）、频分多路法（Frequency Division Multiple Access，FDMA）、时分多路法（Time Division Multiple Access，TDMA）和码分多路法（Code Division Multiple Access，CDMA）。

1. 空分多路法

SDMA 是基于空间分隔信道，利用占用不同空间的传输介质来进行分割以构成不同信道的技术。比如在卫星通信中，一颗卫星上使用多个天线，各天线的波束射向地球表面的不同区域；在有线通信中，用电缆中的不同线对或者用一根光缆中的不同光纤构成互不干扰的通信信道，这些都是空分多路法。

RFID 系统可以通过控制定向天线的方向图直接对准某个电子标签，不同的电子标签则根据它在读写器作用范围内的角度位置来区分。

2. 频分多路法

FDMA 是利用不同的载波频率来形成不同的子信道，每个子信道可以单独传送一路信号的多路复用技术。

RFID 系统可以在同一个读写器中设置低频、高频、微波等不同频段的射频接口，分别读写对应频段的电子标签而互不干扰。此种读写器一般造价较高，仅用于少数特殊的场合。

3. 时分多路法

TDMA 是将整个传输时间分为许多时间间隔（Time Slot，TS，又称时隙），传送多路信号时每个时隙被一路信号占用，信道上的每一时刻只有一路信号存在，TDMA 特别适合数字通信系统。

RFID 系统中的防冲突方法基本上都基于 TDMA。读写器与电子标签使用 TDMA 进行防冲突时需要一套协调机制，本书以下将要介绍的 ALOHA 算法和二进制搜索算法是 RFID 系统中最常见的基于 TDMA 的防冲突算法。

4. 码分多路法

CDMA 不同于 SDMA、FDMA 和 TDMA，它既能共享信道的空间，也能共享信道的频率和时间，是一种真正的动态复用技术。CDMA 的原理是基于扩频技术，即将需要传送的具有一定信号带宽的信息数据，用一个带宽远大于信号带宽的高速伪随机码进行调制，使原数据信号的带宽被扩展，再经载波调制并发送出去。接收方使用完全相同的伪随机码，与接收的信号做相关处理，把宽带信号换成原信息数据的窄带信号，即解扩，以实现信息通信。CDMA 多路信号只占用一条信道，极大地提高了带宽使用率。

CDMA 实现比较复杂，在 RFID 系统中推广应用存在一定困难。

2.7.2 ALOHA 算法

ALOHA 算法是一种基于 TDMA 的简单算法，是随机接入算法的一种，该算法被广泛应用在 RFID 系统中。根据对电子标签发送信息自由度的限制不同，ALOHA 算法又可以分为纯 ALOHA 算法、时隙 ALOHA 算法和动态时隙 ALOHA 算法三种。

1. 纯 ALOHA 算法

这种算法又称为“想说就说”，读写器与电子标签的通信多采用电子标签先发言的 TTF 方式，即电子标签一旦进入读写器的阅读区域就自动向读写器发送其自身识别信息，读写器收到电子标签信息后即开始双方的通信过程。

当电子标签要发送数据信息时，它可以在任意时刻随机发送，由于电子标签发送的随机性，发送时间不需要与其他电子标签同步，算法实现起来比较简单。当读写器作用范围内电子标签数量不多时，纯 ALOHA 算法能够很好识别电子标签数据信息。

当读写器作用范围内的电子标签增加时，纯 ALOHA 算法的信道利用率将急剧下降。假设单个电子标签发送一帧完整信息需要的时间为 T，数学分析指出，纯 ALOHA 算法的信道吞吐率 S 与帧产生率 G 之间的关系为

$$S = Ge^{(-2G)} \tag{2-11}$$

式（2-11）中帧产生率 G 代表系统的输入负载，即 T 时间内所有电子标签向读写器发送的总的数据包量；信道吞吐率 S 也称为识别效率，即所有电子标签成功传送的、有效的总的数据包量，也就是在时间 T 内电子标签与读写器成功通信的平均次数，因此吞吐率 S 等于 G 与成功传送概率的乘积。对于 RFID 系统内的电子标签和读写器来说，S=1 表示每个电子标签的数据都被成功传送给读写器，没有发生电子标签碰撞的情况；S=0 表示数据在传送过程中发生了碰撞，读写器没有接收到任何数据信息，也可能是无数据传输的情况。由此可以看出，在 RFID 系统中，系统的吞吐率与信道的利用率和电子标签成功传输的概率成正比关系，与数据错误传输的概率成反比关系。

对式（2-11）求导，可以得出当 G=0.5 时，最大吞吐率 $S=0.5e^{-1}\approx 18.4\%$。说明当交换的数据包量较小时，传输通路的大部分时间没有被利用；扩大交换的数据包量时，电子标签之间的碰撞立即明显增加，80%以上的通路容量没有被利用。

纯 ALOHA 算法是 ALOHA 算法中最基础、最易实现的一种随机性电子标签防冲突算法，该算法对电子标签的识别是基于随机概率的，不能保证所有电子标签都能被识别出来，所以这类算法应用领域比较少，只在一些电子标签数量较少且简单的只读电子标签中使用。

2. 时隙 ALOHA 算法

时隙 ALOHA 算法是在纯 ALOHA 算法的基础上考虑了时间因素，将允许电子标签应答的时间划分成若干具有一定时间间隔的时隙段，电子标签只能在选定的时隙段内应答。在纯 ALOHA 算法中，由于电子标签选择时间的随机性，电子标签之间的碰撞不仅有信息数据的完全碰撞，还有部分碰撞的情况发生。时隙 ALOHA 算法只允许电子标签在选定的时隙内发送数据，避免了部分碰撞的发生。

时隙 ALOHA 算法的防冲突过程为：读写器向天线磁场中的电子标签发送请求命令，命令包含一个参数表示电子标签可选的最大时隙范围。天线磁场中的电子标签自身携带的随机数发生器在读写器指定的时隙范围内产生一个随机数，电子标签按此随机数选择时隙。之后读写器在指定的时隙范围内对每个时隙发出查询命令，若读写器查询时的时隙数与电子标签选择的时隙相匹配，则电子标签立即发送自身的数据信息。

有且仅有一个电子标签返回信息包的时隙称为成功时隙，没有电子标签返回信息包的时隙称为空时隙，有两个或更多个电子标签返回信息包的时隙称为碰撞时隙。当时隙内有碰撞

时，读写器将终止电子标签继续发送信息，电子标签则等待下一次查询。在时隙ALOHA算法中，电子标签只能选择在每个时隙的开始阶段发送数据，而不是随机的选择时间发送数据，所以只有在同一时隙的同一时间点发送数据的电子标签才会发生碰撞。算法中每个时隙的长度要满足电子标签成功传输完一帧数据包所需的时间。

时隙ALOHA算法的信道吞吐率S与帧产生率G之间的关系为

$$S = Ge^{-G} \tag{2-12}$$

对式（2-12）求导后可得，当G=1时，S可取得最大值S=e^{-1}≈36.8%，比纯ALOHA算法的吞吐率提高了一倍。

3. 动态时隙ALOHA算法

时隙ALOHA算法虽然避免了部分碰撞情况的发生，提高了系统的识别效率，但是由于总的时隙数是固定的，不能随意进行动态调整，当电子标签数量多时，时隙数不够用，导致时隙内电子标签的碰撞率急剧上升；当电子标签数量少时，多数时隙内没有电子标签应答，则会产生许多空时隙，造成时隙的浪费。弥补的方法是采用动态时隙ALOHA算法，这种方法使用可变数量的时隙。

读写器在向电子标签发送的请求命令中可以先设定1～2个时隙给可能存在的电子标签使用，如果有较多的电子标签在两个时隙内发生了碰撞，就在下一个请求命令中增加可供使用的时隙数量，直到能够发现一个唯一的电子标签为止。当然，读写器也可以在开始时使用较大的时隙数，再依次减小，具体方案可以根据不同实际情况而定。

2.7.3 二进制搜索算法

1. 二进制搜索算法的基本原理

ALOHA算法是基于概率的防冲突算法，有可能读写器一次请求就成功地选出唯一的电子标签，也有可能在极端情况下，经过多轮循环仍然无法防冲突成功。因此人们提出了二进制搜索算法。二进制搜索算法基于读写器对电子标签的轮询，按照二进制树模型和一定的顺序对所有的可能进行遍历，因此它不是基于概率的算法，而是一种确定性的防冲突算法，即它一定能从读写器的天线磁场中选择出唯一的电子标签并与其通信。

实现二进制搜索算法的前提是参与防冲突循环的电子标签都有一个唯一的序列号UID，这样就可以保证所有电子标签的序列号在某一位上不同，当多个电子标签同时向读写器发送其序列号时，在某一位上，有的电子标签发送0，其他电子标签则发送1，从而产生冲突，而读写器能够检测到发生冲突的位，并在下一次轮循中添加限制条件，指定在冲突位上为0或为1的电子标签应答，在冲突位上不符合限定条件的电子标签不应答。依次循环往复，最终选择出唯一的电子标签。

2. 防冲突编码

二进制搜索算法的一个关键是读写器能够检测到多个电子标签的冲突位，这就要求电子标签在应答时使用有利于检测冲突位的编码。在本章介绍的数据编码中，曼彻斯特编码和差动双相编码都很适合用于防冲突编码。

（1）曼彻斯特编码的防冲突原理

曼彻斯特编码的防冲突原理如图2.32(a)所示，图中展示了数据0和数据1的叠加结果。

如果参与防冲突应答的电子标签有的发送数据 0，有的发送数据 1，则二者叠加的结果会导致数据中心的跳变沿消失，而数据中心的跳变是曼彻斯特编码最本质的特征，读写器可以据此判断出发生了冲突的数据位。

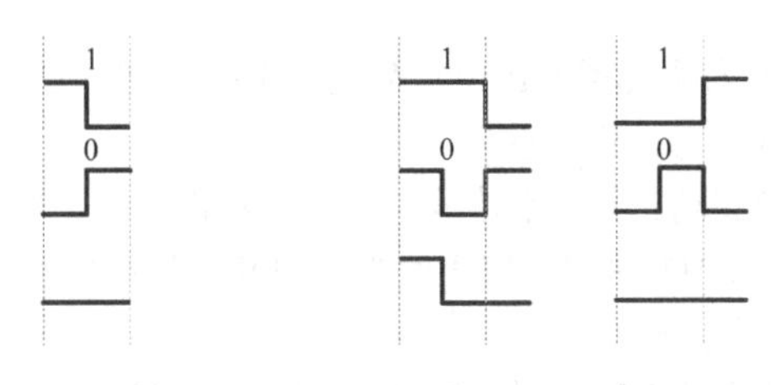

(a)曼彻斯特编码的防冲突原理　　(b)差动双相编码的防冲突原理

图 2.32　二进制搜索算法防冲突编码

（2）差动双相编码的防冲突原理

差动双相编码的防冲突原理如图 2.32(b)所示。根据编码的起始电平不同，可以分为起始电平为高和起始电平为低两种情况。由图中可以看出，无论哪种情况，数据 1 和数据 0 叠加的结果都会导致该位数据与下一位数据之间的跳变消失，而数据位之间的跳变是两相码的核心特征之一，读写器可以据此判断是哪一位发生了冲突。

3. 二进制搜索算法防冲突举例

二进制搜索算法防冲突举例如表 2.6 所示，假设现在有 4 个 UID 长度为 8 位的电子标签参加基于二进制搜索算法的防冲突过程，表中 x 表示每一次迭代读写器检测到的冲突位。

表 2.6　二进制搜索算法防冲突举例

	第 1 次迭代	第 2 次迭代	第 3 次迭代	第 4 次迭代
电子标签 1	11001110			
电子标签 2	11100010	11100010		
电子标签 3	11101111	11101111	11101111	11101111
电子标签 4	11101100	11101100	11101100	
读写器解码	11x0xxxx	1110xxxx	111011xx	11101111

第一次迭代之前，读写器发送没有限制条件的查询命令，天线磁场内的 4 个电子标签都会向读写器发送自己的 8 位 UID。之后只要读写器检测到冲突，下一次迭代之前，读写器都要发送含有限制条件的查询命令，本例中的限制条件是允许在冲突位 UID 为 1 的电子标签继续进行防冲突过程，而冲突位 UID 为 0 的电子标签退出防冲突循环。最后经过 4 次迭代，电子标签 3 最终被读写器选中继续进行后续操作。

读写器发出的带有限制条件的轮询中，既可以限定冲突位 UID 为 1 的电子标签继续进行防冲突过程，也可以限定冲突位 UID 为 0 的电子标签继续进行防冲突过程。如果每次迭代都选择冲突位为 1 的电子标签，则最后选出的是天线磁场中 UID 的值最大的电子标签；反之，如果每次迭代都选择冲突位为 0 的电子标签，则最后选出的是磁场中 UID 的值最小的电子标签。

二进制搜索算法是确定性的防冲突算法，其迭代次数最多不超过 UID 的位宽。例如，ISO14443A 中 UID 为 4 字节的电子标签，理论上最极端的情况下，读写器经过 32 次迭代后一定能够选择出唯一的电子标签进行后续的操作。

习题 2

2-1　传输某数据信息需要的比特率为 2000 b/s，分别使用反向不归零码和曼彻斯特编码的波特率各是多少？

2-2　数据编码可以分为哪几类？RFID 系统中选择信源编码的考虑因素主要是什么？RFID 系统中常用的信源编码方法有哪些？

2-3　分别用反向不归零码、曼彻斯特编码、差动双相编码、米勒码、修正的米勒码和二进制脉冲宽度码编码数据 1001110011。修正的米勒码和二进制脉冲宽度码起始电平为高电平，其余编码的起始电平均为低电平。

2-4　数字调制解调的方法有哪几种？RFID 系统通常采用哪种调制方式？

2-5　什么是副载波调制？

2-6　RFID 系统中常用的数据完整性校验方法有哪些？

2-7　RFID 系统的安全风险因素主要有哪些？防范主动攻击和被动攻击的主要措施是什么？

2-8　叙述 RFID 系统中三次相互认证的过程。

2-9　在正确的选项下划线：DES 是（对称　非对称）密码体制、（单钥　双钥）密码体制、（公钥　私钥）密码体制、（分组　序列）密码体制。

2-10　比较 DES 与 AES 加密技术的异同。

2-11　比较 ALOHA 算法和二进制搜索算法的异同。

2-12　有 4 个电子标签的 UID 分别为 0x32C6、0x32C5、0x2AF1、0x294B，使用二进制搜索算法进行防冲突，发生冲突时冲突位选择 1，请叙述防冲突过程。如果发生冲突时冲突位选择 0，选出的电子标签又是哪一个？

第 3 章　RFID 工作频率与天线

RFID 系统中读写器与电子标签之间的通信本质上是无线电信息传输，通信双方将需要交换的数据信息调制在某一频率的载波上，并通过各自的天线进行调制波的发送和接收。天线是无线电通信领域不可缺少的组成部分。RFID 技术中不仅利用天线实现读写器与电子标签之间数据信息的收发，而且在无源和半有源 RFID 通信中，电子标签所需能量的辐射也需要通过天线来完成。

3.1　RFID 工作频率

读写器与电子标签之间的无线通信使用正弦波作为载波，载波频率是 RFID 系统最重要的参数之一，直接影响到 RFID 系统的读写距离、耦合方式、数据传输速率等性能指标。电磁波按照工作频率从低到高可以划分为不同的频段，各频段传输特性不同，RFID 选用了其中多个工作频段，以满足不同的应用需求。

3.1.1　频谱划分

电磁波是存在于大自然中的一种共享资源，其中可供使用的频段是有限的，如果用户无秩序地随意占用，将不可避免地产生相互干扰。因此无线电频段的利用需要仔细地加以规划和协调。由于电磁波是全球存在的，所以世界各国制定了共同遵守的全球协议来分配频谱资源，然后各个国家在此基础上再根据各自的具体情况进行分配。目前进行频率分配的国际组织是国际电信联盟无线电通信组（International Telecommunication Union-Radio communication sector，ITU-R），我国负责频率分配的部门是工业和信息化部无线电管理局。

1. IEEE 划分的频谱

频谱的划分有多种方式，目前较为通用的是 IEEE 划分频谱的方式，它将 3Hz～3000GHz 的频谱，频率每增加 10 倍划分为一个频段，如表 3.1 所示。

表 3.1　IEEE 划分的频谱

频段名称	频率	波段名称	波长
ELF（极低频）	3～30Hz	极长波	100000～1 0000km
SLF（超低频）	30～300Hz	超长波	10000～1 000km
ULF（特低频）	300～3000Hz	特长波	1000～100km
VLF（甚低频）	3～30kHz	甚长波	100～10km
LF（低频）	30～300kHz	长波	10～1km
MF（中频）	300～3000kHz	中波	1～0.1km
HF（高频）	3～30MHz	短波	100～10m
VHF（甚高频）	30～300MHz	超短波	10～1m
UHF（超高频）	300～3 000MHz	分米波	100～10cm

（续表）

频段名称	频率	波段名称	波长
SHF（特高频）	3～30GHz	厘米波	10～1cm
EHF（极高频）	30～300GHz	毫米波	1～0.1cm
THF（至高频）	300～3000GHz	丝米波	1～0.1mm

2. 微波与射频

① 微波。微波是指频率为 300 MHz～3000 GHz 的电磁波，对应的波长为 1 m～0.1 mm，分为分米波、厘米波、毫米波和丝米波。微波频率比一般的无线电波频率高，工作于此波段的 RFID 技术也称为微波 RFID 技术。

② 射频。只要可以向四周辐射电磁信号的频率都可以称为射频，其频率范围本身没有一个严格的定义。RFID 技术中选用的射频频率范围通常位于 100 kHz～10 GHz。

3.1.2 ISM 频段

ISM 频段主要是开放给工业、科学和医疗三个主要行业使用的频段。ISM 频段属于无须授权许可就能使用的频段，但是对使用的功率有所限制，使得收发双方的传送距离较短，这样就可以让尽可能多的用户同时使用同一频率的 ISM 频段，并避免对其他频段产生干扰。世界上主要的 ISM 频段如表 3.2 所示。

表 3.2 ISM 频段

频率范围		中心频率	可行性
6.765 MHz	6.795 MHz	6.78 MHz	取决于当地
13.553 MHz	13.567 MHz	13.56 MHz	全世界
26.957 MHz	27.283 MHz	27.12 MHz	全世界
40.66 MHz	40.7 MHz	40.68 MHz	全世界
433.05 MHz	434.79 MHz	433.92 MHz	仅用于第 1 区，取决于当地
902 MHz	928 MHz	915 MHz	仅用于第 2 区（有例外）
2.4 GHz	2.5 GHz	2.45 GHz	全世界
5.725 GHz	5.875 GHz	5.8 GHz	全世界
24 GHz	24.25 GHz	24.125 GHz	全世界
61 GHz	61.5 GHz	61.25 GHz	取决于当地
122 GHz	123 GHz	122.5 GHz	取决于当地
244 GHz	246 GHz	245 GHz	取决于当地

许多无线电设备都使用了 ISM 频段，如车库门控制器、无绳电话、无线鼠标、蓝牙耳机和无线局域网等。

目前，世界上大多数国家都已经留出了 ISM 频段，用于非授权用途。有些 ISM 频段在全世界通用，而有些 ISM 频段仅在世界上的某些地区使用。为划分无线电频率，国际电信联盟将世界划分为 3 个区域，中国位于第 3 区。

除表 3.2 中列出的 ISM 频段外，中心频率为 315MHz 和 869MHz 的频段也可以在一些国家和地区非授权使用。RFID 系统选择的载波频率都位于 ISM 频段，135kHz 以下的频率范围没有为 ISM 频段保留，RFID 系统也可以使用这个频段，这个频段可以用较大的磁场强度工作，特别适用于电感耦合的 RFID 系统。

3.1.3 RFID 使用的频段

当前 RFID 技术主要使用了低频（LF，30～300 kHz）、高频（HF，3～30 MHz）和超高频(UHF，300 MHz～3 GHz)三个频段。其中 RFID 技术在低频频段常用的工作频率为 125 kHz 和 134.2 kHz；在高频频段常用的工作频率为 6.78 MHz、13.56 MHz 和 27.12 MHz；在超高频频段常用的工作频率为 433 MHz、860～960 MHz 和 2.45 GHz。另外，SHF 频段的 5.8 GHz 也有使用。RFID 技术的常用工作频率及其波长可总结如表 3.3 所示。

表 3.3 RFID 技术的常用工作频率及其波长

频 段	工作频率	工作波长	频 段	工作频率	工作波长
低频	125kHz	2400m	微波（超高频）	433.92MHz	0.69m
低频	134.2kHz	2235m	微波（超高频）	869.0MHz	0.35m
高频	6.78MHz	44m	微波（超高频）	915.0MHz	0.33m
高频	13.56MHz	22m	微波（超高频）	2.45GHz	0.12m
高频	27.12MHz	11m	微波（特高频）	5.8GHz	0.052m

3.2 天线

天线技术对 RFID 系统非常重要，是决定 RFID 系统性能的关键技术之一。RFID 天线可以分为低频、高频和超高频（微波）天线，每个频段的天线又分为读写器天线和电子标签天线，不同频段天线结构、工作原理、设计方法和应用方式都有很大的差异，导致 RFID 天线种类繁多，应用也各不相同。

3.2.1 天线的定义与分类

1. 天线定义

在无线电设备中，用来辐射和接收无线电波的装置称为天线。天线为发射机或接收机与传播无线电波的媒质之间提供所需要的耦合。

由发射机产生的高频振荡能量，经过传输线（也称为馈线）传送到发射天线，然后由发射天线变为电磁波能量，向预定方向辐射。电磁波通过传播媒质到达接收天线后，接收天线将接收到的电磁波能量转变为导行电磁波，然后通过馈线送到接收机，完成无线电波传输的过程。天线在上述无线电波传输的过程中是无线通信系统的第一个和最后一个元件。

天线作为一个单端口元件，要求与相连接的馈线阻抗匹配。天线的馈线上要尽可能传输行波，使从馈线入射到天线上的能量不被天线反射，尽可能多地辐射出去。天线与馈线、接收机、发射机的匹配或最佳贯通，是天线工程最关心的问题之一。

2. 天线分类

按照不同的标准，天线有多种分类方法。

① 按工作性质，天线可分为发射天线和接收天线。

② 按用途，天线可分为通信天线、广播天线、电视天线、雷达天线等。

③ 按方向性，天线可分为全向天线和定向天线等。

④ 按工作波长，天线可分为超长波天线、长波天线、中波天线、短波天线、超短波天

线、微波天线等。

⑤ 按结构形式和工作原理，天线可分为线状天线、面状天线、缝隙天线和微带天线等。图 3.1 所示为各种不同结构的天线。

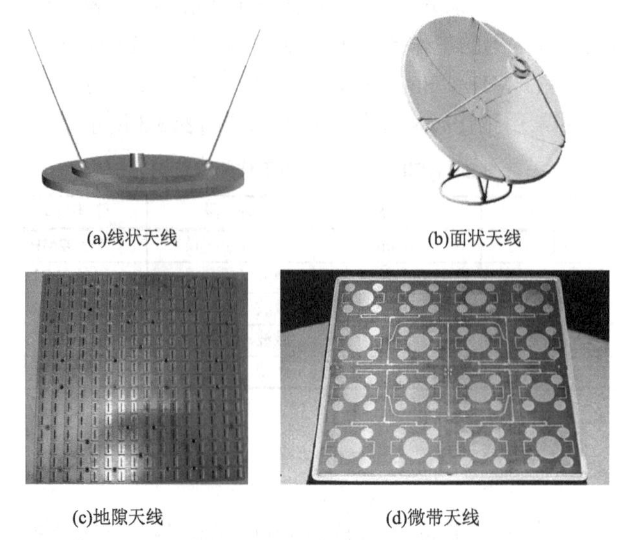

图 3.1 各种不同结构的天线

3.2.2 天线的基本参数

1. 方向图

一般用天线的方向图来表示天线的方向性，天线的方向性指天线向各方向辐射或接收电磁波相对强度的特性。天线的方向图是指该辐射区域中辐射场的角度分布，图 3.2 为花瓣状的天线方向图。

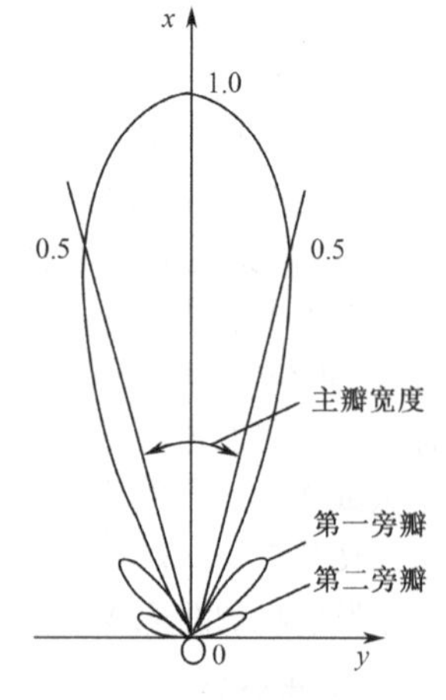

图 3.2 花瓣状的天线方向图

2. 波瓣宽度

实际天线的方向图通常有多个波瓣，包括主瓣和多个旁瓣。其中，主瓣宽度是我们最为关心的，主瓣宽度又称为半功率波瓣宽度或 3 dB 波瓣宽度，是指主瓣最大值两边场强等于最大值的 0.707 倍（即最大功率密度下降一半）的两个辐射方向之间的夹角。

3. 阻抗

天线和馈线的连接处称为天线的输入端或馈电点。对于线天线来说，天线输入端的电压与电流的比值称为天线的输入阻抗。对于口面型天线，则常用馈线上电压驻波比来表示天线的阻抗特性。一般天线的输入阻抗是复数，实部称为输入电阻，虚部称为输入电抗。天线的输入阻抗与天线的几何形状、尺寸、馈电点位置、工作波长和周围环境等因素有关。

研究天线阻抗的主要目的是实现天线和馈线间的阻抗匹配。发射信号时应使发射天线与馈线的特性阻抗相等，以获得最好的信号增益。接收信号时天线的输入阻抗应该等于负载阻抗的共轭复数。通常，接收机具有实数的阻抗，当天线的阻抗为复数时，需要用匹配网络来除去天线的电抗部分，并使它们的电阻部分相等。

当天线与馈线匹配时，由发射机向天线或由天线向接收机传输的功率最大，这时在馈线上不会出现反射波，反射系数等于零，驻波系数等于 1。对于发射天线来说，若匹配不好，则天线的辐射功率就会减小，馈线上的损耗会增大，馈线的功率容量也会下降，严重时还会出现发射机频率“牵引”现象，即振荡频率发生变化。

4. 增益

天线通常是无源元件，它并不放大电磁信号。天线增益是指在输入功率相等的条件下，实际天线与理想的辐射单元在空间同一点处所产生的信号的功率密度之比。它定量地描述一个天线把输入功率集中辐射的程度。

天线增益与天线方向图有密切的关系，方向图主瓣越窄，副瓣越小，增益越高。天线增益是用来衡量天线朝一个特定方向收发信号的能力，它是选择天线所参考的重要参数之一。相同的条件下，增益越高，电波传播的距离越远。

表示天线增益的参数有 dBi 和 dBd。dBi 和 dBd 都是功率增益的单位，两者都是相对值，但参考基准不一样。dBi 的参考基准为全方向性天线，dBd 的参考基准为偶极子。当用 dBi 和 dBd 表示同一个增益时，用 dBi 表示的值比用 dBd 表示的值要大 2.15，即 dBi=dBd+2.15。

5. 驻波比

驻波比（Standing Wave Ratio，SWR）用来表示馈线与天线之间的匹配情况。驻波比全称为电压驻波比（Voltage Standing Wave Ratio，VSWR），在无线电通信中，如果天线与馈线的阻抗不匹配，高频能量就会在天线产生反射波，反射波和入射波相互干扰汇合产生驻波。

在入射波和反射波相位相同的地方，电压振幅相加为最大电压振幅 V_{max}，形成波腹；在入射波和反射波相位相反的地方，电压振幅相减为最小电压振幅 V_{min}，形成波谷。其他各点的振幅值则介于波腹与波谷之间。驻波比是驻波波腹处的电压幅值 V_{max} 与波谷处的电压幅值 V_{min} 之比。

若 SWR 的值等于 1，则表示发射传输给天线的电磁波没有任何反射，全部发射出去，这是最理想的情况；若 SWR 的值大于 1，则表示有一部分电磁波被反射回来，最终变成热量消耗掉。若 SWR 的值为无穷大，则表示电磁波被全反射回来，能量完全没有辐射出去。

6. 频率范围

无论是发射天线还是接收天线，它们总是在一定的频率范围（频带宽度）内工作的。天线的频带宽度有两种不同的定义，一种是指在驻波比 SWR≤1.5 的条件下，天线的工作频带宽度；另一种是指天线增益下降 3dB 范围内的频带宽度。在工作频带宽度内的各个频率点上，天线性能是有差异的，但这种差异造成的性能下降是可以接受的。

7. 极化

天线的极化特性是指天线辐射的电磁波在最大辐射方向上电场强度矢量的空间指向，由于电场与磁场有恒定的关系，故一般都以电场矢量的空间指向作为天线辐射电磁波的极化方向，即该天线在最大辐射方向上的电场的空间取向。天线的极化分为线极化、圆极化和椭圆极化。

（1）线极化

电场矢量在空间的取向固定不变的电磁波称为线极化。以地面为参数，电场矢量方向与地面平行的称为水平极化，与地面垂直的称为垂直极化。图 3.3(a)所示为垂直极化。

（2）圆极化

若电场矢量在空间描出的轨迹为一个圆，即电场矢量是围绕传播方向的轴线不断旋转的，则称为圆极化，如图 3.3(b)所示。根据电场矢量与传播方向的螺旋关系不同，圆极化又分为右旋圆极化和左旋圆极化。

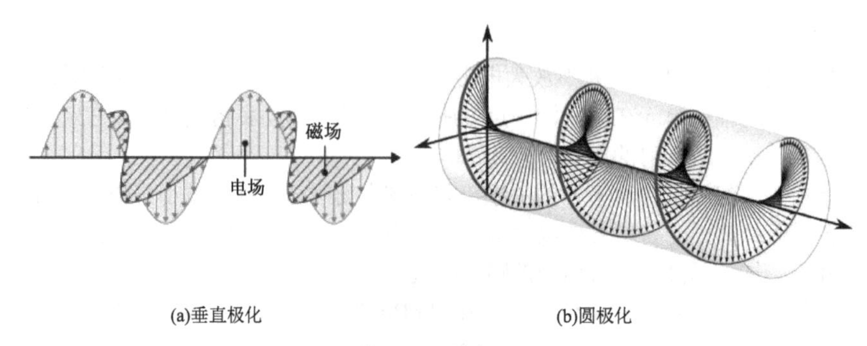

(a)垂直极化　　(b)圆极化

图 3.3　天线极化

（3）椭圆极化

若电场矢量末端的轨迹在垂直于传播方向的平面上投影是一个椭圆，则称为椭圆极化。根据电场旋转方向不同，椭圆极化也可分为右旋极化和左旋极化两种。

只有收信天线的极化方向与所接收电磁波的极化方向一致才能感应出最大的信号来，所以线极化方式对天线的方向要求较高，而圆极化方式无论收信天线的极化方向如何，感应出的信号都是相同的，不会有什么差别。

3.2.3　天线的研究方法

天线研究中最关心的是天线辐射，天线辐射符合叠加原理，研究天线辐射的常用方法主要有解析法、数值近似法和软件仿真法等。

1. 叠加原理

线天线和面天线是天线的常见结构形式，它们都符合叠加原理。

① 线天线。线天线首先求出元电流（或称为电基本振子）的辐射场，然后找出线天线上的电流分布，线天线的辐射是元电流辐射的线积分。

电基本振子（Electric Short Dipole）指一段理想高频电流直导线，其长度远小于电磁波的波长并且其半径远小于长度，同时振子沿线的电流处处等幅并且同相。

② 面天线。面天线将辐射问题分为内问题和外问题。由已知激励源（馈源）产生的辐射场在天线封闭反射面上产生感应电流为内问题，由封闭反射面上的感应电流产生面向外部空间的二次辐射场为外问题。外问题是面天线研究的主要问题，在求天线的外问题时，辐射场也要用到叠加原理。

2. 研究天线辐射的方法

研究天线辐射的常用方法有如下 3 种。

① 解析法。利用麦克斯韦方程求解。麦克斯韦方程是天线的理论基础，通过求出满足边界条件的麦克斯韦方程的解，可以比较严格和精确地分析天线的辐射性能。

② 数值近似法。麦克斯韦方程的求解非常复杂，当求解困难时通常采用数值近似法。常用的天线数值近似法有矩量法、有限元法和时域有限差分法等。

③ 软件仿真法。目前天线的设计与计算广泛采用仿真软件，现在国际上比较流行的电磁三维仿真软件有 CST、HFSS、XFDTD、FEKO 等，这些软件可以求解任意三维射频、微波器件的电磁场分布，并可以直接得到辐射场和天线方向图，仿真结果与实测结果具有很好的一致性，是高效并可靠的天线设计方法。

3.2.4 天线的场区

1. 天线场区划分

射频信号加载到天线之后，天线将高频电流或导波转变为无线电波向周围空间辐射。通常可以根据观测点距离天线的距离将天线场区划分为三个区域——无功近场区、辐射近场区和辐射远场区，如图 3.4 所示。其中，D 为天线直径，假设天线波长为 λ。

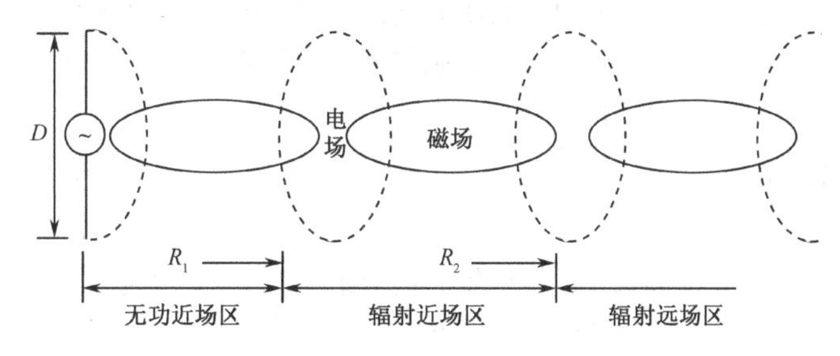

图 3.4 天线场区的划分

（1）无功近场区

无功近场区也称为电抗近场区，它是天线场区中紧邻天线口径的一个近场区域。在该区域中，电抗性储能场占支配地位，通常该区域的界限距天线口径的距离为

$$R_1=\lambda/(2\pi) \tag{3-1}$$

从物理概念上讲，无功近场区是一个储能场，其中的电场与磁场的转换类似变压器中的电场、磁场之间的转换，是一种感应场。如果在其附近还有其他金属物体，这些物体会以类似电容、电感耦合的方式影响储能场。

（2）辐射近场区

超过无功近场区就到了辐射场区，辐射场区的电磁能已经脱离了天线的束缚，并作为电磁波进入了空间。按照离开天线距离的远近，辐射场区可以分为辐射近场区和辐射远场区。在辐射近场区中，辐射场的角度分布与距离天线口径的距离有关。对于通常的天线，此区域也被称为菲涅尔区。

（3）辐射远场区

辐射远场区又称为夫朗荷费区。在该区域中，辐射场的角分布与距离无关。严格地讲，只有距离天线无穷远处才能到达天线的辐射远场区。但在某个距离上，辐射场的角度分布与无穷远时的角度分布误差在允许的范围以内时，即把该点至无穷远的区域称为辐射远场区。公认的辐射近场区与辐射远场区的分界点与天线口径的距离为

$$R_2=2D^2/\lambda \tag{3-2}$$

2. 小天线

令式（3-1）和式（3-2）中的 $R_1=R_2$，可得当 $D<\lambda/3.54$ 时，辐射近场区消失，天线的周围只存在无功近场区和辐射远场区，通常将满足这一条件的天线称为小天线。例如，工作频率为 13.56 MHz 的 RFID 系统，其波长 λ=22 m，当天线直径 D<6.21 m 时为小天线。

3.2.5 RFID 天线设计

RFID 系统在不同的应用环境中使用不同的工作频率，需要采用不同的天线通信技术实现数据的无线交换。不同频段的天线工作原理不同，其设计方法也有本质区别。此外，同一频率的读写器和电子标签的天线设计也有差异。RFID 系统可以采用的天线形式多种多样，用以完成不同的需求。

1. 影响 RFID 天线性能的参数

影响 RFID 天线性能的参数主要有天线类型、尺寸结构、材料特性、工作频率、频带宽度、极化方向、方向性、增益、波瓣宽度、阻抗问题和环境影响等，RFID 天线的应用需要对上述参数加以权衡，以取得最佳效果。

2. RFID 天线的设计要求

（1）天线的大小

读写器天线的直径直接影响到电子标签的读写距离，实际中可以根据应用对读写距离的要求确定；电子标签天线一般尺寸较小，能够与电子标签芯片有机地结合成一体，并能够附着在其他物体表面或嵌入物体内部。

（2）天线的安装方式

读写器的天线可以与读写器集成在一起，也可以采用分离式。通常，远距离 RFID 系统天线和读写器采取分离式结构，并通过阻抗匹配的同轴电缆连接在一起；电子标签天线一般与电子标签集成在一起。

（3）天线的频率与频带宽度

读写器和电子标签天线的频率及频带宽度要满足技术标准，符合使用地区关于无线电频谱的规定。有些读写器要求多频段覆盖，而电子标签一般使用单一频率。天线的频带宽度与选择性往往互相矛盾，需要根据实际情况协调设计。

（4）天线的方向性

RFID 读写器的读取距离依赖于读写器和电子标签天线的方向性，一些应用需要电子标签具备特定的方向性，例如，有全向或半球覆盖的方向性，以满足零售商品跟踪等应用的需要。天线波瓣宽度越窄，天线的方向性越好，天线的增益越大，天线作用的距离就越远，抗干扰能力越强，但同时天线的覆盖范围也就越小。

（5）天线的极化

不同的 RFID 系统采用的天线极化方式不同。有些应用可以采用线极化。例如，在流水线上电子标签的位置基本上是固定不变的，电子标签的天线可以采用线极化；而在其他大多数场合，由于电子标签的位置是不可预知的，因而电子标签多采用圆极化天线，以使 RFID 系统对电子标签的位置敏感性降低。

（6）天线的阻抗

为了以最大功率传输信号，接收芯片的输入阻抗必须和天线的输出阻抗匹配。长久以来，天线设计多采用 50 Ω 或 75 Ω 的阻抗匹配，但是也存在其他情况。例如，一个缝隙天线可以设计成几百欧姆的阻抗，印刷贴片天线的引出点能够提供一个 40～100 Ω 的阻抗范围。发射端的阻抗匹配对功率传输影响至关重要，电感耦合的电子标签需要通过天线从读写器磁场获得能量，因此在读写器和电子标签的天线设计中需要考虑能量获取的方式与效率。

（7）天线的可靠性和鲁棒性

RFID 系统的应用环境各异，需要能承受一定的温度、湿度和压力。尤其是电子标签的天线，在电子标签插入、印刷和层压处理中要保证较高的存活率。

（8）天线应用的灵活性

例如，电子标签有可能被用在高速移动的物体上，此时会有多普勒频移，天线的频率和带宽应当不影响整个 RFID 系统的正常工作。

（9）天线的成本

读写器天线成本通常对整个 RFID 系统的影响较小，而电子标签作为物品的附属物，通常用量较大，其天线的成本直接影响了电子标签的推广和使用范围。为降低成本，电子标签天线多采用铜、铝或印刷油墨等。

（10）天线的工作环境

除了工作环境的温度、湿度、压力等因素对 RFID 系统的物理影响，外部电磁干扰和天线周围的金属对 RFID 系统影响最为显著。金属对电磁波有衰减作用，金属表面对电磁波有反射作用，天线附近有金属的环境在天线设计与应用中必须加以考虑。将金属物体接地，或使用高导磁贴片将电子标签与金属隔离，可以降低金属对 RFID 系统读写性能的影响。

3. RFID 天线的设计步骤

通常 RFID 天线的设计步骤如下。

① 确定设计目标。确定设计目标是将应用需求转化为设计需求，确定天线的基本设计目标。例如，天线的形状、尺寸、频带、增益、阻抗等。

② 建立设计模型。根据确定的基本设计目标，建立天线的结构图，创建天线的设计模型。

③ 模型仿真。在仿真中监测天线射程、天线增益和天线阻抗等。

④ 优化设计。对天线各参数进一步调整，以达到预期目标参数。

⑤ 对天线加工并检测其各项指标是否符合要求，可通过模拟应用场景进行验证，确认与实际应用的符合性。

天线通常采用电磁模型和仿真工具来分析。典型的电磁模型分析方法有有限元法、矩量法和时域有限差分法等。仿真工具对天线的设计非常重要，是一种快速有效的天线设计工具，目前在天线技术中的使用越来越多。

电子标签天线的设计还面临许多其他难题，例如，相应的小尺寸要求，低成本要求，所标识物体的形状及物理特性要求，电子标签到所标识物体的距离要求，贴电子标签物体的介电常数要求，金属表面的反射要求，局部结构对辐射模式的影响要求等，这些都将影响电子标签天线的特性，都是电子标签设计面临的问题。

3.3 RFID 天线技术

在结构上，低频和高频 RFID 天线通常都是线圈式，故将二者归为一类，而将微波 RFID 天线归为另一类。

3.3.1 低频和高频 RFID 天线技术

1. 低频和高频 RFID 天线概述

在低频和高频段，读写器与电子标签天线基本上都采用线圈式，线圈之间存在互感，使一个线圈的能量和信号可以耦合到另一个线圈，读写器和电子标签之间为电感耦合方式。

低频和高频 RFID 天线可以有多种不同的构成方式，并可以采用不同的材料。图 3.5 是几种实际低频和高频RFID天线的图片，展示了各种RFID天线的结构及芯片与天线的相连情况。

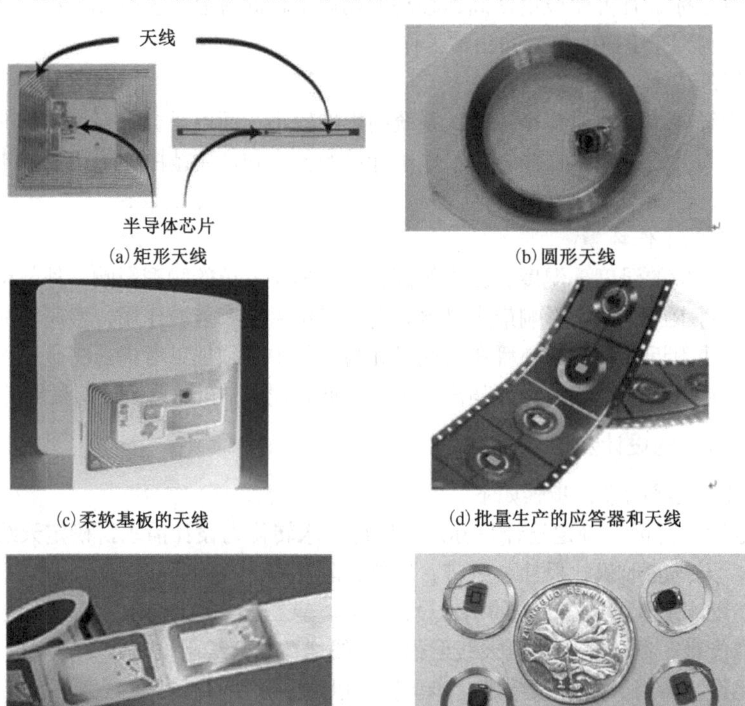

(a)矩形天线　(b)圆形天线
(c)柔软基板的天线　(d)批量生产的应答器和天线
(e)批量生产的应答器及矩形天线　(f)天线与5角硬币的对比

图 3.5　几种低频和高频 RFID 天线

2. 低频和高频 RFID 天线的特点

低频和高频 RFID 天线有如下特点。

① 天线都采用线圈式。
② 线圈的形式多样，可以是圆形环，也可以是矩形环。
③ 天线的尺寸比芯片的尺寸大很多，整个电子标签的尺寸主要由天线决定。
④ 有些天线的基板是柔软的，适合粘贴在各种物体的表面。
⑤ 由天线和芯片构成的电子标签，可以比拇指还小。
⑥ 由天线和芯片构成的电子标签，可以在条带上批量生产。

3.3.2 微波 RFID 天线技术

1. 微波 RFID 天线概述

微波 RFID 天线与低频、高频 RFID 天线相比有本质上的不同，由于工作频率较高，天线一般不采用线圈式。微波 RFID 天线采用电磁辐射的方式工作，读写器与电子标签之间的通信距离较远，一般超过 1 m，典型值为 10 m。微波 RFID 天线的形式多样，且电子标签通常体积较小，天线的小型化成为设计的重点。

图 3.6 是几种实际微波 RFID 天线的图片，展示了各种微波 RFID 天线的结构及与天线相连的芯片。

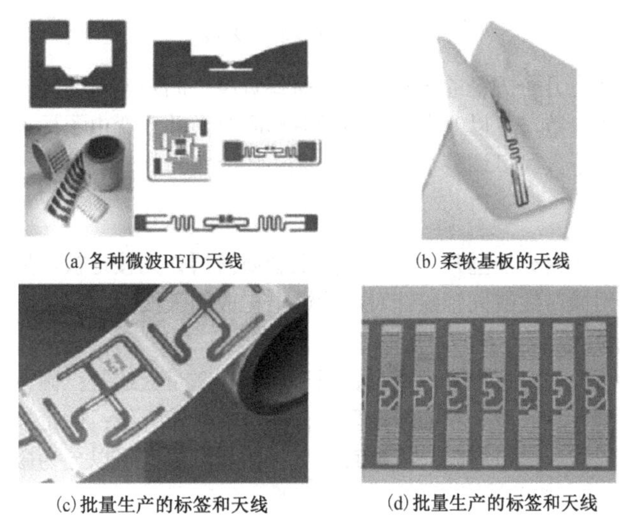
(a)各种微波RFID天线
(b)柔软基板的天线
(c)批量生产的标签和天线
(d)批量生产的标签和天线

图 3.6　几种实际微波 RFID 天线

微波 RFID 天线的结构多种多样，设计时需要考虑天线的材料、尺寸、天线的作用距离，并需要考虑频带宽度、方向性和增益等电参数。微波 RFID 天线常采用的类型有偶极子天线、微带天线、阵列天线和非频变天线等。

2. 弯曲偶极子天线

偶极子天线又称振子天线、对称振子，振子是天线上的元件，全称是天线振子，具有导向和放大电磁波的作用，使天线接收到的电磁信号更强。

偶极子天线是在无线电通信中使用最早、结构最简单、应用最广泛的一类天线，它由一对对称放置的等长、等粗细导体构成，导体相互靠近的两端分别与馈电线相连。偶极子天线如图 3.7 所示。

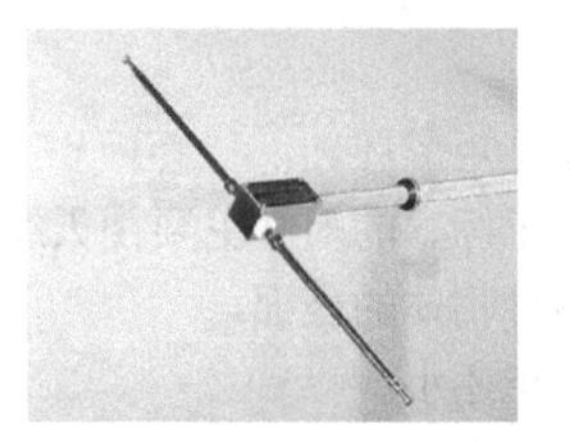

图 3.7 偶极子天线

为了缩短天线尺寸，微波 RFID 天线中的偶极子天线常采用弯曲结构，这样可以使天线更加紧凑。如图 3.8(a)所示，弯曲偶极子天线纵向延伸方向至少折返一次，第一导体段向空间延伸，折返的第二导体段与第一导体段垂直，第一导体段和第二导体段扩展成一个导体平面。为更好控制天线，增加了一个同等宽度 l 的载荷棒作为弯曲轮廓。

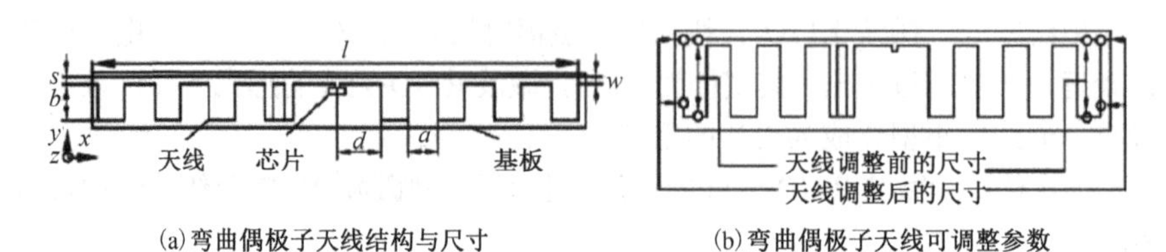

(a) 弯曲偶极子天线结构与尺寸　　(b) 弯曲偶极子天线可调整参数

图 3.8 弯曲偶极子天线

弯曲偶极子天线有几个关键的参数，如载荷棒宽度、间距、弯曲步幅宽度和弯曲步幅高度等。通过调整上述参数，可以改变天线的增益和阻抗，并改变电子标签的谐振、最高射程和带宽等。弯曲偶极子天线可调整参数如图 3.8(b)所示。

3. 微带天线

微带天线是在一个薄介质基片上，一面附上金属薄层作为接地板，另一面是一定形状的金属贴片，并且利用微带线或同轴探针对贴片馈电构成的天线。

（1）微带天线分类

微带天线按形状分类，可以分为矩形、圆形和环形微带天线等；微带天线按工作原理分类，可以分为谐振型（驻波型）和非谐振型（行波型）微带天线；微带天线按其结构特征，可以分为微带贴片天线和微带缝隙天线，其中微带贴片天线又可以分为微带驻波贴片天线和微带行波贴片天线。

① 微带驻波贴片天线

微带驻波贴片天线由介质基片、在基片一面上任意平面几何形状的导电贴片和基片另一面上的地板组成。各种形状的微带驻波贴片天线如图 3.9 所示。

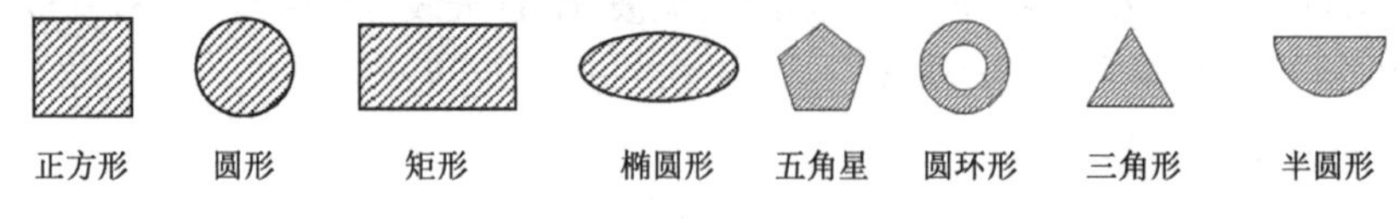

图 3.9 各种形状的微带驻波贴片天线

② 微带行波贴片天线

微带行波贴片天线由基片、在基片一面上的链形周期结构或普通的长 TEM 波传输线和基片另一面上的地板组成。TEM 波传输线的末端接匹配负载，当天线上维持行波时，可设计天线结构使主波束位于从边射到端射的任意方向。各种形状的微带行波贴片天线如图 3.10 所示。

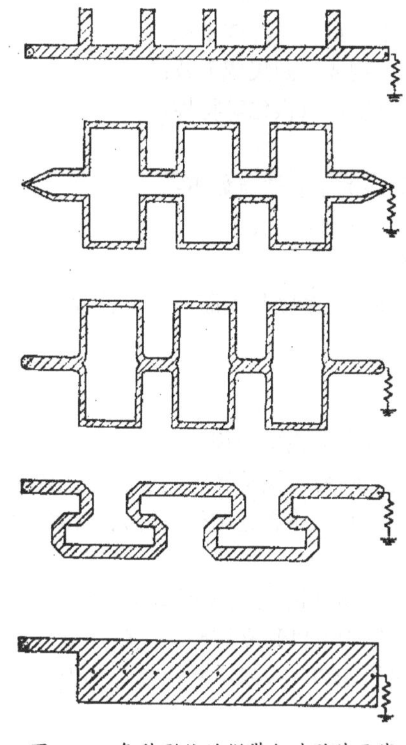

图 3.10　各种形状的微带行波贴片天线

③ 微带缝隙天线

微带缝隙天线由微带馈线和开在地板上的缝隙组成，微带缝隙天线是在地板上刻出窗口即缝隙，而在介质基片的另一面印刷出微带线对缝隙馈电，缝隙可以是矩形（宽的或窄的）、圆形或环形。各种形状的微带缝隙天线如图 3.11 所示。

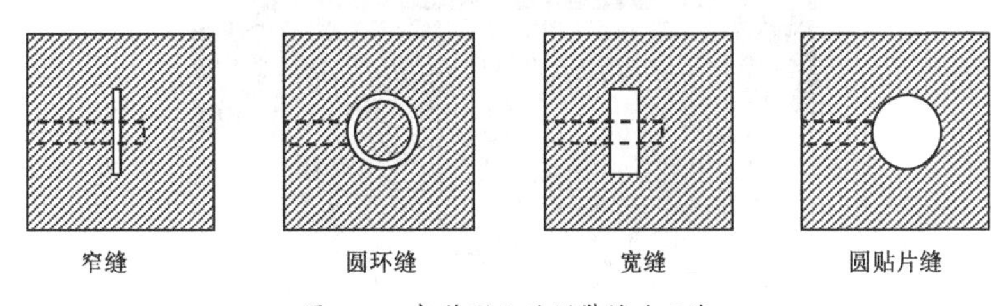

图 3.11　各种形状的微带缝隙天线

（2）微带天线的分析方法

在对微带天线进行工程设计时，对天线的性能参数（如方向图、方向性系数、效率、输入阻抗、极化和频带等）预先估算，将大大提高天线研制的质量和效率，降低研制的成本。

分析微带天线的方法有很多种，如传输线、腔模理论、格林函数法、积分方程法和矩量法等。用上述各种方法计算微带天线的方向图，其结果基本是一致的。

（3）微带天线的优点

与普通天线相比，微带天线的主要优点如下：

① 剖面薄、体积小、重量轻，易共形；

② 适合用印刷电路板技术大量生产，成本低；

③ 易于与有源器件集成，构成有源集成天线；

④ 易于实现圆极化、多频段、双极化等特性。

（4）微带天线的缺点

与普通天线相比，微带天线的主要缺点如下：

① 频带窄，相对带宽一般在 1%～5%；

② 辐射区只限于半个平面；

③ 有导体和介质损耗，并且会激励起表面波，导致辐射效率低；

④ 功率容量较小。

4. 阵列天线

阵列天线是一类由不少于两个天线单元规则或随机排列，并通过适当激励获得预定辐射特性的天线。就发射天线来说，阵列天线是将它们按照直线或者更复杂的形式，排成某种阵列的样子，构成阵列形式的辐射源，并通过调整阵列天线馈电电流、间距、电长度等不同参数，来获取最好的辐射方向性。

阵列天线的辐射电磁场是组成该阵列天线各单元辐射场的总和（矢量和）。由于各单元的位置和馈电电流的振幅和相位均可以独立调整，这就使阵列天线具有各种不同的功能，这些功能是单个天线所无法实现的。RFID 技术中常用的阵列天线有微带阵列天线和八木天线。

（1）微带阵列天线

将若干相同的单个微带天线按照一定规律排列，就构成了微带阵列天线。相较于单个的微带天线，微带阵列天线具有高增益、方向性易控制等优点。在设计和研究微带阵列天线时，需要综合考虑阵列天线阵元的类型、数目、排列方式、阵元上激励电流的振幅和相位及连接阵元的馈电网络等，这些因素都会对天线的辐射特性产生影响。图 3.12 是一种平板微带阵列天线。

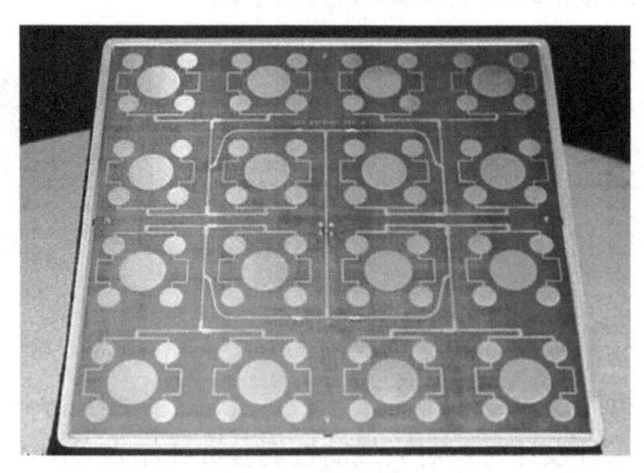

图 3.12　平板微带阵列天线

（2）八木天线

八木天线是在 20 世纪 20 年代由日本东北大学的八木秀次和宇田太郎两人发明的，被称为“八木宇田天线”，简称“八木天线”。八木天线是一种寄生天线阵，只有一个阵元是直接馈电的，其他阵元都是非直接激励的，而是采用近场耦合从有源阵元获得激励。八木天线有很好的方向性，比偶极子天线增益高，实现了提高阵列天线增益的目的。图 3.13 所示为两种不同类型的八木天线。

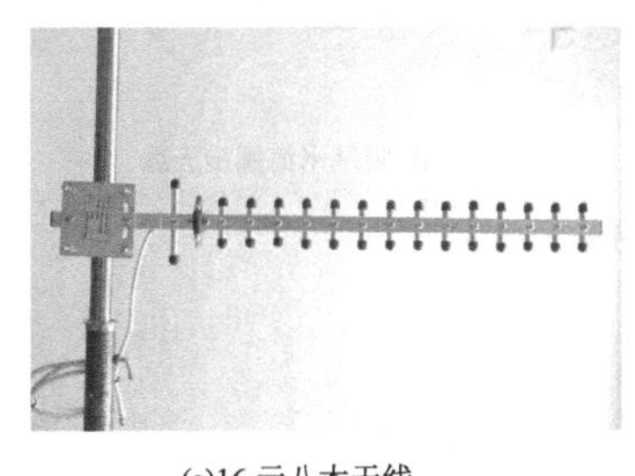

(a)16 元八木天线

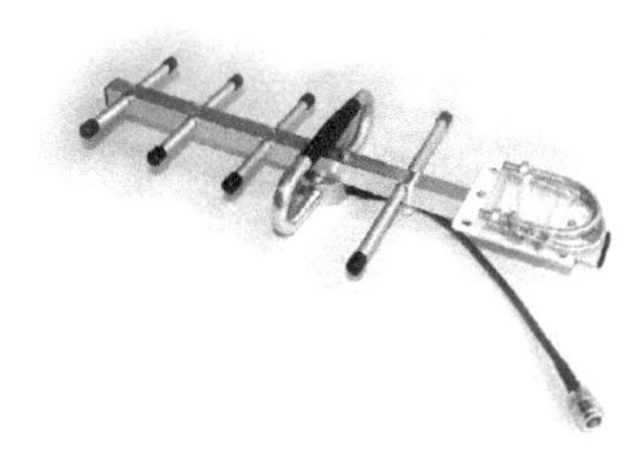

(b)5 元八木天线

图 3.13　八木天线

5. 非频变天线

现代通信中常要求天线具有较宽的频带特性，非频变天线指能在一个很宽的频率范围内保持天线的阻抗特性和方向性基本不变或稍有变化的天线。

（1）非频变天线的原理及实现条件

天线的电性能主要取决于它的尺寸，即天线尺寸与其工作波长的比值，所以当天线几何尺寸一定时，工作频率的变化将导致尺寸的变化，因而天线的各项参数性能也将随之改变。

非频变天线的设计基于相似原理，即若天线的所有尺寸与工作频率按相同比例变化，则天线的特性将保持不变。根据相似原理，实际非频变天线必须满足两个条件。

① 角度条件。角度条件指天线的几何形状仅由角度确定，而与其他尺寸无关。要满足角度条件，天线结构需从中心点开始一直扩展到无限远。

② 终端效应弱。若天线上电流衰减得很快，则决定天线辐射特性的主要部分是载有较大电流的部分，而其延伸部分的作用很小，若将其截除，则对天线的电性能也不会造成显著的影响。在这种情况下，有限长天线就具有无限长天线的电性能，这种现象就是终端效应弱的表现，反之则为终端效应强的表现。

（2）非频变天线的类型

实际天线的尺寸总是有限的，不可能无限长，但若我们设计出一种由角度表征其特性的天线，并使天线电流在离开馈电点时逐渐减弱，则如果在电流足够小处把天线截断，将不会影响它的带宽特性。可以用这种有限长天线去近似模拟无限长天线的非频变特性。实际非频变天线可以分成两类。

① 天线的形状仅由角度来确定，可在连续变化的频率上得到非频变特性，例如，无限长双锥天线、平面等角螺旋天线和阿基米德螺旋天线等，两种螺旋天线如图 3.14 所示。

② 天线的尺寸按某一特定的比例因子 τ 变化，天线在 f 和 τf 两个频率上的性能是相同的，当然，在从 f 到 τf 的中间频率上天线性能是变化的，只要 f 与 τf 的频率间隔不大，在中间频率上天线的性能变化也不会太大，用这种方法构造的天线是宽频带的。这种结构的一个典型例子是对数周期天线，如图 3.15 所示。

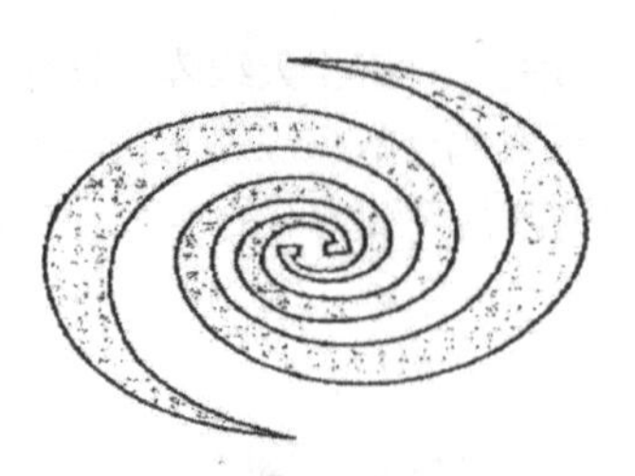

(a)平面等角螺旋天线

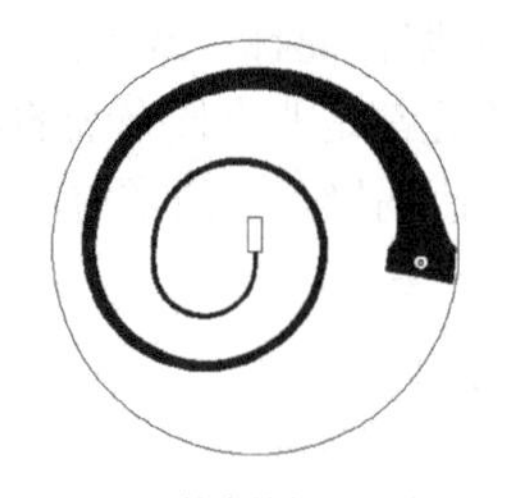

(b)阿基米德螺旋天线

图 3.14　两种螺旋天线

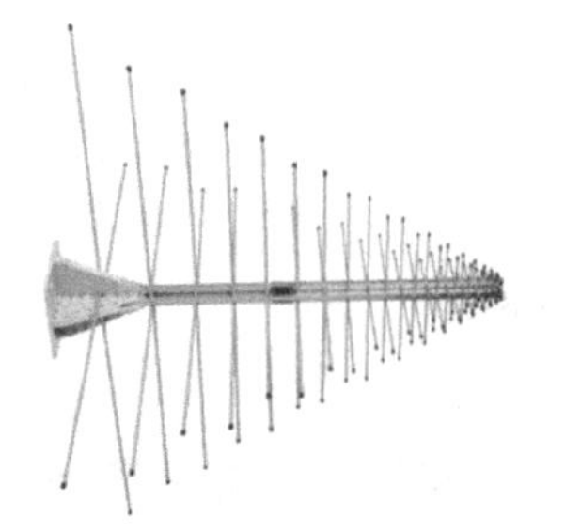

图 3.15　对数周期天线

3.4　RFID 天线的制造工艺

为了适应 RFID 系统中电子标签的快速应用和发展，RFID 天线采用了多种制造工艺，常用的有线圈绕制法、蚀刻法和印刷法。低频 RFID 天线基本采用线圈绕制法制作而成；高频 RFID 天线采用上述三种方法均可实现，但以蚀刻法为主，其材料一般为铝和铜；微波 RFID 天线则以印刷法为主。

3.4.1　线圈绕制法

利用线圈绕制法制作 RFID 天线时，先在一个绕制工具上绕制线圈，然后使用烤漆对其进行固定。将芯片焊接到天线上之后，还要对天线和芯片进行粘合并加以固定。线圈绕制法制作的 RFID 天线如图 3.16 所示。

(a)矩形绕制线圈天线

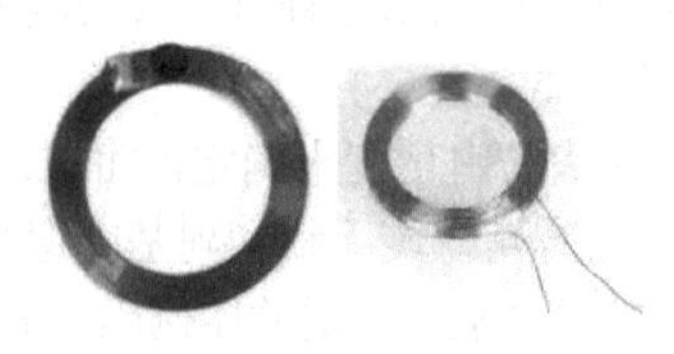

(b)圆形绕制线圈天线

图 3.16　线圈绕制法制作的 RFID 天线

线圈绕制法的特点如下：

① 低频段频率范围为 125～134.2 kHz 的 RFID 天线一般采用线圈绕制法制作天线；

② 线圈绕制法的缺点是成本高，生产速度慢；

③ 高频 RFID 天线也可以采用线圈绕制法，线圈的圈数比低频的要少；

④ 超高频天线几乎不采用线圈绕制法；

⑤ 绕制的天线线圈通常使用焊接的方法与芯片连接，若焊接技术不好，则容易出现虚焊、假焊和偏焊等缺陷。

3.4.2 蚀刻法

蚀刻法是在一个塑料薄膜层上压一个平面铜箔片，然后在铜箔片上涂覆光敏胶，干燥后通过一个正片（具有所需形状的图案）对其进行光照，之后放入化学显影液中，此时光敏胶的光照部分被洗掉，露出铜，最后放入蚀刻池，所有未被光敏胶覆盖部分的铜被蚀刻掉，从而得到所需形状的天线。蚀刻法制作的 RFID 天线如图 3.17 所示。

(a)铜材料的线圈天线

(b)铝材料的线圈天线

图 3.17 蚀刻法制作的 RFID 天线

蚀刻法的特点如下：

① 蚀刻法制作的天线精度高，电子标签使用蚀刻法制作的天线能够与读写器更好地匹配，同时天线的阻抗、方向性等性能都很好；

② 采用蚀刻法的线路可以做得很细，能在有限的空间里制作出更小的精密天线；

③ 蚀刻法的主要缺点是成本太高，制作程序烦琐，产能低下；

④ 用蚀刻法制作的 RFID 天线比用印刷法制作的 RFID 天线的使用时间长，耐用年限为 10 年以上；

⑤ 高频 RFID 天线通常采用蚀刻法。

3.4.3 印刷法

采用印刷法制作的天线称为印刷天线，印刷天线是直接用导电油墨在绝缘基板（薄膜）上印刷导电线路，形成天线和电路。目前印刷天线的主要印刷方法已经从丝网印刷扩展到胶印印刷、柔性版印刷和凹印印刷等，较为成熟的制作工艺为网印印刷与凹印印刷。印刷法使 RFID 天线的生产成本降低，促进了 RFID 系统中电子标签的推广与应用。印刷法制作的 RFID 天线如图 3.18 所示。

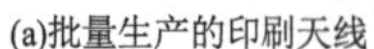

(a)批量生产的印刷天线

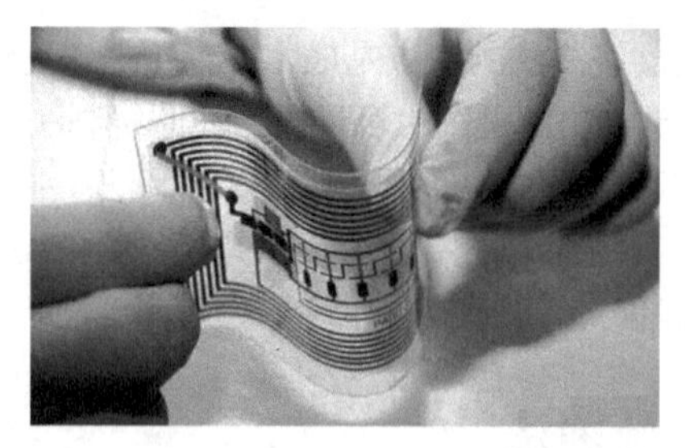

(b)印刷天线的柔韧性

图 3.18　印刷法制作的 RFID 天线

1. 导电油墨

导电油墨是一种特殊油墨，主要由导电材料（包括金属粉末、金属氧化物、非金属和其他复合粉末）、连接剂（主要有合成树脂、光敏树脂、低熔点有机玻璃等）、添加剂（主要有分散剂、调节剂、增稠剂、增塑剂、润滑剂、拟制剂等）和溶剂（主要有芳烃、醇、酮、酯、醇醚等）等组成，可以制成碳浆油墨和银浆油墨等导电油墨。

在电子标签的制作中，导电油墨主要用于印制天线，以替代传统的金属天线。传统金属天线工艺复杂，成品制作时间长，消耗金属材料，成本较高。用导电油墨印制的天线，是利用高速的印刷方法制成的，高效快速，导电油墨原材料成本低于金属材料，这对于降低电子标签整体制作成本具有很大的意义。

2. 印刷天线的特点

印刷天线之所以具有强于传统天线的特点，主要取决于导电油墨的特性及其与印刷技术的结合。导电油墨印刷天线技术的特点如下。

① 印刷天线成本低。除了导电油墨本身要比冲压或蚀刻金属线圈的价格低，购买印刷设备的投资也比引进蚀刻设备便宜得多，印刷过程中生产及设备的维护费用也比蚀刻法低。

② 印刷天线的导电性好。导电油墨干燥后，由于导电粒子之间的距离变小，自由电子沿外加电场方向移动形成电流，因此印刷天线具有良好的导电性。

③ 印刷工艺操作容易。印刷技术作为一种添加法制作技术，与减法制作技术（如蚀刻）相比较，是一种容易控制、一步到位的工艺过程。

④ 印刷过程无污染。蚀刻法必须采用光敏胶和其他化学试剂，这些试剂具有较强的侵蚀作用，所产生的废料及排出物会对环境造成较大的污染。而采用导电油墨直接在基材上进行印刷，无须使用化学试剂，因而具有无污染的特点。

⑤ 印刷天线使用时间短。印刷法与蚀刻法相比较，一个明显的缺点就是耐用时间较短，一般采用印刷法制作的 RFID 系统的电子标签耐用年限为 2～3 年，远低于蚀刻法 10 年以上的耐用年限。

习题 3

3-1　什么是 ISM 频段？当前 RFID 技术在低频、高频和超高频三个频段中常用的工作频率有哪些？

3-2　什么是天线？天线的基本参数有哪些？

3-3　根据观测点与天线之间的距离，天线周围的场区如何划分？

3-4　微波 RFID 天线主要有哪些类型？

3-5　什么是非频变天线？常见的非频变天线有哪些类型？

3-6　RFID 天线制造工艺主要有哪些？低频、高频、超高频电子标签的天线一般用什么工艺制造？

第 4 章　RFID 射频前端

实现射频能量和信息传输的电路称为射频前端电路。RFID 射频前端包括发射通路和接收通路，是读写器和电子标签的核心组成部分。

根据能量和信息传输的基本原理，低频和高频 RFID 技术基于电感耦合方式，超高频和微波 RFID 技术基于反向散射耦合方式。电感耦合方式的理论基础是 LC 振荡电路和电感线圈产生交变电磁场，反向散射耦合方式的理论基础是电磁波传播和反射。这两种耦合方式的差异在于所使用的无线电频率不同和作用距离的远近不同，但相同的都是采用无线电射频技术。

4.1　读写器天线电路

RFID 读写器的射频前端驱动天线用于产生磁场，并且通过该磁场与电子标签交换数据信息。基于电感耦合方式的读写器还通过磁场向电子标签传递能量。由于串联谐振具有电路简单、成本低，激励可采用低内阻的恒压源，谐振时可获得最大的回路电流等特点，因而在读写器的天线电路中被广泛采用。

4.1.1　串联谐振

1. 回路组成

串联谐振回路如图 4.1 所示。串联谐振回路由电感 L 和电容 C 串联组成，R_1 是电感线圈 L 的等效损耗电阻，R_S 是信号源 $\dot{V}_S$ 内阻，R_L 是负载电阻，回路总电阻值 $R=R_1+R_S+R_L$。

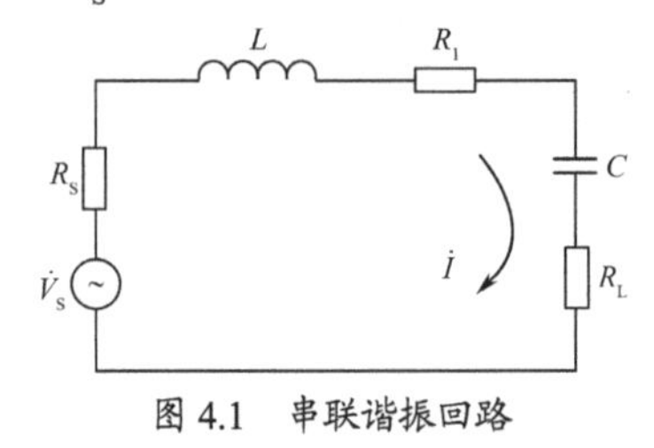

图 4.1　串联谐振回路

2. 谐振频率

若信号源为 $\dot{V}_S$，则回路电流 $\dot{I}$ 为

$$\dot{I}=\frac{\dot{V}_S}{Z}=\frac{\dot{V}_S}{R+jX}=\frac{\dot{V}_S}{R+j\left(\omega L-\frac{1}{\omega C}\right)} \tag{4-1}$$

在某一特定角频率 ω_0，若回路电抗 X 满足

$$X=\omega L-\frac{1}{\omega C}=0 \tag{4-2}$$

则 $\dot{I}$ 取得最大值，回路发生谐振，由此可以得出串联谐振的角频率 ω_0 为

$$\omega_0 = \frac{1}{\sqrt{LC}} \tag{4-3}$$

对应的谐振频率 f_0 为

$$f_0 = \frac{1}{2\pi\sqrt{LC}} \tag{4-4}$$

由式（4-2）和式（4-3）可得

$$\omega_0 L = \frac{1}{\omega_0 C} = \sqrt{\frac{L}{C}} = \rho \tag{4-5}$$

式中，ρ 称为谐振回路的特性阻抗。

3. 谐振特性

串联谐振回路具有以下特性。

① 谐振时，电路电抗 X=0，阻抗 Z=R，回路表现为纯阻性。

② 谐振时，回路电流达到最大值，且电压与电流同相。

③ 谐振时，电感与电容两端电压模值相等，且等于外加电压的 Q 倍。

谐振时，电感两端的电压为

$$\dot{V}_{L0} = \dot{I}j\omega_0 L = \frac{\dot{V}_S}{R} j\omega_0 L = j\frac{\omega_0 L}{R}\dot{V}_S = jQ\dot{V}_S \tag{4-6}$$

电容两端的电压为

$$\dot{V}_{C0} = \dot{I}\frac{1}{j\omega_0 C} = -j\frac{\dot{V}_S}{R}\frac{1}{\omega_0 C} = -j\frac{1}{\omega_0 CR}\dot{V}_S = -jQ\dot{V}_S \tag{4-7}$$

式（4-6）和式（4-7）中的 Q 称为回路的品质因数，是谐振时回路的感抗值或容抗值与回路电阻值的比值，即

$$Q = \frac{\omega_0 L}{R} = \frac{1}{\omega_0 CR} = \frac{1}{R}\sqrt{\frac{L}{C}} = \frac{1}{R}\rho \tag{4-8}$$

一般读写器电路中的 Q 值的范围从几十到近百，因而串联谐振时回路中的电感和电容两端的电压可以是信号源电压的几十到上百倍，这是串联谐振独有的现象，所以串联谐振又称为电压谐振。对于串联谐振，在选择电路元件时，必须考虑元件的耐压问题。

4. 能量关系

设串联谐振时瞬时电流的幅值为 I_{0m}，则瞬时电流 i 可表示为

$$i = I_{0m}\sin(\omega t) \tag{4-9}$$

根据电感储能公式，电感上存储的瞬时能量为

$$w_L = \frac{1}{2}Li^2 = \frac{1}{2}LI_{0m}^2\sin^2(\omega t) \tag{4-10}$$

根据电容储能公式，电容上存储的瞬时能量为

$$w_C = \frac{1}{2}CV_C^2 = \frac{1}{2}CQ^2V_{Sm}^2\cos^2(\omega t) = \frac{1}{2}C\frac{L}{R^2C}I_{0m}^2R^2\cos^2(\omega t) = \frac{1}{2}LI_{0m}^2\cos^2(\omega t) \tag{4-11}$$

式中，V_{Sm} 为源电压的幅值。电感和电容上存储的能量和为

$$w = w_L + w_C = \frac{1}{2}LI_{0m}^2 \tag{4-12}$$

由式（4-12）可知，电感和电容上存储的能量和是一个不随时间变化的常数，这说明回路中存储的能量保持不变，只是在电感和电容之间来回转换。

谐振时电阻上消耗的平均功率为

$$P=\frac{1}{2}RI_{0\text{m}}^{2} \tag{4-13}$$

在一个振荡周期T $\left(T=\frac{1}{f_0}, f_0\text{为谐振频率}\right)$的时间内，电阻$R$上消耗的能量为

$$w_{\text{R}}=PT=\frac{1}{2}RI_{0\text{m}}^{2}\frac{1}{f_0} \tag{4-14}$$

每个振荡周期回路中存储的能量与回路消耗的能量之比为

$$\frac{w_{\text{L}}+w_{\text{C}}}{w_{\text{R}}}=\frac{\frac{1}{2}LI_{0\text{m}}^{2}}{\frac{1}{2}R\frac{I_{0\text{m}}^{2}}{f_0}}=\frac{f_0L}{R}=\frac{1}{2\pi}\frac{\omega_0L}{R}=\frac{Q}{2\pi} \tag{4-15}$$

所以从能量的角度看，品质因数Q可表示为

$$Q=2\pi\frac{\text{每个振荡周期回路中存储的能量}}{\text{每个振荡周期回路中消耗的能量}} \tag{4-16}$$

5. 谐振曲线和通频带

（1）谐振曲线

串联谐振回路中电流与外加频率之间关系的曲线，称为谐振曲线。任意频率下的回路电流I与谐振时的回路电流I_0之比为

$$\frac{I}{I_0}=\frac{R}{R+\text{j}\left(\omega L-\frac{1}{\omega C}\right)}=\frac{1}{1+\text{j}\frac{\omega_0L}{R}\left(\frac{\omega}{\omega_0}-\frac{\omega_0}{\omega}\right)}=\frac{1}{1+\text{j}Q\left(\frac{\omega}{\omega_0}-\frac{\omega_0}{\omega}\right)} \tag{4-17}$$

取其模值，得到

$$\frac{I_{\text{m}}}{I_{0\text{m}}}=\frac{1}{\sqrt{1+Q^2\left(\frac{\omega}{\omega_0}-\frac{\omega_0}{\omega}\right)^2}}\approx\frac{1}{\sqrt{1+\left(Q\frac{2\Delta\omega}{\omega_0}\right)^2}}=\frac{1}{\sqrt{1+(\xi)^2}} \tag{4-18}$$

式中，$\Delta\omega=\omega-\omega_0$表示回路偏离谐振的程度，称为失谐量。$\xi=Q(2\Delta\omega/\omega_0)$称为广义失谐。根据式（4-18）可以画出串联谐振回路的谐振曲线，如图4.2所示。从图中可以看出回路的Q值越高，谐振曲线越尖锐，回路的选择性越好。

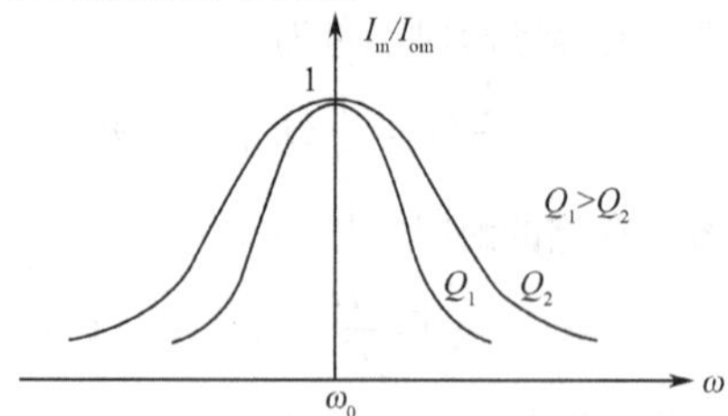

图4.2　串联谐振回路的谐振曲线

（2）通频带

谐振回路的通频带通常用半功率点的两个边界频率之间的间隔表示，半功率点的电流比 I_m / I_{0m} 为 0.707，串联谐振回路的通频带如图 4.3 所示。

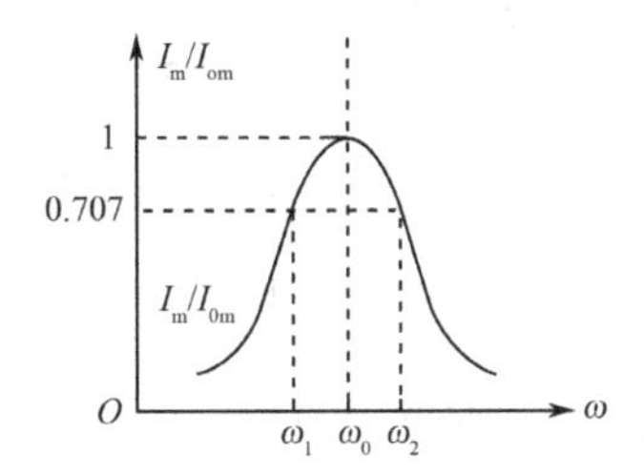

图 4.3 串联谐振回路的通频带

由 $\frac{I_m}{I_{0m}} \approx \frac{1}{\sqrt{1+(\xi)^2}} \approx 0.707$，可知在 ω_1 和 ω_2 处 $\xi = \pm 1$，则 $2\Delta\omega = \frac{\omega_0}{Q}$，所以通频带 BW 为

$$\mathrm{BW} = \frac{\omega_2 - \omega_1}{2\pi} = \frac{2(\omega_2 - \omega_0)}{2\pi} = \frac{2\Delta\omega_{0.7}}{2\pi} = \frac{\omega_0}{2\pi Q} = \frac{f_0}{Q} \tag{4-19}$$

由式（4-19）可知，Q 值越高，通频带越窄，选择性越好；反之，Q 值越低，通频带越宽，选择性越差。在 RFID 技术中，为获得期望的通频带与选择性，Q 值的大小往往需要综合考虑。

6. 对 Q 值的理解

（1）Q 值的测量与变化

在绕制 RFID 天线时，有时需要测量线圈的 Q 值，以满足电路的设计要求。通常使用专门的仪器来测量 Q 值，测量时所用的频率应尽量接近线圈在实际电路中的工作频率。若知道线圈的电感值 L 和损耗电阻 R_1，则可以根据式（4-20）计算出线圈的 Q 值。

$$Q_L = \frac{\omega_0 L}{R_1} \tag{4-20}$$

线圈接入回路后，整个回路 Q 值的计算要考虑信号源内阻 R_S 和负载电阻 R_L 的影响。此时整个回路的 R 值变为

$$R = R_1 + R_S + R_L \tag{4-21}$$

整个电路的有载品质因数为

$$Q = \frac{\omega_0 L}{R} = \frac{\omega_0 L}{R_1 + R_S + R_L} \tag{4-22}$$

可见，线圈接入实际回路后，品质因数会降低。

（2）Q 值变化对读写器性能的影响

由前面的讨论可知，Q 值越大，回路的选择性越好，通频带越窄；反之，Q 值越小，则回路选择性越差，通频带越宽。反映在读写器天线电路上，Q 值越大，读写器对特定频率的电子标签读写距离较远，但是若电子标签的谐振频率与读写器的谐振频率有偏差，则读写器性能将急剧下降，甚至无法读写；相反，Q 值较小，则读写器的读写距离可能较短，但适应性强，即使电子标签谐振频率与读写器天线频率有一定偏差，读写器也能对电子标签进行正常操作。故实际读写器天线 Q 值的选择需要在适应性和选择性之间平衡考虑。

4.1.2 电感线圈的交变磁场

读写器的天线线圈通过谐振产生交变的电磁场，并通过电磁场与电子标签交换信息数据。

1. 电磁场的相关物理量

（1）磁场强度大小 H

安培定律指出，当电流流过一个导体时，在导体的周围会产生磁场。对于直线载流导体，在半径为 a 的环形磁力线上，磁场强度大小 H 是恒定的，载流导体周围的磁场如图 4.4 所示。磁场强度大小 H 为

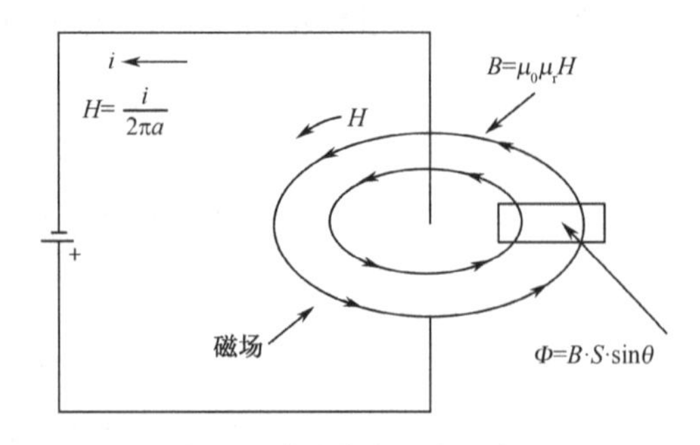

图 4.4　载流导体周围的磁场

$$H = \frac{i}{2\pi a} \tag{4-23}$$

式中，i 为电流（A），a 为半径（m），H 的单位为（A/m）或奥斯特（Oe）。

（2）磁感应强度大小 B

磁感应强度大小 B 和磁场强度大小 H 的关系式为

$$B = \mu_0 \mu_r H \tag{4-24}$$

式中，μ_0 是真空磁导率，其值为常数，$\mu_0 = 4\pi \times 10^{-7}$ H/m；μ_r 是相对磁导率，用来说明材料的磁导率是真空磁导率的多少倍。B 的单位是特斯拉（T）或高斯（GS）。

（3）磁通量 Φ

设在磁感应强度大小为 B 的匀强磁场中，有一个面积为 S 且与磁场方向垂直的平面，则磁感应强度大小 B 与面积 S 的乘积，称为穿过这个平面的磁通量，用 Φ 表示。当面积 S 与磁场方向不垂直，其夹角为 θ 时，磁通量可表示为

$$\Phi = B \cdot S \cdot \sin\theta \tag{4-25}$$

磁通量的单位是韦伯（Wb）。

2. 环形短圆柱形线圈的磁感应强度

在电感耦合的 RFID 系统中，读写器天线常采用环形短圆柱形线圈结构，环形线圈的磁场如图 4.5 所示。距离线圈中心为 r 处 P 点的磁感应强度的大小 B_Z 为

$$B_Z = \frac{\mu_0 i_1 N_1 a^2}{2(a^2 + r^2)^{3/2}} = \mu_0 H_Z \tag{4-26}$$

式中，i_1 为线圈电流，N_1 为线圈匝数，a 为线圈半径，r 为离线圈中心的距离，μ_0 为真空磁导率。

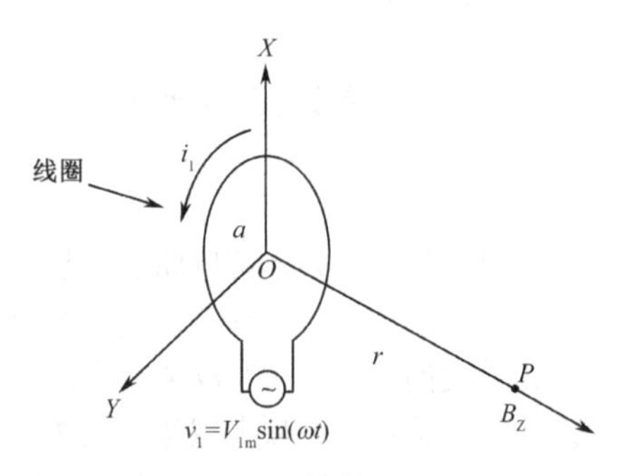

图 4.5　环形线圈的磁场

（1）磁感应强度大小 B_Z 和距离 r 的关系

当 $r \ll a$ 时，可将 r 忽略，则式（4-26）可简化为

$$B_Z = \mu_0 \frac{i_1 N_1}{2a} \tag{4-27}$$

此时磁感应强度几乎不变。当 $r \gg a$ 时，可以忽略分母中 a 的平方，式（4-26）可简化为

$$B_Z = \mu_0 \frac{i_1 N_1 a^2}{2r^3} \tag{4-28}$$

式（4-28）表明，当 $r \gg a$ 时，磁感应强度大小的衰减和距离 r 的三次方成正比，如图 4.6 所示。

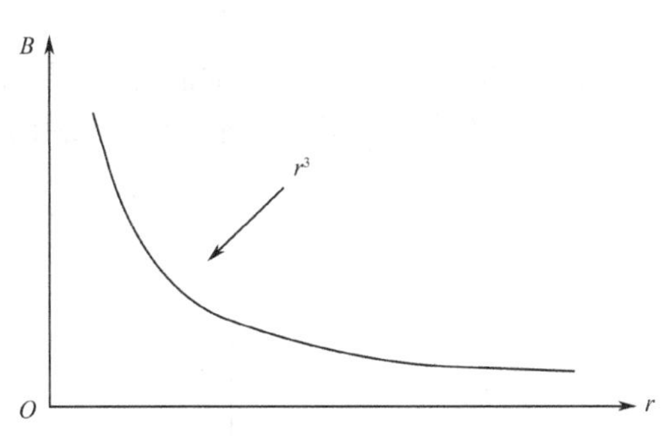

图 4.6　环形短圆柱线圈 B 和 r 的关系

上面的关系可以表述为：从线圈中心到一定距离内磁感应强度几乎是不变的，而后急剧下降，其衰减大约为 60 dB/10 倍距离。

（2）最佳线圈半径

设 r 为常数，并假设线圈中电流不变，讨论 a 和 B_Z 的关系。

式（4-26）可以改写为

$$B_Z = \frac{\mu_0 i_1 N_1}{2} \frac{a^2}{(a^2 + r^2)^{3/2}} = k\sqrt{\frac{a^4}{(a^2 + r^2)^3}} \tag{4-29}$$

式中，$k = \mu_0 i_1 N_1 / 2$ 为常数。对式（4-29）求导，并令 $\mathrm{d}B_Z / \mathrm{d}a = 0$，便可得到 B_Z 具有极大值的条件为

$$a = \sqrt{2} r \tag{4-30}$$

式（4-30）表明，在一定距离 r 处，当线圈半径 $a = \sqrt{2} r$ 时，可获得最大磁感应强度。也就是说，当线圈半径 a 一定时，假设线圈中的电流不变，则在 $r = a / \sqrt{2} = 0.707a$ 处可获得最大磁感应强度。

虽然增加线圈半径 a 会在较远距离 r 处获得最大磁感应强度，但由式（4-28）可知，由于距离 r 的增大，会使磁感应强度值相对变小，会影响电子标签的能量供给。

3. 矩形线圈的磁感应强度

矩形线圈在读写器和电子标签的天线电路中也被经常使用，在距离线圈为 r 处的磁感应强度大小为

$$B = \frac{\mu_0 N i_1 ab}{4\pi\sqrt{(a/2)^2 + (b/2)^2 + r^2}} \left[\frac{1}{(a/2)^2 + r^2} + \frac{1}{(b/2)^2 + r^2} \right] \tag{4-31}$$

式中，i_1 为电流，a 和 b 为矩形的长和宽，N 为匝数。

4.2 电子标签天线电路

电子标签的天线电路多采用并联谐振回路。并联谐振又称为电流谐振，谐振时电感和电容支路中电流最大，因而并联谐振回路的两端可以获得最大电压，有助于无源电子标签的能量获取。

4.2.1 并联谐振

1. 回路组成

串联谐振回路适用于恒压源，即信号源内阻很小的情况。如果信号源的内阻很大（采用恒流源），应采用并联谐振回路。并联谐振的基本回路如图 4.7(a)所示。

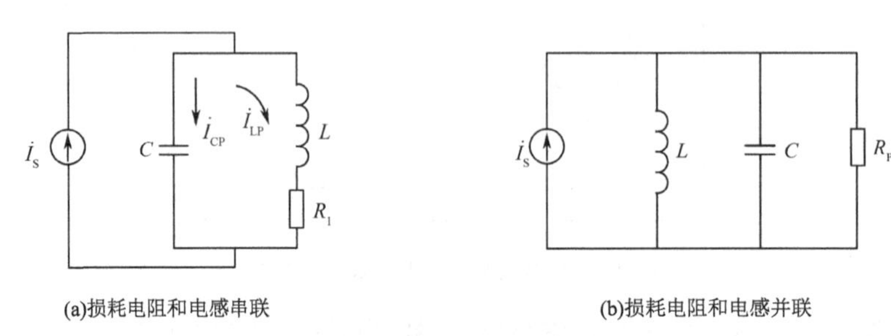

图 4.7 并联谐振的基本回路

图 4.7 中电感、电容和外加信号源并联构成谐振回路。在实际应用中，一般都能满足 $\omega L \gg R_1$ 的条件，因此并联谐振回路信号源两端的阻抗为

$$Z = \frac{(R_1 + \mathrm{j}\omega L)\dfrac{1}{\mathrm{j}\omega C}}{(R_1 + \mathrm{j}\omega L) + \dfrac{1}{\mathrm{j}\omega C}} \approx \frac{\dfrac{L}{C}}{R_1 + \mathrm{j}\left(\omega L - \dfrac{1}{\omega C}\right)} = \frac{1}{\dfrac{CR_1}{L} + \mathrm{j}\left(\omega C - \dfrac{1}{\omega L}\right)} \tag{4-32}$$

由式（4-32）可得另一种形式的并联谐振回路，如图 4.7(b)所示。导纳 Y 可以表示为

$$Y = g + \mathrm{j}b = \frac{1}{R_\mathrm{p}} + \mathrm{j}b = \frac{CR_1}{L} + \mathrm{j}\left(\omega C - \frac{1}{\omega L}\right) \tag{4-33}$$

式中，$g = \dfrac{CR_1}{L} = \dfrac{1}{R_\mathrm{P}}$ 为电导，R_P 为对应于 g 的并联电阻值，$b = \omega C - \dfrac{1}{\omega L}$ 为电纳。

2. 谐振频率

当并联谐振回路的电纳 b=0 时，$\dot{V}_\mathrm{P} = \dot{I}_\mathrm{S} L / (CR_1)$ 为回路两端电压并且电压和电流同相，此时回路对外加信号源发生并联谐振。

由 b=0 可以推得并联谐振条件为

$$b = \omega C - \frac{1}{\omega L} = 0 \tag{4-34}$$

并联谐振的角频率 ω_P 为

$$\omega_\mathrm{P} = \frac{1}{\sqrt{LC}} \tag{4-35}$$

对应的谐振频率 f_P 为

$$f_P = \frac{1}{2\pi\sqrt{LC}} \tag{4-36}$$

3. 谐振特性

（1）并联谐振时的谐振电阻 R_P 表现为纯阻性。

$$R_P = \frac{L}{CR_1} = \frac{\omega_P^2 L^2}{R_1} \tag{4-37}$$

同样，在并联谐振时，把电路的感抗值或容抗值与电阻的比值称为并联谐振回路的品质因数，有

$$Q_P = \frac{\omega_P L}{R_1} = \frac{1}{\omega_P R_1 C} = \frac{1}{R_1}\sqrt{\frac{L}{C}} = \frac{1}{R_1}\rho \tag{4-38}$$

$$\rho = \omega_P L = \frac{1}{\omega_P C} = \sqrt{\frac{L}{C}} \tag{4-39}$$

式中，ρ 为并联谐振回路的特性阻抗。将式（4-38）代入式（4-37），可得

$$R_P = Q_P \omega_P L = Q_P \frac{1}{\omega_P C} \tag{4-40}$$

式（4-40）说明，在并联谐振时，其谐振电阻等于感抗值（或容抗值）的 Q_P 倍，且具有纯阻性。

（2）并联谐振时电感和电容中电流的幅值为外加电流源 $\dot{I}_S$ 的 Q_P 倍。

当并联谐振时，电容支路中的电流 $\dot{I}_{CP}$ 为

$$\begin{aligned}\dot{I}_{CP} &= \frac{\dot{V}_P}{\dfrac{1}{j\omega_P C}} = j\omega_P C\dot{V}_P = j\omega_P C R_P \dot{I}_S \\ &= j\omega_P C \frac{Q_P}{\omega_P C}\dot{I}_S = jQ_P \dot{I}_S\end{aligned} \tag{4-41}$$

式（4-41）中的 $\dot{V}_P$ 为谐振回路两端的电压，同理可求得电感支路中的电流 $\dot{I}_{LP}$ 为

$$\dot{I}_{LP} = -jQ_P \dot{I}_S \tag{4-42}$$

从式（4-41）和式（4-42）可以看出，当并联谐振时，电容和电感支路中的电流为信号源电流 $\dot{I}_S$ 的 Q_P 倍，所以并联谐振又称为电流谐振。

4. 谐振曲线和通频带

（1）谐振曲线

并联谐振回路中回路电压与外加频率之间的关系曲线，称为并联谐振曲线。类似于串联谐振回路的分析方法，并联谐振回路的电压可以表示为

$$\dot{V} = \dot{I}_S Z = \frac{\dot{I}_S}{\dfrac{1}{R_P} + j(\omega C - \dfrac{1}{\omega L})} = \frac{\dot{I}_S R_P}{1 + jQ_P(\dfrac{\omega}{\omega_P} - \dfrac{\omega_P}{\omega})} \tag{4-43}$$

并联谐振时的回路端电压 $\dot{V}_P = \dot{I}_S R_P$，所以

$$\frac{\dot{V}}{\dot{V}_{P}}=\frac{1}{1+jQ_{P}(\frac{\omega}{\omega_{P}}-\frac{\omega_{P}}{\omega})} \tag{4-44}$$

由式（4-44）可以导出并联谐振回路的谐振曲线表达式为

$$\frac{V_{m}}{V_{Pm}}=\frac{1}{\sqrt{1+\left[Q_{P}\left(\frac{\omega}{\omega_{P}}-\frac{\omega_{P}}{\omega}\right)\right]^{2}}} \tag{4-45}$$

比较式（4-18）和式（4-45）可以看出，两个公式结构类似，故并联谐振回路的谐振曲线和串联谐振回路的谐振曲线相同，但其纵坐标变为V_{m}/V_{Pm}。同样并联谐振回路的 Q 值越高，谐振曲线越尖锐，选择性越好。

（2）通频带

与串联谐振回路类似，并联谐振回路的通频带 BW 可以表示为

$$BW=\frac{\omega_{2}-\omega_{1}}{2\pi}=\frac{2\left(\omega_{2}-\omega_{P}\right)}{2\pi}=\frac{2\Delta\omega_{0.7}}{2\pi}=\frac{\omega_{P}}{2\pi Q_{P}}=\frac{f_{P}}{Q_{P}} \tag{4-46}$$

式中，f_{P} 为并联谐振频率，Q_{P} 为并联谐振回路的品质因数。由式（4-46）可知，Q_{P} 值越高，通频带越窄，选择性越好；反之，Q_{P} 值越低，通频带越宽，选择性越差。

5. 加入负载后的并联谐振回路

并联谐振回路加入负载R_{L}后，并考虑信号源内阻R_{S}，则并联谐振回路的等效电路如图 4.8 所示。

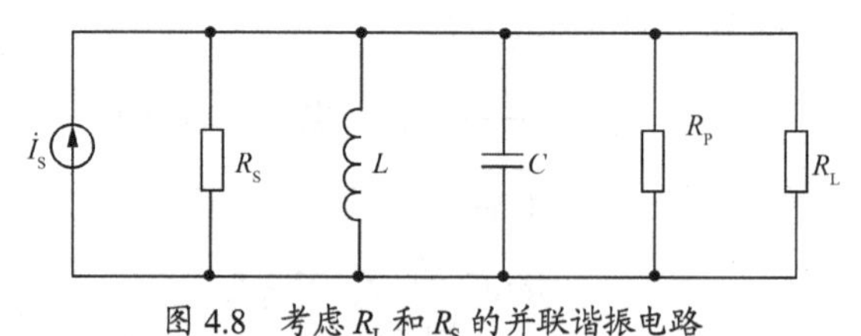

图 4.8 考虑 R_{L} 和 R_{S} 的并联谐振电路

此时，可推得整个回路的品质因数 Q 为

$$Q=\frac{Q_{P}}{1+\frac{R_{P}}{R_{S}}+\frac{R_{P}}{R_{L}}} \tag{4-47}$$

可见，与串联谐振回路一样，负载电阻 R_{L} 和信号源内阻 R_{S} 的接入，也会使并联谐振回路的品质因数下降。

4.2.2 串、并联回路阻抗等效互换

1. 等效互换概念

有时为了分析电路方便，需要将串、并联回路阻抗等效互换。如图 4.9 所示，图 4.9(a)和图 4.9(b)分别为一个串联回路和一个并联回路。所谓“等效”，就是在电路的工作频率为 f 时，两个电路从 AB 端看进去的阻抗相等。

图 4.9　串、并联阻抗等效互换

2. 等效互换关系

从阻抗相等的关系可得

$$Z=\left(R_1+R_x\right)+jX_1=\frac{R_2(jX_2)}{R_2+jX_2}=\frac{R_2X_2^2}{R_2^2+X_2^2}+j\frac{R_2^2X_2}{R_2^2+X_2^2}$$

令串联回路阻抗的实部和虚部与并联回路阻抗的实部与虚部相等，可以得到

$$X_1=\frac{R_2^2X_2}{R_2^2+X_2^2}=\frac{X_2}{1+\left(X_2/R_2\right)^2} \tag{4-48}$$

$$R_1+R_x=\frac{R_2X_2^2}{R_2^2+X_2^2}=\frac{R_2}{1+\left(R_2/X_2\right)^2} \tag{4-49}$$

串联回路的品质因数 Q_1 为

$$Q_1=\frac{X_1}{R_1+R_x}=\frac{\dfrac{R_2^2X_2}{R_2^2+X_2^2}}{\dfrac{R_2X_2^2}{R_2^2+X_2^2}}=\frac{R_2}{X_2} \tag{4-50}$$

把 Q_1 的表达式代入式（4-48）和式（4-49），并且当 Q_1 的值很大时，可得

$$R_1+R_x=\frac{R_2}{1+Q_1^2}\approx\frac{R_2}{Q_1^2}=\frac{X_2^2}{R_2} \tag{4-51}$$

$$X_1=\frac{X_2}{1+\dfrac{1}{Q_1^2}}\approx X_2 \tag{4-52}$$

4.3　电感耦合

工作在低频与高频段的读写器和电子标签之间依靠电感耦合传送能量和数据信息。电磁感应定律指出，只要穿过闭合电路的磁通量发生变化，闭合电路中就有感应电流产生，对应的电压称为感应电压。

读写器与电子标签之间的耦合如图 4.10 所示，当电子标签进入读写器产生的交变磁场时，电子标签的电感线圈上就会产生感应电压。当距离足够近，电子标签天线电路所截获的能量可以供电子标签的芯片正常工作时，读写器和电子标签之间就可以进行信息交换。

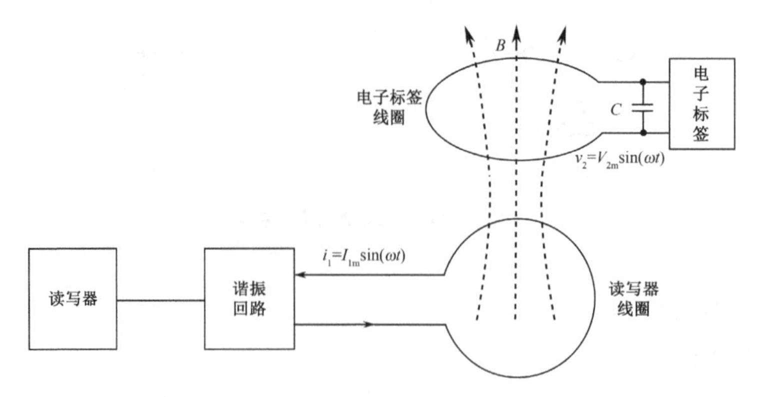

图 4.10　读写器与电子标签之间的耦合

4.3.1　电子标签线圈感应电压

电子标签线圈上的感应电压与穿过导体所围面积的总磁通量的变化率成正比。感应电压 v_2 可表示为

$$v_2 = -\frac{\mathrm{d}\psi}{\mathrm{d}t} = -N_2\frac{\mathrm{d}\Phi}{\mathrm{d}t} \tag{4-53}$$

式中，N_2 是电子标签线圈的匝数，Φ 为每匝线圈的磁通量，并且

$$\psi = N_2\Phi \tag{4-54}$$

如图 4.11 所示，每匝线圈的磁通量 Φ 和磁感应强度 $\boldsymbol{B}$ 之间的关系为

$$\Phi = \int \boldsymbol{B}\cdot\mathrm{d}S = \int B\cos\alpha\mathrm{d}S \tag{4-55}$$

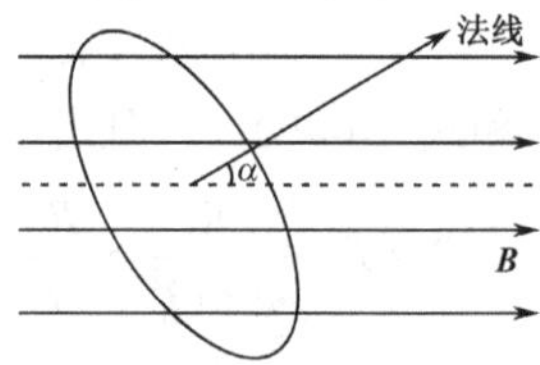

图 4.11　线圈位置与磁感应强度之间的关系

磁感应强度 $\boldsymbol{B}$ 是由读写器线圈产生的，其值由式（4-26）给出。S 是线圈所围面积，“•”表示内积运算，考虑了磁感应强度 $\boldsymbol{B}$ 的方向和面积 S 法线之间的角度的余弦值。

将式（4-26）和式（4-55）代入式（4-53），可得

$$v_2 = -N_2\frac{\mathrm{d}\Phi}{\mathrm{d}t} = -N_2\frac{\mathrm{d}}{\mathrm{d}t}\left(\int \boldsymbol{B}\cdot\mathrm{d}S\right) = -N_2\frac{\mathrm{d}}{\mathrm{d}t}\left[\int \frac{\mu_0 i_1 a^2 N_1}{2\left(a^2+r^2\right)^{3/2}}\cos\alpha\mathrm{d}S\right] \tag{4-56}$$

当 $\boldsymbol{B}$ 和 S 间的夹角 $\alpha = 0°$ 时，即 $\cos\alpha = 1$，则有

$$v_2 = -\left[\frac{\mu_0 N_1 N_2 a^2 S}{2\left(a^2+r^2\right)^{3/2}}\right]\frac{\mathrm{d}i_1}{\mathrm{d}t} = -M\frac{\mathrm{d}i_1}{\mathrm{d}t} \tag{4-57}$$

$$M = \frac{\mu_0 N_1 N_2 a^2 S}{2\left(a^2+r^2\right)^{3/2}} \tag{4-58}$$

式中，i_1为读写器线圈电流，μ_0为真空磁导率，N_1为读写器线圈匝数，N_2为电子标签线圈匝数，a为读写器线圈半径，S为电子标签线圈面积，r为读写器线圈与电子标签线圈之间的距离，M为读写器与电子标签线圈之间的互感。

式（4-57）表明，读写器线圈和电子标签线圈之间的耦合像变压器耦合一样，初级线圈（读写器线圈）的电流产生磁通，该磁通在次级线圈（电子标签线圈）产生感应电压。因此，电感耦合方式也称为变压器耦合方式。这种耦合的初、次级之间是独立可分离的，耦合通过空间电磁场实现。

从式（4-57）还可以看出，电子标签线圈上感应电压的大小和互感大小成正比，互感是两个线圈参数的函数，并且和距离的三次方成反比。因此，电子标签要从读写器获得正常工作的能量，必须要靠近读写器，其贴近程度是电感耦合方式 RFID 系统的一项重要性能指标，也称为工作距离或读写距离（读距离与写距离可能会有不同，通常读距离大于写距离）。

4.3.2 电子标签谐振回路端电压

电子标签天线回路的等效电路如图 4.12 所示。v_2是电感线圈L_2中的感应电压，R_2是L_2的损耗电阻，C_2是谐振电容，R_L是负载，v_2'是电子标签谐振回路两端的电压。电子标签在v_2'达到一定电压值后，通过整流电路，产生电子标签的芯片正常工作所需的直流电压。

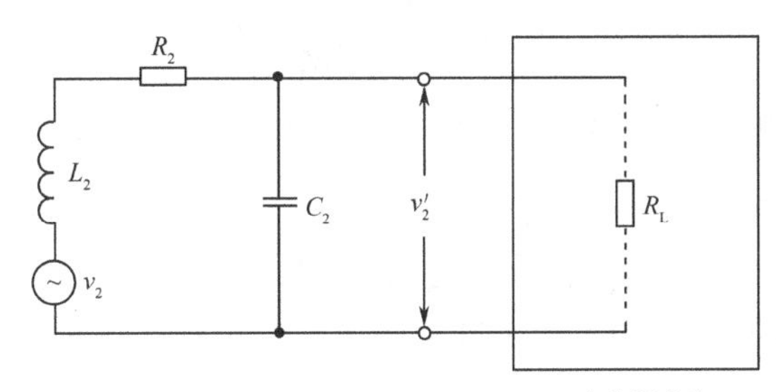

图 4.12　电子标签天线回路的等效电路

当读写器正常工作时，回路处于谐振状态，因此

$$v_2' = v_2 Q \tag{4-59}$$

将式（4-57）代入式（4-59），可得

$$v_2' = v_2 Q = -Q\frac{\mu_0 N_1 N_2 a^2 S}{2\left(a^2+r^2\right)^{3/2}}\frac{\mathrm{d}i_1}{\mathrm{d}t} \tag{4-60}$$

式中，$i_1 = I_{1\mathrm{m}}\sin(\omega t)$，故$\frac{\mathrm{d}i_1}{\mathrm{d}t} = I_{1\mathrm{m}}\omega\cos(\omega t)$，$\omega = 2\pi f$，$\omega$为角频率，$f$为频率，所以

$$v_2' = -Q\omega N_2 S\frac{\mu_0 N_1 a^2}{2\left(a^2+r^2\right)^{3/2}} I_{1\mathrm{m}}\cos\left(\omega t\right) = -2\pi f N_2 S Q B_Z \tag{4-61}$$

式中

$$B_Z = \frac{\mu_0 N_1 a^2}{2\left(a^2+r^2\right)^{3/2}} I_{1\mathrm{m}}\cos\left(\omega t\right) \tag{4-62}$$

B_Z是距离读写器线圈r处的磁感应强度值。式（4-61）和式（4-62）可用于电子标签和读写器之间耦合回路参数的计算。

【例 4-1】 某电子标签的芯片工作于 13.56 MHz，其天线线圈为长 80 mm、宽 50 mm 的矩形线圈，匝数为 4 匝，天线电路的Q值为 40。当电子标签的芯片具有 4V 电压峰值时，元件可以获得正常工作所需的 2.4V 的直流工作电压。设读写器天线的匝数为 3 匝且采用半径为 40 mm 的圆形线圈，距离 10 cm，试计算读写器天线中需要多大的电流才能使电子标签获得正常工作的电压。

解：

（1）根据式（4-61）计算B_Z的值。忽略式中表示方向的负号，B_Z可以表示为

$$B_Z = \frac{v_2'}{2\pi f N_2 SQ}$$

代入以下数值：$f = 13.56$ MHz，$N_2 = 4$，$S = 80\times50 = 40\times10^{-4}\,\text{m}^2$，$Q = 40$，$v_2' = 4\text{V}$（峰值），可得

$$B_Z = \frac{4/\sqrt{2}}{2\pi\times13.56\times10^6\times4\times40\times10^4\times40} = 51.9\times10^{-9}\,\text{WB/m}^2$$

（2）根据式（4-62）计算读写器线圈的电流

$$i_1 = \frac{2\left(a^2+r^2\right)^{\frac{3}{2}}}{\mu_0 a^2 N_1} B_Z$$

将$a = 40\,\text{mm} = 0.04\,\text{m}$，$r = 10\,\text{cm} = 0.1\,\text{m}$，$\mu_0 = 4\pi\times10^{-7}$ H/m 代入上式，可得

$$i_1 = \frac{2\left(0.04^2+0.1^2\right)^{\frac{3}{2}}}{4\pi\times10^{-7}\times0.04^2\times3}\times51.9\times10^{-9} = 0.0215\text{A}$$

即读写器线圈中的电流至少要达到 21.5mA 才能使电子标签获得正常工作的电压。

4.3.3 电子标签直流电源电压获取

对于无源电子标签，其工作电压必须从耦合电压v_2获取。从耦合电压v_2到电子标签工作所需电压V_{CC}的电压转换过程如图 4.13 所示。

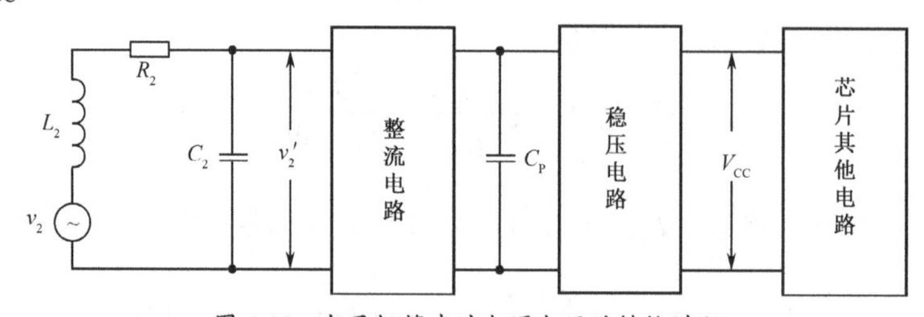

图 4.13　电子标签直流电源电压的转换过程

1. 整流与滤波

天线电路获得的交流耦合电压经整流电路转换为单极性的交流信号，再经滤波电容C_P滤除高频成分，获得直流电压。滤波电容C_P同时作为储能器件，以期获得较强的负载能力。

图 4.14 所示为一个采用 MOS 管的全波整流电路，滤波电容C_P集成在芯片内。C_P容值

越大，则滤波与储能效果越好，但容值较大的电容在集成电路中难以制作，因此C_P不能选得过大，通常为百 pF 数量级。

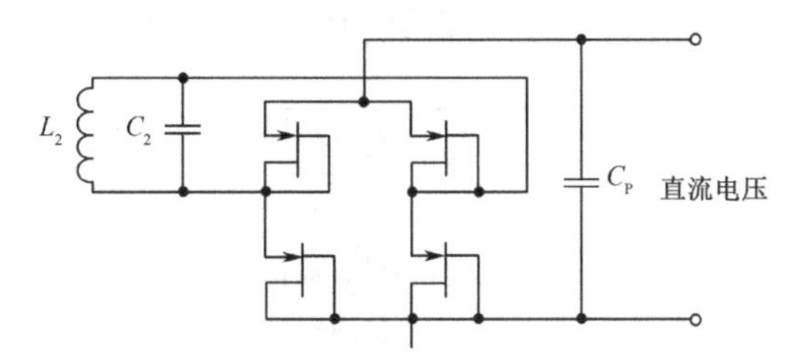

图 4.14 采用 MOS 管的全波整流电路

2. 稳压电路

滤波电容C_P两端输出的直流电压是不稳定的，当电子标签与读写器之间的距离变化时，该电压值也会随之变化，因此需要采用稳压电路。集成电路中稳压的方法有多种，本节不再赘述，有兴趣的读者可以查阅相关文献。

4.3.4 负载调制

在电感耦合的 RFID 系统中，电子标签向读写器传送数据信息时采用负载调制技术。本节介绍负载调制的原理。

1. 耦合电路模型

读写器与电子标签天线之间的耦合电路如图 4.15(a)所示。图中$\dot{V}_1$是角频率为ω的正弦电压，R_S为其内阻，R_1是电感L_1的损耗电阻，M是互感，R_2是电感L_2的损耗电阻，R_L是等效负载电阻。左侧的初级回路代表读写器天线电路，右侧的次级回路代表电子标签天线电路，两者通过互感M耦合，图 4.15(a)中标出了初级回路与次级回路的同名端。

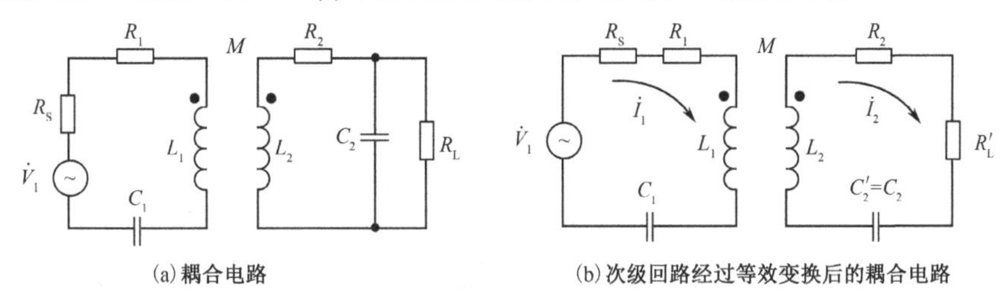

图 4.15 耦合电路模型

为分析电路方便起见，将图 4.15(a)次级回路中C_2与R_L的并联形式等效变换为串联形式，便可以得到如图 4.15(b)所示的等效电路，这是一个通过互感耦合的串联电路。在次级回路中，一般品质因数Q都大于 10，满足$Q \gg 1$的条件，因此可取$C_2' = C_2$。

2. 互感耦合的等效阻抗关系

图 4.15(b)中的初级回路和次级回路的电压方程如下

$$\begin{cases} Z_{11}\dot{I}_1 - \mathrm{j}\omega M\dot{I}_2 = \dot{V}_1 \\ -\mathrm{j}\omega M\dot{I}_1 + Z_{22}\dot{I}_2 = 0 \end{cases} \tag{4-63}$$

式中，Z_{11}为初级回路的自阻抗，$Z_{11}=R_{11}+\mathrm{j}X_{11}=(R_\mathrm{S}+R_1)+\mathrm{j}X_{11}$；$Z_{22}$为次级回路的自阻抗，$Z_{22}=R_{22}+\mathrm{j}X_{22}=(R_2+R'_\mathrm{L})+\mathrm{j}X_{22}$。

解上述方程，可以求得初级和次级回路的电流为

$$\dot{I}_1=\frac{\dot{V}_1}{Z_{11}+\frac{(\omega M)^2}{Z_{22}}} \tag{4-64}$$

$$\dot{I}_2=\frac{-\mathrm{j}\omega M\dot{V}_1/Z_{11}}{Z_{22}+\frac{(\omega M)^2}{Z_{11}}} \tag{4-65}$$

若令

$$Z_{f1}=\frac{(\omega M)^2}{Z_{22}} \tag{4-66}$$

$$Z_{f2}=\frac{(\omega M)^2}{Z_{11}} \tag{4-67}$$

则式（4-64）和式（4-65）可以表示为

$$\dot{I}_1=\frac{\dot{V}_1}{Z_{11}+Z_{f1}} \tag{4-68}$$

$$\dot{I}_2=-\frac{\mathrm{j}\omega M\dot{V}_1/Z_{11}}{Z_{22}+Z_{f2}}=\frac{\dot{V}_2}{Z_{22}+Z_{f2}} \tag{4-69}$$

式中，$\dot{V}_2=-\mathrm{j}\omega M\dot{V}_1/Z_{11}$。由式（4-68）和式（4-69），可以得出如图 4.16 所示的初级回路和次级回路等效电路。

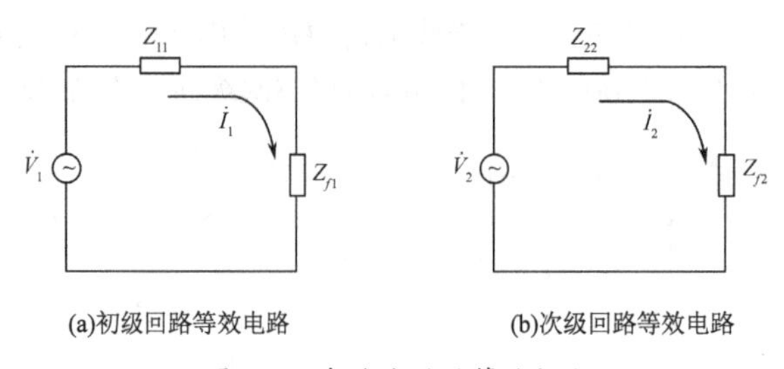

图 4.16　耦合电路的等效电路

由于Z_{f1}是互感M和次级回路阻抗Z_{22}的函数，并出现在初级回路等效电路中，故Z_{f1}称为次级回路对初级回路的反射阻抗，它由反射电阻R_{f1}和反射电抗X_{f1}两部分组成，即$Z_{f1}=R_{f1}+\mathrm{j}X_{f1}$。

类似地，Z_{f2}称为初级回路对次级回路的反射阻抗，由反射电阻R_{f2}和反射电抗X_{f2}组成，即$Z_{f2}=R_{f2}+\mathrm{j}X_{f2}$。

这样，初级回路和次级回路之间的影响可以通过反射阻抗的变化来进行分析。

3. 电阻负载调制

负载调制是电子标签向读写器传输数据所使用的方法。在电感耦合方式的 RFID 系统中，

负载调制有电阻负载调制和电容负载调制两种方法。

电阻负载调制的原理电路如图 4.17 所示，开关 S 用于控制负载调制电阻 R_{mod} 的接入与否，开关 S 的通断由二进制数据编码信号控制。

当二进制数据编码信号为 1 时，设开关 S 闭合，则此时电子标签负载电阻为 R_L 和 R_{mod} 并联；当二进制数据编码信号为 0 时，开关 S 断开，电子标签负载电阻为 R_L。所以在电阻负载调制时，电子标签的负载电阻值有两个对应值，即 R_L（S 断开时）和 R_L 与 R_{mod} 的并联值 $R_L//R_{\text{mod}}$（S 闭合时）。很明显，$R_L//R_{\text{mod}}$ 小于 R_L。

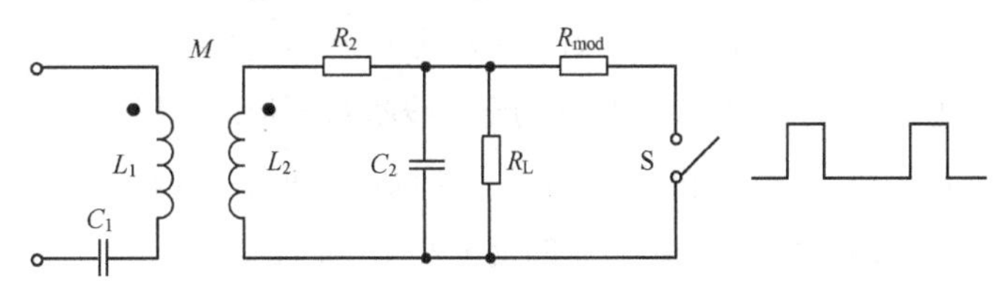

图 4.17　电阻负载调制的原理电路

图 4.17 的等效电路如图 4.18 所示。在初级回路等效电路中，R_S 是源电压 $\dot{V}_1$ 的内阻，R_1 是电感线圈 L_1 的损耗电阻，R_{f1} 是次级回路的反射电阻，X_{f1} 是次级回路的反射电抗，$R_{11}=R_S+R_1$，$X_{11}=\text{j}\left[\omega L_1-1/\left(\omega C_1\right)\right]$。在次级回路等效电路中，$\dot{V}_2=-\text{j}\omega M\dot{V}_1/Z_{11}$，$R_2$ 是电感线圈 L_2 的损耗电阻，R_{f2} 是初级回路的反射电阻，X_{f2} 是初级回路的反射电抗，R_L 是负载电阻，R_{mod} 是负载调制电阻。

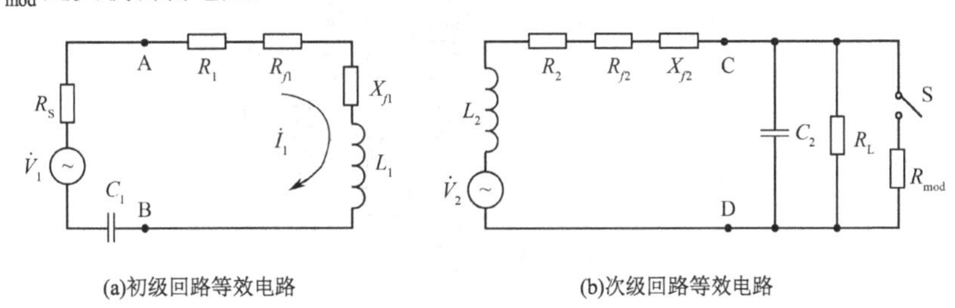

(a)初级回路等效电路　　(b)次级回路等效电路

图 4.18　电阻负载调制时初级回路与次级回路的等效电路

（1）次级回路等效电路中的端电压 $\dot{V}_{\text{CD}}$

设初级回路处于谐振状态，则其反射电抗 $X_{f2}=0$，从而

$$\begin{aligned}\dot{V}_{\text{CD}}&=\frac{\dot{V}_2}{\left(R_2+R_{f2}\right)+\text{j}\omega L_2+\dfrac{\dfrac{1}{\text{j}\omega C_2}\cdot R_{\text{Lm}}}{\dfrac{1}{\text{j}\omega C_2}+R_{\text{Lm}}}}\cdot\frac{\dfrac{R_{\text{Lm}}}{\text{j}\omega C_2}}{\dfrac{1}{\text{j}\omega C_2}+R_{\text{Lm}}}\\&=\frac{\dot{V}_2}{1+\left[\left(R_2+R_{f2}\right)+\text{j}\omega L_2\right]\left(\text{j}\omega C_2+\dfrac{1}{R_{\text{Lm}}}\right)}\end{aligned}\tag{4-70}$$

式中，R_{Lm} 为负载电阻 R_L 和负载调制电阻 R_{mod} 的并联值。当进行负载调制时，$R_{\text{Lm}}<R_L$，因此电压 $\dot{V}_{\text{CD}}$ 下降。在实际电路中，电压的变化反映为电感线圈 L_2 两端可测的电压变化。

该结果也可以从物理概念直观分析，即次级回路由于R_{mod}的接入，负载加重，Q值降低，导致谐振回路两端电压下降。

（2）初级回路等效电路中的端电压$\dot{V}_{AB}$

由次级回路的阻抗表达式

$$Z_{22}=R_2+\mathrm{j}\omega L_2+\frac{1}{1/R_{Lm}+\mathrm{j}\omega C_2} \tag{4-71}$$

以及式（4-66）可知，负载调制时Z_{22}变小，在互感 M 不变的条件下Z_{f1}变大，若次级回路调整于谐振状态，其反射电抗$X_{f1}=0$，则表现为反射电阻R_{f1}增加。

R_{f1}不是一个电阻实体，它的变化体现为电感线圈L_1两端的电压变化，即等效电路中端电压$\dot{V}_{AB}$的变化。在负载调制时，由于R_{f1}增大，所以$\dot{V}_{AB}$增大，即电感线圈L_1两端的电压增大。由于$X_{f1}=0$，所以电感线圈两端电压的变化表现为幅度调制。

（3）电阻负载调制实现数据信息传输的原理

通过前面的分析，电阻负载调制实现数据信息传输的过程如图 4.19 所示。电子标签的二进制数据编码信号通过电阻负载调制方法传送到了读写器，电阻负载调制过程是一个调幅过程。

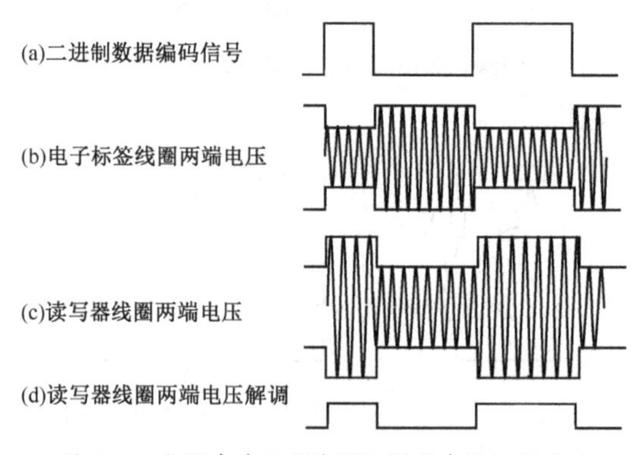

图 4.19　电阻负载调制实现数据信息传输的过程

4. 电容负载调制

电容负载调制是用附加的电容C_{mod}代替调制电阻R_{mod}。电容负载调制原理如图 4.20 所示，图中R_2是电感线圈L_2的损耗电阻。

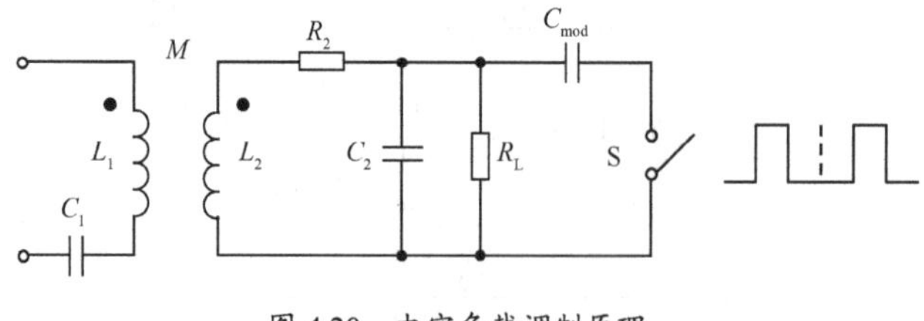

图 4.20　电容负载调制原理

电容负载调制与电阻负载调制的不同之处在于，R_{mod}的接入不改变电子标签回路的谐振频率，因此读写器和电子标签回路在工作频率下都处于谐振状态；而C_{mod}接入后，电子标签回路失谐，其反射电抗也会引起读写器回路的失谐，因此情况比较复杂。与分析电阻负载调制类似，电容负载调制时初级回路和次级回路的等效电路如图 4.21 所示，以下分析假设互感 M 不变。

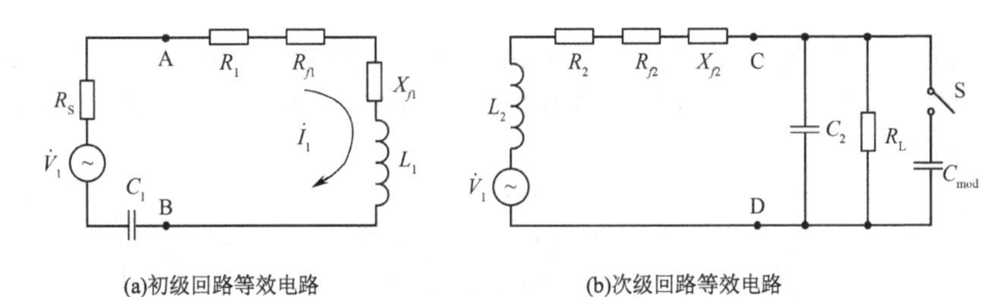

图 4.21 电容负载调制时初级回路和次级回路的等效电路

（1）次级回路等效电路中的端电压 $\dot{V}_{CD}$

设初级回路处于谐振状态，则其反射电抗 $X_{f2}=0$，从而

$$\dot{V}_{CD}=\frac{\dot{V}_2}{1+\left(R_2+R_{f2}+j\omega L_2\right)\left[j\omega\left(C_2+C_{mod}\right)+\dfrac{1}{R_L}\right]} \tag{4-72}$$

由式（4-72）可知，C_{mod} 的加入使分母增大，从而电压 $\dot{V}_{CD}$ 下降，即电感线圈 L_2 两端可测的电压下降。该结果也可以从物理概念直观分析，即次级回路由于 C_{mod} 的加入而失谐，导致谐振回路两端电压下降。

（2）初级回路等效电路中的端电压 $\dot{V}_{AB}$

由次级回路的阻抗表达式

$$Z_{22}=R_2+j\omega L_2+\frac{1}{1/R_L+j\omega\left(C_2+C_{mod}\right)} \tag{4-73}$$

及 $Z_{f1}=(\omega M)^2/Z_{22}$ 可知，负载调制时 Z_{22} 变小，Z_{f1} 变大，但此时由于次级回路失谐，因此 Z_{f1} 中包含有 X_{f1} 部分。

由于 Z_{f1} 上升，所以电感线圈 L_1 两端的电压上升，但此时不仅有幅度的变化，也有相位的变化。

（3）电容负载调制实现数据信息的传输

电容负载调制实现数据信息的传输过程基本与电阻负载调制相同，只是读写器线圈两端电压会产生相位调制的影响，但该相位调制只要能保持在很小的范围内，就不会对数据信息的正确传输产生影响。

（4）次级回路失谐的影响

电容负载调制 C_{mod} 的加入会使次级回路的固有频率下降而导致次级回路失谐。失谐产生的影响可以分为两种情况进行分析。

① 次级回路谐振频率高于初级回路谐振频率。此时 C_{mod} 的加入会使初级和次级回路的谐振频率更接近。

② 次级回路谐振频率低于初级回路谐振频率。此时 C_{mod} 的加入会使初级和次级回路的谐振频率偏差加大。

因此在采用电容负载调制时，电子标签天线电路谐振频率不应低于读写器天线电路的谐振频率。

4.4 射频滤波器

微波 RFID 的工作频率高，其射频前端电路结构与低频和高频 RFID 的射频前端电路有所不同。如图 4.22 所示，微波 RFID 射频前端主要包括发射电路、接收电路和天线，需要处理接收和发射两个过程。

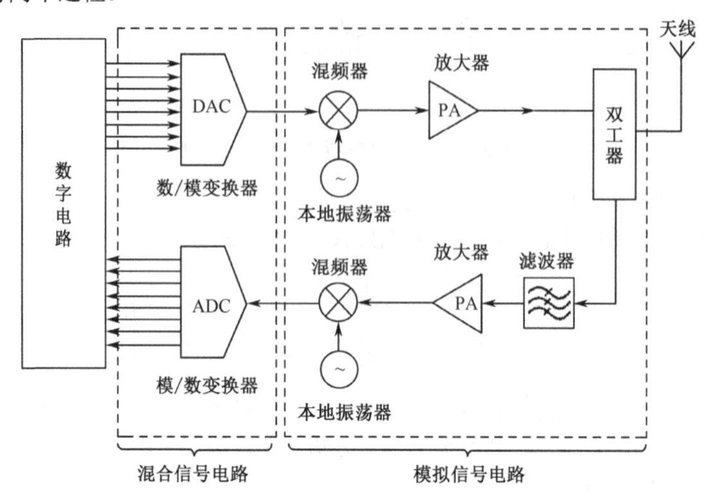

图 4.22 微波 RFID 射频前端的一般组成

天线接收到的射频信号经过双工器进入接收通道，然后通过滤波器滤波，并经放大器放大后进入混频器与本地振荡器混频，得到中频信号。中频信号是天线射频信号频率与本振信号频率的差值，远低于天线射频信号的频率。

发射过程与接收过程相反，在发射通道中首先利用混频器将中频信号与本地振荡器混频，生成射频信号，之后通过放大器放大，最后经过双工器由天线辐射出去。

图 4.22 中讨论的射频前端涉及很多射频电路的设计，包括滤波器的设计、放大器的设计、混频器的设计及本地振荡器的设计等。这些电路都是微波 RFID 射频前端的基本组成部分，本节讨论射频滤波器的相关内容。

4.4.1 射频滤波器概述

RFID 电路中的滤波器可以精确实现预定的频率特性。滤波器是一个二端口网络，允许所需要频率的信号以尽可能小的衰减通过，同时以最大可能衰减不需要的频率信号。

1. 射频滤波器的类型

滤波器可以分为低通滤波器、高通滤波器、带通滤波器和带阻滤波器 4 种基本类型。这 4 种滤波器的理想特性如图 4.23 所示。

图中 4.23(a)是理想低通滤波器，它允许低频信号无损耗地通过滤波器，当信号频率超过截止频率后，信号的衰减为无穷大。图 4.23(b)是理想高通滤波器，它与理想低通滤波器正好相反，允许高频信号无损耗地通过滤波器，当信号频率低于截止频率后，信号的衰减为无穷大。图 4.23(c)是理想带通滤波器，它允许某一频带内的信号无损耗地通过滤波器，频带外的信号衰减为无穷大。图 4.23(d)是理想带阻滤波器，它让某一频带内的信号衰减为无穷大，频带外的信号无损耗地通过滤波器。

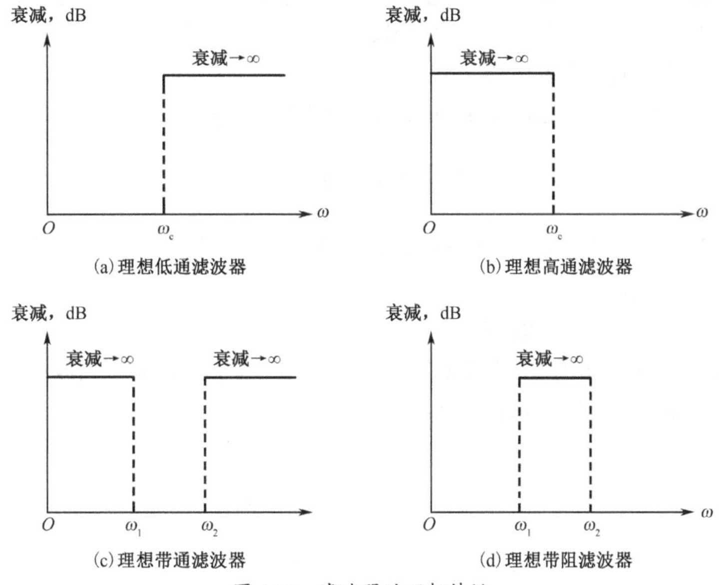

图 4.23　滤波器的理想特性

理想滤波器的输出在通带内与它的输入相同，在阻带内为零。理想滤波器是不存在的，实际滤波器与理想滤波器有差异。实际滤波器既不能实现通带内信号无损耗地通过，也不能实现阻带内信号衰减无穷大。

2. 射频滤波器的插入损耗

射频滤波器的设计方法有多种，目前一般用插入损耗（Insertion Loss，IL）作为考察滤波器性能的指标，来讨论低通滤波器原型的设计方法。在插入损耗法中，滤波器的响应是用插入损耗来表征的。

插入损耗指在传输系统的某处由于元件的插入而发生的负载功率的损耗。插入损耗定义为来自源的可用功率与传送到负载功率的比值，用 dB 表示的插入损耗可以用式(4-74)表示。其中 Γ 为反射系数，ω 为角频率。

$$\mathrm{IL}=10\lg\frac{1}{1-|\Gamma_{\mathrm{in}}(\omega)|^2} \tag{4-74}$$

4.4.2　低通滤波器原型

低通滤波器原型是设计滤波器的基础，集总元件低通、高通、带通、带阻滤波器及分布参数滤波器，都可以由低通滤波器原型变换而来。

滤波器的插入损耗可以选用特定的函数，可以根据所需的响应而定，常用的响应有通带内最平坦、通带内有等幅波纹起伏、通带和阻带内都有等幅波纹起伏和通带内有线性相位等。对应上述响应的低通滤波器分别称为巴特沃斯低通滤波器、切比雪夫低通滤波器、椭圆函数低通滤波器和线性相位低通滤波器等。

1．巴特沃斯低通滤波器原型

如果低通滤波器在通带内的插入损耗随频率的变化是最平坦的，则此种滤波器称为巴特沃斯低通滤波器，也称为最平坦低通滤波器。

（1）最平坦响应的数学表达式

对于巴特沃斯低通滤波器，最平坦响应的数学表达式为

$$\mathrm{IL}=10\lg\left[1+k^2\left(\frac{\omega}{\omega_\mathrm{c}}\right)^{2N}\right] \tag{4-75}$$

式中，N 为滤波器的阶数，k 为常数，ω_c 为截止频率，即通带和阻带的分界点，在分界点处插入损耗等于 3dB。

（2）低通滤波器的最平坦响应

低通滤波器的最平坦响应如图 4.24 所示，在通带内滤波器没有任何波纹，在阻带内滤波器的衰减随着频率的升高单调急剧上升。

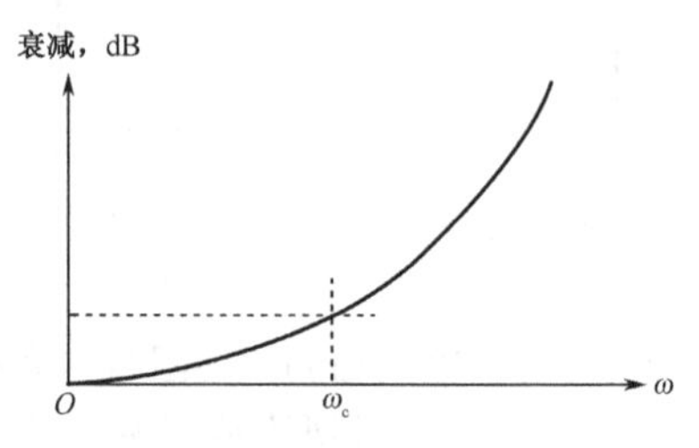

图 4.24　低通滤波器的最平坦响应

（3）巴特沃斯低通滤波器在阻带内的衰减

巴特沃斯低通滤波器衰减随频率变化的对应关系如图 4.25 所示。从图 4.25 可以看出，巴特沃斯低通滤波器的衰减随着频率的升高单调急剧上升。阶数 N 越大，衰减越快。设计低通滤波器时，对阻带内的衰减有数值上的要求，由此可以计算出 N 值。

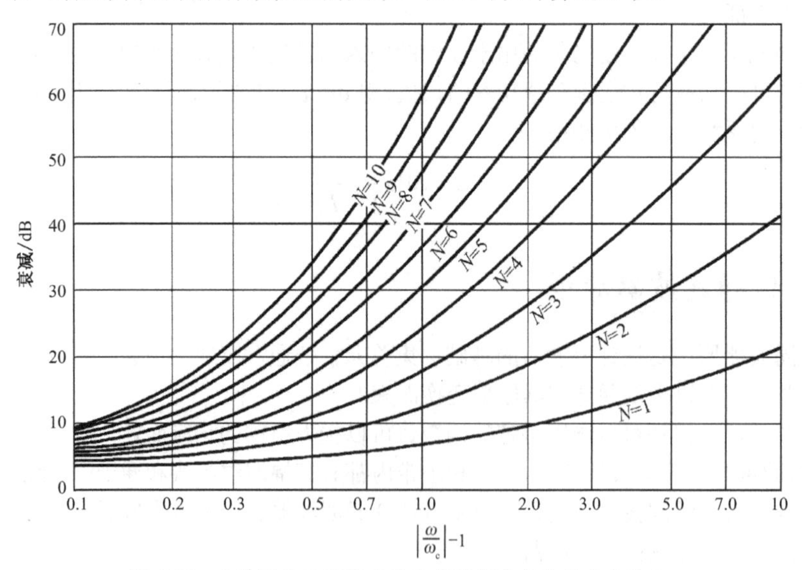

图 4.25　巴特沃斯低通滤波器衰减随频率变化的对应关系

（4）低通滤波器原型电路

滤波器可以由集总元件的电感和电容构成。对于低通滤波器，根据电感和电容的高频与低频特性，在电路中串联电感或对地并联电容即可以获得低通滤波特性。

在设计低通滤波器的过程中，经常采用先设计归一化元件值的标准低通滤波器，然后再转换为实际低通滤波器的方法。归一化元件值的标准低通滤波器是指信号源阻抗和截止频率都为 1 的低通滤波器。

归一化元件值的标准低通滤波器有两种基本的原型电路，如图 4.26 所示。图中 g_0 为源电阻或电导，g_k（k 的取值为 1 到 N）为归一化电感或电容，g_N+1 为负载电阻或电导。

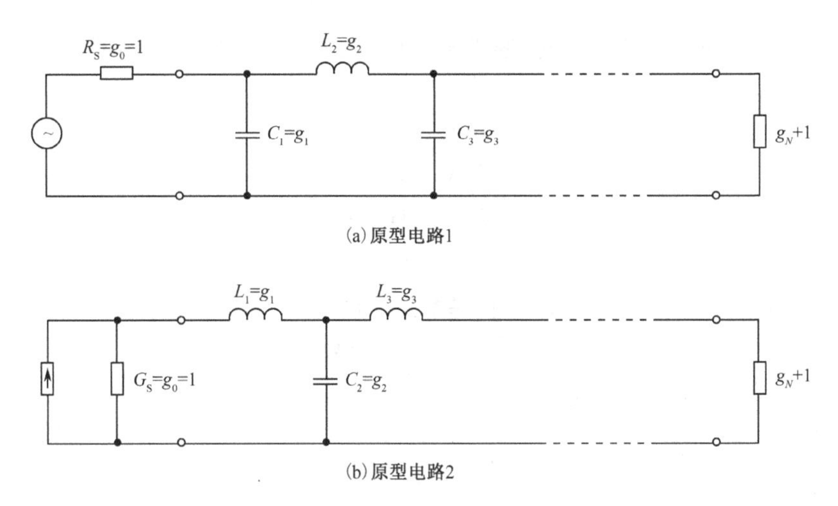

图 4.26　归一化元件值的标准低通滤波器原型电路

（5）标准低通滤波器归一化元件值的计算

标准低通滤波器的归一化元件值可以通过查表获得，巴特沃斯标准低通滤波器的归一化元件值如表 4.1 所示。表中每一行的最后一项为负载电阻或电导的值，从表中可以看出，最平坦低通滤波器原型的元件值具有对称特性。

表 4.1　巴特沃斯标准低通滤波器的归一化元件值（g_0=1，N=1～10）

N	g_1	g_2	g_3	g_4	g_5	g_6	g_7	g_8	g_9	g_{10}	g_{11}
1	2.0000	1.0000									
2	1.4142	1.4142	1.0000								
3	1.0000	2.0000	1.0000	1.0000							
4	0.7654	1.8478	1.8478	0.7654	1.0000						
5	0.6180	1.6180	2.0000	1.6180	0.6180	1.0000					
6	0.5176	1.4142	1.9318	1.9318	1.4142	0.5176	1.0000				
7	0.4450	1.2470	1.8019	2.0000	1.8019	1.2470	0.4450	1.0000			
8	0.3902	1.1111	1.6629	1.9615	1.9615	1.6629	1.1111	0.3902	1.0000		
9	0.3473	1.0000	1.5321	1.8794	2.0000	1.8794	1.5321	1.0000	0.3473	1.0000	
10	0.3129	0.9080	1.4142	1.7820	1.9754	1.9754	1.7820	1.4142	0.9080	0.3129	1.0000

2．切比雪夫低通滤波器原型

如果低通滤波器在通带内有等波纹的响应，这种滤波器称为切比雪夫低通滤波器，也称为等波纹低通滤波器。

（1）低通等波纹响应的数学表达式

对于切比雪夫低通滤波器，低通等波纹响应的数学表达式为

$$\mathrm{IL}=10\lg\left[1+k^2T_N^2\left(\frac{\omega}{\omega_c}\right)\right] \tag{4-76}$$

式中，N为滤波器的阶数，k为常数，ω_c为截止频率，$T_N(x)$是切比雪夫多项式。前4阶切比雪夫多项式分别是

$$\begin{aligned}&T_1(x)=x\\&T_2(x)=2x^2-1\\&T_3(x)=4x^3-3x\\&T_4(x)=8x^4-8x^2+1\end{aligned} \tag{4-77}$$

较高阶切比雪夫多项式可以用下面的递推公式求出

$$T_N(x)=2xT_{N-1}(x)-T_{N-2}(x) \tag{4-78}$$

切比雪夫多项式有以下特点：

① 当$|x|\leqslant 1$时，$|T_N(x)|\leqslant 1$，$|T_N(x)|$在± 1之间振荡，这是等幅波纹起伏的特性；

② 当$|x|>1$时，$|T_N(x)|$随x和N的增加而迅速增加。

（2）切比雪夫低通滤波器的响应

切比雪夫低通滤波器的响应如图4.27所示，在通带内滤波器有等波纹的响应，在阻带内滤波器的衰减随着频率的升高单调急剧上升。

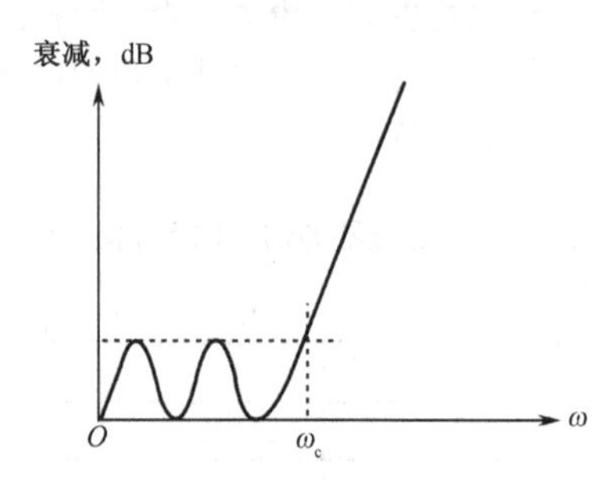

图4.27　切比雪夫低通滤波器的响应

（3）切比雪夫低通滤波器在阻带内的衰减

切比雪夫低通滤波器衰减随频率变化的对应关系如图4.28所示。滤波器的衰减随着频率的升高单调急剧上升。阶数N越大，衰减越快。设计低通滤波器时，对阻带内的衰减有数值上的要求，由此可以计算出N值。

图4.28(a)给出了波纹为0.5dB的切比雪夫低通滤波器衰减随频率变化的对应关系，图4.28(b)给出了波纹为3dB的切比雪夫低通滤波器衰减随频率变化的对应关系。

（4）切比雪夫低通滤波器原型电路

切比雪夫低通滤波器原型电路与巴特沃斯低通滤波器原型电路相同，如图 4.26 所示。

（5）切比雪夫低通滤波器原型电路归一化元件的取值

切比雪夫低通滤波器的归一化元件值也可以通过查表获得，表 4.2 和表 4.3 分别给出了波纹为 0.5dB 和 3dB 时 N=1～10 电路中的元件取值。注意表中每一行最后一项的负载值对于偶数阶和奇数阶滤波器有所不同。

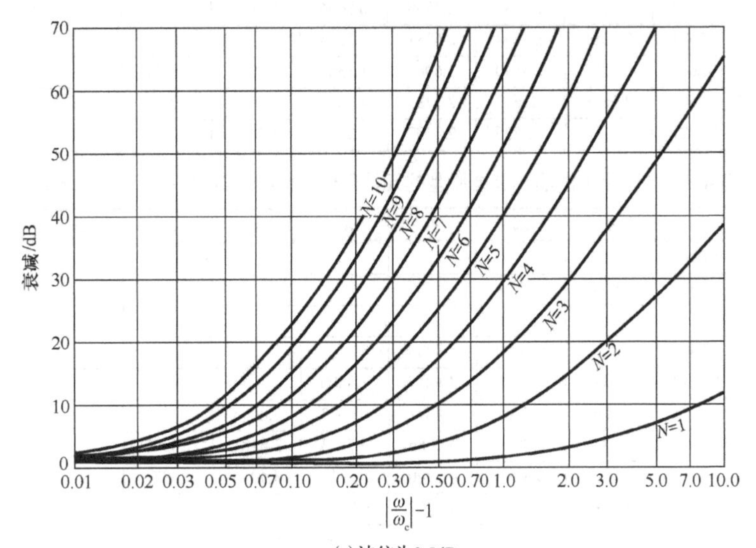

(a) 波纹为0.5dB

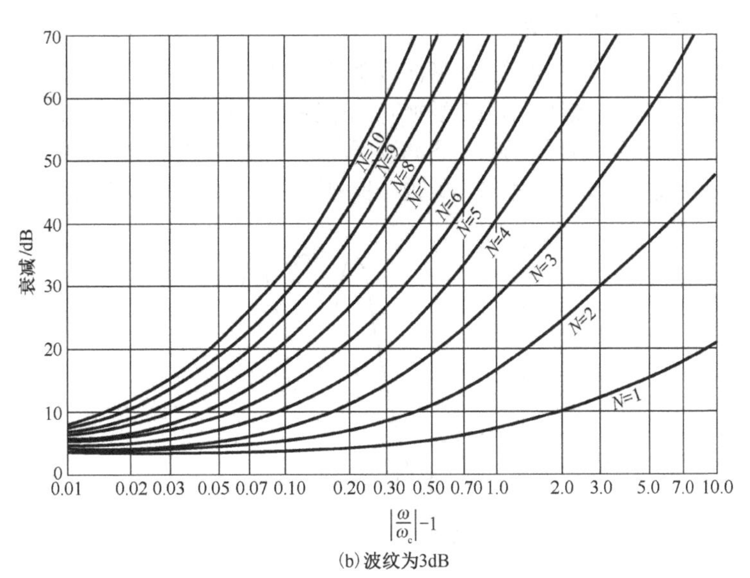

(b) 波纹为3dB

图 4.28　切比雪夫低通滤波器衰减随频率变化的对应关系

表 4.2　切比雪夫低通滤波器原型的元件取值（g_0=1，N=1～10，0.5dB 波纹）

N	g_1	g_2	g_3	g_4	g_5	g_6	g_7	g_8	g_9	g_{10}	g_{11}
1	0.6986	1.0000									
2	1.4029	0.7071	1.9841								
3	1.5963	1.0967	1.5963	1.0000							
4	1.6703	1.1926	2.3661	0.8419	1.9841						
5	1.7058	1.2296	2.5408	1.2296	1.7058	1.0000					
6	1.7254	1.2479	2.6064	1.3137	2.4758	0.8696	1.9841				
7	1.7372	1.2583	2.6381	1.3444	2.6381	1.2583	1.7372	1.0000			
8	1.7451	1.2647	2.6564	1.3590	2.6964	1.3389	2.5093	0.8796	1.9841		
9	1.7504	1.2690	2.6678	1.3673	2.7239	1.3673	2.6678	1.2690	1.7504	1.0000	
10	1.7543	1.2721	2.6754	1.3725	2.7392	1.3806	2.7231	1.3485	2.5239	0.8842	1.9841

表 4.3　切比雪夫低通滤波器原型的元件取值（g_0=1，N=1～10，3dB 波纹）

N	g_1	g_2	g_3	g_4	g_5	g_6	g_7	g_8	g_9	g_{10}	g_{11}
1	1.9953	1.0000									
2	3.1013	0.5339	5.8095								
3	3.3487	0.7117	3.3487	1.0000							
4	3.4389	0.7483	4.3471	0.5920	5.8095						
5	3.4817	0.7618	4.5381	0.7618	3.4817	1.0000					
6	3.5045	0.7685	4.6061	0.7929	4.4641	0.6033	5.8095				
7	3.5182	0.7723	4.6386	0.8039	4.6386	0.7723	3.5182	1.0000			
8	3.5277	0.7745	4.6575	0.8089	4.6990	0.8018	4.4990	0.6073	5.8095		
9	3.5340	0.7760	4.6692	0.8118	4.7272	0.8118	4.6692	0.7760	3.5340	1.0000	
10	3.5384	0.7771	4.6768	0.8136	4.7425	0.8164	4.7260	0.8051	4.5142	0.6091	5.8095

3．椭圆函数低通滤波器原型

巴特沃斯低通滤波器和切比雪夫低通滤波器两者在阻带内都有单调上升的衰减。在某些应用中需要设定一个最小阻带衰减，在这种情况下能获得较好的截止陡度，此种类型的滤波器称为椭圆函数低通滤波器。椭圆函数低通滤波器在通带和阻带内都有等波纹响应，如图 4.29 所示。对于椭圆函数低通滤波器本书不做进一步的讨论，其内容可以查阅相关参考文献。

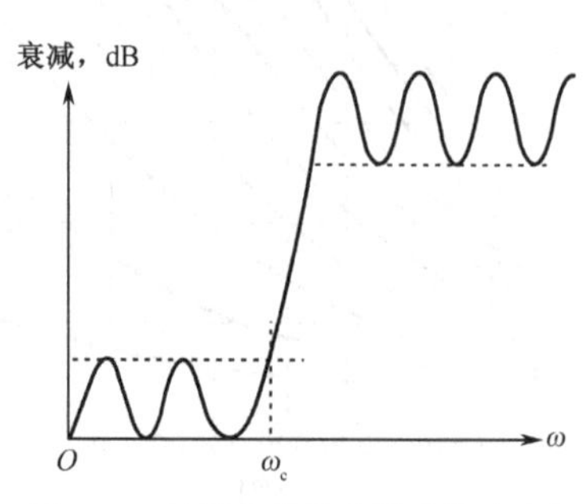

图 4.29　椭圆函数低通滤波器的响应

4．线性相位低通滤波器原型

前面 3 种低通滤波器都是设定振幅响应，但在有些应用中，线性的相位响应比陡峭的阻带振幅衰减响应更为关键。线性的相位响应与陡峭的阻带振幅衰减响应不兼容，如果要得到线性相位，相位函数的群时延必须是最平坦的。由于线性的相位响应与陡峭的阻带振幅衰减响应相冲突，因此线性相位低通滤波器在阻带内振幅衰减较平缓。对于线性相位低通滤波器本书不做进一步的讨论，其内容可以进一步查阅相关参考文献。

4.4.3 滤波器的变换

4.4.2 节中讨论的低通滤波器原型都是假定源阻抗为 1Ω（或源导纳为 1S），截止频率为 $\omega_c = 1$ 的归一化设计。为了得到实际的滤波器，必须对前面得出的参数进行反归一化设计，利用低通滤波器原型变换为任意源阻抗（导纳）和任意截止频率的低通滤波器、高通滤波器、带通滤波器和带阻滤波器。阻抗和导纳互为倒数，二者可以统一为阻抗，滤波器的变换主要包括阻抗变换和频率变换两个过程。

1. 阻抗变换

在低通滤波器原型中，除偶数阶切比雪夫低通滤波器外，其余原型滤波器的源阻抗和负载阻抗均为 1。如果实际电路的源阻抗和负载阻抗与原型电路不同，就必须对原型电路中的各元件值进行比例变换。

若实际电路的源电阻为 R_S，令变换后滤波器的元件值用带撇号（′）的符号表示，则

$$R_S' = 1R_S \tag{4-79}$$

$$L' = R_S L \tag{4-80}$$

$$C' = \frac{C}{R_S} \tag{4-81}$$

$$R_L' = R_S R_L \tag{4-82}$$

式（4-79）～式（4-82）中，1 为低通滤波器原型的源阻抗；L、C、R_L 为低通滤波器原型的元件值。

2. 频率变换

将归一化频率变换为实际频率，相当于变换原型电路中的电感和电容值。当频率和阻抗都变换时，将低通滤波器原型变换为低通滤波器、高通滤波器、带通滤波器和带阻滤波器的过程如表 4.4 所示。

表 4.4 低通滤波器原型到其他各类滤波器的变换

低通原型	低通	高通	带通	带阻
$L=g_k$	$\frac{R_S L}{\omega_c}$	$\frac{1}{R_S \omega_c L}$	$\frac{R_S L}{BW}$ $\frac{BW}{R_S \omega_0^2 L}$	$\frac{1}{R_S(BW)L}$ $\frac{R_S(BW)L}{\omega_0^2}$
$C=g_k$	$\frac{C}{R_S \omega_c}$	$\frac{R_S}{\omega_c C}$	$\frac{C}{R_S BW}$ $\frac{R_S BW}{\omega_0^2 C}$	$\frac{R_S}{(BW)C}$ $\frac{(BW)C}{R_S \omega_0^2}$

表 4.4 中，L、C 为低通滤波器原型的元件值，R_S 为实际电路的源电阻，ω_c 为实际低通或高通电路的截止频率，BW 为实际带通电路中的通带带宽或带阻电路中的阻带带宽，ω_0 为实际带通电路中的通带中心频率或带阻电路中的阻带中心频率。

4.4.4 滤波器设计的基本流程

由 4.4.3 节可知，四种类型的滤波器（低通、高通、带通、带阻）都可以通过标准低通滤波器变换得到，因此熟练掌握低通滤波器的设计至关重要。对于两种常见低通滤波器——巴特沃斯低通滤波器和切比雪夫低通滤波器，其设计的一般过程如下。

① 确定滤波器的类型。根据通带内的衰减特征、截止频率处要求的衰减陡峭程度及滤波器的线性相移等参数，来确定滤波器的类型——巴特沃斯低通滤波器或者切比雪夫低通滤波器。

② 确定滤波器的阶数。主要依据滤波器指标中所要求的在指定频率处的衰减程度来确定滤波器阶数。

③ 确定原型低通滤波器中的元件值。查找归一化元件参数表，找到相应的元件 g_n 值，设计出标准低通滤波器。

④ 确定实际滤波电路的元件值。对原型电路反归一化，进行阻抗变换和频率变换，实现标准低通滤波器向实际需要的低通、高通、带通、带阻滤波器的转换。

【例 4-2】 设计一个巴特沃斯低通滤波器，其截止频率为 100 MHz，源阻抗为 50 Ω，要求在 150 MHz 处的插入损耗至少要有 15 dB 的衰减。

解： 由于题目中已经要求滤波器的类型为巴特沃斯低通滤波器，因此首先需要确定滤波器的阶数。由 ω_c=100 MHz，在 ω =150 MHz 处有

$$\frac{\omega}{\omega_c} - 1 = 0.5$$

由图 4.25 可以看出，选 N=5 可以满足插入损耗的要求。

由表 4.1 可以查得 N=5 时低通滤波器原型的元件值为

$$g_1=0.618$$
$$g_2=1.618$$
$$g_3=2.000$$
$$g_4=1.618$$
$$g_5=0.618$$
$$g_0=g_6=1$$

利用表 4.4 中的公式，采用图 4.26(a)所示的电路，可以得到实际滤波器的元件值如下。

$$C_1' = \frac{C}{R_S\omega_c} = \frac{g_1}{R_S\omega_c} = \frac{0.618}{50\times 2\pi\times 10^8} \approx 19.682\text{pF}$$

$$L_2' = \frac{R_S L}{\omega_c} = \frac{R_S g_2}{\omega_c} = \frac{50\times 1.618}{2\pi\times 10^8} \approx 128.822\text{nH}$$

$$C_3' = \frac{C}{R_S\omega_c} = \frac{g_3}{R_S\omega_c} = \frac{2}{50\times 2\pi\times 10^8} \approx 63.694\text{pF}$$

$$L_4' = \frac{R_S L}{\omega_c} = \frac{R_S g_4}{\omega_c} = \frac{50 \times 1.618}{2\pi \times 10^8} \approx 128.822\text{nH}$$

$$C_5' = \frac{C}{R_S \omega_c} = \frac{g_5}{R_S \omega_c} = \frac{0.618}{50 \times 2\pi \times 10^8} \approx 19.682\text{pF}$$

源电阻和负载电阻为

$$R_S' = R_L' = 50(\Omega)$$

图 4.30 为本例巴特沃斯低通滤波器的实际电路。

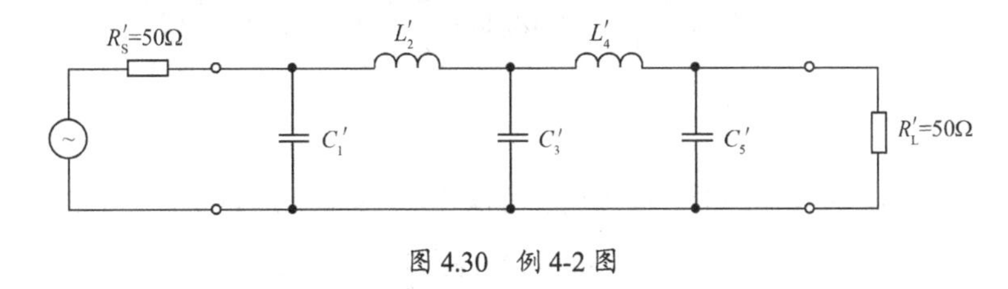

图 4.30　例 4-2 图

4.4.5　短截线滤波器设计

前面讨论的滤波器是由集总元件的电感和电容构成的，当频率不高时，集总元件滤波器工作良好。但当频率高于 500 MHz 时，滤波器通常由分布参数元件构成，原因主要有两个：一是根据公式 $f_0 = \frac{1}{2\pi\sqrt{LC}}$，当频率过高时电感和电容元件的取值过小，由于寄生参数的影响，如此小的电感和电容已经不能再使用集总参数元件；二是此时工作波长与滤波器元件的物理尺寸相近，滤波器元件之间的距离不可忽视，需要考虑分布参数效应。

本节讨论采用微带短截线方法，将集总元件滤波器变换为分布参数滤波器，变换过程主要涉及理查德变换和科洛达规则，其中理查德变换用于将集总元件变换为传输线段，科洛达规则可以将各滤波器元件分隔。

1. 理查德变换

理查德变换用来进行集总元件和分布参数元件之间的近似等效变换，分为集总元件电感的等效变换和集总元件电容的等效变换。

（1）集总元件电感的等效变换

由平行双导体构成的引导电磁波传输的结构称为传输线，常见的传输线有平行双导线、同轴线、微带线等，如图 4.31 所示。

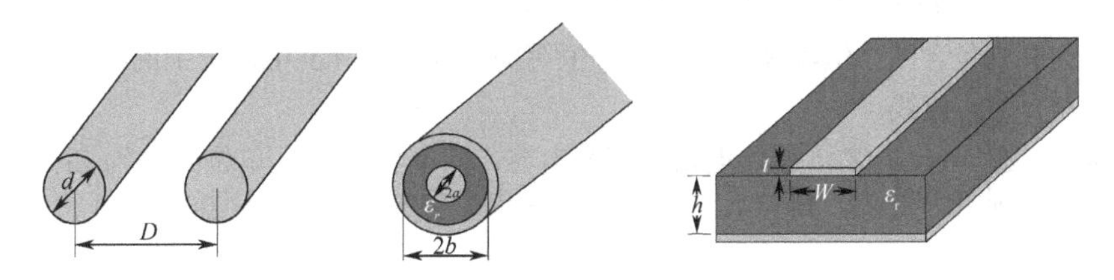

图 4.31　常用传输线的类型

在传输线理论中，终端短路传输线的输入阻抗 Z_{in} 可以表示为

$$Z_{in} = jX_L = jZ_0 \tan\left(\frac{l}{\lambda}2\pi\right) \tag{4-83}$$

式中，Z_0为传输线的特性阻抗，其数值只和传输线的结构、材料和频率有关，与长度无关。若传输线中电磁波的波长为λ_0，并且传输线的长度取值为$l = \frac{\lambda_0}{8}$，则

$$\begin{aligned} Z_{in} &= jZ_0 \tan\left(\frac{2\pi}{\lambda}l\right) = jZ_0 \tan\left(\frac{2\pi}{\lambda}\frac{\lambda_0}{8}\right) \\ &= jZ_0 \tan\left(\frac{\pi}{4}\frac{\lambda_0}{\lambda}\right) = jZ_0 \tan\left(\frac{\pi}{4}\frac{f}{f_0}\right) = jZ_0 \tan\left(\frac{\pi}{4}\Omega\right) \end{aligned} \tag{4-84}$$

式中，$\Omega = \frac{f}{f_0}$称为归一化频率。

根据式（4-84），终端短路的一段传输线可以等效为集总元件的电感，等效关系式为

$$jX_L = j\omega L = jZ_0 \tan\left(\frac{\pi}{4}\Omega\right) = SZ_0 \tag{4-85}$$

式中，$S = j\tan\left(\frac{\pi}{4}\Omega\right)$称为理查德变换。

（2）集总元件电容的等效变换

与集总元件电感的等效变换类似，终端开路的一段传输线可以等效为集总元件的电容。终端开路传输线的输入导纳为

$$jB_C = j\omega C = jY_0 \tan\left(\frac{\pi}{4}\Omega\right) = SY_0 \tag{4-86}$$

式中，$S = j\tan\left(\frac{\pi}{4}\Omega\right)$为理查德变换。

（3）理查德变换的几点说明

① 电路谐振时，有$f = f_0$，$\Omega = f/f_0 = 1$，$S = j$。

② 原型滤波器中$\omega_0 = 1$，$Z_0 = \omega_0 L = L$，$Y_0 = \omega_0 C = C$，即容抗$= 1/C$。

③ 式（4-85）和式（4-86）所使用的传输线长度为$\lambda_0/8$，也有$\lambda_0/4$的理查德变换。

2. 科洛达规则

科洛达规则是利用附加的传输线段，得到在实际上更容易实现的滤波器。例如，利用科洛达规则既可以将串联短截线变换为并联短截线，又可以将短截线在物理上分开。在科洛达规则中附加的传输线段称为单位元件，单位元件是一段传输线，当$f = f_0$时，这段传输线长为$\lambda_0/8$，其特性阻抗Z_{UE}为1。单位元件的加入并不影响滤波器的响应。

科洛达规则包含四个恒等关系，这四个恒等关系列于表4.5中，表中的电感和电容分别代表短路和开路短截线。

表4.5中的$N=1+Z_2/Z_1$，原始电路中若为电容，则电容是Z_2，单位元件为Z_1；原始电路中若为电感，则电感是Z_1，单位元件为Z_2；原始电路中的单位元件阻抗$Z_{UE}=1$。

表 4.5　科洛达规则

原始电路	科洛达规则
$Y_C=S/Z_2$　单位元件 Z_1	$Z_L=SZ_1/N$　单位元件 Z_2/N
$Z_L=Z_1S$　单位元件 Z_2	$Y_C=S/(NZ_2)$　单位元件 NZ_1
$Y_C=S/Z_2$　单位元件 Z_1	$Y_C=S/(NZ_2)$　单位元件 NZ_1　N:1
$Z_L=Z_1S$　单位元件 Z_2	$Z_L=SZ_1/N$　单位元件 Z_2/N　1:N
$N=1+Z_2/Z_1$	

3. 微带短截线低通滤波器设计举例

【例 4-3】 设计一个微带短截线低通滤波器，该滤波器的截止频率为 4 GHz，通带内波纹为 3 dB，滤波器采用 3 阶，系统阻抗为 50 Ω。

解：设计微带短截线低通滤波器的步骤如下。

（1）滤波器为 3 阶、带内波纹为 3 dB 的切比雪夫低通滤波器原型的元件值为

$$g_1=3.3487=L_1$$
$$g_2=0.7117=C_2$$
$$g_3=3.3487=L_3$$

集总参数低通滤波器原型电路如图 4.32(a)所示。

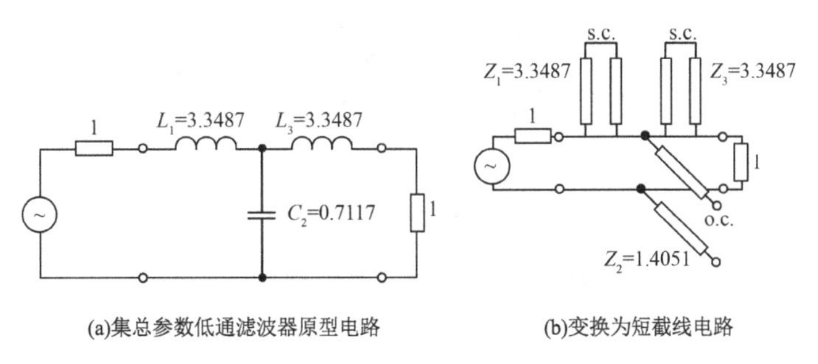

(a)集总参数低通滤波器原型电路　　(b)变换为短截线电路

图 4.32　例 4-3 低通滤波器电路

（2）利用理查德变换，将集总元件变换成短截线，如图 4.32(b)所示，图中短截线的特性阻抗为归一化值（电感值不变，电容值为倒数）。

（3）增添单位元件，如图 4.33(a)所示。

（4）利用科洛达规则将串联短截线变换为并联短截线，短截线的特性阻抗为归一化值，短截线长度选择为 $\lambda_0/8$，S=1。

图 4.33(a)中的 Z_{UE1} 和 Z_1 使用表 4.5 中的第 1 行从右到左变换，根据

$$\begin{cases} Z_2/N=1 \\ Z_L=Z_1/N=3.3487 \\ N=1+Z_2/Z_1 \end{cases}$$

可以得到 N=1.2986，$Z_1=Z_LN$=3.3487×1.2986=4.3486，$Z_2=N$=1.2986。

图 4.33(a)中的 Z_3 和 Z_{UE2} 使用表 4.5 中的第 2 行从左到右变换，根据

$$\begin{cases} Z_2=1 \\ Z_L=Z_1=3.3487 \\ N=1+Z_2/Z_1 \end{cases}$$

可以得到 N=1+1/3.3487=1.2986，NZ_1=1.2986×3.3487=4.3486，NZ_2=1.2986×1=1.2986。

变换为并联短截线的电路如图 4.33(b)所示。

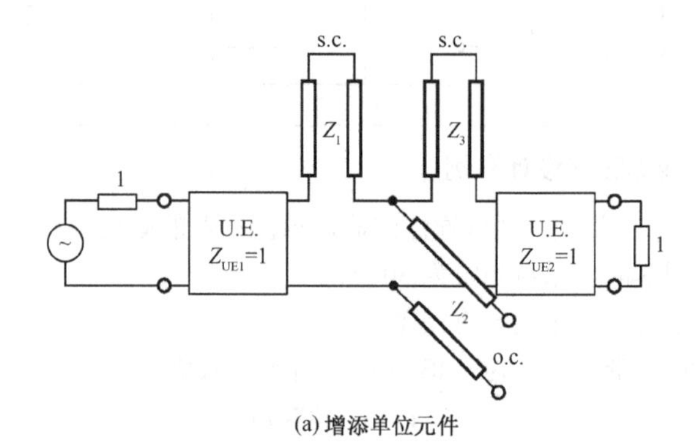

(a) 增添单位元件

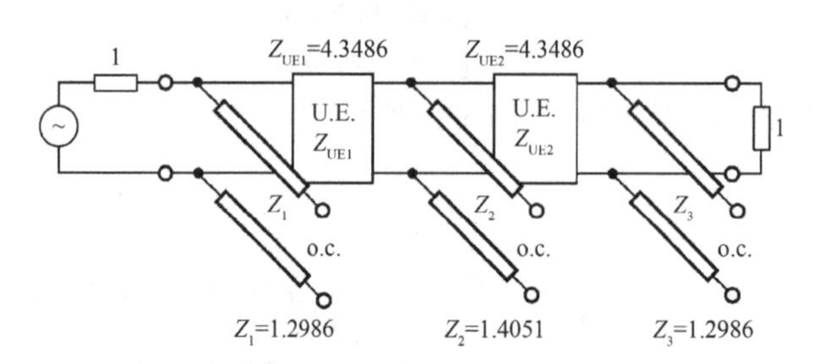

(b)变换为并联短截线的电路

图 4.33　集总元件变换成短截线的低通电路

（5）反归一化，根据系统阻抗为 50Ω，图 4.33(b)中的所有归一化特性阻抗乘 50 得到实际特性阻抗。实际微带短截线滤波电路如图 4.34 所示，图中归一化特性阻抗已经变换到实际特性阻抗。

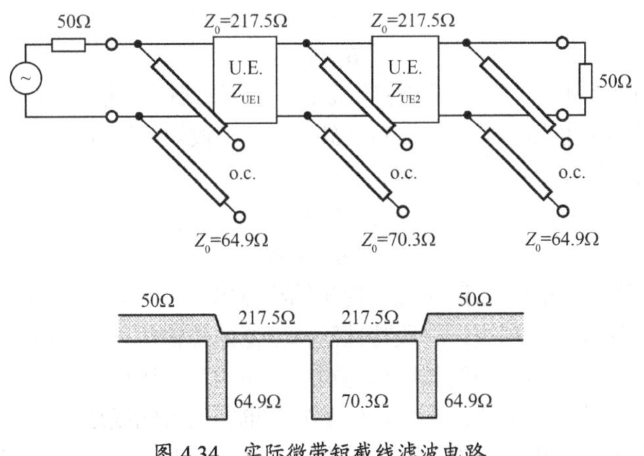

图 4.34　实际微带短截线滤波电路

4.4.6　阶梯阻抗低通滤波器

前面利用理查德变换和科洛达规则，用短截线实现了分布参数滤波器。实际上分布参数滤波器的种类很多，本节讨论的阶梯阻抗低通滤波器也是采用分布参数构成的。

阶梯阻抗低通滤波器是一种结构简洁的电路，其由很高和很低特性阻抗的传输线段交替排列而成，结构紧凑，便于设计和实现。

1. 短传输线段的近似等效电路

阶梯阻抗滤波器由阻抗很高或很低的短传输线段构成，需要首先讨论短传输线段的近似等效电路。

假定集总元件 T 形网络由电感和电容构成，如图 4.35(a)所示，若传输线有大的特性阻抗和短的长度（$\beta l<\pi/4$），一段短传输线与集总元件 T 形网络的等效关系如图 4.35(b)所示，其电抗和电纳分别为

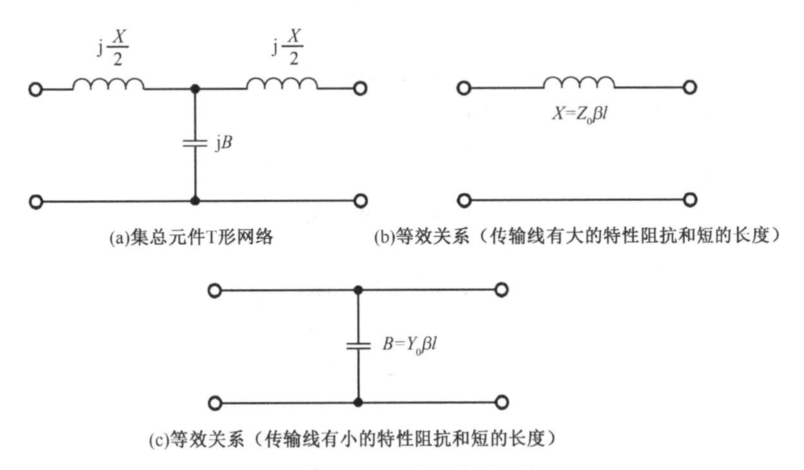

图 4.35　由电感和电容构成的集总元件 T 形网络

$$X \approx Z_0 \beta l \tag{4-87}$$

$$B \approx 0 \tag{4-88}$$

式中，Z_0 为传输线的特性阻抗，β 是相移常数，l 是传输线的长度。

若传输线有小的特性阻抗和短的长度（$\beta l<\pi/4$），一段短传输线与集总元件 T 形网络的等效关系如图 4.35(c)所示，即

$$X \approx 0 \tag{4-89}$$

$$B \approx Y_0 \beta l \tag{4-90}$$

从上述讨论可知，一段特性阻抗很高的传输线可以等效为串联电感，而且传输线的特性阻抗越高所需的传输线长度越短；一段特性阻抗很低的传输线可以等效为并联电容，而且传输线的特性阻抗越低所需的传输线长度也越短。正是因为上述原因，等效为电感的传输线通常选择实际能做到的特性阻抗的最大值，而等效为电容的传输线通常选择实际能做到的特性阻抗的最小值。设传输线能做到的特性阻抗的最大值与最小值分别为 Z_h 和 Z_f，等效为串联电感和并联电容所需传输线的长度为

$$\beta l = LR_S/Z_h \tag{4-91}$$

$$\beta l = CZ_f/R_S \tag{4-92}$$

式中，L 和 C 是低通滤波器原型的元件值，R_S 是滤波器阻抗。

2. 阶梯阻抗低通滤波器设计举例

【例 4-4】 设计一个阶梯阻抗低通滤波器，滤波器的截止频率为 3 GHz，通带内波纹为 0.5 dB，在 6 GHz 处有不小于 30 dB 的衰减，系统阻抗为 50 Ω。微带线特性阻抗最大值 Z_h=120 Ω，最小值 Z_f=15 Ω。

查图 4.28(a)可知，滤波器需要为 5 阶可以满足指定频率处的衰减要求，对应的切比雪夫低通滤波器原型元件值为

$$g_1=1.7058=C_1$$
$$g_2=1.2296=L_2$$
$$g_3=2.5408=C_3$$
$$g_4=1.2296=L_4$$
$$g_5=1.7058=C_5$$

利用式（4-91）和式（4-92）计算可以得到

$$\beta l_1 = \frac{1.7058\times 15}{50}\times\frac{180}{\pi}\approx 29.3°$$
$$\beta l_2 = \frac{1.2296\times 50}{120}\times\frac{180}{\pi}\approx 29.4°$$
$$\beta l_3 = \frac{2.5408\times 15}{50}\times\frac{180}{\pi}\approx 43.7°$$
$$\beta l_4 = \frac{1.2296\times 50}{120}\times\frac{180}{\pi}\approx 29.4°$$
$$\beta l_5 = \frac{1.7058\times 15}{50}\times\frac{180}{\pi}\approx 29.3°$$

根据 β 的值便可以求出 $l_1 \sim l_5$，得到低通滤波器电路的示意图如图 4.36 所示。其中，图 4.36(a)为原型元件构成的电路图，图 4.36(b)为实际电路示意图。

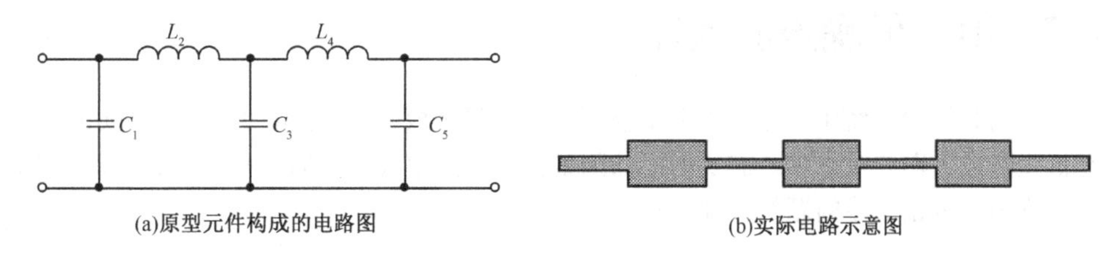

图 4.36 阶梯阻抗低通滤波器示意图

4.4.7 平行耦合微带线带通滤波器

当两个无屏蔽的传输线紧靠一起时，由于传输线之间电磁场的相互作用，在传输线之间会有功率耦合，这种传输线称为耦合传输线。平行耦合微带线可以构成带通滤波器，这种滤波器由多个 $\lambda/4$ 波长耦合线段构成，是一种常用的分布参数带通滤波器。

1. 平行耦合微带线的奇偶模

平行耦合微带线通常由相互靠近的 3 个导体构成，如图 4.37(a)所示。中间部分是相对介电常数为 ε_r 厚度为 h 的介质基片，下面为公共导体接地板，上面为两个宽度为 w、相距为 s 的中心导体带。

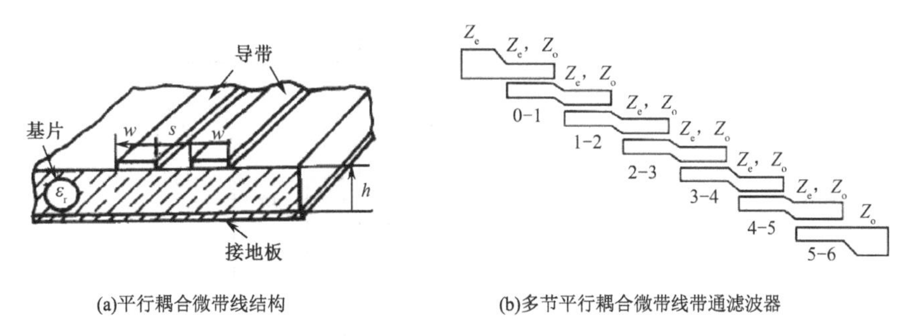

图 4.37 平行耦合微带线

以地作为参考面，在上面两个导体带上施加两个相位相反的电压信号称为奇模激励，反之，若两个电压信号相位相同，则称为偶模激励。可以将平行耦合微带线视为偶模激励和奇模激励的叠加，偶模和奇模具有不同的特性阻抗，偶模的特性阻抗为 Z_e，奇模的特性阻抗为 Z_o，奇偶模特性阻抗与微带线的尺寸和材料有关。

2. 平行耦合微带线的滤波特性

当平行耦合微带线的长度为 $l = \lambda/4$ 时，有带通滤波特性。但该带通滤波特性不能提供陡峭的通带到阻带的过渡，若将多个耦合微带线单元级联，则级联后的网络可以具有良好的滤波特性。多节平行耦合微带线带通滤波器如图 4.37(b)所示。

3. 设计多节平行耦合微带线带通滤波器的步骤

设计多节平行耦合微带线带通滤波器也是从确定其低通滤波器原型开始的，之后确定带宽和各节耦合微带线和偶模与奇模特性阻抗，最后确定微带线的尺寸关系。详细的设计步骤和设计实例可参考相关资料。

4.5 射频低噪声放大器

在射频接收系统中，接收机前端需要放置低噪声放大器（Low Noise Amplifier，LNA）。在低噪声放大器的设计中，需要考虑的因素很多，其中最重要的是稳定性、增益、失配和噪声，本节将讨论上述问题的特性。

4.5.1 射频放大器的稳定性

设计射频放大器时，必须考虑电路的稳定性，这一点与低频电路的设计方法不同。由于反射波的存在，射频放大器在某些工作频率或终端条件下有产生振荡的倾向，不再发挥放大器的作用，因此必须分析射频放大器的稳定性。稳定性是指放大器抑制环境变化（如信号频率、温度、源和负载等变化）时，维持正常工作特性的能力。

1. 放大器稳定的定义

微波网络电路按端口数可以分为单端口网络、双端口网络、三端口网络和多端口网络。射频放大器的二端口网络如图 4.38 所示，传输线上有反射波传输，源的反射系数为Γ_S，负载的反射系数为Γ_L，二端口网络输入端的反射系数为Γ_{in}，二端口网络输出端的反射系数为Γ_{out}。

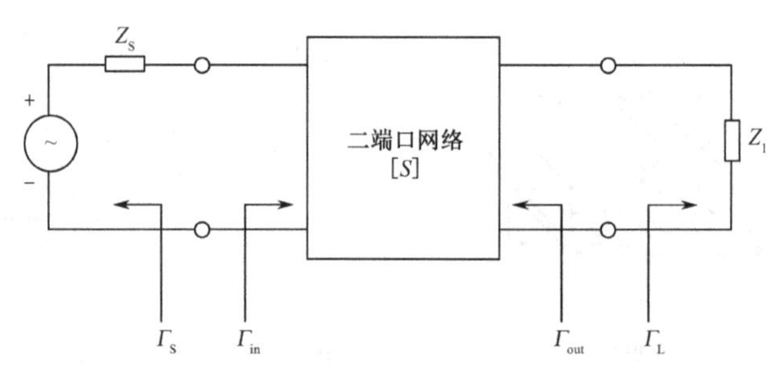

图 4.38 射频放大器的二端口网络

若反射系数的模大于 1，则传输线上反射波的振幅将比入射波的振幅大，这将导致不稳定产生。因此，放大器稳定意味着上述 4 个反射系数的模都要小于 1，即

$$|\Gamma_S|<1,\ |\Gamma_L|<1,\ |\Gamma_{in}|<1,\ |\Gamma_{out}|<1 \tag{4-93}$$

2. 放大器稳定判别的解析法

分析电路网络的常用方法有三种：Y 参数、Z 参数和 S 参数。Y 参数和 Z 参数主要用于集总电路，Y 参数也称为电导参数，Z 参数也称为电阻参数。S 参数则更适合于分布电路，称为散射参数，着重研究信号的散射及反射等问题。

（1）微波网络的 S 参数

二端口网络如图 4.39 所示，“a”表示入射波，即进入网络的波；“b”表示反射波，即离开网络的波。V_S 为信号源，Z_S 为信号源阻抗，Z_L 为负载阻抗。

二端口网络有 4 个 S 参数，如图 4.40 所示。S_{ij} 代表的意思是从 i 口反射的能量与 j 口输入能量比值的平方根，也经常被简化为等效反射电压和等效入射电压的比值。

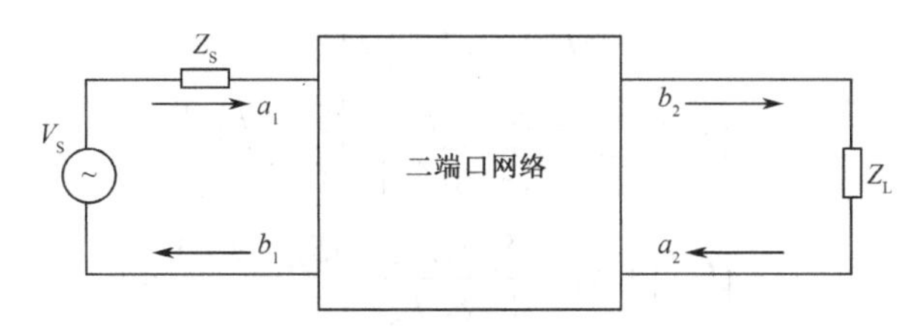

图 4.39 二端口网络

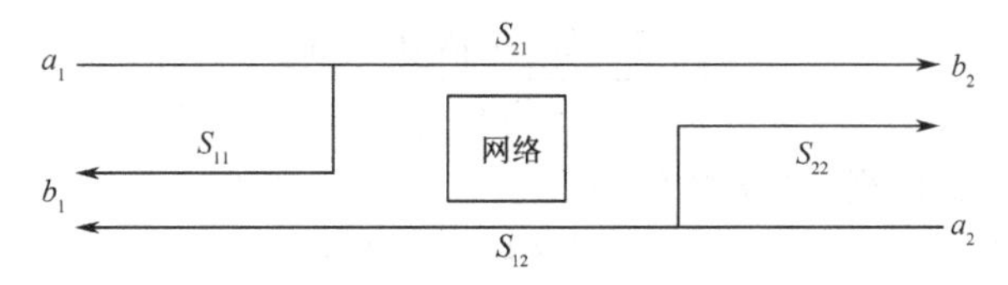

图 4.40 二端口网络的 S 参数

S_{11}、S_{21}、S_{12}、S_{22} 表示双端口网络的四个 S 参数，即散射参量。其中

S_{11}：端口 2 匹配时，端口 1 的反射系数；

S_{22}：端口 1 匹配时，端口 2 的反射系数；

S_{12}：端口 1 匹配时，端口 2 到端口 1 的反向传输系数；

S_{21}：端口 2 匹配时，端口 1 到端口 2 的正向传输系数。

（2）散射参数矩阵

根据图 4.40，可以列出双端口网络的 S 参数方程

$$b_1 = S_{11}a_1 + S_{12}a_2 \tag{4-94}$$

$$b_2 = S_{21}a_1 + S_{22}a_2 \tag{4-95}$$

式（4-94）的两边同时除以 a_1，可以得到

$$\Gamma_{\text{in}} = \frac{b_1}{a_1} = S_{11} + S_{12}\frac{a_2}{a_1} \tag{4-96}$$

式（4-95）的两边同时除以 a_2，可以得到

$$\frac{1}{\Gamma_{\text{L}}} = \frac{b_2}{a_2} = S_{21}\frac{a_1}{a_2} + S_{22}$$

$$\frac{a_2}{a_1} = \frac{S_{21}}{\dfrac{1}{\Gamma_{\text{L}}} - S_{22}} \tag{4-97}$$

将式（4-97）代入式（4-96），可得

$$\Gamma_{\text{in}} = \frac{b_1}{a_1} = S_{11} + \frac{S_{21}S_{12}\Gamma_{\text{L}}}{1 - S_{22}\Gamma_{\text{L}}} = \frac{S_{11} - (S_{11}S_{22} - S_{21}S_{12})\Gamma_{\text{L}}}{1 - S_{22}\Gamma_{\text{L}}} = \frac{S_{11} - \Gamma_{\text{L}}\Delta}{1 - S_{22}\Gamma_{\text{L}}} \tag{4-98}$$

类似可得

$$\Gamma_{\text{out}} = \frac{b_2}{a_2} = S_{22} + \frac{S_{21}S_{12}\Gamma_{\text{S}}}{1 - S_{11}\Gamma_{\text{S}}} = \frac{S_{22} - (S_{11}S_{22} - S_{21}S_{12})\Gamma_{\text{S}}}{1 - S_{11}\Gamma_{\text{S}}} = \frac{S_{22} - \Gamma_{\text{S}}\Delta}{1 - S_{11}\Gamma_{\text{S}}} \tag{4-99}$$

式中

$$\Delta = S_{11}S_{22} - S_{21}S_{12} \tag{4-100}$$

（3）放大器绝对稳定判别的解析法

根据放大器稳定的条件

$$|\Gamma_L|<1, \ |\Gamma_S|<1$$

$$|\Gamma_{in}| = \left|S_{11} + \frac{S_{21}S_{12}\Gamma_L}{1-S_{22}\Gamma_L}\right| = \left|\frac{S_{11}-\Gamma_L\Delta}{1-S_{22}\Gamma_L}\right| < 1$$

$$|\Gamma_{out}| = \left|S_{22} + \frac{S_{21}S_{12}\Gamma_S}{1-S_{11}\Gamma_S}\right| = \left|\frac{S_{22}-\Gamma_S\Delta}{1-S_{11}\Gamma_S}\right| < 1$$

定义稳定性系数

$$k = \frac{1-|S_{11}|^2-|S_{22}|^2+|\Delta|^2}{2|S_{12}S_{21}|} \tag{4-101}$$

可以证明绝对稳定的充分必要条件是

$$k>1, \ |\Delta|<1 \tag{4-102}$$

3. 放大器稳定性判别的图解法

（1）稳定性判别圆

由于 S 参数在晶体管及工作频率给定时是个定值，所以对稳定性有影响的参数主要是 Γ_L 和 Γ_S。考察式（4-98）中 $|\Gamma_{in}|<1$ 的稳定性条件，将其中各参数分解为实部和虚部

$$S_{11} = S_{11}^R + jS_{11}^I, \ S_{22} = S_{22}^R + jS_{22}^I$$

$$\Delta = \Delta^R + j\Delta^I, \ \Gamma_L = \Gamma_L^R + j\Gamma_L^I$$

代入 $|\Gamma_{in}|=1$，整理可得到一个圆的方程

$$\left(\Gamma_L^R - C_{out}^R\right)^2 + \left(\Gamma_L^I - C_{out}^I\right)^2 = r_{out}^2 \tag{4-103}$$

圆的圆心为

$$C_{out} = C_{out}^R + jC_{out}^I \tag{4-104}$$

圆的半径为

$$r_{out} = \frac{|S_{12}S_{21}|}{\left||S_{22}|^2-|\Delta|^2\right|} \tag{4-105}$$

这一 Γ_L 复平面上的圆，称为稳定性判别圆（简称稳定圆）。同样方法由

$$|\Gamma_{out}| = \left|S_{22} + \frac{S_{21}S_{12}\Gamma_S}{1-S_{11}\Gamma_S}\right| = \left|\frac{S_{22}-\Gamma_S\Delta}{1-S_{11}\Gamma_S}\right| = 1$$

可以得到 Γ_S 复平面上的稳定判别圆

$$\left(\Gamma_S^R - C_{in}^R\right)^2 + \left(\Gamma_S^I - C_{in}^I\right)^2 = r_{in}^2 \tag{4-106}$$

圆的圆心为

$$C_{in} = C_{in}^R + jC_{in}^I \tag{4-107}$$

圆的半径为

$$r_{in} = \frac{|S_{12}S_{21}|}{\left||S_{22}|^2-|\Delta|^2\right|} \tag{4-108}$$

（2）史密斯圆图

根据传输线理论，反射是由于传播路径阻抗的改变而引起的，如图 4.41 所示，反射系数可以表示为

$$\Gamma = \frac{V_{\text{refl}}}{V_{\text{inc}}} = \frac{Z_2 - Z_1}{Z_2 + Z_1} \tag{4-109}$$

式中，V_{inc} 为入射电压，V_{refl} 为反射电压，Z_1 和 Z_2 分别是阻抗变化界面两侧的瞬态阻抗。定义归一化的负载阻抗

$$Z = \frac{Z_2}{Z_1} = (R + \text{j}X)/Z_1 = r + \text{j}x \tag{4-110}$$

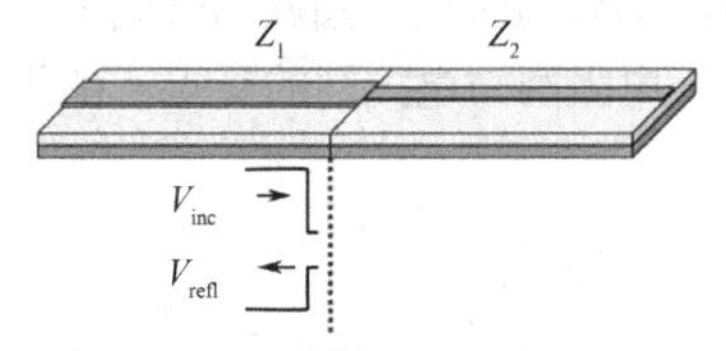

图 4.41　反射的形成

将式（4-110）代入式（4-109），可以得到

$$\Gamma = \frac{V_{\text{refl}}}{V_{\text{inc}}} = \Gamma_r + \text{j}\Gamma_i = \frac{Z_2 - Z_1}{Z_2 + Z_1} = \frac{z-1}{z+1} = \frac{r + \text{j}x - 1}{r + \text{j}x + 1} \tag{4-111}$$

令等式两边实部和虚部相等，可得两个方程，求解可得到

$$r = \frac{1 - \Gamma_r^2 - \Gamma_i^2}{1 + \Gamma_r^2 - 2\Gamma_r + \Gamma_i^2} \tag{4-112}$$

$$x = \frac{2\Gamma_i}{1 + \Gamma_r^2 - 2\Gamma_r + \Gamma_i^2} \tag{4-113}$$

对式（4-112）和式（4-113）进行变换，可以得到两个圆方程

$$\left(\Gamma_r - \frac{r}{r+1}\right)^2 + \Gamma_i^2 = \left(\frac{1}{r+1}\right)^2 \tag{4-114}$$

$$(\Gamma_r - 1)^2 + \left(\Gamma_i - \frac{1}{x}\right)^2 = \left(\frac{1}{x}\right)^2 \tag{4-115}$$

式（4-114）和式（4-115）分别称为等电阻圆和等电抗圆，如图 4.42 所示。

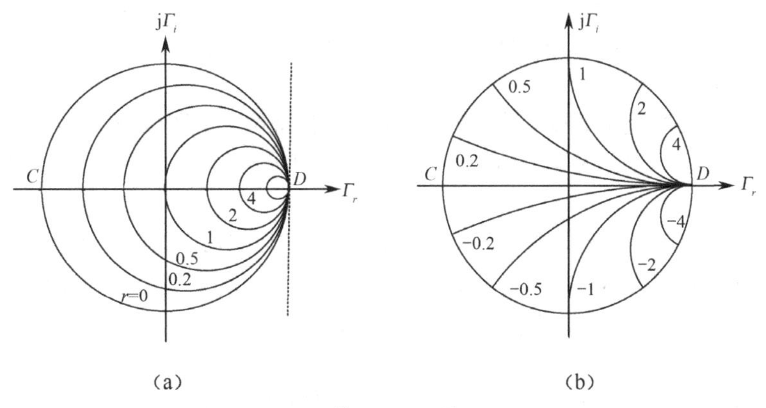

图 4.42　等电阻圆与等电抗圆

图 4.42(a)是等电阻圆，等电阻圆都相切于(1,0)点，即 D 点，$r=0$ 圆为单位圆，表明 Γ 复平面上单位圆为纯电抗圆，对应的反射系数为 1，随着 r 的增大，等电阻圆半径逐渐减小，当 $r\to\infty$ 时，等电阻圆缩小为一个点，即 D 点。

图 4.42(b)是等电抗圆，由于 $|\Gamma|\leqslant 1$，因此只有单位圆内的部分才有物理意义，等电抗圆都相切于点 D，当 $x=0$ 时，圆的半径为无限大对应于 Γ 复平面上的实轴即直线 CD。当 $x\to\infty$ 时，电抗圆缩为一个点 D。

如图 4.43 所示，若把等电阻圆族与等电抗圆族结合到 Γ 复平面上的同一个圆内，则构成的图形称为史密斯圆图，每一个电阻圆与电抗圆的交点，都代表一个归一化的输入阻抗值。

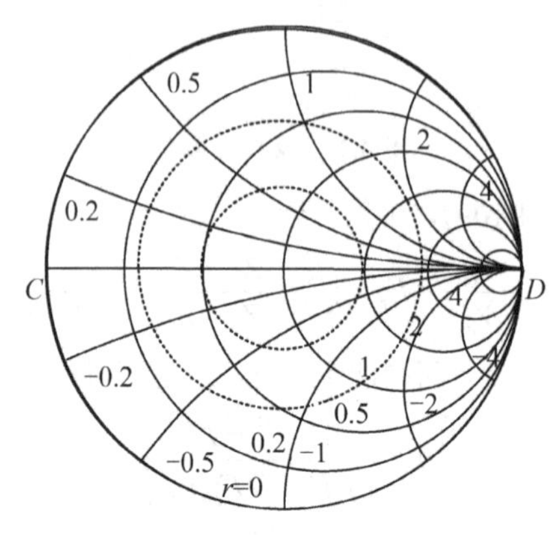

图 4.43　史密斯圆图

（3）利用稳定判别圆和史密斯圆图判断放大器稳定性

对于给定的放大器，对稳定性有影响的参数主要是 Γ_L 和 Γ_S。根据前面的推导，Γ_{in} 是 Γ_L 的函数，由 $|\Gamma_{in}|<1$，可以得到以 Γ_L 的实部和虚部为变量的输出稳定判别圆；同时 Γ_L 是负载阻抗的函数，对于给定的归一化负载阻抗，可以得到以 Γ_L 的实部和虚部为变量的史密斯圆图。

同样，Γ_{out} 是 Γ_S 的函数，由 $|\Gamma_{out}|<1$，可以得到以 Γ_S 的实部和虚部为变量的输入稳定判别圆；同时 Γ_S 是源阻抗的函数，对于给定的归一化源阻抗，可以得到以 Γ_S 的实部和虚部为变量的史密斯圆图。

根据输出稳定判别圆和史密斯圆图是否有交叠区域及交叠时史密斯圆图圆心是否位于稳定判别圆内，稳定可以分为以下几种情况（稳定区域为阴影部分）。

① 条件稳定

首先考察 Γ_L 复平面上的输出稳定判别圆及史密斯圆图，如图 4.44 所示。输出稳定判别圆将 Γ_L 复平面划分为圆内和圆外两部分，从图中可见输出稳定判别圆决定了史密斯圆图内 Γ_L 的稳定区域。

若 $|S_{11}|<1$，则史密斯圆图中心点（$\Gamma_L=0$）在稳定区域内，如图 4.44(a)和图 4.44(b)所示。图 4.44(a)中输出稳定判别圆包含史密斯圆图中心点，Γ_L 的稳定区域在输出稳定判别圆内；图 4.44(b)中输出稳定判别圆不包含史密斯圆图中心点，Γ_L 的稳定区域在输出稳定判别圆外。

若 $|S_{11}|>1$，则史密斯圆图中心点（$\Gamma_L=0$）在稳定区域外，如图 4.44(c)和图 4.44(d)所示。图 4.44(c)中输出稳定判别圆包含史密斯圆图中心点，Γ_L 的稳定区域在输出稳定判别圆外；

图4.44(d)中输出稳定判别圆不包含史密斯圆图中心点，Γ_L 的稳定区域在输出稳定判别圆内。

Γ_S 复平面上输入稳定判别圆的条件稳定判别与 Γ_L 复平面上输出稳定判别圆类似，将 $|S_{11}|<1$ 和 $|S_{11}|>1$ 换成 $|S_{22}|<1$ 和 $|S_{22}|>1$ 两种情况即可，此处不再赘述。

② 绝对稳定

绝对稳定是稳定的一个特例，绝对稳定是指在特定的条件下，放大器在 Γ_L 和 Γ_S 的整个史密斯圆图内都处于稳定状态。也就是说，Γ_L 和 Γ_S 选择任何 $|\Gamma_L|<1$ 和 $|\Gamma_S|<1$ 的值，放大器都绝对稳定。

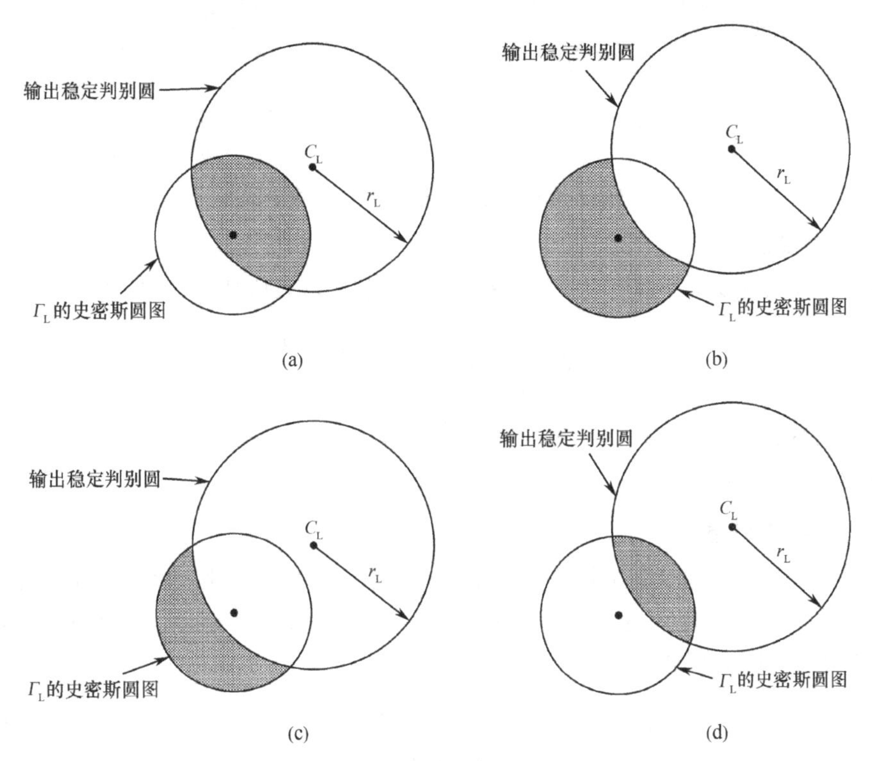

图 4.44　条件稳定的输出稳定判别圆及史密斯圆图

绝对稳定要求 $|S_{11}|<1$ 且 $|S_{22}|<1$，也分为两种情况，如图4.45(a)和图4.45(b)所示。图4.45(a)中输出稳定判别圆包含 Γ_L 的史密斯圆图，输入稳定判别圆包含 Γ_S 的史密斯圆图；图4.45(b)中输出稳定判别圆完全位于 Γ_L 的史密斯圆图外，输入稳定判别圆完全位于 Γ_S 的史密斯圆图外。

4.5.2　射频放大器的功率增益

对输入信号进行功率放大是放大器最重要的任务，因此在放大器的设计中，增益的概念很重要。微波晶体管二端口网络常使用功率增益、转换功率增益和资用功率增益三种方式表示其功率增益。

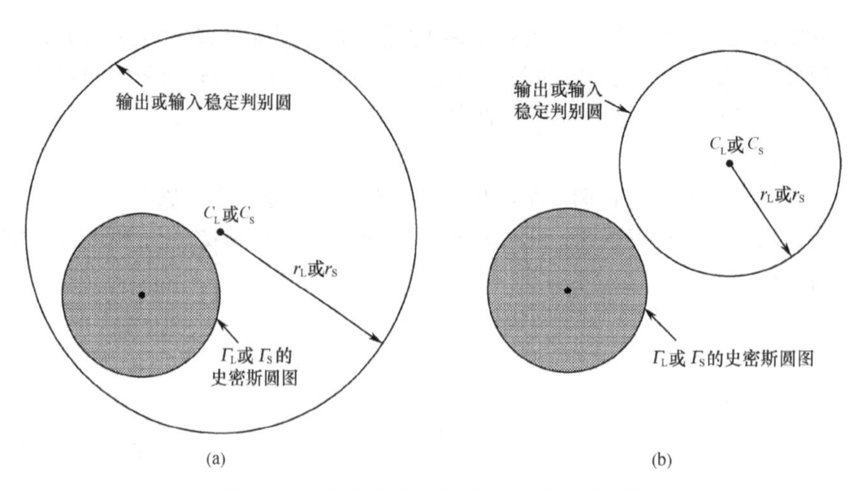

图 4.45　绝对稳定的稳定判别圆及史密斯圆图

1. 功率增益

功率增益 G 定义为负载所吸收的功率 P_L 与放大器的输入功率 P_{in} 之比，即

$$G=\frac{P_L}{P_{in}}=\frac{|S_{21}|^2\left(1-|\Gamma_L|^2\right)}{|1-S_{22}\Gamma_L|^2\left(1-|\Gamma_{in}|^2\right)} \tag{4-116}$$

功率增益 G 只与 S 参数、Γ_L 有关，而与 Γ_S 无关（式中 Γ_{in} 也与 Γ_S 无关，只与 Γ_L 有关）。应用 G 的表达式可以研究负载变化对放大器功率增益的影响。

2. 转换功率增益

转换功率增益 G_T 定义为负载吸收的功率 P_L 与信号源输出的资用功率 P_A 之比。信号源输出的资用功率就是信号源输出的最大功率，也就是在放大器的输入阻抗与信号源的内阻符合共轭匹配条件时网络的输入功率。

$$G_T=\frac{\left(1-|\Gamma_L|^2\right)|S_{21}|^2\left(1-|\Gamma_S|^2\right)}{\left|(1-S_{11}\Gamma_S)(1-S_{22}\Gamma_L)-S_{12}S_{21}\Gamma_S\Gamma_L\right|^2} \tag{4-117}$$

G_T 表示在插入放大器后，负载实际得到的功率是无放大器时可能得到的最大功率的多少倍。G_T 反映了晶体管 S 参数和网络输入、输出端匹配程度对增益的影响，是三个功率增益参数中最常用的。

3. 资用功率增益

资用功率增益定义为负载吸收的资用功率 P_{LA} 与信号源输出的资用功率 P_A 之比。它是在放大器的输入和输出端分别实现共轭匹配的特殊情况下放大器的功率增益。

$$G_A=\frac{P_{LA}}{P_A}=\frac{|S_{21}|^2\left(1-|\Gamma_S|^2\right)}{\left(1-|\Gamma_{out}|^2\right)|1-S_{11}\Gamma_S|^2} \tag{4-118}$$

G_A 表示在插入放大器后负载可能得到的最大功率是无放大器时可能得到的最大功率的多少倍。实际放大器由于在输入和输出端都不一定是共轭匹配的，因此 G_A 只是表明放大器功率增益的一种潜力。

应用G_A的表达式可以研究信号源阻抗变换对放大器增益的影响。由式(4-99)可知，Γ_{out}仅与晶体管的S参数和Γ_S有关，因此G_A除和晶体管的S参数有关外，也仅和反射系数Γ_S有关，应用G_A可以研究信号源阻抗的变化对功率增益的影响，这对设计低噪声放大器选择最佳源阻抗是很适用的。

4.5.3 射频放大器的失配

一个理想的传输系统能把功率源 100%的能量传送到负载，这需要信号源阻抗、传输线及其他连接器的特征阻抗与负载阻抗精确匹配。而在实际系统中，由于存在阻抗失配，将会导致部分功率反射到信号源（如同一个回波）。反射引起叠加和相消干扰，从而在传输线上产生电压波峰和波谷。电压驻波比（Voltage Standing Wave Ratio，VSWR）用于度量这些电压的变化，它是传输线上任何位置的最高电压与最低电压之比。

在入射波和反射波相位相同的地方，电压振幅相加为最大电压振幅V_{max}，形成波腹；在入射波和反射波相位相反的地方，电压振幅相减为最小电压振幅V_{min}，形成波节。其他各点的振幅值则介于波腹与波节之间。驻波比是波腹处的电压幅值V_{max}与波节处的电压幅值V_{min}之比

$$\text{VSWR}=\frac{V_{max}}{V_{min}}=\frac{V_{+}+V_{-}}{V_{+}-V_{-}}=\frac{1+|\Gamma|}{1-|\Gamma|} \tag{4-119}$$

式中，V_-是反射波，V_+是入射波，$\Gamma=V_-/V_+$。

VSWR 的值介于1～∞之间。完全匹配的系统的 VSWR 为 1，产生反射时，电压发生变化，VSWR 会增大，VSWR 的值越大失配越严重，负载开路时，VSWR 为∞。在很多情况下，放大器的输入和输出电压驻波比必须保持在特定指标之内。

4.5.4 射频放大器的噪声

对放大器来说，噪声的存在对整个设计有重要影响，在低噪声的前提下对信号进行放大是对放大器的基本要求。前几节讨论了放大器的稳定性和增益，但放大器的低噪声与放大器的稳定性和增益相冲突。例如，最小噪声与最大增益就不能同时达到，因此需要讨论噪声参数，以便得到最佳设计。本节首先介绍噪声的表示方法和级联网络的噪声特性，然后在史密斯圆图上画出等噪声系数圆。

1. 噪声系数

由于放大器本身有噪声，输出端的信噪比和输入端的信噪比是不一样的。因此，使用噪声系数来衡量放大器本身的噪声水平。

（1）噪声系数定义为输入端信噪比与输出端信噪比的比值

$$F=\frac{P_{Si}/P_{Ni}}{P_{So}/P_{No}} \tag{4-120}$$

式中，F表示噪声系数，P代表功率，S 代表信号，N 代表噪声，i 代表输入端，o 代表输出端。噪声系数反映了放大器噪声性能的恶化程度，它的值越大，说明在传输过程中掺入的噪声也就越大。

（2）在标准室温下，若仅由输入端电阻 R 在放大器输出端产生热噪声功率为 $\left(P_{\mathrm{No}}\right)_{\mathrm{i}}$，则放大器的噪声系数定义为放大器总输出噪声功率 P_{No} 与 $\left(P_{\mathrm{No}}\right)_{\mathrm{i}}$ 的比值

$$F=\frac{P_{\mathrm{No}}}{\left(P_{\mathrm{No}}\right)_{\mathrm{i}}} \tag{4-121}$$

2. 级联网络的噪声系数

（1）两个放大器的级联

两级放大器级联的总噪声系数 F 为

$$F=F_1+\frac{F_2-1}{G_{\mathrm{A1}}} \tag{4-122}$$

上式表明，级联网络第一级的噪声系数 F_1 和增益 G_{A1} 对系统总噪声系数的影响大。

（2）多个放大器的级联

当有 n 个放大器级联时，总的噪声系数可以表示为

$$F=F_1+\frac{F_2-1}{G_{\mathrm{A1}}}+\frac{F_3-1}{G_{\mathrm{A1}}G_{\mathrm{A2}}}+\cdots+\frac{F_n-1}{G_{\mathrm{A1}}G_{\mathrm{A2}}\cdots G_{\mathrm{A}n}} \tag{4-123}$$

由式(4-123)可以看出，多级级联的高增益放大器，仅第一级对总噪声系数有较大影响，而其他级对噪声系数的影响较小。

3. 等噪声系数圆

放大器的低噪声与放大器的稳定性和增益是有冲突的，将噪声参数标在史密斯圆图上，可以方便观察、比较噪声系数与增益和稳定性之间的相互关系。等噪声系数圆如图4.46所示。

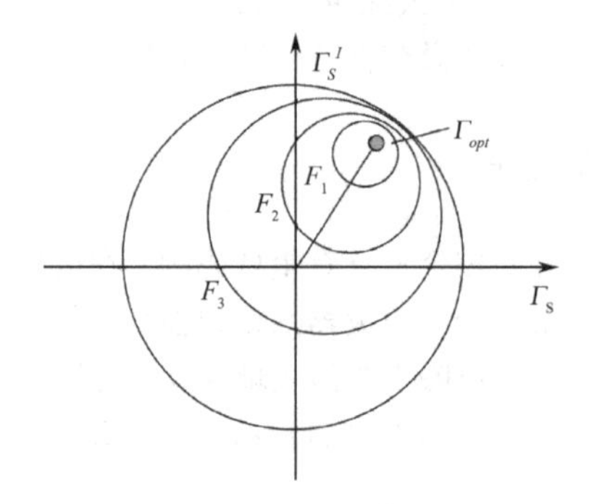

图 4.46 等噪声系数圆

图 4.46 中，$F_1<F_2<F_3$，每一个确定的 F 值对应一个噪声系数圆，当 $F=F_{\min}$ 时，等噪声系数圆变为一个点，对应 Γ_{S} 的值称为最佳信源反射系数 Γ_{opt}。所有等噪声系数圆的圆心都落在史密斯圆图的原点与 Γ_{opt} 的连线上。噪声系数圆越大，圆心距原点越近，圆的半径越大。

在等噪声系数圆上各点的 Γ_{S} 值不同，但可以得到相同的 F 值。因此把等噪声系数圆和稳定判别圆画在同一圆图上时，对于潜在不稳定情况，可以避开不稳定区而选取稳定区内的 Γ_{S} 值，以满足同样 F 的要求。若 Γ_{opt} 落在不稳定区，则说明最小噪声系数一般不能实现。

在等噪声系数圆上还可画出 Γ_{S} 平面上等功率增益圆，选择时可利用等 F 圆和等 G_{A} 圆来兼顾噪声和增益的要求。

4.6 射频功率放大器

4.5 节讨论的低噪声放大器主要放置在靠近天线的前端，输入信号功率较小，其设计基于小信号的 S 参量进行。本节将讨论的射频功率放大器是大信号放大器，使用小信号的 S 参量分析不再有效，此时需要求得晶体管大信号时的相应参数，以便得到功率放大器的合理设计。

4.6.1 射频功率放大器的分类及参数

1. 功率放大器的分类

常见功率放大器可以设计为 A 类放大器、AB 类放大器、B 类放大器或 C 类放大器。各类放大器各有其优缺点，其中 A 类放大器的晶体管在整个信号的周期内均导通，信号保真但放大效率低，其效率最高不超过 50%；B 类放大器的晶体管在有信号时才导通，效率较高但存在交越失真；AB 类放大器在无信号时微导通，可以消除交越失真，效率介于 A 类和 B 类放大器之间。另外还有使电子器件工作于开关状态的 D 类和 E 类放大器，它们的最大优点是效率高。

在低频和高频段的电感耦合 RFID 系统中，常采用 B、D 和 E 类放大器；而在微波段 RFID 系统尤其是当工作频率大于 1GHz 时，常使用 A 类功率放大器。本节重点介绍微波段 A 类功率放大器的相关参数及特性。

2. 大信号下晶体管的特性参数

生产厂商在提供大信号晶体管时，往往会给出以下参数。

（1）1 dB 增益压缩点

如图 4.47 所示，功率放大器有一个线性动态范围，在这个范围内，放大器的输出功率随输入功率线性增加。随着输入功率的继续增加，放大器进入非线性区，其输出功率不再随输入功率的增加而线性增加。

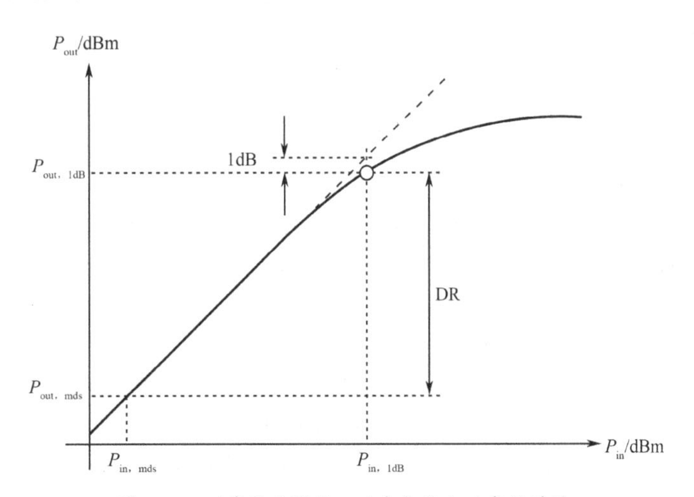

图 4.47　功率放大器输入功率与输出功率的关系

当晶体管的功率增益从其小信号线性功率增益下降 1 dB 时，对应的点称为 1 dB 增益压缩点。小信号线性功率增益记为 G_{0dB}，1 dB 增益压缩点相应的增益记为 G_{1dB}，即

$$G_{1dB}=G_{0dB}-1dB \tag{4-124}$$

通常把增益下降到比线性增益低 1 dB 时的输出功率值定义为输出功率的 1 dB 压缩点，用 $P_{out,1dB}$ 表示，对应的输入功率表示为 $P_{in,1dB}$。

（2）动态范围 DR（Dynamic Range）

相对于最小输入可检信号功率 $P_{in,mds}$，相应的最小输出可检信号功率 $P_{out,mds}$ 必须大于噪声功率才能检测到。功率放大器的动态范围定义为

$$DR=P_{out,1dB}-P_{out,mds}(dB) \tag{4-125}$$

动态范围表示功率放大器的线性工作空间。

（3）Γ_{SP} 和 Γ_{LP}

Γ_{SP} 和 Γ_{LP} 是晶体管在 1dB 增益压缩点时源和负载的反射系数。

4.6.2 交调失真

在非线性放大器的输入端加两个或两个以上频率的正弦信号时，在输出端将产生附加的频率分量。这些新的频率分量是非线性系统失真的产物，称为谐波失真或交调失真。

1. 三阶截止点 IP

在非线性放大器中，假设输入信号的频率为 f_1 和 f_2，输入信号可以写为

$$v_i(t)=V_0\left[\cos(2\pi f_1 t)+\cos(2\pi f_2 t)\right] \tag{4-126}$$

输出信号为

$$\begin{aligned} v_o(t)=a_0+a_1V_0\left[\cos(2\pi f_1 t)+\cos(2\pi f_2 t)\right]+ \\ a_2V_0^2\left[\cos(2\pi f_1 t)+\cos(2\pi f_2 t)\right]^2+\cdots \end{aligned} \tag{4-127}$$

输出信号中除有频率成分 f_1 和 f_2 外，还会产生新的频率分量 $2f_1$、$2f_2$、$3f_1$、$3f_2$、$f_1\pm f_2$、$2f_1\pm f_2$、$2f_2\pm f_1$ 等。这些新的频率分量可以分为以下几类：

① 二次谐波：$2f_1$、$2f_2$。

② 三次谐波：$3f_1$、$3f_2$。

③ 二阶交调：$f_1\pm f_2$。

④ 三阶交调：$2f_1\pm f_2$、$2f_2\pm f_1$。

这些新的频率分量称为谐波失真或交调失真。以上频率分量除三阶交调 $2f_1-f_2$、$2f_2-f_1$ 以外都容易被滤除，但三阶交调 $2f_1-f_2$、$2f_2-f_1$ 由于距 f_1 和 f_2 太近而落在了放大器的频带内，不易滤除，容易导致信号失真。

从式（4-127）可以看出，与三阶交调 $2f_1-f_2$、$2f_2-f_1$ 相关的输出电压按 V_0^3 增长，与线性产物 f_1 和 f_2 相关的输出电压按 V_0 增长。也就是说，三阶交调的输出功率按输入功率的 3 次方增长，线性产物 f_1 和 f_2 的输出功率按输入功率的 1 次方增长。可以将三阶交调输出功率和线性产物输出功率随输入功率的变化曲线画在双对数坐标中，如图 4.48 所示。

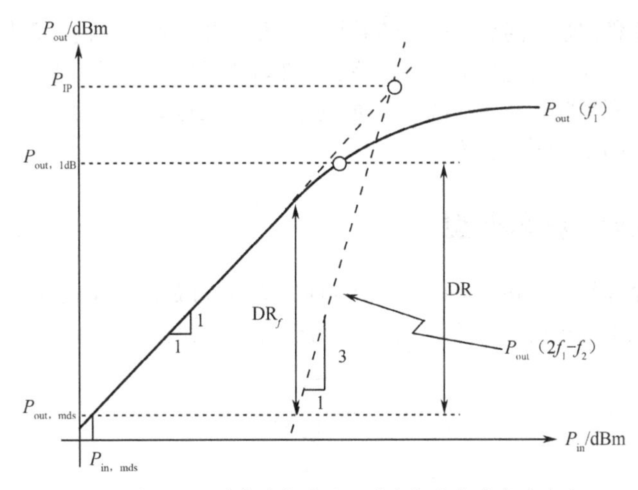

图 4.48 功率放大器输入功率与输出功率的关系

由图 4.48 可以看出，三阶交调输出功率随输入功率变化的斜率为 3，线性产物输出功率随输入功率变化的斜率为 1，当输入功率增大时，三阶交调输出功率比线性产物输出功率增长得快。两条曲线的假想交叉点称为三阶截止点 IP（Third-order Intercept Point），IP 点的输出功率值为 P_{IP}，IP 点的功率值 P_{IP} 越大，放大器的动态范围越大，功率放大器希望有较高的 IP 点。

2. 无寄生动态范围 DR_f

当三阶交调信号等于最小输出可检信号功率 $P_{out,mds}$ 时，线性产物输出功率与三阶交调输出功率的比值称为无寄生动态范围 DR_f。

若频率 f_1 的线性产物输出功率用 P_{f1} 表示，三阶交调 $2f_1-f_2$ 的输出功率用 P_{2f1-f2} 表示，则 DR_f 为

$$DR_f=P_{f1}/P_{2f1-f2}=P_{f1}/P_{out,mds} \tag{4-128}$$

或

$$DR_f=P_{f1}-P_{out,mds}(dB) \tag{4-129}$$

考虑到图 4.47 中三阶交调输出功率随输入功率变化的斜率为 3，线性产物输出功率随输入功率变化的斜率为 1，可以得到

$$\frac{P_{IP}-P_{f1}}{P_{IP}-P_{out,mds}}=\frac{1}{3}$$

于是式（4-129）可以转换为

$$DR_f=\frac{2}{3}\left(P_{IP}-P_{out,mds}\right) \tag{4-130}$$

4.7 射频振荡器

振荡器是射频系统中最基本的元件之一，可以将直流功率转化成射频功率，在特定的频率点建立稳定的正弦振荡，成为所需的射频信号源。早期的振荡器在低频下使用，考毕兹（Colpitts）、哈特莱（Hartley）等结构都可以构成低频振荡器，并可以使用晶体谐振器来提高

低频振荡器的频率稳定性。随着现代通信系统的出现，频率不断升高，现代射频系统的载波常常超过 1 GHz，需要有与之相适应的振荡器。在较高频率处可以使用工作于负阻状态的二极管和晶体管，并利用腔体、传输线或介质谐振器来构成振荡器，用这种方法构成的振荡器可以产生高达 100 GHz 的基频振荡。

4.7.1 振荡器的基本类型

振荡器是一个非线性电路，可以将直流（DC）转换为交流（AC）。振荡器的核心是一个能够在特定频率上实现正反馈的环路，图 4.49 描述了正弦振荡器的基本结构。

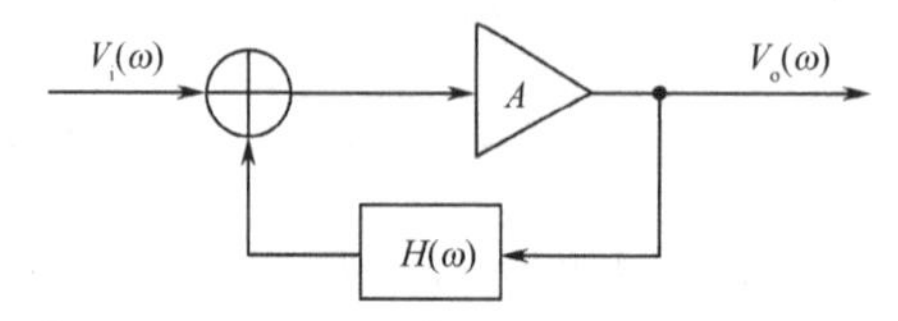

图 4.49 正弦振荡器的基本结构

电压增益为 A 的放大器的输出电压为 V_o，这一输出电压通过传递函数为 H 的反馈网络，加到电路的输入电压 V_i 上，于是输出电压可以表示为

$$V_o(\omega) = AV_i(\omega) + H(\omega)AV_o(\omega) \tag{4-131}$$

用输入电压表示的输出电压为

$$V_o(\omega) = \frac{A}{1 - AH(\omega)} V_i(\omega) \tag{4-132}$$

由于振荡器没有输入信号，若要得到非零的输出电压，则上式的分母必须为零，这称为巴克豪森准则（Barkhausen Criterion）。振荡器由起振到稳态依赖于不稳定电路，这与放大器的设计不同，放大器的设计要达到最大稳定性。

4.7.2 射频低频段振荡器

射频低频段振荡电路有许多可能的形式，它们采用双极结型晶体管（BJT）或场效应晶体管（FET），可以是共发射极/源极、共基极/栅极或共集电极/漏极结构，并可以采用多种形式的反馈网络。不同形式的反馈网络形成了考毕兹、哈特莱等振荡电路。

1. 振荡电路的一般形式

图 4.50 为射频低频振荡电路的一般形式，电路中的晶体管可以是双极结型晶体管或场效应管，图 4.50 的左边是反馈网络，右边是晶体管的等效模型，当 V_2 接地时形成共发射极/源极结构，当 V_1 接地时形成共基极/栅极结构，当 V_4 接地时形成共集电极/漏极结构，将 V_3 和 V_4 连接可以形成反馈。

图 4.50 中的晶体管假定是单向的，g_m 是晶体管的跨导，晶体管的输入导纳是为 G_i，输出导纳为 G_o，这里 G_i 和 G_o 取实数。反馈网络由 T 形结构的三个导纳 Y_1、Y_2、Y_3 组成，这些元件通常是电感和电容，用以得到具有高 Q 值的选频网络。反馈网络中 Y_1 和 Y_2 同号，即要么 Y_1 和 Y_2 同为电感，要么同为电容，而 Y_3 符号与 Y_1 和 Y_2 相反，即若 Y_1 和 Y_2 同为电容，则 Y_3 为电感，反之，若 Y_1 和 Y_2 同为电感，则 Y_3 为电容。

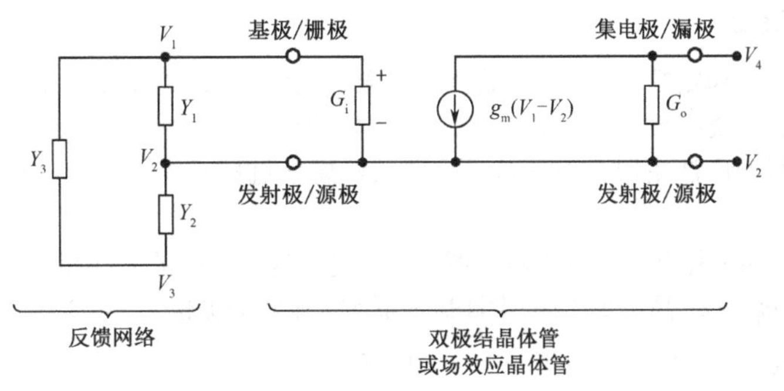

图 4.50 射频低频振荡电路的一般形式

2. 考毕兹（Colpitts）振荡器

当图 4.50 中的 Y_1 和 Y_2 同为电容，Y_3 为电感时构成的振荡器称为考毕兹振荡器，以双极结型晶体管为例，如图 4.51(a)所示。

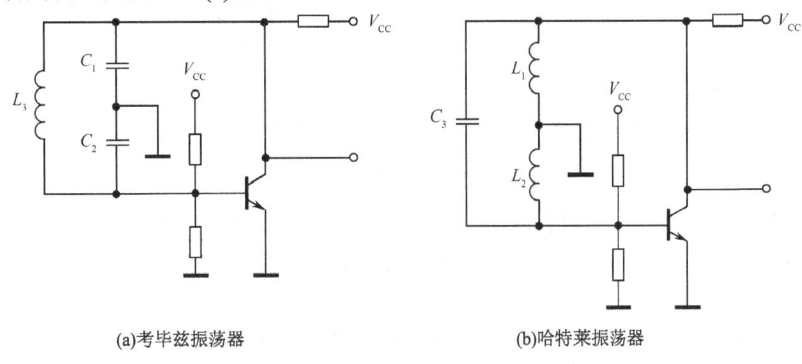

图 4.51 共发射极的考毕兹与哈特莱振荡电路

考毕兹电路振荡的必要条件为

$$\frac{C_2}{C_1}=\frac{g_m}{G_i} \tag{4-133}$$

考毕兹电路振荡的频率为

$$\omega_0=\sqrt{\frac{1}{L_3}\left(\frac{C_1+C_2}{C_1C_2}\right)} \tag{4-134}$$

3. 哈特莱（Hartley）振荡器

当图 4.50 中的 Y_1 和 Y_2 同为电感，Y_3 为电容时构成的振荡器称为哈特莱振荡器，以双极结型晶体管为例，如图 4.51(b)所示。

哈特莱电路振荡的必要条件为

$$\frac{L_1}{L_2}=\frac{g_m}{G_i} \tag{4-135}$$

哈特莱电路振荡的频率为

$$\omega_0=\sqrt{\frac{1}{C_3(L_1+L_2)}} \tag{4-136}$$

4. 晶体振荡器

为了提高频率稳定性，常将石英晶体用于振荡电路中。石英晶体谐振器具有许多优点，包括具有极高的品质因数（可以高达 10^5）、良好的频率稳定性和良好的温度稳定性等，因而晶体振荡器得到广泛采用。但石英晶体谐振器属于机械系统，其谐振频率一般不能超过 250 MHz。

典型的石英晶体振荡器等效电路如图 4.52 所示。这一电路的串联和并联谐振频率分别为 ω_s 和 ω_p，一般 ω_p 比 ω_s 高不足 1%。设计振荡器时，晶体的振荡频率应落在为 ω_s 和 ω_p 之间。在这一频率范围内，晶体的作用相当于一个电感。

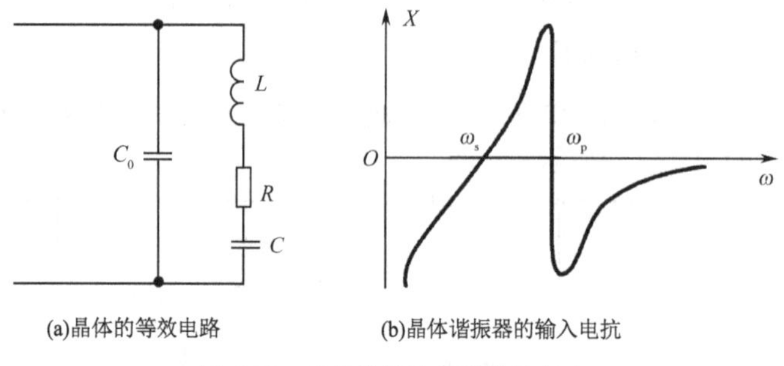

图 4.52 石英晶体振荡器等效电路

在晶体的工作点，晶体可以代替哈特莱或考毕兹振荡器中的电感，典型的晶体振荡器电路如图 4-53 所示，称为皮尔斯（Pierce）晶体振荡器。

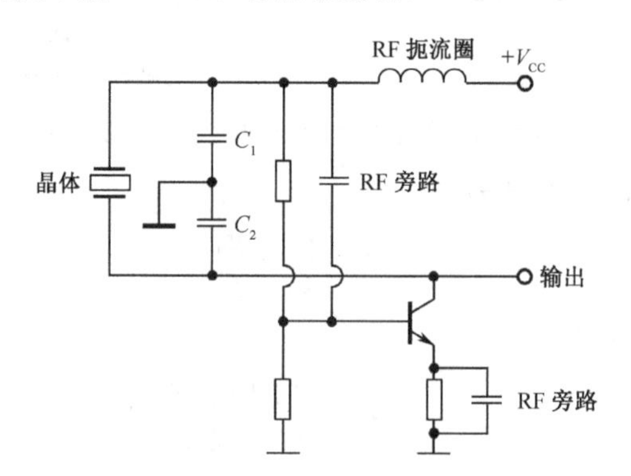

图 4.53 皮尔斯晶体振荡器电路

4.7.3 微波振荡器

当工作频率接近 1 GHz 时，电压和电流的波动特性不能忽略，需要采用传输线理论描述电路的特性，因此需要讨论基于反射系数和 S 参量的微波振荡器。

微波振荡器的内部有一个有源固态元件，该元件与无源网络配合，可以产生所需要的微波信号。由于振荡器是在无输入信号的条件下产生振荡功率，因此具有负阻效应。

若一个元件的端电压与流过该元件的电流之间相位相差 180°，则该元件称为负阻元件，微波三端口负阻元件包括双极结型晶体管、场效应晶体管等，微波二端口负阻元件包括隧道二极管、雪崩渡越二极管和耿氏二极管等。

利用三端口负阻元件可以设计出微波双端口振荡器，利用二端口负阻元件可以设计出微波单端口振荡器。

1. 振荡条件

（1）双端口振荡器振荡条件

双端口振荡器电路如图 4.54 所示，由晶体管、调谐网络和终端网络三部分组成。若要该振荡器产生振荡，则需要满足三个条件。

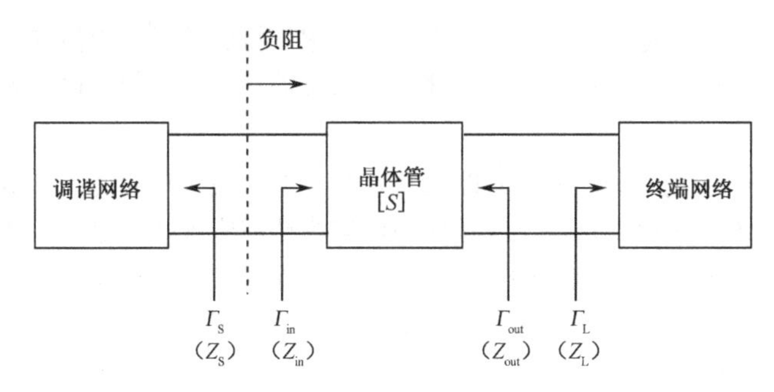

图 4.54　双端口振荡器电路

条件 1：存在不稳定有源器件

$$k<1 \tag{4-137}$$

条件 2：振荡器左端满足

$$\Gamma_{in}\Gamma_S=1 \tag{4-138}$$

条件 3：振荡器右端满足

$$\Gamma_{out}\Gamma_L=1 \tag{4-139}$$

其中 k 的定义同式(4-101)。与射频放大器对比，当要求放大器稳定时，要求 $k>1$，$|\Gamma_S|<1$，$|\Gamma_L|<1$，$|\Gamma_{in}|<1$，$|\Gamma_{out}|<1$。

（2）单端口振荡器振荡条件

单端口振荡器是双端口振荡器的特例。晶体管双端口网络配以适当的负载终端，可将其转换为单端口振荡器，微波二极管也可以构成单端口振荡器。单端口振荡器电路如图 4.55 所示，图中 $Z_{in}=R_{in}+jX_{in}$ 是有源器件的输入阻抗，$Z_s=R_s+jX_s$ 是无源负载阻抗。

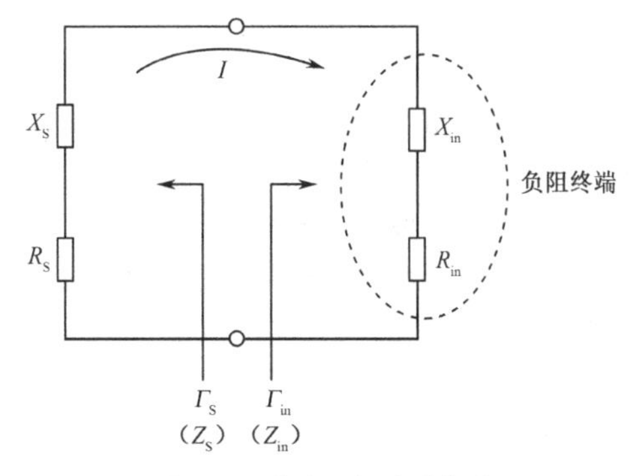

图 4.55　单端口振荡器电路

若使单端口振荡器产生振荡，需要满足条件 $Z_{in}+Z_s=0$，分别令实部和虚部相等，可得单端口振荡器的振荡条件为

$$R_{in}+R_s=0, \; X_{in}+X_s=0 \tag{4-140}$$

（3）起振与抗扰

无论是双端口还是单端口振荡电路，振荡器在起振时，还要求整个电路必须在某一频率 ω 下出现不稳定，有

$$R_{in}(I,\omega)+R_s<0 \tag{4-141}$$

此时电路总电阻小于零，振荡器中将有对应频率下持续增长的电流 I 流过。随着电流 I 的增加，$R_{in}(I,\omega)+R_s$ 的值向 0 的方向变化，直到电流达到稳态值，此时 $R_{in}+R_s=0$，稳定振荡的频率为 ω_0。

对于一个稳态的振荡来说，还应有能力消除由于电流或频率的扰动所引起的振荡频率偏差，也就是说，稳态的振荡要求电流或频率的任何扰动都应该被阻尼掉，使振荡器回到原来的状态。由于高 Q 值谐振电路构成的调谐网络可以使振荡器有高稳定性，因此为提高振荡器的稳定性，可以选择有高品质因数的调谐网络。

2. 晶体管振荡器

晶体管振荡器实际是工作于不稳定区域的晶体管二端口网络。把有潜在不稳定的晶体管终端连接一个阻抗，选择阻抗的数值在不稳定区域驱动晶体管，就可以建立单端口负阻网络。

晶体管振荡器的电路结构，对于是双极结型晶体管，一般常采用共基或共射组态；对于场效应管，一般常采用共栅或共源组态。

在有放大器的情形，希望元件具有高度的稳定性；对于振荡器，情况则恰恰相反，希望元件具有高度的不稳定性。实现元件不稳定的方法是在其 Γ 复平面上画出史密斯圆图和稳定判别圆，然后在不稳定区域中选择一个合适的反射系数。为增加不稳定性，电路中还常常配以正反馈。

3. 二极管振荡器

可以使用隧道二极管、雪崩渡越二极管和耿氏二极管等负阻元件构建单端口振荡电路。这些振荡电路的缺点是输出波形较差，噪声也比较高，但使用这些二极管构建的振荡电路可以方便地获得射频高端频段的振荡信号，例如，耿氏二极管可以用于制造工作频率在 1～10GHz 的小功率振荡器。

4. 介质谐振器振荡器

由高 Q 谐振电路构成的调谐网络可以使振荡器有高的稳定性，但是用集总元件或微带线和短截线构成的调谐网络，Q 值很难超过几百。而介质谐振器的无载 Q 值可以达到几千或上万，它结构紧凑而且容易与平面电路集成，因此得到了越来越广泛的应用。

介质谐振器是一类用低损耗、高介电常数材料制成的谐振器，通常有矩形、圆柱形和圆环形等形状。介质谐振器可视为两端开路的介质波导，振荡模式与介质波导中的模式相对应。介质与空气交界面呈开路状态，电磁波在介质内部反射能量，在介质中形成谐振结构，高介电常数介质能保证大部分场都在谐振器内，不易辐射或泄露。谐振频率由振荡模式、谐振器所用的材料及尺寸等因素决定。

4.8 射频混频器

混频器是射频系统中用于频率变换的元件，具有广泛的应用领域，可以将输入信号的频率升高或降低而不改变原信号的特性。例如，在射频的接收系统中，混频器可以将较高频率的射频输入信号变换为频率较低的中频输出信号，以便更容易对信号进行后续的调整和处理。

混频器是一个三端口器件，其中两个端口作为输入，一个端口作为输出。混频器采用非线性或时变参量元件，可以将两个不同频率的输入信号变为一系列不同频率的输出信号，输出频率分别为两个输入频率的和频、差频及谐波。

实际混频器通常是以二极管或晶体管的非线性为基础。非线性元件能产生其他频率分量，然后通过滤波选取所需的频率分量，一般希望得到的是和频或差频。

4.8.1 混频器的特性

混频器的符号和功能如图 4.56 所示。图 4.56(a)是上变频的工作情况，两个输入端分别称为本振端（LO）和中频端（IF），输出端称为射频端（RF）。图 4.56(b)是下变频的工作情况，两个输入端分别称为本振端（LO）和射频端（RF），输出端称为中频端（IF）。

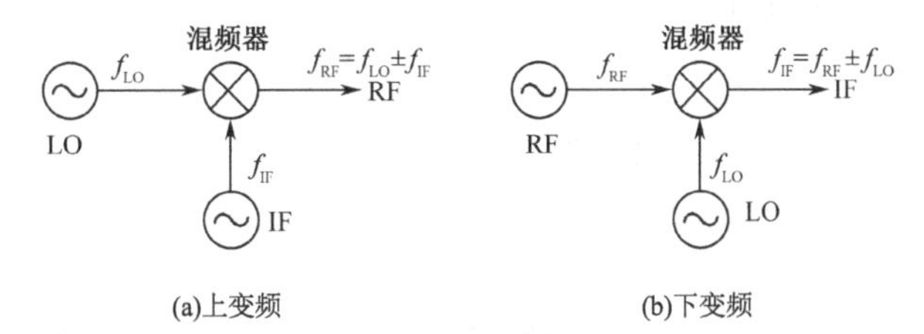

图 4.56　混频器的符号和功能

1. 混频原理

理想混频器是把两个输入信号在时域中相乘，根据公式

$$A\cos\alpha\cdot B\cos\beta=\frac{AB}{2}\left[\cos(\alpha+\beta)+\cos(\alpha-\beta)\right] \tag{4-142}$$

可知，乘积中将产生和频$(\alpha+\beta)$及差频$(\alpha-\beta)$。

2. 上变频

上变频是输出结果中的和频，对于上变频过程，LO 信号连接混频器的一个输入端口，可以表示为

$$v_{LO}(t)=\cos(2\pi f_{LO}t) \tag{4-143}$$

IF 信号连接混频器的另一个输入端口，其可以表示为

$$v_{IF}(t)=\cos(2\pi f_{IF}t) \tag{4-144}$$

两路信号相乘，输出信号的频谱如图 4.57(a)所示。从图中可以看出，由于本振频率 f_{LO} 一般比中频频率 f_{IF} 要高许多，混频器具有用 IF 信号调制 LO 信号的作用，其中 $f_{RF}=f_{LO}+f_{IF}$ 是上边带，$f_{RF}=f_{LO}-f_{IF}$ 是下边带。双边带信号拥有上、下两个边带，单边带信号可以通过滤波器产生。上变频采用和频，即

$$f_{RF}=f_{LO}+f_{IF} \tag{4-145}$$

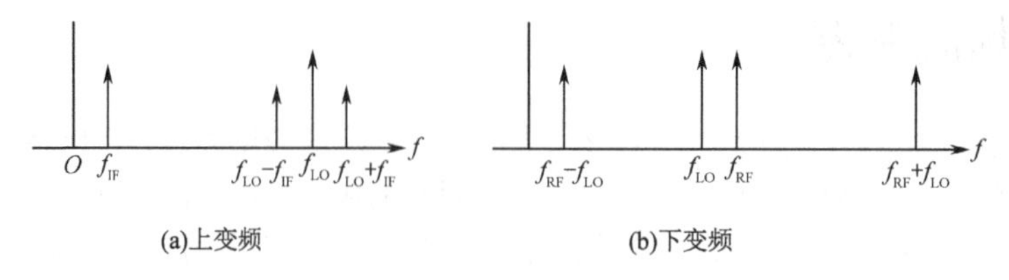

图 4.57　理想上变频和下变频的频谱

3. 下变频

对于下变频过程，RF 信号为输入信号，其形式为

$$v_{RF}(t)=\cos(2\pi f_{RF}t) \tag{4-146}$$

RF 信号与本振信号为混频器的两个输入信号，输出信号的频谱如图 4.57(b)所示。从图中可以看出，RF 频率与 LO 频率非常接近，和频 $f_{IF}=f_{RF}+f_{LO}$ 几乎为 f_{RF} 的两倍，差频 $f_{IF}=f_{RF}-f_{LO}$ 远小于 f_{RF}。下变频采用差频，即

$$f_{IF}=f_{RF}-f_{LO} \tag{4-147}$$

前面是对理想混频器的讨论，输出信号的频率仅为 2 个输入信号的和频和差频。实际混频器是由二极管或晶体管构成的，由于二极管或晶体管的非线性，输出会有很多其他频率分量，需要用滤波器选取所需的频率分量。

4. 变频损耗

混频器的变频损耗定义为可用 RF 输入功率与可用 IF 输出功率之比，用 dB 表示为

$$LC=10\lg\left(\frac{P_{RF}}{P_{IF}}\right)(dB) \tag{4-148}$$

变频损耗包括二极管的阻抗损耗，混频器端口的失配损耗及谐波分量引起的损耗等。

电阻性负载会吸收能量，产生阻抗损耗。混频器需要在三个端口上阻抗匹配，但由于存在几个频率及其谐波频率，关系复杂，很难做到阻抗完全匹配，会带来混频器端口的失配损耗。混频器输出只选和频或差频，谐波不是所需的输出信号，导致了谐波损耗。

4.8.2 单端二极管混频器

用一个二极管产生所需 IF 信号的混频器称为单端二极管混频器。单端二极管混频器如图 4.58 所示。RF 和 LO 输入到同相耦合器中，两个输入电压合为一体，利用二极管进行混频，

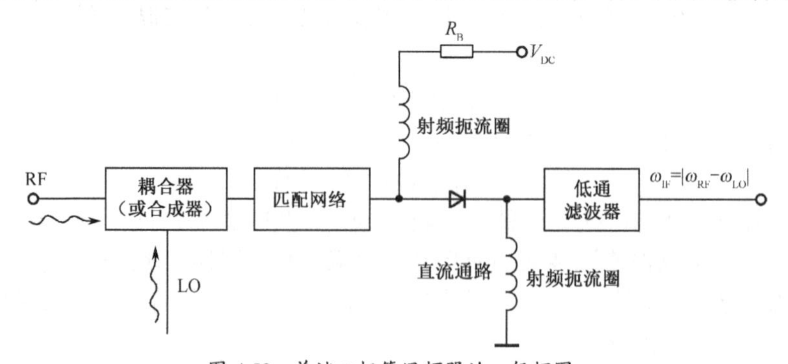

图 4.58　单端二极管混频器的一般框图

由于二极管的非线性，从二极管输出的信号存在多个频率，经过一个低通滤波器，可以获得差频 IF 信号。二极管用直流电压偏置，该偏置电压必须与射频信号去耦，因此二极管与偏置电压源之间采用射频扼流圈（Radio Frequency Choke，RFC）来通直流隔交流。

4.8.3 二极管单平衡混频器

前面讨论的单端二极管混频器虽然容易实现，但在宽带应用中不易保持输入匹配及本振信号与射频信号之间的相互隔离，二极管单平衡混频器可以克服上述缺点。图 4.59 所示为单平衡混频器的构成，两个单端混频器与一个 3dB 耦合器可以组成单平衡混频器，为简单起见，图中省略了二极管的偏置电路。

图 4.59 描述的单平衡混频器，3dB 耦合器可以是如图 4.59(a)所示的 90° 混合网络或如图 4.59(b)所示的 180° 混合网络。使用 90° 混合网络可以有很宽的频率范围，在 RF 端口可以得到完全的输入匹配，同时可以除去所有偶数阶互调产物。

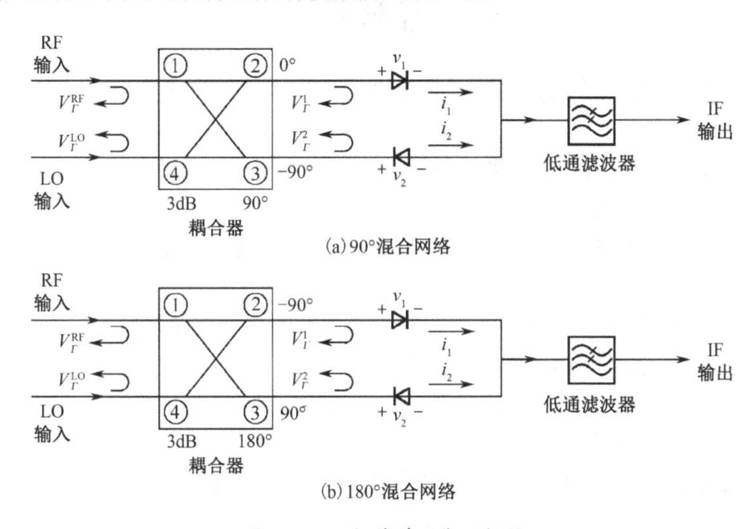

图 4.59 二极管单平衡混频器

4.8.4 二极管双平衡混频器

为了进一步改善混频器的性能，又出现了一种二极管双平衡混频器电路，即将四个二极管正负顺次相接，组成一个环路，故又称为环形混频器。图 4.60 所示为双平衡混频器电路，信号电压和本振电压加到两个平衡不平衡变换器（简称巴仑）（Balanced to unbalanced transformer，balun），它们的次级与环形电桥相连，中频信号从变换器次级中心抽头引出。

当四个二极管特性相同（配对）时，它们组成平衡电桥，电压加于对角端 1、3 两端，不会在另一对角端 2、4 两端出现。因此双平衡混频器具有固有的隔离度，而且工作频带很宽。

通过对电路中各支路电流相位分析可知，输出总电流中信号和本振的偶次谐波组合产生的电流可以相互抵消，因此输出频谱比较纯净。双平衡混频器不仅能抑制本振引入的中频噪声，而且当有干扰信号进入时，它还能有效地抑制互调干扰。

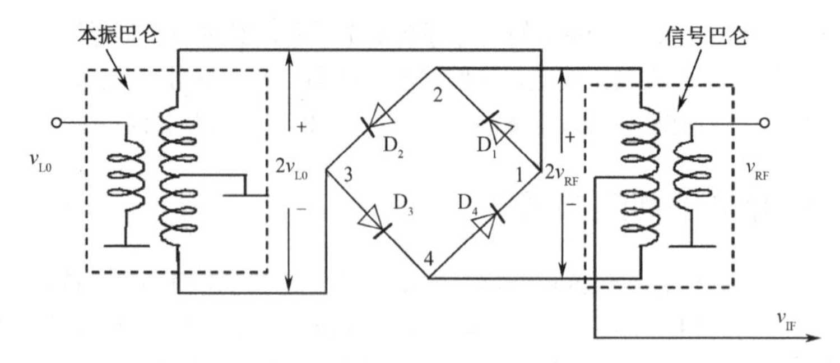

图 4.60　二极管双平衡混频器

由于双平衡混频器具有信号和本振隔离度高、输出电流频谱寄生干扰频率分量少、动态范围大、频带宽等优点，目前得到了广泛应用。

习题 4

4-1　简述串联谐振回路与并联谐振回路的 Q 值、选择性和通频带之间有何关系？写出谐振频率表达式。

4-2　中高频 RFID 读写器线圈半径与最大场强距线圈中心点的距离关系如何？读写器和电子标签一般使用何种谐振电路？

4-3　常用的负载调制方法有哪些？叙述在电阻负载调制中接入和断开负载电阻对读写器和电子标签线圈电压有何影响。

4-4　射频滤波器的基本类型有哪些？低通滤波器的原型有哪几种？

4-5　滤波器设计的一般过程有哪些步骤？

4-6　什么是理查德变换和科洛达规则？在分布参数滤波器设计中它们分别起什么作用？

4-7　放大器稳定性的定义是什么？二端口射频放大器稳定时对其 4 个反射系数有何要求？

4-8　放大器的稳定区域是在史密斯圆图的圆内还是圆外？在稳定判别圆的圆内还是圆外？

4-9　微波晶体管两端口网络常用的功率增益参数有哪些？哪一种是最常用的？

4-10　射频放大器的失配程度常用什么参数来衡量？多级放大器级联时各级对总噪声系数的影响有何不同？

4-11　考毕兹与哈特莱振荡电路中的分压元件分别是什么？晶体振荡器在振荡电路中一般作为什么元件使用？

4-12　什么是上变频和下变频？常用的二极管混频器的类型有哪几种？

第 5 章　低频 RFID 技术

低频(Low Frequency，LF)RFID 技术是指读写器和电子标签的载波频率位于 30～300 kHz 的 RFID 系统。低频 RFID 系统的电子标签工作在读写器天线的无功近场区，向读写器发送数据时使用负载调制方式。低频 RFID 技术常用的载波频率有 125 kHz 和 134.2 kHz。

5.1　低频 RFID 电子标签

低频 RFID 电子标签多用于低速、近距离和安全性要求不高的场合，常见产品有 EM 系列、HITAG 系列和 ATA（Temic）系列电子标签等。

5.1.1　EM 系列电子标签

EM 系列电子标签是瑞士 Swatch 集团旗下的半导体公司 EM 微电子的系列 RFID 产品，是在全球较早推出的 RFID 电子标签，其代表性产品有 EM4100、EM4200、EM4205/4305、EM4450 等。

1. EM4100

EM4100 是工作频率为 125 kHz、存储容量为 64 位的只读无线射频芯片。其读写距离为 2～15 cm，数据输出速率为 2 kb/s、4 kb/s 或 8 kb/s，主要用于身份识别、考勤系统、门禁系统等。

（1）EM4100 的内部结构

EM4100 的内部结构如图 5.1 所示。COIL1 和 COIL2 为外接应答器天线端子，C_{res} 为振荡电容，它们组成 LC 振荡电路，当芯片处在读写器的天线磁场中时会跟随载波形成共振。振荡波一方面通过芯片内的全波整流电路转换为直流电压，并经电容 C_{sup} 滤波稳压后给整个芯片提供稳定的电源供应。另一方面振荡波经时钟提取电路获得芯片工作时所需的时钟。存储阵列中存储有 64 位的芯片数据，当芯片电源和时钟建立后，64 位芯片数据经过数据编码和数据调制模块，最后通过天线以负载调制的方式发送给读写器。

（2）EM4100 的数据存储格式

EM4100 的数据存储格式如表 5.1 所示。尽管芯片的数据存储容量为 64 位，但实际上有效的识别数据为 5 字节（共 40 位）。数据的开始是 9 个“1”的头部，数据的最后 1 位是停止位 S0，其值为固定的数据“0”，头部和停止位共 10 位数据的值是固定不变的，用于解码时识别数据的起始和结束。

中间的有效数据部分，将 5 字节的有效数据每字节分为高 4 位和低 4 位共 10 个半字节 D0*X*～D9*X*，每个 4 位的半字节数据后面都跟随一位偶校验 P0～P9，所有的 4 位半字节在纵向又形成 4 位的偶校验位 PC0～PC3。通过这种编码方式，将 40 位的有效数据加上 9 位头部、1 位结束位、10 位横向偶校验和 4 位纵向偶校验，扩展为 64 位的存储容量。

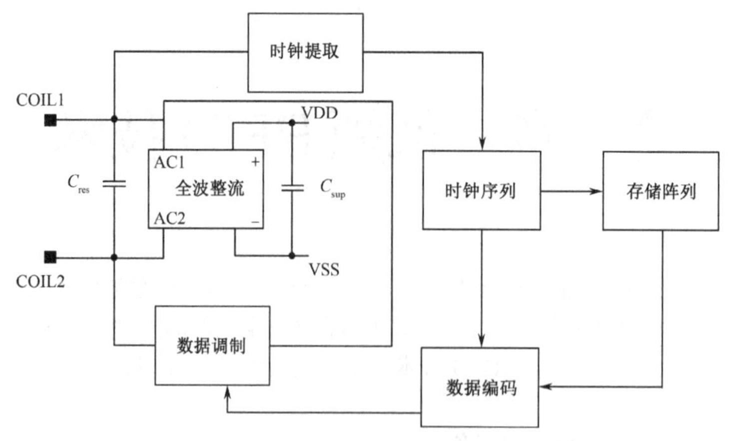

图 5.1　EM4100 的内部结构

表 5.1　EM4100 的数据存储格式

卡号信息结构		说明
1　1　1　1 1　1　1　1　1		9 个“1”的头部
D00　D01　D02　D03 D10　D11　D12　D13 D20　D21　D22　D23 D30　D31　D32　D33 D40　D41　D42　D43 D50　D51　D52　D53 D60　D61　D62　D63 D70　D71　D72　D73 D80　D81　D82　D83 D90　D91　D92　D93	P0 P1 P2 P3 P4 P5 P6 P7 P8 P9	50 位的卡序列号及校验位 （5 字节卡号，每半字节增加一个横向偶校验位）
PC0　PC1　PC2　PC3	S0	4 位纵向偶校验及 1 个停止位“0”

（3）EM4100 的数据输出编码

当 EM4100 进入读写器天线磁场获得能量完成芯片复位后，芯片将循环发送内部存储的 64 位数据。数据的编码有三种方式：曼彻斯特编码、差动双相编码和 PSK 编码，其中以曼彻斯特编码应用最为广泛。图 5.2 为某读写器获取的某芯片 64 位数据曼彻斯特编码波形，用上升沿表示“1”，下降沿表示“0”。

将图 5.2 编码波形表示的数据按照表 5.1 的格式排列如下。

1　1　1　1　1　1　1　1　1　　头部 9 个“1”的起始位
0　0　1　0　1　　“2”
0　0　0　1　1　　“1”
0　0　0　0　0　　“0”
0　0　0　0　0　　“0”
1　0　1　0　0　　“A”
0　1　0　1　0　　“5”
1　1　1　0　1　　“E”

1 0 1 0 0　　“A”

1 1 0 1 1　　“D”

1 0 0 1 0　　“9”

1 1 0 0 0　　纵向偶校验和结束位“0”

可知该波形序列中解码得到的有效卡号为十六进制数2100A5EAD9。

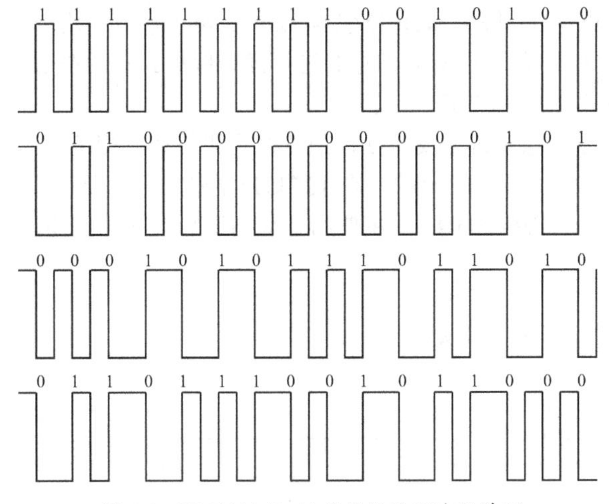

图5.2　EM4100的64位数据编码波形举例

（4）EM4100的数据存储格式的解码

假设已经接收到连续64位的EM4100数据，其数据存储格式的解码流程如图5.3所示。

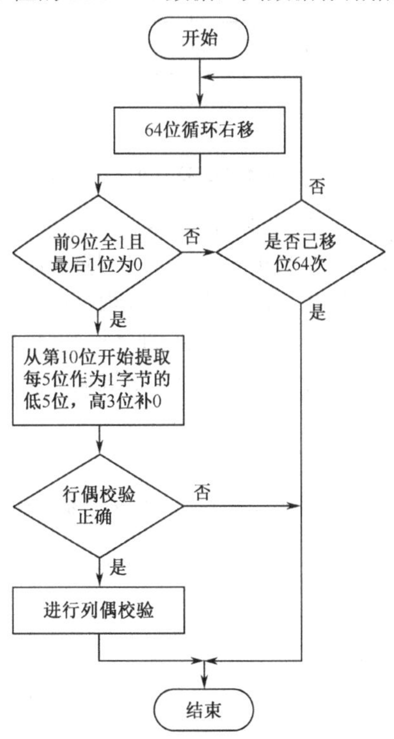

图5.3　EM4100的数据存储格式的解码流程图

2. EM4205/4305

EM4205/4305 是一款可读写的低频电子标签，特别适合低成本的 RFID 应用。EM4205 与 EM4305 除了天线和共振电容有所差异，二者存储结构和通信命令完全一致。

（1）主要特性

EM4205/4305 的工作频率为 100～150 kHz（典型工作频率为 125 kHz），内部存储容量为 512 位，分为 16 个 WORD，每个 WORD 包含 32 位。电子标签使用一个 32 位的唯一识别码（UID），并使用一组 32 位的密码对内部存储进行读写保护。芯片符合 ISO11784/11785 国际标准，可以设定工作在 RTF 或 TTF 模式。

EM4205/4305 的通信数据编码支持曼彻斯特编码和差动双相编码，数据传输速率可以选择每位宽度为 8、16、32、40 和 64 个载波，在 125 kHz 的载波频率下分别对应 16 kb/s、8 kb/s、4 kb/s、3 kb/s 和 2 kb/s。EM4205/4305 主要用于动物识别、赛鸽竞翔、废品管理、门禁系统及工业应用等场合。

（2）内部组成

EM4205/4305 的内部结构如图 5.4 所示。

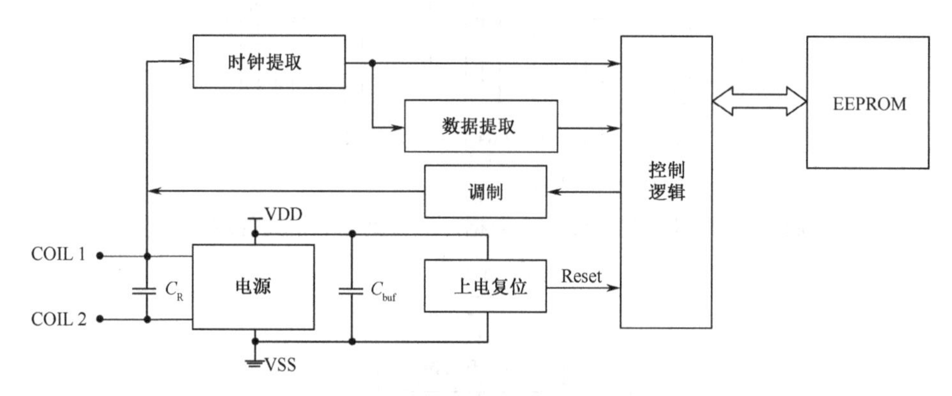

图 5.4　EM4205/4305 的内部结构

芯片的电源部分使用一个集成整流器从读写器的天线磁场中获取能量，经电容 C_{buf} 滤波稳压后供给电子标签内部电路使用。当供电电压上升到复位阈值后，复位电路对逻辑控制电路进行复位操作，之后控制逻辑读出芯片配置字，并根据配置字的设定进入默认读模式。

在与读写器进行数据交换的过程中，芯片通过时钟提取模块和数据提取模块获得控制逻辑模块工作所需的时钟及读写器发送的数据，然后通过调制模块向读写器回送数据。

（3）存储结构

EM4205/4305 的数据存储结构如表 5.2 所示。

表 5.2　EM4205/4305 的数据存储结构

地址	描述	类型
0	杂项数据	读写
1	UID	只读
2	密码	只写
3	用户数据	读写
4	配置字	读写
5	用户数据	读写

（续表）

地址	描述	类型
…	…	…
13	用户数据	读写
14	保护字	读/保护
15	保护字	读/保护

512 位的 EEPROM 存储空间分为 16 个 WORD，地址号为 0～15，每个 WORD 包含 4 字节。WORD0 包含一些出厂编程设定的信息，如芯片类型、谐振电容版本、客户代码等，还可以存储可读写的用户数据。

WORD1 存储只读的芯片 UID。WORD2 包含一个 32 位的密码，密码只能写入，不能读出，而且只能在一个成功的认证命令执行后改写。WORD3 可以存储可读写的用户数据，WORD4 存储芯片的配置字，该配置字用来定义芯片的操作模式和选项。

WORD5～WORD13 存储可读写的用户数据；WORD14～WORD15 是保护字，用来保护 WORD0～WORD13 在执行芯片写命令时不被修改。保护字可以读出，只能使用“Protect”命令进行修改。

（4）配置字

WORD4 存储芯片的配置字，共 32 位（bit0～bit31），EM4205/4305 的配置字及各位的作用如表 5.3 所示。

表 5.3　EM4205/4305 的配置字及各位的作用

配置字（bit0～bit31）	名称	描述
bit0～bit5	芯片发送数据的速率	110000：RF/8　111000：RF/16 111100：RF/32　110010：RF/40 111110：RF/64
bit6～bit9	芯片发送数据的编码	1000：曼彻斯特编码　0100：差动双相编码 其他值保留未用
bit10～bit11	未使用	出厂设置为 0
bit12～bit13	高电平延时	在曼彻斯特编码或差动双相编码模式下，当由低电平跳变为高电平时，可以设定一个比预定的时刻提前跳变为高电平的时间。 00 和 11 不提前　01 提前 1/8 位周期 10 提前 1/4 位周期　速率 RF/40 时另有规定
bit14～bit17	默认读的结束地址	默认读模式下的结束 WORD 地址号，有效范围为 5～13。bit17 为 MSB，bit14 为 LSB
bit18	读认证	如果设置为 1，则使用读命令读取除 WORD0 和 WORD1 之外的其他 WORD 时，必须先进行密码认证
bit19	未用	必须设置为 0
bit20	写认证	如果设置为 1，则使用写命令改变任一 EEPROM 的内容或使用保护命令改变保护字时，都必须先进行密码认证
bit21～bit22	未用	必须设置为 0
bit23	休眠（Disable）命令	如果设置为 1，则芯片接受休眠命令
bit24	RTF	如果设置为 1，芯片工作于 RTF 模式，在默认读模式下不发送数据，只有来自读写器的命令才能获取标签的数据。
bit25	未用	必须设置为 0
bit26	赛鸽模式	如果设置为 1，则在默认读模式下，芯片忽略配置字中设定的默认读结束地址，而是固定地循环发送 WORD5 的 32 位，以及 WORD6 和 WORD7 的 16 位最低有效位（LSB）
bit27～bit31	保留	必须设置为 0

（5）TTF 与 RTF 工作模式

标签芯片进入磁场得电完成复位后立即读取芯片配置字，之后进入默认读（Default Read）模式。如果配置字的 RTF 位（bit24）设置为 1，则芯片工作在 RTF 模式，在 RTF 的默认读模式下芯片不会主动发送数据，只有收到来自读写器的命令芯片才回送数据。

如果配置字的 RTF 位（bit24）设置为 0，则芯片工作在 TTF 模式。在 TTF 的默认读模式下，芯片自动连续循环发送从 WORD5 到某一结束 WORD 之间的数据，结束 WORD 的地址号由配置字的 bit14～bit17 设定。

无论芯片工作在 RTF 模式还是 TTF 模式，当芯片处于默认读模式下，读写器向电子标签发送一个位宽为 32 个载波时间的 100% ASK 调制信号（即读写器关闭天线磁场 32 个载波时间），电子标签芯片将立即停止当前的默认读模式，并等待读写器发送的下一个数据“0”，如果收到了数据“0”，则芯片切换到命令处理模式，否则将返回默认读模式。

（6）通信命令

EM4205/4305 的通信命令共 5 条，如表 5.4 所示。

表 5.4　EM4205/4305 的通信命令

命令	含义	描述
Login	密码认证	在执行任何有密码保护的操作之前需要先执行此命令
Write Word	写数据	向指定的 WORD 地址写入一个 32 位的数据
Read Word	读数据	从指定的 WORD 地址读出一个 32 位的数据
Protect	保护	向芯片的保护字写入保护位，被保护的 WORD 将无法使用写命令修改
Disable	休眠	只有配置字的 bit23 被置位芯片才接收此命令，收到命令后芯片将停止所有操作。只有重新上电复位，芯片才能退出休眠状态

3. EM4200

EM4100 是一款比较早期的芯片，其数据存储格式被许多射频电子标签厂家所接受并兼容。EM4200 是 EM 微电子开发的可以兼容 EM4100/4102 和 EM4005/4105 的 125 kHz 只读射频电子标签芯片。

EM4200 的内部结构与 EM4100 类似，但其内存为 128 位，可以选择为 64 位、96 位或 128 位输出，在 128 位输出模式下遵守 ISO11785（FDX-B）协议。

5.1.2　HITAG 系列电子标签

1. HITAG 系列电子标签概述

HITAG 是恩智浦（NXP）公司开发的低频系列电子标签，工作频率为 100～150 kHz，包括 HITAG 1、HITAG 2、HITAG S、HITAG RO、HITAG μ 等系列。HITAG 产品提供高可靠性、稳定性和安全的数据传输。HITAG 产品组合中的 IC 具有不同内存大小、读/写或只读访问功能，读写访问时芯片与读写器之间使用半双工模式通信，符合相关标准且经过专有加密。HITAG 应答器 IC 采用的是超低功耗设计，可提供家畜追踪所需的长距离读取范围。HITAG 系列电子标签的主要性能如表 5.5 所示。

表 5.5 HITAG 系列电子标签的主要性能

标签系列	容量（位）	执行标准	UID（位）	读写锁定	工作模式
HITAG 1	2048	HITAG 1	48	是	RTF
HITAG 2	256	HITAG 2 ISO11784/85	48	是	RTF 和 TTF
HITAG S	256～2048	HITAG 1+ ISO11784/85	48	是	RTF 和 TTF
HITAG RO	64				TTF
HITAG μ	128	ISO11784/85	32	是	RTF 和 TTF
HITAG μ Advanced	512～1760	ISO11784/85 ISO14223	32	是	RTF 和 TTF
HITAG μ ISO18000	1760	ISO18000-2	32	是	RTF

2. 标签内部结构

HITAG 1 的内部结构如图 5.5 所示。整个芯片结构可以分为模拟与射频接口、数字控制和 EEPROM 三部分。芯片通过对天线振荡电路的电信号进行整流、滤波、稳压获得芯片工作所需电压，并通过调制、解调和时钟模块与读写器交换数据。数字控制部分实现电子标签的读写、权限、防冲突及 EEPROM 接口控制，EEPROM 用来存储电子标签数据。

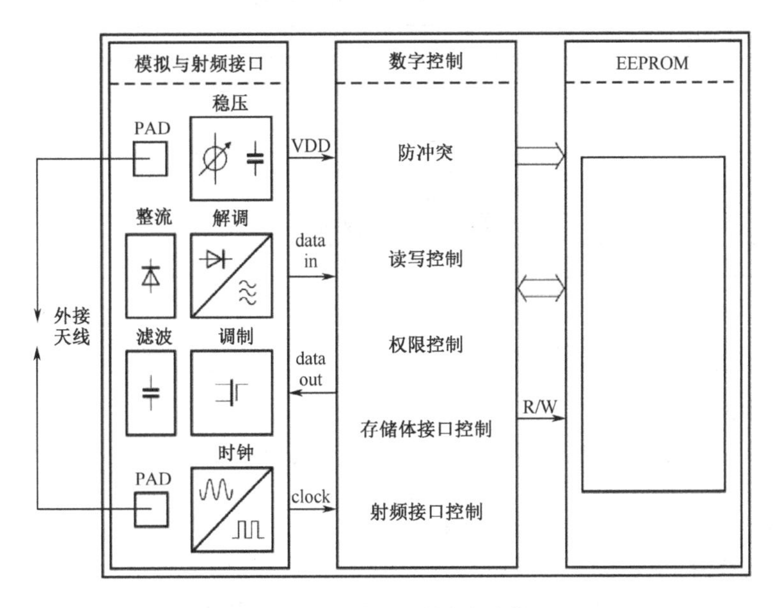

图 5.5 HITAG 1 的内部结构

HITAG 系列的其他电子标签内部结构与此类似，仅在存储结构、防冲突模块等方面有所差异。

3. HITAG 1

（1）主要特性

HITAG 1 可以工作在标准（Standard）模式或增强（Advanced）模式，并提供数据加密和多标签防冲突机制，从而提高操作的安全性、可靠性和快速性，主要用于物流、资产追踪、气瓶识别、工业自动化等领域。

（2）存储结构

HITAG 1 的存储容量为 2048 位，分为 16 个 Block（Block0～Block15），每个 Block 包含 4 个 Page，每个 Page 有 4 字节，每字节为 8 位。Page 是最小的读写单位，所有 64 个 Page 编号为 Page0～Page63。

4. HITAG 2

（1）主要特性

HITAG 2 应答器 IC 的存储器为 256 位，数据可以使用加密方式。通过使用 HITAG 2 的配置页，允许芯片选择不同的模式和访问方式以及存储器配置。除了读写器可以选择密码或加密模式，HITAG 2 应答器 IC 还提供三种标准的只读模式，以及差动双相编码和曼彻斯特编码两种编码方式，可通过配置字节进行配置，它主要应用于物流、家畜追踪、资产追踪、气瓶识别、赌场管理及工业自动化等领域。

（2）存储结构

HITAG 2 的存储结构如表 5.6 所示，256 位的存储容量分为 8 个 Page，每个 Page 有 4 字节，每字节为 8 位。在加密模式和密码模式两种不同的操作模式下，HITAG 2 的存储器组织有所不同。

表 5.6　HITAG 2 的存储结构

Page 地址	描述	类型
0	UID	只读
1	加密模式：密钥低 32 位 密码模式：32 位读写器密码	读写
2	加密模式：密钥高 16 位+RFU 密码模式：RFU	读写
3	8 位配置字+24 位标签密码	读写或只读
4	用户数据	读写或只读
5	用户数据	读写或只读
6	用户数据	读写或只读
7	用户数据	读写或只读

（3）工作模式

HITAG 2 芯片支持读写模式和只读模式，其中读写模式又分为两种：

① 密码模式：认证通过后使用明文传输。

② 加密模式：认证通过后使用密文传输。

只读模式分为 3 种：

① 公共模式 A：EM4100 兼容模式，64 位数据预置在 Page4～Page5。

② 公共模式 B：符合 ISO11784/11785 动物识别标准，128 位数据预置在 Page4～Page7。

③ 公共模式 C：PIT（Passive Integrated Transponder）兼容模式，兼容 PCF793x 系列芯片。

5. HITAG S

（1）主要特性

HITAG S 的协议和命令结构，以及防干扰算法都基于 HITAG 1，但具有机械尺寸更小、成本更低的特点，并且可以提供多种操作距离和速度。HITAG S 主要提供 256 位和 2048 位两种不同的存储器大小，两者均可在完全相同的协议下运行。HITAG S 完全符合动物识别标签标准 ISO11784/85 和 ISO14223，主要应用于动物识别电子标签、洗衣自动化、啤酒桶和气瓶物流、赛鸽运动、品牌保护应用等。

（2）存储结构

根据容量不同，2048 位的芯片有 16 个 Block，256 位的芯片有 2 个 Block，每个 Block 有 4 个 Page，每个 Page 有 4 字节。

HITAG S 有两种工作模式：Plain Mode 和 Authentication Mode。在不同的工作模式下，Block1 及其之后的 Block 均作为用户数据使用，Block0 的存储定义则有所不同，如表 5.7 和表 5.8 所示。

表 5.7　Plain Mode 下 Block0 的存储定义

Page 地址	存储定义			
0	UID3	UID2	UID1	UID0
1	Reserved	CON2	CON1	CON0
2	Data3	Data2	Data1	Data0
3	Data3	Data2	Data1	Data0

表 5.8　Authentication Mode 下 Block0 的存储定义

Page 地址	存储定义			
0	UID3	UID2	UID1	UID0
1	PWDH0	CON2	CON1	CON0
2	KEYH1	KEYH0	PWDL 1	PWDL0
3	KEYL3	KEYL2	KEYL1	KEYL0

在两种模式下，Block0 的 Page0 存储内容相同，都是 4 字节的 UID。在 Plain Mode 模式下，Page1 的低位 3 字节存储标签的配置字，最高位字节保留未用；Page2 和 Page3 作为用户数据使用。

在 Authentication Mode 模式下，Page1 的低位 3 字节同样存储标签的配置字，最高位字节及 Page2 和 Page3 保存专门用于 Authentication Mode 模式的 3 字节的 PWDL 和 6 字节的 KEY。

当作为动物识别电子标签使用时，128 位的识别数据存储在 Block1 的 4 个 Page 中。

6. HITAG μ

（1）主要特性

HITAG μ 是全新发布的低频电子标签系列，与之前的 HITAG 1、HITAG 2、HITAG S 系列相比，HITAG μ 大幅缩小机械尺寸、降低成本且具有更远工作距离以及更快速度，但依然可采用相同的读卡器基础设施以及应答器生产设备，对高压、过热和过湿等恶劣条件不敏感。

HITAG μ 提供不同的存储器尺寸，可使用完全相同的协议工作。工作时可在 TTF 模式与 RTF 模式之间变换，RTF 模式下集成了防干扰算法，完全符合 ISO11784/11785 动物识别标准，并且 HITAG μ 特别针对这些标准的最佳性能而设计。主要应用于动物识别、洗衣自动化、啤酒桶和气瓶物流、品牌保护等场合。

（2）存储结构

HITAG μ 系列电子标签的最大容量为 1760 位，以 Block 为最小的存取单位，每个 Block 包含 4 字节，其存储结构如表 5.9 所示。

表 5.9　HITAG μ 的存储结构

Block 地址	内容
FFH	用户配置字
FEH	密钥
04H～36H	用户数据
00H～03H	ISO11784/11785 128 位 TTF 数据

Block 地址 00H～03H，以及 FEH～FFH 共 6 个 Block 是所有 HITAG μ 系列电子标签都包含的存储内容，其中 Block 地址 00H～03H 保存符合 ISO11784/11785 标准的 128 位 TTF 数据，地址 FEH 保存 4 字节的密钥，地址 FFH 保存 1 字节的用户配置字，另外 3 字节保留未用。

Block 地址 04H～36H 用来保存用户数据，根据电子标签的型号不同，用户数据的大小也不同。例如，HITAG μ（128 位）不存在 Block 地址 04H～36H，而 HITAG μ Advanced（512 位）则存在 Block 地址 04H～0FH。

7. HITAG RO

HITAG RO 是只读低频电子标签，在连续 TTF 模式下工作，当从读写器天线磁场获得足够能量后，电子标签立即以其预编程的 64 位存储器内容对读卡器磁场进行调制。详细说明请参考芯片数据手册。

5.1.3　ATA 系列电子标签

ATA 系列是 Atmel 公司开发的非接触式低频电子标签，主要针对 100～150 kHz 频带的应用。ATA 系列电子标签芯片有多个型号，本书以其中较为典型的 ATA5577 为例说明。

（1）主要特性

ATA5577 的中心工作频率为 125 kHz，是无源、可读写、具有防碰撞功能的 RFID 应答器芯片。芯片可工作于基本模式（Basic Mode）或扩展模式（Extended Mode），兼容 T5557、ATA5567、E5551、T5551 应答器芯片，兼容 ISO11784/11785 国际标准。内部存储容量为 363 位，分为 11 个 Block，每个 Block 包含 33 位（32 位数据位和 1 位锁定位）。11 个 Block 包括 7 个 Block 的用户存储区，2 个 Block 的 UID，1 个 Block 的模拟前端选项寄存器和 1 个 Block 的配置寄存器。ATA5577 主要应用于门禁控制、动物识别、废品管理等场合。

（2）内部组成

ATA5577 的内部结构如图 5.6 所示。

模拟前端由所有与应答器天线直接相连的电路组成，包括整流滤波、时钟提取、负载调制开关、场间隙探测、ESD（Electro-Static Discharge，静电释放）保护等模块。模拟前端生成芯片工作所需的直流电压，同时处理与读写器的双向数据通信。

模拟前端选项寄存器中复制有一份 EEPROM 的 Page1～Block3 数据，包含一些模拟前端的参数设置，调整这些参数设置可以优化应答器的谐振，更好地适应各种应用环境。该寄存器在读模式操作中被不断刷新，在每次硬件上电复位或收到 Reset 命令后重新加载。

比特率生成模块可以将芯片设定为各种不同的通信速率，如可以设定为载波频率的 8、16、32、40、50、64、100、128 分频。

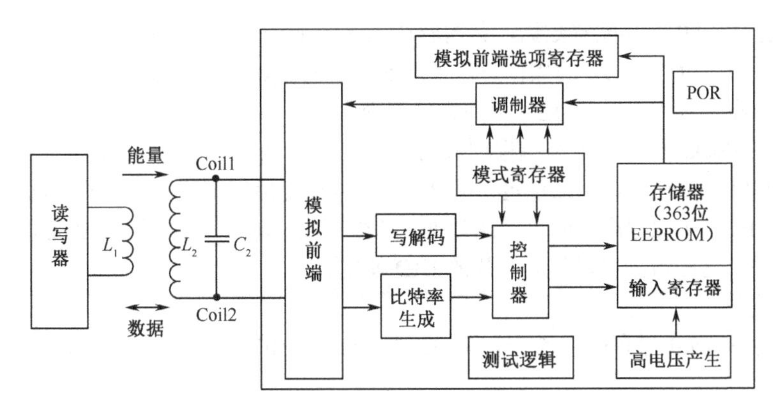

图 5.6　ATA5577 的内部结构

写解码模块探测写间隔并根据 Atmel 公司的 E555X 下行协议检验数据流的有效性，下行协议是读写器向电子标签写数据时遵守的编码协议，使用脉冲间隔调制。

高电压产生模块用于产生 EEPROM 编程时所需的高电压；POR（Power-On Reset）模块用于上电复位，在电压上升到正常值之前阻断芯片的电压供给，增加芯片工作的可靠性。

控制器主要完成以下功能：在上电复位和读操作期间从 EEPROM 的 Block0 加载配置数据到模式寄存器；在上电复位和读操作期间从 Page1～Block3 加载射频前端配置数据到模拟前端选项寄存器；控制所有 EEPROM 存储空间的读写操作和数据保护；处理来自读写器的命令。

模式寄存器中复制有一份 EEPROM 的 Block0，该寄存器在读操作以及每次上电复位或执行复位命令时都会被刷新。调制器编码芯片发送到读写器的串行数据编码方式可以是曼彻斯特编码、差动双相编码、FSK、PSK 以及反向不归零码等。

（3）存储结构

ATA5577 的数据存储结构如图 5.7 所示。整个存储空间为 363 位，分为 11 个 Block，每个 Block 包含 33 位，33 位中有 1 位为单独的锁定位，用于该 Block 的写保护。对 EEPROM 的编程以 Block 为最小单位，包括锁定位。整个存储空间分为 2 个 Page，其中 Page0 包含 8 个 Block，Page1 包含 3 个 Block。

	0	1……32	
Page 1	L	射频前端选项数据	Block 3
	1	可追溯数据	Block 2
	1	可追溯数据	Block 1
	L	Page0配置数据	Block 0
Page 0	L	用户数据或密码	Block 7
	L	用户数据	Block 6
	L	用户数据	Block 5
	L	用户数据	Block 4
	L	用户数据	Block 3
	L	用户数据	Block 2
	L	用户数据	Block 1
	L	配置数据	Block 0

图 5.7　ATA5577 的数据存储结构

Page0 的 Block0 保存配置数据，其内容在 regular-read mode 下不会被发送。不论选择哪一个 Page，对标识为 Block0 的操作总是指向 Page0 的 Block0。Page0 的 Block1～Block7 用来保存用户数据，其中 Block7 还可以用来保存密码。

Page1 的 Block3 保存模拟前端选项数据，其内容在 regular-read mode 下不会被发送。每个 Block 的 bit0 是锁定位，一旦锁定，该 Block 的数据包括锁定位本身都将无法改写。Page1 的 Block1 和 Block2 保存产品的可追溯数据，该数据由 Atmel 公司写入并锁定，用户只能读出，不能改写，这些数据可以作为芯片的 UID 使用。

（4）配置位

Page0 的 Block0 保存配置数据，共 33 位（bit0～bit32），ATA5577 的配置位及作用如表 5.10 所示。

表 5.10　ATA5577 的配置位及作用

配置位（bit0～bit32）	名称	描述
bit0	Lock bit	如果设置为 1，所在 Block 数据包括锁定位本身都不能再改写
bit1～bit4	Master Key	如果设置为 6 或 9，并且 X-mode 位设置为 1，芯片将工作在 Extended mode
bit5～bit8	RFU	出厂设置为 0
bit9～bit14	Data Bit Rate	数据通信速率，Basic mode 下 bit9～bit11 为 RFU，其值出厂设置为 0，bit12～bit14 将速率设置为载波的 8～128 分频；Extended mode 下 bit9～bit14 速率可以设置为载波的 2～128 分频
bit15	X-mode	设置为 1 并且 Master Key 设置为 6 或 9，芯片工作在 Extended mode
bit16～bit20	Modulation	芯片发送数据的编码，可以设置为曼彻斯特编码、差动双相编码、PSK 编码等
bit21～bit22	PSKCF	PSK 分频
bit23	AOR	与 PWD 位组合，设定芯片工作模式。PWD=1 且 AOR=1，芯片工作在请求应答模式，PWD=1 且 AOR=0，芯片工作在密码模式，PWD=0 芯片工作在普通模式，此时 AOR 的值被忽略
bit24	RFU OTP	在 Basic mode，该位保留设置为 0；在 Extended mode，如果设置为 1，则所有存储空间执行写保护，内容不能被改写
bit25～bit27	MAX Block	在 regular-read mode，芯片将发送从 Block1 到 Block（MAX Block）的数据
bit28	PWD	见 bit23 释义
bit29	ST Seq.Terminator Seq. Start Marker	在 Basic mode，如果设置为 1，芯片向读写器发送数据时，在指定位置增加 4 个数据位宽度的标识符，可以用于读写器同步数据； 在 Extended mode，如果设置为 1，芯片向读写器发送数据时，在每个 Block 数据前增加两个标志位 10 或 01，可以用于读写器同步数据
bit30	RFU Fast Downlink	在 Basic mode，该位保留设置为 0； 在 Extended mode，如果设置为 1，允许读写器使用快速模式向电子标签发送数据
bit31	RFU Inverse Data	在 Basic mode，该位保留，设置为 0；在 Extended mode，如果设置为 1，则各种编码的数据反相输出
bit32	Init delay	芯片初始化延时。如果设置为 1，芯片初始化时间可以由最大 3ms 延长至最大 69ms

（5）工作模式

ATA5577 分为两种工作模式：基本模式（Basic mode）和扩展模式（Extended mode）。通过设置配置字中的 Master Key 和 X-mode 可以在两种模式间切换。扩展模式比基本模式功能更丰富，例如，数据通信速率选项更多、可以激活对整个存储空间的写保护、向电子标签发送数据时激活快速模式、标签编码数据反相输出、增加 Block 的起始标志等。

根据配置字中的 PWD 和 AOR 设置，ATA5577 分为三种操作模式：请求应答模式

（Answer-On-Request mode，AOR）、密码模式（Password mode）和普通模式（Normal mode）。在普通模式下，芯片得电复位后在规则读模式（regular-read mode）下将立即发送数据，对芯片的读写不需要密码；在密码模式下，芯片得电复位后在规则读模式下将立即发送数据，对芯片的读写需要有效的密码；在请求应答模式下，芯片得电复位后在规则读模式下需要 wake-up 命令唤醒才能发送数据，wake-up 命令中必须包含有效的密码，对芯片的读写需要有效的密码。

ATA5577 的读操作有两种方式：规则读模式（regular-read mode）和数据块读模式（block-read mode）。芯片进入读写器的天线磁场得电复位后将自动进入规则读模式，在规则读模式下，芯片将循环发送从 Block1 到 Block（MAX Block）的数据；在数据块读模式下，使用 direct-access 命令读取指定 Block 的内容。读写器如果需要与芯片使用命令通信，需要首先发送一个起始间隔（start gap）使芯片退出规则读模式。

（6）通信命令

ATA5577 的通信命令共有 5 条，如表 5.11 所示。

表 5.11　ATA5577 的通信命令

命令	含义	描述
Standard write	标准写	向指定的 Block 地址写入数据
Direct access	标准读	从指定的 Block 地址读出数据
Protected write	保护写	密码验证通过后，向指定的 Block 地址写入数据
Direct access with PWD	保护读	密码验证通过后，从指定的 Block 地址读出数据
AOR （wake-up）	唤醒	在请求应答模式下唤醒芯片进入规则读模式
regular read	规则读	芯片将循环发送从 Block1 到 Block（MAX Block）的数据
Reset	复位	复位芯片，复位后进入规则读模式

5.2　低频 RFID 接口芯片

低频 RFID 接口芯片位于读写器的控制模块和天线电路之间，常用的芯片型号有 U2270B、HTRC110、EM4095 等。

5.2.1　U2270B 芯片

U2270B 芯片是 ATMEL 公司生产的一种低成本、性能完善的低频基站芯片，该基站可以对低频（100～150 kHz）非接触式的 IC 卡进行读写操作。

1. 主要特性

① 载波振荡器能产生 100～150 kHz 的振荡频率，并可通过外接电阻进行精确调整，其典型应用频率为 125 kHz。

② 在频率为 125 kHz 时，数据传输速率最高可达 5 kb/s。

③ 适用于编码为曼彻斯特编码和差动双相编码的卡片。

④ 带有微处理器接口，可与单片机直接连接。

⑤ 供电方式灵活,可以采用+5 V 直流供电，也可以采用汽车+12 V 电源供电，同时具有电压输出功能，可以给微处理器或其他外围电路供电。

⑥ 具有低功耗待机模式，可以极大地降低基站的耗电量。

⑦ 用于汽车锁、门禁控制、过程控制、动物识别、工业应用等场合。

2. 外部引脚

U2270B 采用 16 脚 SO16 贴片封装形式，芯片外观及引脚定义如图 5.8 所示。各引脚功能见表 5.12。

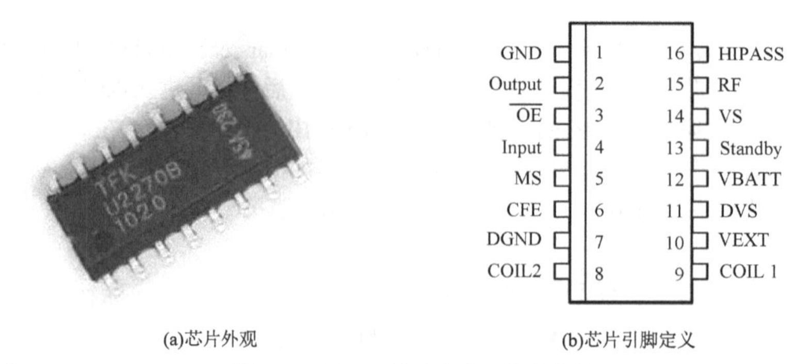

(a)芯片外观　　(b)芯片引脚定义

图 5.8　U2270B 的芯片外观与引脚定义

表 5.12　U2270B 引脚功能

引脚号	名称	功能描述	引脚号	名称	功能描述
1	GND	地	9	COIL1	线圈驱动端 1
2	Output	数据输出	10	VEXT	外部电源
3	$\overline{\text{OE}}$	数据输出使能	11	DVS	驱动器电源
4	Input	数据输入	12	VBATT	电池电压接入
5	MS	模式选择：共模/差模	13	Standby	低功耗控制
6	CFE	载波使能	14	VS	内部电源（5V）
7	DGND	驱动器地	15	RF	载波频率调节
8	COIL2	线圈驱动端 2	16	HIPASS	直流解耦

3. 内部结构

U2270B 的内部由振荡器、天线驱动器、电源供给电路、频率调节电路、低通滤波电路、放大器、输出控制电路等部分组成，其内部结构如图 5.9 所示。

4. 典型应用电路

U2270B 的典型应用电路如图 5.10 所示。其中微控制器用来承担数据发送以及对接收的数据进行解码的任务。可以选择常用的 51 系列单片机型号，发送数据由微控制器控制 CFE 引脚来实现，接收的数据则通过 U2270B 的 Output 引脚输出给微控制器进行解码。在编写发送和接收数据的程序代码时，必须严格按照相应射频卡的通信规约来进行。

图 5.10 中，1.35 mH 的电感表示与 U2270B 连接的天线线圈，R 是其内阻，1.2 nF 为共振电容。从天线接收的卡片信号经二极管 1N4148 和 1.5 nF 电容检波，并经 680 pF 电容隔直通交，由 Input 引脚送入芯片内部进行处理，整形处理后的信号经 Output 引脚输出到微控制器。

5. 数据的读写过程

通过调整 U2270B 的 RF 引脚所接电阻的大小，可以将芯片内部振荡频率固定在 125 kHz，然后通过天线驱动器的放大作用，在天线附近形成 125 kHz 的射频场，该射频场通过电磁感应为射频卡提供能量来源。

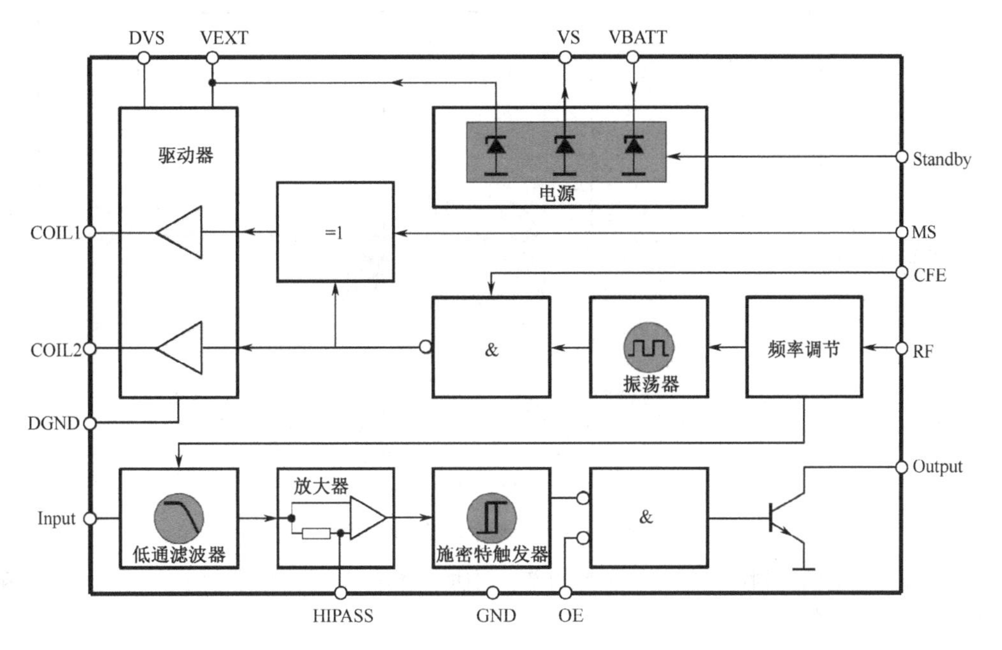

图 5.9　U2270B 的内部结构

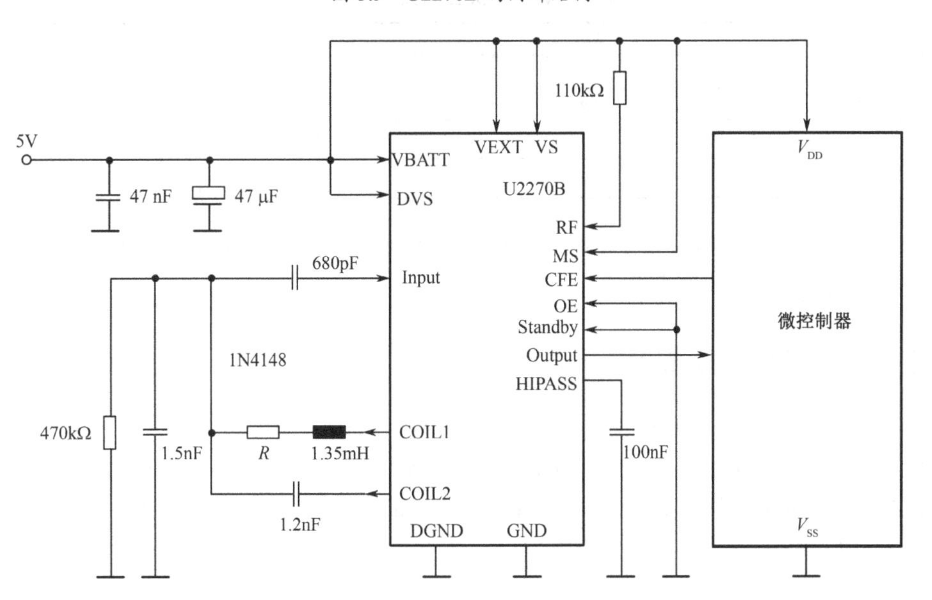

图 5.10　U2270B 的典型应用电路

数据写入射频卡采用场间隙方式，即 100% ASK 调制。由数据的“0”和“1”控制振荡器的起振和停振，并由天线产生带有窄间歇的射频场，不同的场宽度分别代表数据“0”和“1”，由此完成将基站发射的数据写入射频卡的过程。某种射频卡的写数据波形如图 5.11 所示。

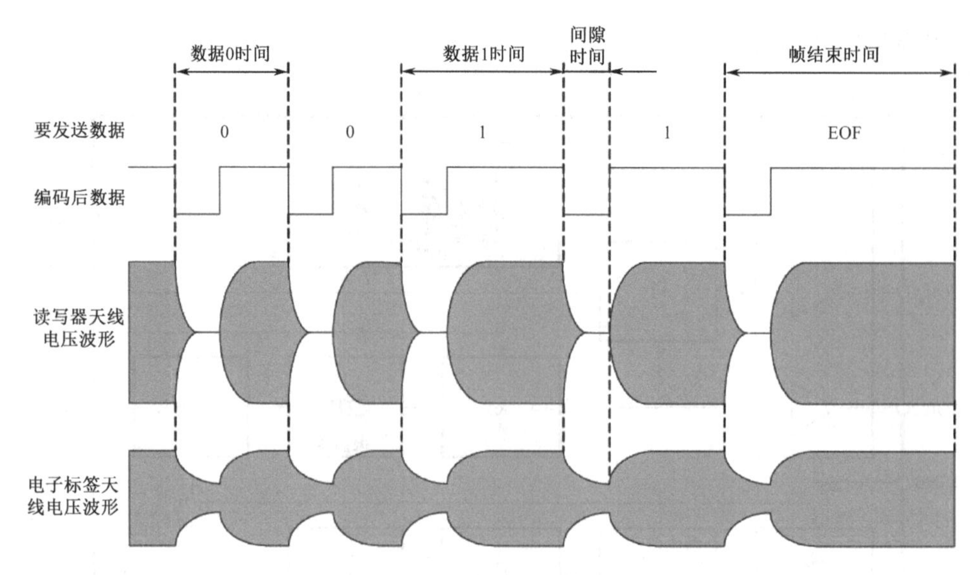

图 5.11　某种射频卡的写数据波形

对天线磁场的控制可通过控制芯片的第 5 引脚（MS）和第 6 引脚（CFE）实现。MS 和 CFE 与天线信号的关系如表 5.13 所示。

表 5.13　MS 和 CFE 与天线信号的关系

CFE	MS	COIL1	COIL2
Low	Low	High	High
Low	High	Low	High
High	Low		
High	High		

实际应用中经常把 MS 直接接到高电平，在此情况下，当 CFE 为高电平时打开天线磁场，当 CFE 为低电平时关闭天线磁场。

5.2.2　HTRC110 芯片

HTRC110 芯片是 NXP 公司针对该公司 HIATAG 系列电子标签生产的一种低频基站芯片，HTRC110 支持所有工作频率为 125 kHz，使用 AM 写数据、AM/PM 读数据的射频标签，用 HTRC110 芯片可以对数据实现调制与解调，也可以根据系统或电子标签的需要设置芯片增益、带宽等参数。

1. 主要特性

① 高性能且具备采样时间自适应的解调器。

② 通过三线串行通信接口与 CPU 连接。

③ 天线开路与短路检测。

④ 芯片功耗低，并具有极低功耗待机模式。

⑤ 组成电路所需外部元件少。

⑥ 用于牲畜跟踪、动物识别、工业应用、物流等场合。

2. 外部引脚

HTRC110 采用 14 脚 SO14 贴片封装形式，芯片外观与引脚排列如图 5.12 所示。

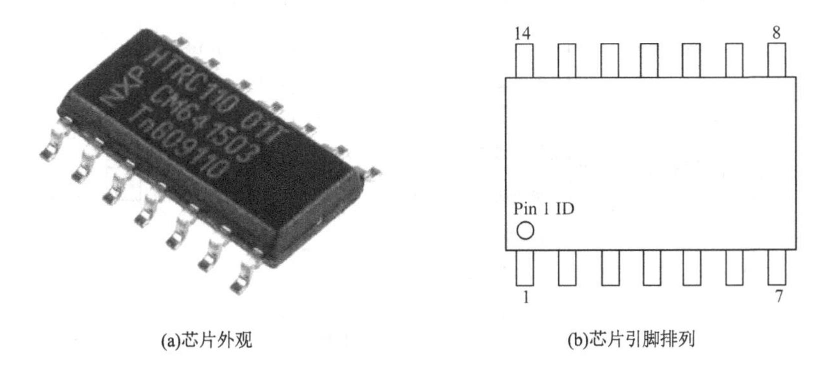

(a)芯片外观　　(b)芯片引脚排列

图 5.12　HTRC110 的芯片外观与引脚排列

各引脚功能如表 5.14 所示。

表 5.14　HTRC110 芯片引脚功能

引脚号	名称	功能描述	引脚号	名称	功能描述
1	VSS	地	8	SCLK	串行通信时钟
2	TX2	线圈驱动端 2	9	DIN	串行数据输入
3	VDD	5V 外部电源	10	DOUT	串行数据输出
4	TX1	线圈驱动端 1	11	n.c.	未使用引脚
5	MODE	DIN 和 SCLK 滤波使能	12	CEXT	高通滤波
6	XTAL1	晶振输入	13	QGND	模拟地偏置
7	XTAL2	晶振输出	14	RX	解调器输入

3. 内部结构

HTRC110 的内部结构如图 5.13 所示，整个结构可以分为前向通道和后向通道。前向通道通过三线串行通信接口接收来自微控制器发往电子标签的数据，经控制单元处理后通过调制器和天线驱动器发送到外接天线；后向通道接收来自电子标签的数据，数据信号通过从天线采样的 RX 引脚输入，经同步解调和滤波放大后发送给控制单元处理，处理后的数字波形通过 DOUT 引脚发送给微控制器解码。

HTRC110 工作时需要外接 4 MHz、8 MHz、12 MHz 或 16MHz 的外部晶振，通过读写控制寄存器，可以设置和调整芯片增益、带宽等参数。

4. 最小应用电路

HTRC110 的最小应用电路如图 5.14 所示。读写器天线 L_a 和电容 C_a 组成串联振荡电路，其谐振频率为 125 kHz。天线电路的高电压经过 Rv 和芯片内部电阻分压后接入 RX 引脚供芯片内部电路解调。引脚 XTAL1 和 XTAL2 上外接的两个电容，需要根据所选晶体振荡器说明书上的推荐值选择。微控制器可以选择常用的单片机型号，如果需要，串行通信接口的三个引脚可以外接上拉电阻，以实现可靠通信。

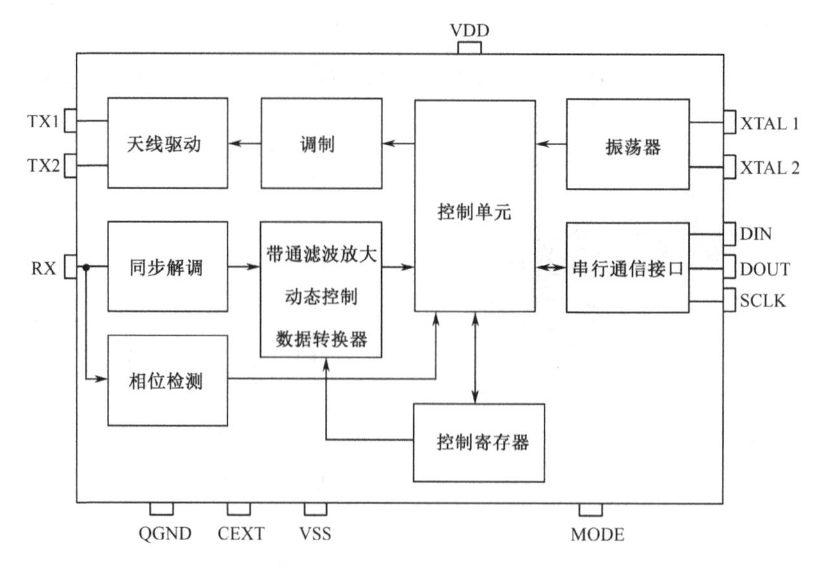

图 5.13 HTRC110 的内部结构

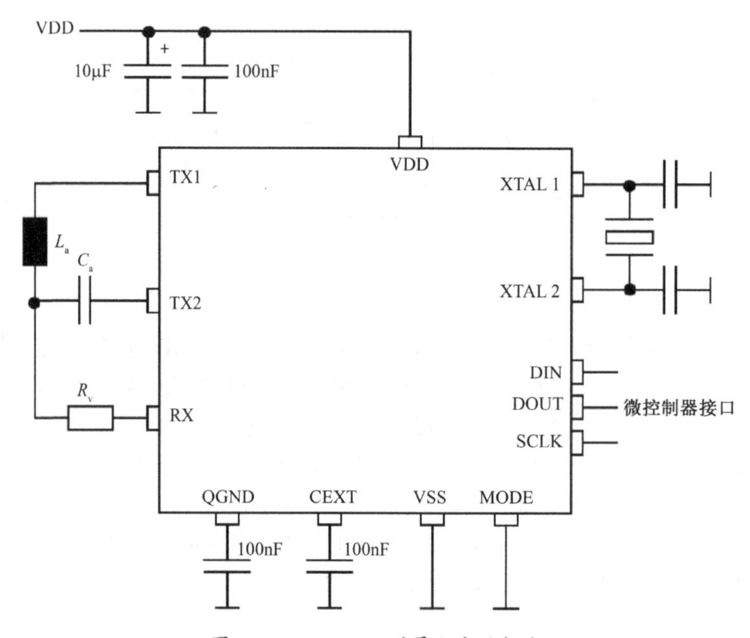

图 5.14 HTRC110 的最小应用电路

5. 命令

如表 5.15 所示，HTRC110 的命令共有 8 条。通过这些命令，实现对芯片的参数读取与设置、电子标签数据读写等功能。HTRC110 内部有 4 个配置页，通过配置页可以设置芯片的放大系数、内部滤波器的截止频率等参数，也可以设置芯片的操作模式。

表 5.15　HTRC110 的命令

命令	描述
GET_SAMPLING_TIME	读取解调器的采样时间
GET_CONFIG_PAGE	读取配置页
READ_PHASE	读取天线相位
READ_TAG	读卡模式使能，卡片发送的数据将从 DOUT 引脚输出到微控制器，并由微控制器解码
WRITE_TAG_N	写卡模式使能，微控制器通过 DIN 引脚控制天线驱动器。N=0 为直接控制，DIN 高电平对应天线关闭，低电平对应天线开启。当 N 不为 0 时，则天线关闭的时间固定为 N*8μs
WRITE_TAG	快速写卡模式使能，N 值由之前的 WRITE_TAG_N 决定
SET_CONFIG_PAGE	设置配置页
SET_SAMPLING_TIME	设置解调器的采样时间

6. 数据的读写过程

通过外接晶振并设置配置页，可以将 HTRC110 的天线振荡频率固定在 125 kHz，外接晶振必须是 4 MHz、8 MHz、12 MHz 或 16 MHz 之一。同 U2270B 一样，数据写入射频卡也是采用场间隙方式的，写入前先用 WRITE_TAG_N 或 WRITE_TAG 命令开启使能写入模式，然后通过 DIN 引脚写入要发送给电子标签的数据；接收电子标签数据前先用 READ_TAG 命令开启使能读卡模式，之后如果电子标签有发送给读写器的数据，就会通过 DOUT 输出到微控制器。

5.2.3　EM4095 芯片

EM4095 是 EM 公司设计生产的低频 RFID 读写器专用芯片，芯片可以实现 AM 信号的调制与解调，与微控制器的接口简单易实现。

1. 主要特性

① 集成的 PLL 系统能使载波频率自适应天线的共振频率。

② 不需外接晶振。

③ 工作频率为 100～150 kHz。

④ 支持 EM 公司的多个系列低频电子标签型号。

⑤ 休眠模式下电流可低至 1μA。

2. 外部引脚

EM4095 采用 16 脚 SO16 贴片封装形式，芯片外观与引脚定义如图 5.15 所示。

(a)芯片外观

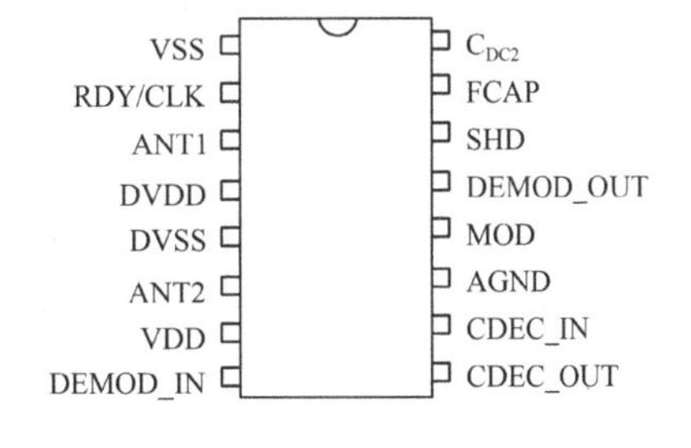

(b)芯片引脚定义

图 5.15　EM4095 的芯片外观与引脚定义

各引脚功能见表 5.16。

表 5.16　EM4095 芯片引脚功能

管脚	名称	描述	类型
1	VSS	电源地	地
2	RDY/CLK	就绪标志和时钟输出，AM 调幅驱动	输出
3	ANT1	天线驱动	输出
4	DVDD	天线驱动正电源	电源
5	DVSS	天线驱动负电源	地
6	ANT2	天线驱动	输出
7	VDD	正电源	电源
8	DEMOD_IN	天线探测电压	模拟信号
9	CDEC_OUT	DC 电容输出	模拟信号
10	CDEC_IN	DC 电容输入	模拟信号
11	AGND	模拟地	模拟信号
12	MOD	天线高电平调制	下拉输入
13	DEMOD_OUT	数字解调数据输出	输出
14	SHD	高电平使电路进入休眠态	上拉输入
15	FCAP	PLL 滤波电容	模拟信号
16	C_{DC2}	DC 去耦电容	模拟信号

3. 内部结构

EM4095 内部由锁相环、天线驱动器、采样器、滤波器、比较器、同步电路等部分组成，其内部结构如图 5.16 所示。

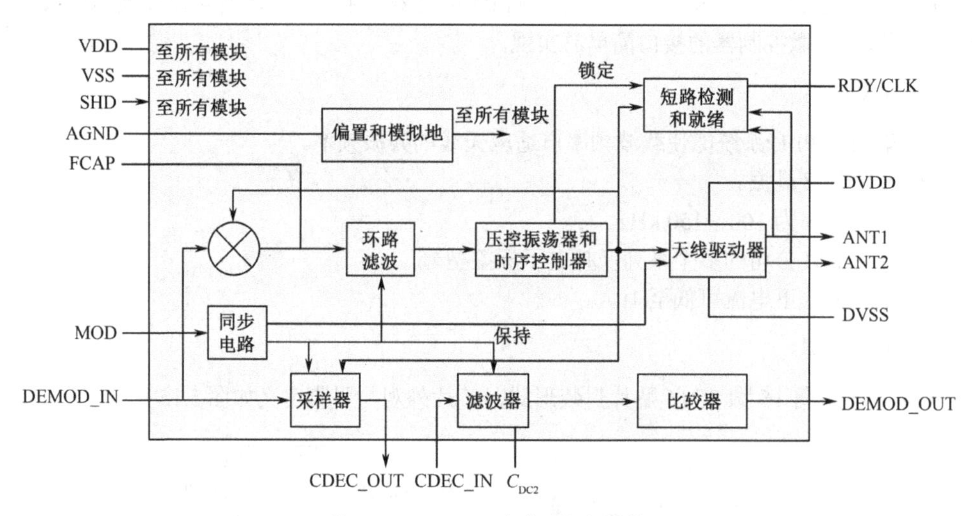

图 5.16　EM4095 芯片的内部结构

对 EM4095 的操作主要通过 SHD 和 MOD 引脚实现。当 SHD 引脚为高电平时，芯片处于休眠模式，电流消耗非常小。上电复位时 SHD 引脚需要维持高电平以便芯片正确地初始化，SHD 引脚为低电平时使能芯片天线产生射频场，并开始解调天线上接收到的 AM 信号，解调后的信号通过 DEMOD_OUT 引脚输出给微控制器进行解码。

在 MOD 引脚上施加高电平时，将把天线驱动阻塞，并关掉射频场。VCO（Voltage Controlled Oscillator，压控振荡器）和 AM 解调模块将在 MOD 引脚下降沿之后延时 41 个 RF

时钟后打开，这样可以避免天线初始化对 VCO 和 AM 解调模块的影响。在 MOD 引脚上施加低电平，将使芯片上 VCO 进入自由运行模式，天线上将出现没有经过调制的 125 kHz 载波。

模拟模块包括发送和接收电路。发送时激活天线驱动和调制电路，驱动外接天线并产生射频场；接收电路解调天线上的射频调制信号。

发送功能是通过锁相环和天线驱动器实现的。天线驱动器为外接天线提供合适的能量，天线中电流的大小决定于天线电路的 Q 值。设计时天线中电流的峰值最好不要超过 250mA。天线有短路保护功能，当天线发生短路后，RDY/CLK 引脚会被拉低，天线驱动器被强制转换为三态输出。

锁相环 PLL 由环路滤波、压控振荡器 VCO 和相位比较器组成。通过使用外部分压电容，DEMOD_IN 引脚上得到天线上的振荡电压信号，将该信号的相位和天线驱动器的信号相位进行比较，从而锁相环可以将载波频率锁定在天线的谐振频率上。根据天线类型的不同，系统谐振频率可以被锁相环锁定在 100～150 kHz 的范围内。

天线信号通过接收电路 DEMOD_IN 引脚进入接收模块，DEMOD_IN 引脚上的电压必须小于 VDD−0.5V 并且大于 VSS+0.5V，该电压通过外部分压电容调整获得，分压电容还必须考虑与共振电容的配合。

接收电路由采样保持模块、直流偏移消除模块、带通滤波器及比较器等部分组成。DEMOD_IN 引脚输入的 AM 信号被同步采样，其中的直流成分被电容 C_{DEC} 隔离，载波信号和高频、低频噪声通过之后的带通滤波器和电容 C_{DC2} 滤除，然后信号通过异步比较器整形，比较器的信号通过 DEMOD_OUT 引脚输出，外接电容 C_{DEC} 和 C_{DC2} 可参考图 5.17。

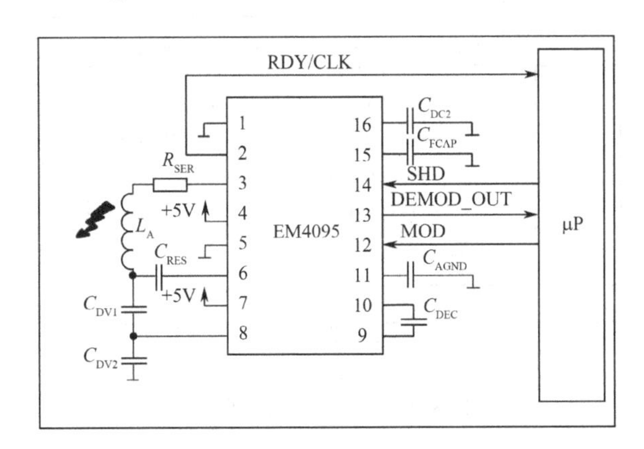

图 5.17 EM4095 的典型应用电路

RDY/CLK 引脚为外接的微处理器提供天线信号的同步时钟以及 EM4095 的内部状态信息。RDY/CLK 引脚输出同步时钟信号说明锁相环已锁定，接收通路状态已设置好。当 SHD 引脚为高电平时，RDY/CLK 引脚会被强制拉低，当 SHD 引脚上的电平由高转低时，PLL 开始初始化，接收通路打开，经过时间 T_{SET} 后，PLL 锁定，接收通路的工作点建立。此时，与天线同步的时钟信号通过 RDY/CLK 引脚输出，通知微处理器可以通过 DEMOD_OUT 引脚接收电子标签信号，而 RDY/CLK 引脚上输出的是同步时钟。当 MOD 引脚上施加高电平，天线磁场关闭，此时 RDY/CLK 引脚上的时钟会继续输出。在 SHD 引脚上的电平由高变低之后的 T_{SET} 时间内，RDY/CLK 引脚被内部 100 kΩ 电阻拉低。

4. 典型应用电路

EM4095 与微控制器接口简单，EM4095 的典型应用电路见图 5.17，芯片供电后，SHD 引脚应先为高电平，对芯片进行初始化，然后再将 SHD 引脚置为低电平，芯片即发射射频信号，解调模块将天线上 AM 信号中携带的数字信号取出，并由 DEMOD_OUT 引脚输出。EM4095 输出的参考时钟信号 RDY/CLK 可以作为解码的同步时钟。

5.3 低频 RFID 读写器开发举例

低频 RFID 读写器可以使用集成的射频接口芯片或分立元件搭建射频接口电路进行开发，本节以射频接口芯片 EM4095 和 HTRC110 为例，说明低频 RFID 读写器的开发过程。

5.3.1 基于 EM4095 的低频 RFID 读写器开发

本设计的读写器使用 EM4095 构成读写电路，利用单片机完成差动双相编码的解码，在宠物管理系统中用来对动物标签进行识别。

1. 硬件电路设计

设计的读写器用于宠物管理系统的手持终端设备中，工作频率为 134.2 kHz。图 5.18 是读写器的电路原理图。

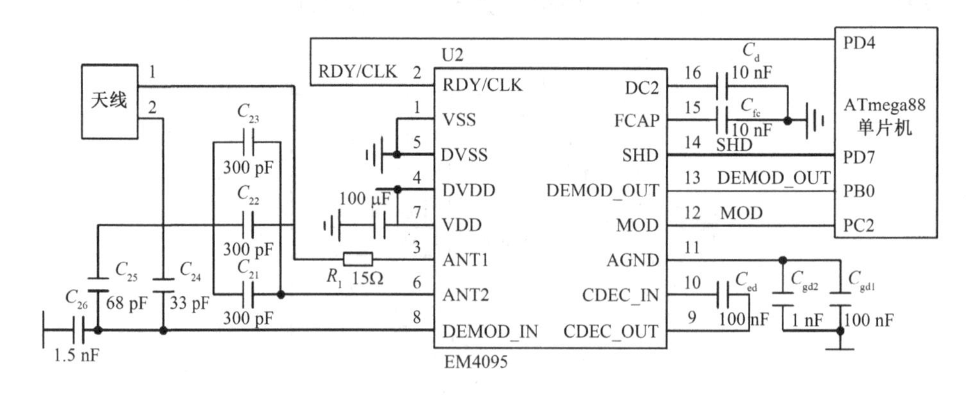

图 5.18 读写器的电路原理图

ATmega88 单片机负责接收上位机的指令，驱动 EM4095，以及对 EM4095 发回的数据进行双相码解码、校验，并向上位机发送卡号。ATmega88 单片机的 PC2 和 PD7 引脚控制 EM4095 的工作模式，EM4095 解调后的数据输出给 ATmega88 单片机的 PB0 引脚，此引脚具有输入捕获功能。

基站天线是用铜制漆包线绕制的，天线线圈的直径远大于漆包线的直径。可以采用下面的公式对天线参数进行计算：

$$L = N^2 \mu_0 R \ln(2R/d)$$

式中，L 为线圈的电感，N 为天线线圈的匝数，μ_0 为磁导率，是表征磁介质磁性的物理量，其值为 1.257×10^{-6} V·s/(A·m)，R 为天线线圈的半径；d 为漆包线的直径。本文所用的线圈匝数为 120 匝，电感为 1.54 mH。天线线圈的电感确定后，将天线、电阻（R_1）、电容（C_{21},C_{22},C_{23}）

串联构成谐振电路，可以通过下式来确定总电容值，以保证天线的频率与 EM4095 频率相同。

$$f_0 = \frac{1}{2\pi\sqrt{LC}}$$

其中，f_0 为谐振频率，动物标签频率为 134.2 kHz，L 为天线线圈的电感，C 为电容并联的总电容，通过计算可以得到电容值为 912.65 pF。

在调试过程中，采用 3 个电容并联代替 1 个电容串联到电路中的做法，可以起到高频滤波、消除脉冲干扰的作用。另外通过调节 C_{26} 的电容值使 EM4095 的第 8 引脚 DEMOD_IN 上的电压峰峰值比 ANT1 和 NT2 引脚上的电压峰峰值小，以便消除某些情况下 EM4095 的杂波输出，便于单片机对数据进行解码。

2. 国际标准 ISO11784/11785 简介

ISO11784/11785 国际标准规定了用于动物识别的电子标签和读写器规范，其中 ISO11784 定义了编码结构，ISO11785 定义了技术标准。

ISO11784 定义的编码结构共有 64 位，如表 5.17 所示。

表 5.17 ISO11784 定义编码结构

位序号	名称	组合总数	描述
bit1	动物识别标志	2	表示标签是否用于动物识别。1 代表是，0 代表否
bit2～bit15	RFU	16384	保留将来使用
bit16	数据域标志	2	表示识别码后是否有附加数据。1 代表是，0 代表否
bit17～bit26	国家编码	1024	999 用于测试
bit27～bit64	国内编码	274 887 906 944	国内的唯一识别码

ISO11785 中定义了两种工作方式的电子标签：全双工（Full DupleX，FDX）和半双工（Half DupleX，HDX）。全双工电子标签在读写器的天线磁场处于激活状态时回送电子标签的编码数据，而半双工电子标签是在读写器的天线磁场消失的间隙回送电子标签的编码数据。

读写器应该既能读取全双工电子标签的数据，也能读取半双工电子标签的数据。读写器使用 134.2 kHz 的载波频率激活天线磁场中的电子标签，天线磁场的激活时间为 50 ms。如果在激活期间读写器接收到了无效的全双工信号，则读写器应该延长天线磁场的激活时间，直到接收到有效的全双工信号，但最长不能超过 100 ms。之后读写器关闭天线磁场，此时如果收到半双工信号，则关闭时间持续 20 ms，如果天线磁场衰减超过 3 dB 之后的 3 ms 内读写器没有收到半双工信号，则读写器重新激活天线磁场。为了与天线磁场内的电子标签同步，每 10 个激活循环中应该有一个固定结构的 50 ms 磁场激活时间和 20 ms 磁场关闭时间。

全双工使用差动双相编码，数据传输速率为读写器载波频率的 32 分频。当载波频率为 134.2 kHz 时，数据传输速率为 4194 b/s。

全双工报文结构如图 5.19 所示。整个报文包括 4 个部分，共 128 位，首先是 11 位的起始域（头部）00000000001，之后是 8 字节识别码、2 字节 CRC 校验和 3 字节终止域（尾部），除头部以外，其他 3 部分每字节后面都强制插入一个控制位（数据“1”）用来防止出现和头部相同的数据串。在给定传输速率的情况下，传输 128 位的整个报文大约需要 30.5 ms。

半双工电子标签使用 FSK 调制的反向不归零码，每一位数据的持续时间为 16 个载波周期。发送数据“1”的载波频率为 124.2±2 kHz，数据速率为 7762.5 b/s；发送数据“0”的载波频率为 134.2±1.5 kHz，数据速率为 8387.5 b/s。

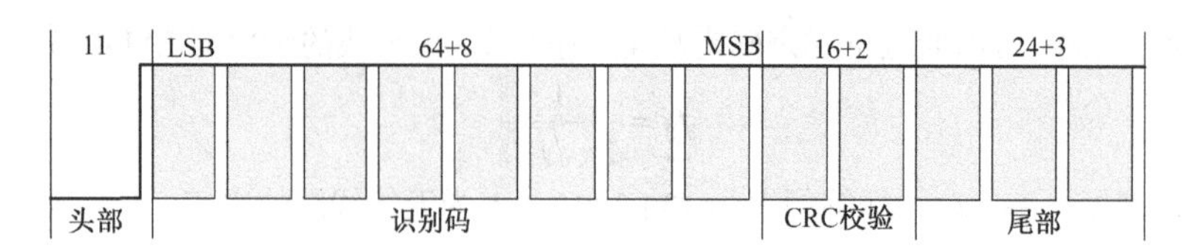

图 5.19　全双工报文结构

半双工报文结构如图 5.20 所示。与全双工报文结构类似，整个报文也包括 4 部分，共 112 位。首先是 8 位的起始域（头部）01111110，之后是 8 字节识别码、2 字节 CRC 校验和 3 字节终止域（尾部）。与全双工报文结构相比，除头部不同以外，其他 3 部分每字节后面不再强制插入控制位。

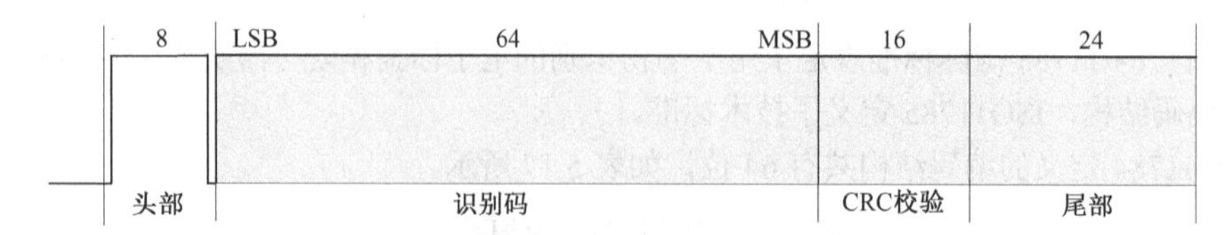

图 5.20　半双工报文结构

3. 动物识别电子标签的制作

有多个系列的低频电子标签可以制作成动物识别电子标签，以常见的 EM4205 和全双工为例，说明制作动物识别电子标签的过程。

（1）设计 EM4205 配置字

对于符合 ISO11784/11785 的 FDX-B 模式，EM4205 应该配置为 DBP 编码，数据传输速率为读写器载波频率的 32 分频，以及返回 4 个 WORD 共 16 字节 （128 位）ISO11784/11785 的有效数据，则 WORD4 设置为 0x0002008F 可以满足要求。

（2）计算 16 字节（128 位）的有效数据

上述设置将使电子标签连续发送 WORD5～WORD8 共 16 字节（128 位）数据。参考表 5.17 和图 5.19，EM4205 的 WORD5～WORD8 各位数据设置如表 5.18 所示。EM4205 发送数据为 LSB，首先是 11 位的起始域 00000000001；之后是 8 字节识别码，其中 NID 是 38 位的国内编码，CID 是 10 位的国家编码，DataBlock 为数据域标志，RFU 为 14 位的保留位，AnimalFlag 是动物识别标识，必须为 1；第三部分是 2 字节 CRC 校验和 3 字节终止域，一般应用的终止域可以直接填充“0”。除头部以外，其他所有数据每 8 位之间都强制插入一个控制位“1”用来防止出现和头部相同的数据串。

表 5.18　EM4205 的 WORD5～WORD8 各位数据设置

WORD	Byte	bit7	bit6	bit5	bit4	bit3	bit2	bit1	bit0
5	0	0	0	0	0	0	0	0	0
	1	NID4	NID3	NID2	NID1	NID0	1	0	0
	2	NID11	NID10	NID9	NID8	1	NID7	NID6	NID5
	3	NID18	NID17	NID16	1	NID15	NID14	NID13	NID12
6	0	NID25	NID24	1	NID23	NID22	NID21	NID20	NID19
	1	NID32	1	NID31	NID30	NID29	NID28	NID27	NID26
	2	1	CID1	CID0	NID37	NID35	NID35	NID34	NID33
	3	CID9	CID8	CID7	CID6	CID5	CID4	CID3	CID2

（续表）

WORD	Byte	bit7	bit6	bit5	bit4	bit3	bit2	bit1	bit0
7	0	RFU	RFU	RFU	RFU	RFU	RFU	DataBlock	1
	1	RFU	RFU	RFU	RFU	RFU	RFU	1	RFU
	2	CRCL4	CRCL3	CRCL2	CRCL1	CRCL0	1	AnimalFlag	RFU
	3	CRCH3	CRCH2	CRCH1	CRCH0	1	CRCL7	CRCL6	CRCL5
8	0	0	0	0	1	CRCH7	CRCH6	CRCH5	CRCH4
	1	0	0	1	0	0	0	0	0
	2	0	1	0	0	0	0	0	0
	3	1	0	0	0	0	0	0	0

4. 软件设计

差动双相编码的特点是二进制码“0”在半位周期时有跳变，“1”在半位周期时无跳变，并且“0”和“1”在位周期时都跳变，正好可以利用这一特点进行解码。通过计算可以得知位周期为238.5μs，半位周期为119μs。图5.21为动物识别电子标签读取流程图。

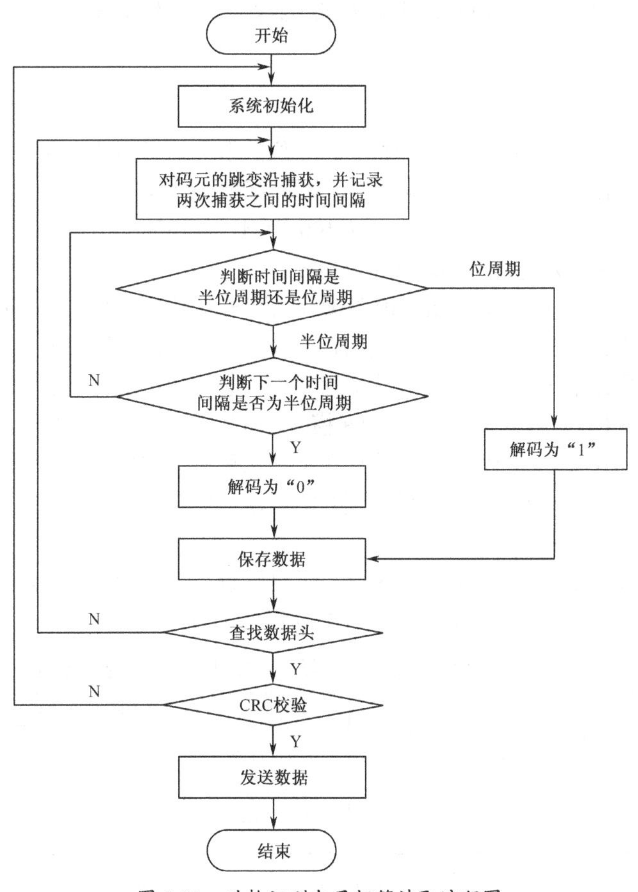

图5.21　动物识别电子标签读取流程图

电子标签读取过程先对系统进行初始化，ATmega88单片机的T/C1内部有输入捕获单元，可用于精确捕获一个外部事件的发生，以及事件发生的时间。EM4095解调输出的波形输入到单片机的ICP1引脚，单片机进行跳变沿捕获，定时器捕捉中断的触发方式必须采用上升沿和下降沿交替进行。也就是说，在下降沿捕捉中断处理程序中设置下次捕捉中断的触发方式为上升沿，在上升沿捕捉中断处理程序中设置下次捕捉中断的触发方式为下降沿。算出两次跳变的时间间隔，根据时间间隔是否在一定的容差范围内判断是半位周期还是位周期，判定码元的“0”“1”值。解码之后去掉用来防止数据头重复出现的控制位“1”，数据保存后查找11位的数据头，找到数据头后对64位ID号进行CRC 校验，校验通过后便可获得动物电子标签ID号。

5.3.2 具有防复制功能的ID卡读写器设计与实现

125 kHz 的ID卡结构简单，40位的卡片序列号包含在卡内一个64位的卡号信息中，与读卡器使用TTF方式通信，广泛应用于考勤、门禁、微金额支付等系统中。由于卡片向读写器传送数据时使用了非加密的明码方式，使得复制、伪造卡片十分容易且成本低廉。

根据常见复制卡的特点，本节设计了一种新型125 kHz 防复制ID卡读写器，可以对使用Temic、Hitags、EM系列等可读写卡复制的ID卡进行屏蔽排斥，从而有效保护用户系统的安全。

1. 理论分析

原版的只读ID卡功能单一，出厂时已将64位的卡号信息固化在卡片的非易失性存储器中。卡片进入125 kHz 的射频场后得电复位，立即主动将64位的卡号信息持续循环向读写器发送。原版卡的上电复位时间极短，以EM4100为例，其说明书中虽然没有给出准确的卡片复位时间，但经大量实际测试表明该值小于1 ms。

用于复制的ID卡一般是125 kHz 的可读写识别卡，最常见的有Temic、Hitags、EM系列可读写卡。相对于原版卡，这些卡的共同特点是，一方面，可读写卡比同类型只读卡的电路结构复杂，相同情况下电路复位比只读卡需要更长的时间；另一方面，这些可读写卡由于既可以工作在RTF模式，又可以工作在TTF模式，通常还可以设定通信的数据编码和速率，故电路复位完成后还要读出配置信息，以便决定进入哪种工作模式，以及执行何种通信数据编码和通信速率。因此，从进入射频场，到开始向读写器发送数据，复制ID卡所用的时间要远远大于用原版卡的时间。

上述三种常用的复制卡，从其数据说明书中可以查得准确的卡片从进入射频场到开始以TTF模式发送数据的时间，与原版卡对比可以得到表5.19。

表5.19 原版卡与复制卡从进入射频场到开始以TTF模式发送数据的时间

卡片类型	从进入射频场到开始以TTF模式发送数据的时间/ms
原版卡（EM4100）	<1
TEMIC（ATA5567）	3
Hitags（H32/H56/H48）	4.52
EM系列（4205/4305）	3.3

普通125 kHz的ID卡工作时的数据传输速率是2 kb/s，传送1位卡号信息的时间是512 μs，传送64位的卡号信息共需要32.768 ms。根据表5.19中数据可以得出结论，若原版卡和复制卡同时进入射频场，复制卡开始以TTF模式发送数据的时间至少比原版卡滞后2 ms，即滞后约4个数据位（512 μs×4≈2 ms）。根据这一差别，设计读写器时如果在打开射频场后延时1 ms

开始读取数据，则在之后的 32.768 ms 时间内可以读到原版卡的全部 64 位卡号信息，而复制卡只能读取约 60 位卡号信息。利用这一特性，就可以设计出防复制的 ID 卡读写器。

2. 硬件设计

从前述理论分析可以看出，防复制卡的机制主要在于软件，硬件方面没有特殊要求。系统硬件结构如图 5.22 所示，整个系统以普通的 51 系列单片机 STC89C52 作为主控芯片电路，外围电路包括 HTRC110 接收模块、串行口通信模块、声光指示模块以及电源模块等。STC89C52 控制 HTRC110 实现卡片信息读取，读到的 64 位卡号信息经解码后得到 40 位有效卡号通过串行口通信模块输出，并驱动声光指示模块动作。此外串行口还可以实现单片机的 ISP 程序下载和更新功能，电源模块实现对整个系统稳定可靠的供电。

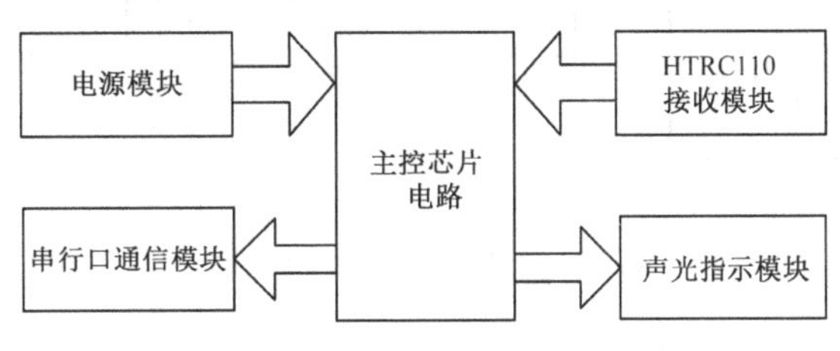

图 5.22　系统硬件结构

（1）主控芯片电路

主控芯片电路完成系统各模块的软件初始化、读卡解码、串行通信及声光指示等功能，其中除读卡解码外其他任务都比较简单。读卡解码虽然工作量较大，但在普通 ID 卡 2 kb/s 的通信速率下，技术成熟、物美价廉的 51 系列单片机就可以满足设计要求。

STC89C52 单片机的最高时钟频率可达 80 MHz，内部自带 8K FLASH 程序存储器和 512 字节数据存储器，有 3 个定时器和 1 个串行口，并可通过串行口实现 ISP 程序下载和更新。

STC89C52 外围配以简单的阻容复位电路，为获得较为准确的定时时间和串行通信波特率，单片机使用 22.1184 MHz 晶振。

（2）HTRC110 接收模块

信息接收模块选用 125 kHz 射频接口芯片 HTRC110，通过三线串行通信与 CPU 连接。HTRC110 接收模块电路如图 5.23 所示。芯片时钟选用 4 MHz 晶振，SCLK、DOUT、DIN 加上拉电阻后与微处理器的 I/O 口相连接，ANT 插座用于外接天线。

（3）串行口通信模块与声光指示模块

通信电路实现有效卡片序列号的输出，并实现 ISP 程序下载功能。系统中选用一片 MAX232 实现串口通信，其电路采用经典的 4 电容接法。声光指示模块用于读卡信息指示，当读到有效卡号时，LED 闪烁并伴有蜂鸣器动作。

3. 软件设计

防复制 ID 卡读写器的软件主要由系统初始化程序、卡片信息接收、卡片信息解码、数据输出与状态指示等部分组成。系统软件总流程图如图 5.24 所示，开机初始化完成后即进入无限循环读卡，每次先复位射频场中的卡片，接着在限定时间内持续接收 64 位卡号信息，如果接收成功则从接收的卡片信息中解码卡片序列号，并将卡片序列号从串行口输出，同时驱动声光指示。

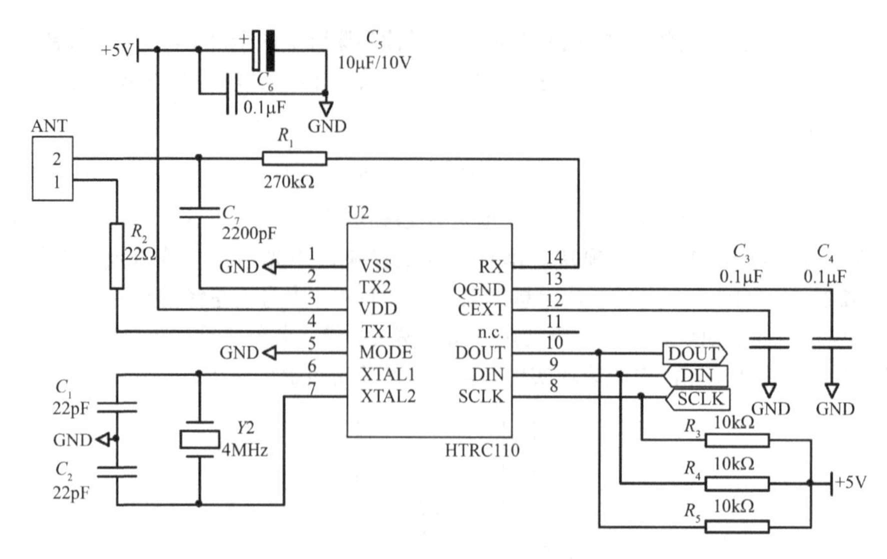

图 5.23　HTRC110 接收模块电路

（1）HTRC110 初始化配置程序

HTRC110 初始化在开机后的系统初始化阶段进行，其配置流程图如图 5.25 所示。首先通过 HTRC110 的 4 个配置页设置芯片相关工作参数，包括：通过配置页 0，设置通频带为 160 Hz～3 kHz，设置放大器增益为 500；通过向配置页 1 写入 0 打开天线；向配置页 3 写入 0 设置 HTRC110 的外部晶振为 4 MHz。之后的 AST 设置和通用设置都是 HTRC110 厂家指定必须执行的序列。经过上述步骤，HTRC110 初始化设置完成，开始准备从天线射频场中接收卡片信息。

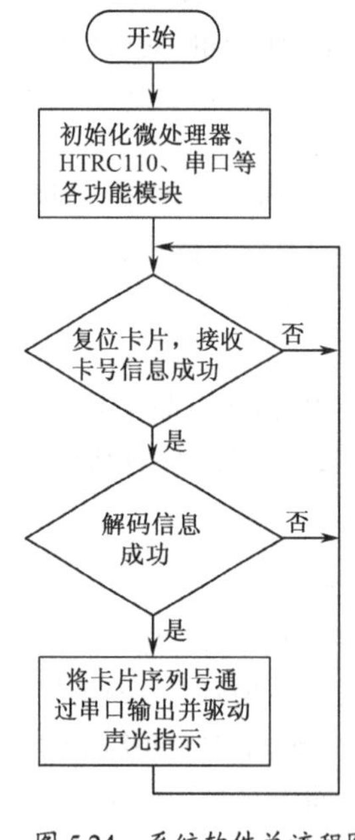

图 5.24　系统软件总流程图

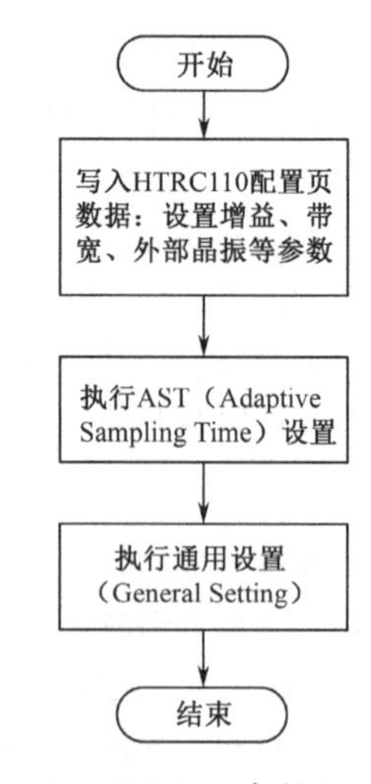

图 5.25　HTRC110 初始化配置流程图

（2）卡号信息接收程序

卡号信息接收程序用来接收 64 位卡号信息，其流程如图 5.26 所示。首先通过设置配置页 1 的 TXDIS 位关闭天线，射频场中的所有卡片因为失去能量来源而全部断电，5 ms 后清除 TXDIS 位打开天线，射频场内的所有卡片得电复位，原版卡直接进入 TTF 模式循环发送 64 位卡号信息，复制卡读取配置页数据，根据配置参数开始进入 TTF 模式循环发送 64 位卡号信息。

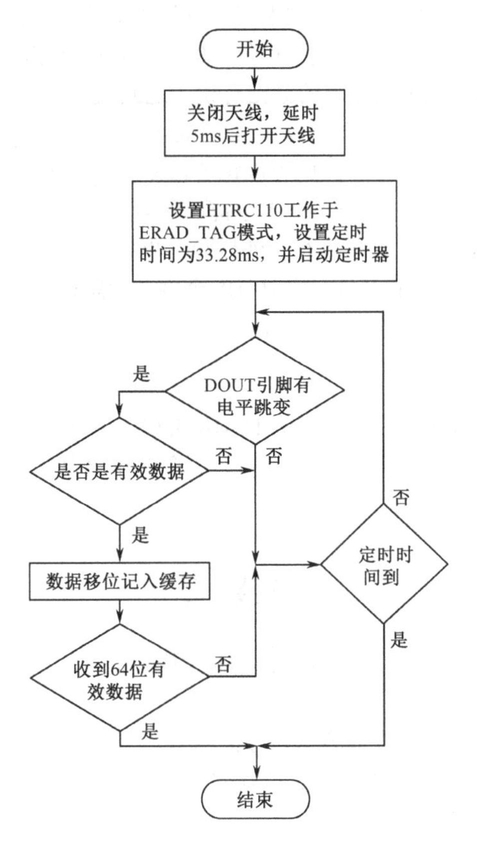

图 5.26　卡号信息接收程序流程图

HTRC110 在打开天线后立即设置为数据接收模式，然后延时 1 ms 等待原版卡复位，之后开始限时接收数据。接收 64 位卡号信息需要 32.768 ms，为增加接收的可靠性，限时接收时间设置为接收 65 位数据的时间，即 512 μs×65=33.28 ms，在此时间内 CPU 循环查询 HTRC110 的 DOUT 引脚。64 位 ID 卡的数据采用曼彻斯特编码，上升沿表示数据“1”，下降沿表示数据“0”，发送连续的“0”或“1”时，两个数据沿之间增加一个状态转换沿。在 DOUT 引脚，捕捉到数据沿则立即将数据移位进入数据缓冲区，如果是状态转换沿则继续监测 DOUT 引脚的下一个电平跳变。如果在 33.28 ms 时间内接收到 64 个有效数据位则转至解码程序，否则继续进行下一次复位天线接收数据的循环。根据前述理论分析，只有原版卡可以在 33.28 ms 的时间内送出完整的 64 位卡号信息，复制卡无法全部送出，从而实现了对复制卡的屏蔽抑制。

（3）卡片序列号解码程序

卡片序列号解码程序实现从接收的 64 位卡号信息中提取 40 位有效的卡片序列号并校验其正确性。卡片内卡号信息的结构如表 5.1 所示，卡号解码程序的流程图参考图 5.3。

通常的ID卡接收程序中一般先识别接收9个“1”的卡片信息头部，然后接收其余部分。这种方法的好处是解码简单，而且可以边接收边解码，缺点是由于要先识别卡号信息的头部，导致接收时间变长。本设计由于要利用复制卡发送卡号信息起始时间的滞后性实现对复制卡的抑制，允许接收的时间严格控制为33.28 ms，故不能先识别头部，而是有数据就接收，先存储后解码。这样最先接收到的数据可能并不是以9个“1”开头的，因此第一步先找出缓存中64位卡号数据的头部，方法是将64位卡号数据做大循环右移，每移1位立即检查开始的9位是不是9个“1”且第64位是不是结束位“0”，不是则继续移位直至找到头部。如果移位64次后都没有找到头部则说明接收的数据有误，返回接收程序继续接收。

找到数据的头部后，从头部的下一位（第10位）开始到第59位，每5位正好对应半个字节卡序列号数据及1位偶校验位，因此可以每5位提取作为1字节，50位共提取10字节。第60位到64位是列校验位和停止位，此5位提取作为第11字节。

数据提取完成后先对前10字节进行行偶校验，再将前10字节与第11字节进行列偶校验，校验通过说明接收到正确的卡号，将前10个字节中除校验位之外的数据提取组合为5字节，即为最后有效的16进制卡片序列号。

4. 实验测试

使用EM4100、HITAGS32、EM4205、TEMIC5567四种典型卡片各200张进行测试，所有的EM4100原版卡均可正常读取卡号，其他三种复制卡全部被屏蔽，证明本文讨论的方法是正确可行的。

习题5

5-1　将ID卡号2538A94E0D编码为EM4100数据格式，写出过程及编码后的8字节十六进制数据。

5-2　简述EM4205/4305的存储容量、存储结构、主要应用场合。

5-3　HITAG 1、HITAG 2、HITAG S的存储容量分别是多少？三种类型都可以制作动物识别电子标签吗？

5-4　ATA5577有哪些工作模式，向读写器发送数据时支持哪些编码方式和通信速率？

5-5　U2270B通过何种方式向电子标签发送数据？如何实现？

5-6　HTRC110对外部晶体振荡器有何要求？如何与控制模块交换数据？控制模块发送和接收电子标签数据分别通过HTRC110的哪个引脚？

5-7　ISO11784/11785定义的载波频率是多少？在全双工模式下使用的编码方式和数据传输速率是多少？

5-8　说明分别使用EM4205/4305、HITAG 2、HITAG S、HITAG μ、ATA5577制作动物识别电子标签时，128位的电子标签数据需要预先存放在电子标签内存的什么位置？

第6章　高频RFID技术

高频（High Frequency，HF）RFID技术是指读写器和电子标签的载波频率位于3～30MHz的RFID系统。多数高频RFID系统的电子标签工作在读写器天线的无功近场区，向读写器发送数据使用负载调制方式。高频RFID技术常用的载波频率主要是13.56MHz。

6.1　高频RFID电子标签

高频RFID电子标签主要用于小额支付、证卡等场合，多采用无源、电感耦合，读写距离小于1m，相关的国际标准有ISO/IEC14443和ISO/IEC15693等。常见产品有Mifare系列、I・CODE系列、二代身份证等。

6.1.1　Mifare系列电子标签

Mifare是NXP出品的一系列非接触式IC产品的总称，其典型读写距离可达10 cm，在非接触式IC卡应用领域占据较大的市场份额。Mifare系列卡片操作简单、快捷，抗干扰能力强，可靠性高，适合一卡多用，支持全球的公共交通、酒店、积分和小额支付等应用。

Mifare系列卡片根据卡内使用芯片的不同，分为Mifare Ultralight、Mifare Plus、Mifare Classic、Mifare DESFire等不同类型。

1. Mifare Ultralight

Mifare Ultralight遵守国际标准ISO/IEC14443A 1-3，非常适合低成本、高流量的应用，如公共交通、会员卡和活动票据等，是磁条、一维条码或二维条码系统的理想非接触式替代品。Mifare Ultralight包括Ultralight C、Ultralight EV1和Ultralight Nano等，本节选择其中的Mifare Ultralight C加以说明。

（1）主要特性

Mifare Ultralight C设计用于各类有限制的应用，如活动入场券、积分优惠券和限次使用车票等。Mifare Ultralight C使用3DES认证确保数据访问安全，使用7字节全球唯一序列号支持防克隆，具有1536位的存储空间，数据传输速率为106 kb/s，典型的票务交易时间小于35 ms。

（2）内部结构

Mifare Ultralight C的内部结构如图6.1所示。整个芯片主要由1536位的EEPROM、射频接口和数字控制单元三部分组成。

能量和数据通过外接天线进行传输。射频接口包括调制解调器、滤波器、时钟生成模块、上电复位电路和稳压电路等组成部分，可以为整个芯片提供工作电压、时钟和数据。加密控制单元控制加密协议处理器进行3DES运算；命令接口处理来自读写器的卡片操作命令。

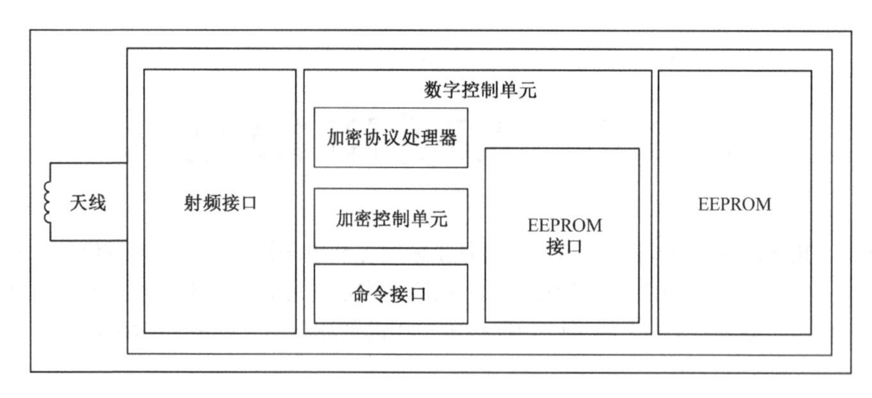

图 6.1 Mifare Ultralight C 的内部结构

（3）存储结构

如表 6.1 所示，1536 位的 EEPROM 的存储空间分为 48 个 Page，每个 Page 包含 32 位。

表 6.1 Mifare Ultralight C 的存储结构

Page 地址	描　述
0	序列号
1	序列号
2	1 字节序列号+1 字节内部数据+2 锁定字节
3	OTP
4～39	用户存储空间
40	2 锁定字节+2 未用字节
41	2 字节 16 位计数器+2 未用字节
42	认证配置
43	认证配置
44～47	认证密钥

7 字节 UID 及其 2 字节的块校验码（Block Check Character，BCC）共 9 字节占据存储空间的 Page0～Page1 及 Page2 的第 1 个字节，其中 BCC0=CT（88H）⊕SN0⊕SN1⊕SN2，BCC1=SN3⊕SN4⊕SN5⊕SN6，符号“⊕”表示异或。Page2 的第 2 字节保留为存储芯片内部数据使用，出厂时已编程并且不可改写。

Page2 的后 2 字节用于将某些可编程区域设置为只读模式。如图 6.2 所示，通过将对应的 L*x* 由 0 编程为 1，Page3～Page15 的每一个 Page 都可以单独设置为只读，锁定字节 0 的最低 3 位用于冻结锁定位本身。比如，BL15～BL10 位被设置为 1，则 L15～L10 的值将无法改写。锁定位的编程是不可逆的，即只能从 0 编程为 1，不能从 1 编程为 0。所以用户在编程锁定位之前一定要慎重考虑。芯片使用 Page40 的前两个字节锁定 Page16 之后的存储区域，具体配置情况可以参考芯片的数据手册。

Page3 是 OTP（One Time Programmable，一次性可编程）页，出厂时 Page3 内 32 位数据全部被初始化为 0，实际使用时只能改写为 1 而不能反之，此功能特别适合使用不超过 32 次的电子票据。

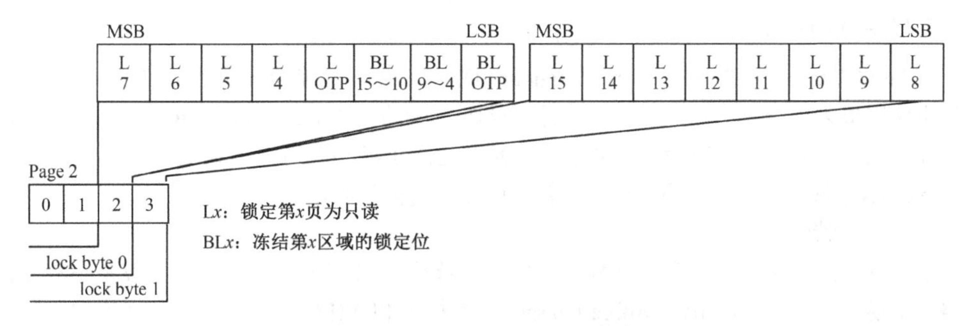

图 6.2　Mifare Ultralight C 的锁定字节 0 和 1

Page4～Page39 为用户可以自由使用的存储空间，共计 144 字节。

Page41 的前 2 字节组成一个 16 位的单向增计数器，其默认的出厂初始值为 0000H。当计数器的值为 0000H 时，对 Page41 的写操作定义为第 1 次有效的写操作，第 1 次有效的写操作可以将计数器的值写成 0001H～FFFFH 之间的任意值，之后对 Page41 的写操作则是在计数器原有值的基础上执行增量操作。增量操作命令数据的 4 个字节中只有第 1 字节的低 4 位作为本次写计数器的增量值，所以每次的增量值为 0～15 之间的某个数。增量值为 0 对计数器的值没有影响。当计数器的值增加到 FFFFH 时，对 Page41 的写操作将返回否定应答 NAK（Negative AcKnowledge）。

Page42 和 Page43 存放认证配置，每个 Page 仅使用了第 1 字节，后 3 字节保留未用。其中 Page42 的 Byte0 称为 AUTH0，其中存放了需要认证的起始页地址，有效值为 3～48，当设置为 48 时，已经超出了有效的 Page 地址范围，表示所有的存储空间读写都不需要认证。Page43 的 Byte0 称为 AUTH1，字节的 8 位中 bit1～bit7 没有使用，bit0 为 0 时表示读和写都需要严格的认证，bit0 为 1 时表示写操作需要认证，而读操作不需要认证。

Page44～Page47 存储用于 3DES 加密的两组密钥，每组 8 字节，共 16 字节。

（4）通信命令

Mifare Ultralight C 的通信命令如表 6.2 所示，其中兼容写（COMPATIBILITY WRITE）命令是为了兼容 Mifare 系列其他卡片的写命令，命令中向卡片传输了 16 字节的写内容，但只有低位的 4 字节写入对应的卡片地址，其他字节内容被忽略，建议忽略的字节设置为 0。

表 6.2　Mifare Ultralight C 的通信命令

命令	对应的 ISO/IEC14443 命令	说明
Request	REQA	卡请求
Wake-up	WUPA	卡唤醒
Anticollision CL1	Anticollision CL1	第 1 层级防冲突
Select CL1	Select CL1	第 1 层级卡选择
Anticollision CL2	Anticollision CL2	第 2 层级防冲突
Select CL2	Select CL2	第 2 层级卡选择
Halt	Halt	卡暂停
READ	—	读卡
WRITE	—	写卡
COMPATIBILITY WRITE	—	兼容写
AUTHENTICATE	—	认证

2. Mifare Classic

Mifare Classic 又常被称为 Mifare Standard 或 Mifare One，是遵守国际标准 ISO14443A 的卡片中应用最为广泛、影响力最大的一种。早在 1994 年，Mifare Classic IC 就在非接触式智能卡业务领域掀起了一场革命，如今它们仍然广泛用于各种应用中。Mifare Classic EV1 是 Mifare Classic 系列的演进产品，性能超越了以往所有衍生版本。

（1）主要特性

Mifare Classic 包括 S50 和 S70 两个型号，主要设计用于各类公共交通票证以及小额支付，完整的交易时间小于 100 ms。Mifare Classic 使用基于 ISO/IEC DIS 9798-2 的 3 次握手认证，芯片具有 7 字节全球唯一序列号或 4 字节不唯一序列号（Non-Unique ID，NUID），读写距离可达 100 mm，数据传输速率为 106 kb/s。可应用于公共交通、电子收费、校园卡、网吧、门禁管理、停车场收费、考勤管理、会员积分等场合。

（2）内部结构

Mifare Classic 的内部结构如图 6.3 所示。整个芯片可以分为射频接口和数字模块两部分，其中数字模块又分为 1k 字节的 EEPROM 和数字控制单元两个子模块。

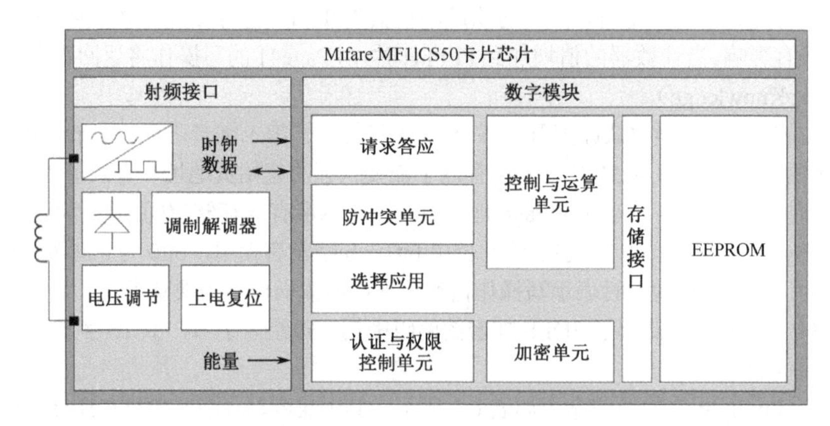

图 6.3　Mifare Classic 的内部结构

能量和数据通过外接天线在读写器和卡片之间进行传输。射频接口包括调制解调器、滤波器、时钟生成模块、上电复位电路和稳压电路等组成部分，可以为整个芯片提供工作电压、时钟和数据。防冲突单元可以实现对同一时刻处于磁场中的多张射频卡进行依次操作而不发生混乱；认证与权限控制单元完成在对 EEPROM 操作前所需的必要的身份与权限验证；加密单元用于认证和读写卡片时的数据加密。

（3）存储结构

Mifare Classic 的存储结构如表 6.3 所示，Mifare S50 把 1k 字节的容量分为 16 个扇区（Sector0～Sector15），每个扇区包括 4 个数据块（Block0～Block3，也将 16 个扇区的 64 个块按绝对地址编号为 Block0～Block63），每个数据块包含 16 字节（Byte0～Byte15），64×16=1024 字节。

表 6.3　Mifare Classic 的存储结构

扇区号	块号		块类型	总块号
Sector 0	Block 0	厂商代码	厂商块	0
	Block 1		数据块	1
	Block 2		数据块	2

（续表）

扇区号	块号		块类型	总块号
Sector 0	Block 3	密码 A 存取控制字密码 B	区尾块	3
Sector 1	Block 0		数据块	4
	Block 1		数据块	5
	Block 2		数据块	6
	Block 3	密码 A 存取控制字密码 B	区尾块	7
...	...	...	...	...
Sector 15	Block 0		数据块	60
	Block 1		数据块	61
	Block 2		数据块	62
	Block 3	密码 A 存取控制字密码 B	区尾块	63

每个扇区都有一组独立的密码及访问控制，放在每个扇区的最后一个 Block，这个 Block 又被称为区尾块，S50 是每个扇区的 Block3。

S50 扇区 0 块 0（即绝对地址 0 块）用于存放厂商代码，已经固化，不可更改，卡片序列号就存放在这里。其中 MF1S503yX 芯片的前 4 字节为其 NUID，MF1S500yX 芯片的前 7 字节为其 UID。

除了厂商块和区尾块，卡片中其余的块都是数据块，可用于存储数据。数据块有两种应用，一种是用作一般的数据存储，可以进行读、写操作；另一种是用于保存数据值，可以进行初始化值、加值、减值、读值等操作。

值块有一个比较严格的格式要求，其结构格式及举例如图 6.4 所示。值块中值的长度为 4 字节的补码，其表示的范围为（-2147483648～2147483647）。符号顶部的横线表示取反。value 是值的补码，addr 是块号（0～63）。只有具有图 6.4 所示的格式，才被认为是值块，否则就是普通数据块。

0	1	2	3	4	5	6	7	8	9	10	11	12	13	14	15
value				$\overline{\text{value}}$				value				addr	$\overline{\text{addr}}$	addr	$\overline{\text{addr}}$
87	D6	12	00	78	29	ED	FF	87	D6	12	00	11	EE	11	EE

图 6.4 Mifare Classic 的值块结构

每个扇区的最后一块是区尾块，如图 6.5 所示，区尾块的 16 字节内容被分成三部分，包括 6 字节密码 A、4 字节存取控制字和 6 字节密码 B。

0	1	2	3	4	5	6	7	8	9	10	11	12	13	14	15
Key A						Access Bits				Key B（可选）					

图 6.5 Mifare Classic 的区尾块结构

新卡出厂密码 A 一般是 A0 A1 A2 A3 A4 A5，密码 B 是 B0 B1 B2 B3 B4 B5，或者密码 A 和密码 B 都是 6 个 FF，存取控制字为 FF 07 80 69。

（4）EEPROM 操作

在认证通过的前提下，对 EEPROM 各种可能的操作如表 6.4 所示。

表 6.4　EEPROM 操作

操作	描述	适用的数据块类型
Read	读取指定块的内容	数据块、值块、区尾块
Write	改写指定块的内容	数据块、值块、区尾块
Increment	增加指定值块的值，并将结果保存在内部传送缓冲区	值块
Decrement	减少指定值块的值，并将结果保存在内部传送缓冲区	值块
Transfer	将内部传送缓冲区的内容写入到指定的 Block	值块和数据块
Restore	读取指定的块内容到内部传送缓冲区	值块

（5）EEPROM 存取控制

存取控制用以设定扇区中各块（包括数据块和区尾块）的存取条件，即符合什么条件才能对卡片进行操作。

Mifare Classic 的每个扇区都有两组密码 KeyA 和 KeyB，所谓的“条件”就是针对这两组密码而言的，包括“验证密码 A 可以操作（KeyA）”“验证密码 B 可以操作（KeyB）”“验证密码 A 或密码 B 中的任一个可以操作（KeyA|B）”“验证哪个密码都不可以操作（Never）”四种条件。这些“条件”和“操作”的组合被分成 8 种情况，正好可以用 3 位二进制数（C1、C2、C3）来表示。数据块和区尾块的存取控制分别如表 6.5 和表 6.6 所示。

表 6.5　数据块的存取条件

存取控制位			存取操作所需符合的条件				适合的应用
C1	C2	C3	Read	Write	Increment	Decrement Transfer Restore	
0	0	0	Key A|B	Key A|B	Key A|B	Key A|B	芯片出厂后的运输配置
0	1	0	Key A|B	Never	Never	Never	普通数据块
1	0	0	Key A|B	Key B	Never	Never	普通数据块
1	1	0	Key A|B	Key B	Key B	Key A|B	值块
0	0	1	Key A|B	Never	Never	Key A|B	值块
0	1	1	Key B	Key B	Never	Never	普通数据块
1	0	1	Key B	Never	Never	Never	普通数据块
1	1	1	Never	Never	Never	Never	普通数据块

表 6.6　区尾块的存取条件

存取控制位			存取操作所需符合的条件						备注
			KeyA		存取控制字		KeyB		
C1	C2	C3	Read	Write	Read	Write	Read	Write	
0	0	0	Never	Key A	Key A	Never	Key A	Key A	Key B 可读
0	1	0	Never	Never	Key A	Never	Key A	Never	Key B 可读
1	0	0	Never	Key B	Key A|B	Never	Never	Key B	
1	1	0	Never	Never	Key A|B	Never	Never	Never	
0	0	1	Never	Key A	Key A	Key A	Key A	Key A	Key B 可读 出厂后的运输配置
0	1	1	Never	Key B	Key A|B	Key B	Never	Key B	
1	0	1	Never	Never	Key A|B	Key B	Never	Never	
1	1	1	Never	Never	Key A|B	Never	Never	Never	

特别需要说明的是，在区尾块的存取条件配置中，有三种情况 Key B 是可以读出来的，此时卡片的认证不能使用 Key B。若读写器强行使用 Key B 认证，则卡片将拒绝认证以及之

后所有对卡片的操作。

（6）存取控制字的存放格式

存取控制字的存放格式如图 6.6 所示，图中各位的定义如表 6.7 所示，符号顶部的横线表示取反。控制字的 4 字节中，从 Byte6～Byte8 每字节的低位到高位依次存储了 Block0～Block3 控制位 C1～C3 的反码和原码。Byte9 没有存储控制位，可以留给用户使用。由于每个扇区的前 3 个数据块控制位的出厂值为 000，区尾块控制位的出厂值为 001，Byte9 的出厂值为 69H，因此卡片 4 个存取控制字节的出厂默认值为 FF 07 80 69H。

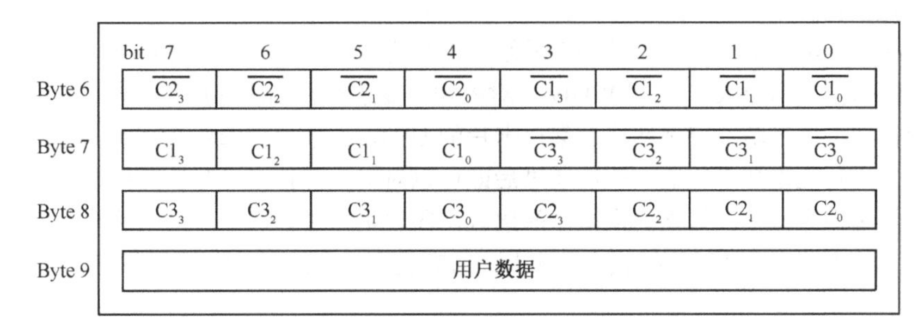

图 6.6 Mifare Classic 存取控制字的存放格式

表 6.7 存取控制位的定义

存取控制位	有效的操作	块号	描述
$C1_3$, $C2_3$, $C3_3$	Read, Write	3	区尾块
$C1_2$, $C2_2$, $C3_2$	Read, Write, Increment, Decrement, Transfer, Restore	2	数据块
$C1_1$, $C2_1$, $C3_1$	Read, Write, Increment, Decrement, Transfer, Restore	1	数据块
$C1_0$,$C2_0$, $C3_0$	Read, Write, Increment, Decrement, Transfer, Restore	0	数据块

（7）通信命令

Mifare Classic 的通信命令如表 6.8 所示，除了遵守 ISO/IEC14443 Type A 规定的命令，Mifare Classic 还扩展了读、写、减值、加值等命令。

表 6.8 Mifare Classic 的通信命令

命令	对应的 ISO/IEC14443 命令	命令码	说明
Request	REQA	26H（7 位）	卡请求
Wake-up	WUPA	52H（7 位）	卡唤醒
Anticollision CL1	Anticollision CL1	93H 20H	第 1 层级防冲突
Select CL1	Select CL1	93H 70H	第 1 层级卡选择
Anticollision CL2	Anticollision CL2	95H 20H	第 2 层级防冲突
Select CL2	Select CL2	95H 70H	第 2 层级卡选择
Halt	Halt	50H 00H	卡暂停
Authentication with Key A	—	60H	认证密码 A
Authentication with Key B	—	61H	认证密码 B
Personalize UID Usage	—	40H	设置 7 字节 UID 用法
SET_MOD_TYPE	—	43H	设置卡片负载调制强度

（续表）

命令	对应的 ISO/IEC14443 命令	命令码	说明
Read	—	30H	读卡
Write	—	A0H	写卡
Decrement	—	C0H	减值
Increment	—	C1H	加值
Restore	—	C2H	恢复
Transfer	—	B0H	转存

（8）通信流程

Mifare Classic 的通信流程如图 6.7 所示。卡片进入读写器的天线磁场并上电复位后，等待读写器的卡呼叫命令 REQA 或 WUPA。对呼叫命令进行正确应答后，磁场中的所有卡片进入防冲突循环，通过防冲突循环选中某一卡片的 UID，该卡片被选中后，读写器对将要操作的卡片扇区进行三次握手认证，认证通过后即可以对卡片进行读、写、减值、加值、转存、恢复、暂停等命令操作。如果更换操作的扇区，需要重新进行认证。当卡片收到暂停命令，卡片将进入休眠状态，处于休眠状态的卡片，只有使用 WUPA 才能唤醒并重新进入新的防冲突循环。

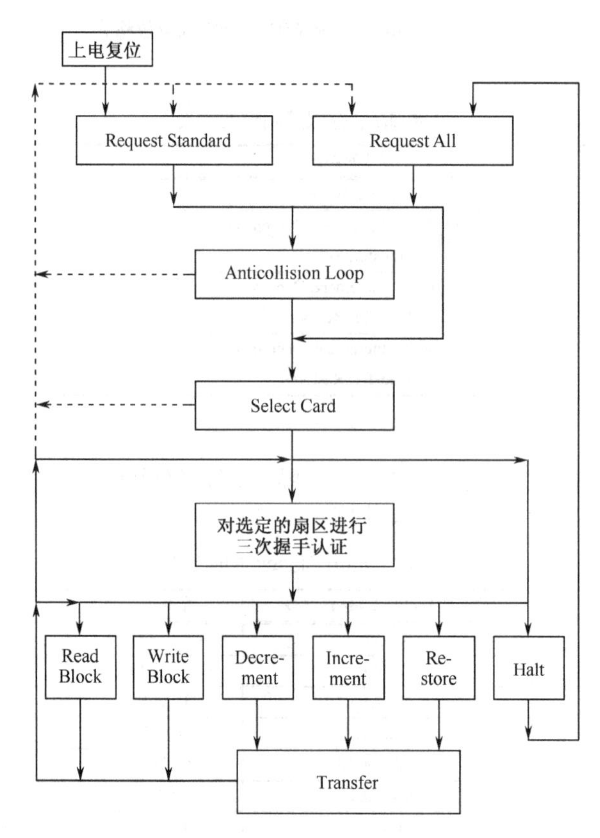

图 6.7　Mifare Classic 的通信流程

3. Mifare Plus

Mifare Ultralight 和 Mifare Classic 的安全性较低，对于安全性要求较高的应用，可以考虑采用 Mifare Plus 和 Mifare DESFire 系列产品。其中 Mifare Plus 是对 Mifare Classic 系统的无缝升级，能够完全后向兼容 Mifare Classic。安全性升级之后，Mifare Plus 使用 AES 加密实现安全认证、数据完整性校验和数据加密。本节以 MF1P(H)x1y1 芯片为例介绍。

（1）主要特性

Mifare Plus 兼容 Mifare Classic S50 和 S70，与读写器的数据传输速率最高可达 848 kb/s，使用 AES 进行认证和数据加密，确保通信的机密性和完整性。4 字节 NUID 或 7 字节 UID 支持 ISO/IEC14443-3，支持多扇区验证和多数据块读写。Mifare Plus 支持基于 ISO/IEC7816-4 的虚拟卡概念，主要应用于公共运输、进出管理、电子收费、积分管理等场合。

（2）内部结构

Mifare Plus 的内部结构如图 6.8 所示。与 Mifare Classic 相比，芯片中主要增加了 AES 加密协处理辅助 CPU/LOGIC 单元进行加密运算，使芯片的安全性大幅提高。

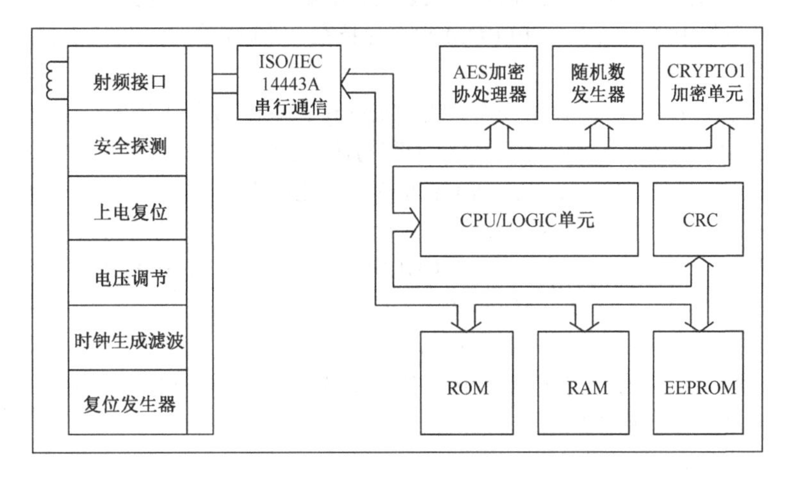

图 6.8　Mifare Plus 的内部结构

（3）存储结构

如表 6.9 所示，MF1P(H)x1y1 芯片的存储容量有 2k 字节和 4k 字节两个版本。MF1P(H)21y1 的 2k 字节容量分为 32 个扇区，每个扇区有 4 个数据块（Block0～Block3）。MF1P(H)41y1 的 4k 字节容量分为 40 个扇区，前 32 扇区每个扇区有 4 个数据块，后 8 个扇区每个扇区有 16 个数据块（Block0～Block15）。每个数据块包含 16 字节（Byte0～Byte15）。

表 6.9　Mifare Plus 的存储结构

扇区号	块号	描述	块类型
Sector 0	Block 0	厂商代码	厂商块
	Block 1		数据块
	Block 2		数据块
	Block 3	密码 A　存取控制字　密码 B	区尾块
Sector 31	Block 0		数据块
	Block 1		数据块
	Block 2		数据块
	Block 3	密码 A　存取控制字　密码 B	区尾块
Sector 32	Block 0		数据块
	Block 1		数据块

（续表）

扇区号	块号	描述	块类型
...	...	...	...
	Block 14		数据块
	Block 15	密码A　存取控制字　密码B	区尾块

Sector 0 Block 0（即绝对地址 0 块）用于存放厂商代码，已经固化，不可更改。每个扇区的最后一个 Block 称为区尾块，用于存放该扇区一组独立的密码及访问控制。

除了厂商块和区尾块，卡片中其余的块都是数据块，可用于存储数据。数据块有两种应用：一种是用于一般的数据保存，可以进行读、写操作；另一种是用于保存数据值，可以进行初始化值、加值、减值、读值等操作。

AES 密码的存储不在表 6.9 所示的存储块中，而是存放在一个单独的存储空间中。对 AES 密码及扇区密码的更新均采用了防撕裂机制，防撕裂机制由卡片本身完成，可以保护卡片即使在写密码的过程中离开磁场，EEPROM 也会保持在一个确定的状态而不会发生混乱。

（4）安全等级

Mifare Plus EV1 提供了不同的安全级别（Security Level），支持不同安全级别之间的切换，例如从传统的 Mifare Classic 的 CRYPTO1 加密切换到 AES 加密。不同的安全级别支持不同的加密机制和加密协议，Mifare Plus EV1 支持 3 种安全级别。

SL0：安全级别 0，是产品初始化配置，卡片可以使用后向兼容协议或 ISO/IEC14443-4 协议进行操作。在 SL0 下，可以对卡片初始化用户数据、CRYPTO1 和 AES 密码。

SL1：安全级别 1，后向兼容 Mifare Classic EV1 1K 和 Mifare Classic EV1 4K 模式，并提供了可选的 AES 认证和 AES 三次握手认证。

SL3：安全级别 3，使用基于 AES 的三次握手认证。SL3 仅支持 ISO/IEC14443-4 协议，不再后向兼容以前的老版本协议。

4. Mifare DESFire

Mifare DESFire 系列提供快速、高安全性的数据传输以及灵活性强的存储空间组织方式，芯片基于射频接口和加密方法的全球开放标准，Mifare DESFire 参考了 DES、2K3DES、3K3DES 和 AES 硬件加密引擎，对传输数据进行高强度保护。Mifare DESFire 系列包含 Mifare DESFire EV1 和 Mifare DESFire EV2 产品，它们是解决方案开发商和系统运营商用于构建可靠、可交互和可扩展的免接触式智能卡解决方案的理想之选。Mifare DESFire 产品支持身份识别、门禁、积分和小额支付应用，以及交通领域的多应用智能卡解决方案。

（1）主要特性

Mifare DESFire EV1 使用 7 字节 UID、片上文件备份系统和三次相互认证，每张卡片可以同时存在最多 28 个应用类别，每种应用可以包含最多 32 个文件。每一个文件的大小在创建时定义，服务于灵活方便的应用。

为保证交易数据的完整性，Mifare DESFire 的所有产品都采用了防撕裂机制，Mifare DESFire EV1 的数据传输速率最高可达 848 kb/s。芯片最重要的特性还是体现在其名称“DESFire”上。DES 代表高安全性的 3DES 或 AES 硬件加密机制，Fire 体现了快速、创新、可靠和安全。Mifare DESFire EV1 卡片持有者可以在同一张卡片上创建多个应用，例如可以同时作为支付、票证、门禁控制使用。在保证安全性和可靠性的同时，能为用户提供更多便捷。

Mifare DESFire EV1 在速度、性能和成本等方面取得平衡，开放的体系允许其与其他票证形式（如智能纸质票证、钥匙环、基于 NFC 的移动支付等）无缝对接，同时 Mifare DESFire EV1 能完全兼容现有的 Mifare 系列读写器硬件平台。

Mifare DESFire EV1 读写距离可达 100 mm，遵守 ISO/IEC14443-4 协议，主要应用于安全性要求较高的公共交通、进出控制、电子支付、电子政务等场合。

（2）内部结构

Mifare DESFire 的内部结构如图 6.9 所示，整体上与 Mifare Plus 的内部结构类似，但安全性更高，EEPROM 的组织结构也不相同。

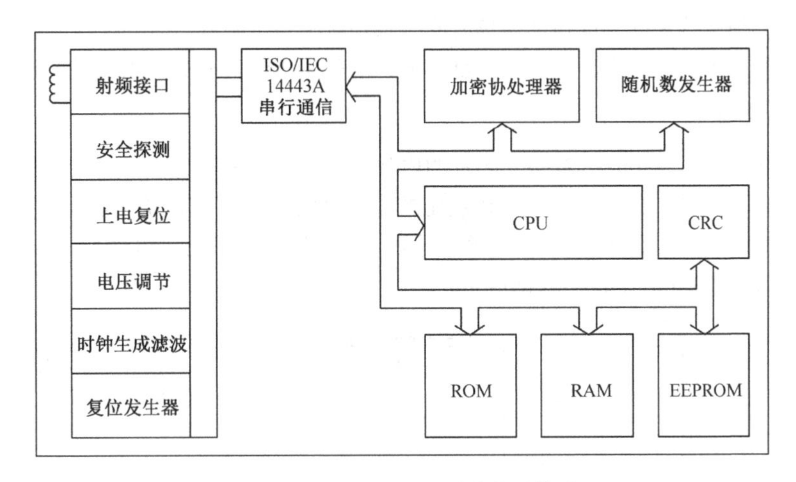

图 6.9　Mifare DESFire 的内部结构图

（3）存储结构

Mifare DESFire 的存储容量有 2 kB、4 kB、8 kB 共 3 种规格，以灵活的文件系统组织存储空间，允许在一张卡片上最多同时存在 28 个不同的应用，每个应用最多可以包含 32 个文件，每个应用都有一个 3 字节的应用标识符（Application IDentifier，AID）。应用中的文件可以是以下 5 种类型之一：标准数据文件、备份数据文件、带备份的值文件、带备份的线性记录文件和带备份的环形记录文件。卡片任何对文件系统可能有影响的命令都会激活一个自动回滚机制，用来保护文件系统免遭破坏。

（4）卡片安全

Mifare DESFire 采取了许多加强卡片安全的措施。每一张卡片都有一个全球唯一的 UID 在出厂时编程，出厂后无法改变。在卡片与读写器交换数据之前要先进行 3 次相互认证，认证时根据配置可以使用 DES、2K3DES、3K3DES 或 AES。根据文件或应用的配置不同，读写器和卡片之间的数据通信安全性可以分为以下 3 种类型。

① 明文传输。安全性较低，只在后向兼容 MF3ICD40 芯片时使用。

② 使用加密校验的明文传输。加密校验码使用 MAC（Message Authentication Code，消息认证码），当后向兼容 MF3ICD40 芯片时 MAC 长度为 4 字节，其他情况下使用基于 DES/3DES/AES 的 8 字节 CMAC（Cryptic MAC）。

③ 加密数据传输，并且在加密前使用 CRC 校验。当后向兼容 MF3ICD40 芯片时使用 16 位的 CRC 校验，其他情况下使基于 DES/3DES/AES 的 32 位 CRC 校验。

6.1.2 ICODE 系列电子标签

ICODE 是 NXP 出品的工作频率为 13.56 MHz 的系列电子标签，支持 ISO/IEC15693 或 ISO/IEC18000-3 国际标准，在全球范围内使用非常广泛。ICODE 系列电子标签有多个型号，本节以 ICODE SLIX2 芯片为例说明。

1. 主要特性

ICODE SLIX2 芯片后向兼容 SLIX 家族之前的系列产品，用户存储空间扩展为 2.5kB。芯片工作在无源模式，读写距离可达 1.5 m，与读写器的数据传输速率可以达到 53 kb/s。芯片的防冲突机制支持在同一读写器磁场内同时识别多个电子标签，使用 32 位密码保护读写操作，主要应用于图书馆管理、药品供应链管理、消费品防伪、工业应用及资产追溯等场合。

2. 内部结构

如图 6.10 所示，ICODE SLIX2 芯片的内部结构主要分成三部分：射频接口、数字控制和 EEPROM。射频接口为整个芯片提供稳定的电源供应，对读写器与电子标签之间交换的数据进行调制解调。数字控制部分主要包含一个状态机，执行协议处理和对 EEPROM 的操作。非易失性的 EEPROM 用于存储数据信息。

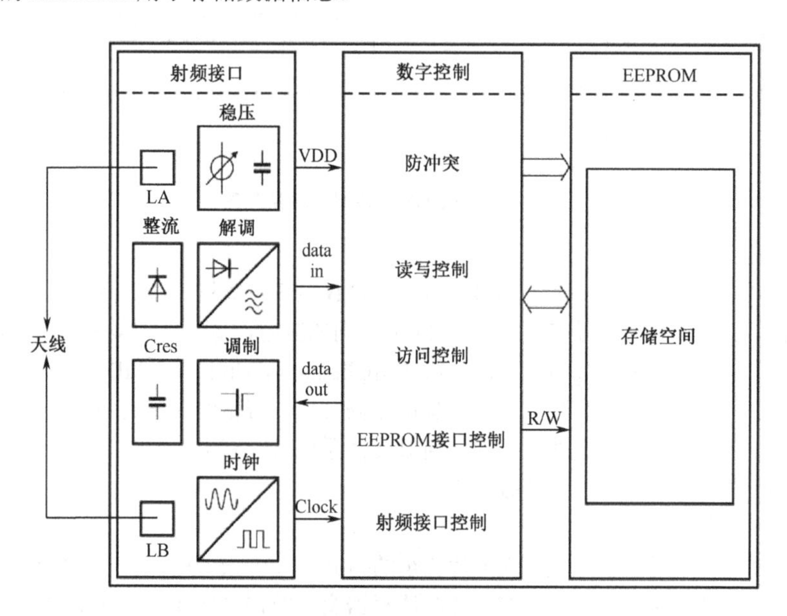

图 6.10 ICODE SLIX2 芯片的内部结构

3. 存储结构

如表 6.10 所示，ICODE SLIX2 芯片的存储空间共 2560 位，分为 80 个 Block，每个 Block 包含 4 字节，共 32 位，Block 是最小的访问单位。整个存储区可以分为三部分，包括内部配置区、用户存储区和一个 16 位的计数器。

表 6.10　ICODE SLIX2 芯片的存储结构

Block	说明
—	内部配置区
0～78	用户存储区
79	计数器

内部配置区保存了 UID、写保护、访问控制、密码、AFI 和 EAS 等信息，内部配置区的内容不能直接访问。Block0～Block78 为用户数据区，共有 2528 位，用户可以根据相关的安全协议和写保护条件直接对其进行读写操作。Block79 的 Byte0 和 Byte1 组成一个 16 位的计数器；Byte2 为 RFU，值保留为 0；Byte3 的值为 0 时，表示增加计数器的值不需要密码保护，Byte3 的值为 1 时，表示增加计数器的值需要读密码保护。

ICODE SLIX2 芯片遵守 ISO/IEC15693 标准，其 UID 共有 8 字节即 64 位，如图 6.11 所示。其中 UID7 固定为 E0H；UID6 为制造商代码，NXP 的代码是 04H；UID5（bit41～bit48）表示电子标签类型，ICODE SLIX2 芯片的类型代码是 01H。UID4（bit33～bit40）中的 bit37 和 bit36 的组合称为类型指示位，表示 ICODE SLI 系列的 4 种芯片类型，如表 6.11 所示。

MSB							LSB
64:57	56:49	48:41	40:1				
" E0 "	" 04 "	" 01 "	IC制造商序列号				
UID 7	UID 6	UID 5	UID 4	UID 3	UID 2	UID 1	UID 0

图 6.11　ICODE SLIX2 芯片的 UID 结构

表 6.11　ICODE SLI 系列的 4 种不同芯片类型

bit37	bit36	芯片类型
0	0	ICODE SLI
1	0	ICODE SLIX
0	1	ICODE SLIX2
1	1	RFU

4. 通信命令

ICODE SLIX2 芯片支持的通信命令十分丰富，可以分为以下 3 类。

① ISO/IEC15693-3 标准规定的须强制遵守的命令。这类命令有两个，即“INVENTORY”和“STAY QUIET”，通过这两个命令，可以对读写器天线磁场范围内的多个电子标签执行防冲突操作，依次读出每一个电子标签的 UID。

② ISO/IEC15693-3 标准中规定的可选择遵守的命令。这类命令共 12 个，包括读写单个数据块、锁定数据块、一次读取多个数据块、电子标签选择、复位到准备状态、写 AFI、锁定 AFI、写 DSFID、锁定 DSFID 等。通过这些命令可以对用户区的数据块、AFI、DSFID 等内容实现读、写、锁定等操作。

③ 用户命令。此类命令共有 21 个，主要面向芯片安全方面的操作，涉及的对象包括密码、写保护、EAS、计数器等。

6.1.3 高频段 CPU 卡

智能卡按安全级别可以分为存储器卡、逻辑加密卡和 CPU 卡三类，其中 CPU 卡内置 CPU 芯片，运行片内操作系统（COS），能够实现复杂的安全加密算法，从而对访问者的身份进行鉴别与核实，对数据进行加密与解密，对文件访问进行安全控制，所以 CPU 卡的安全性是最高的。

1. COS 片内操作系统

COS 主要控制智能卡和外界的信息交换，管理智能卡内的存储器并在卡内部完成各种命令的处理。COS 一般是紧紧围绕着它所服务的智能卡的特点进行开发的，由于不可避免地受到智能卡内微处理器芯片性能及内存容量的影响，因此 COS 在很大程度上不同于我们通常所见到的微机操作系统（如 DOS、UNIX、WINDOWS 等）。

首先，COS 是一个专用系统而不是通用系统。即一种 COS 一般只能应用于特定的某种（或者是某些）智能卡，不同卡内的 COS 一般是不相同的，尽管它们在所实际完成的功能上可能大部分都遵循着同一个国际标准（ISO /IEC7816）。

其次，与常见的微机操作系统相比较而言，COS 在本质上更加接近于监控程序，而不是一个通常真正意义上的操作系统。COS 所需要解决的主要还是对外部的命令如何进行处理、响应的问题，一般并不涉及共享、并发的管理及处理，而且就智能卡在现在的应用情况而言，并发、共享、多任务的工作也确实是不需要的。

COS 在设计时一般都是紧密结合智能卡内存储器分区的情况，按照国际标准中所规定的一些功能进行设计开发的。但是由于智能卡技术的发展速度很快，而国际标准的制定周期相对比较长一些，因而造成了智能卡国际标准滞后于智能卡技术发展的情况，故多数厂家的 COS 都是在国际标准的基础上进行了功能扩充，并没有任何一家公司的 COS 产品能形成一种工业标准。

COS 所应完成的管理和控制的基本功能则是在 ISO/IEC7816-4 标准中规定的。在该国际标准中，还对智能卡的数据结构，以及 COS 的基本命令集做出了较为详细的说明。

2. COS 的文件系统

文件是 COS 中的一个极为重要的概念，是指关于数据单元或卡中记录的有组织的集合。COS 通过给每种应用建立一个对应文件的方法来实现它对各个应用的存储及管理。因此，COS 的应用文件中存储的都是与应用程序有关的各种数据或记录。在 COS 中，所有的文件都有一个唯一的文件标识符（File Identifier），通过文件标识符就可以直接查找所需的文件。COS 的文件按照其所处的逻辑层次可以分为 3 类。

① 主文件（Master File）。主文件对任何 COS 都是必不可少的，是包含有文件控制信息及可分配存储区的唯一文件，其作用相当于 COS 文件系统的根文件，处于 COS 文件系统的最高层。

② 基本文件（Elementary File）。基本文件也是必不可少的，是实际用来存储应用的数据单元或记录的文件，处于文件系统的最底层。

③ 专用文件（Dedicated File）。专用文件是可选的，存储的主要是文件的控制信息、文件的位置、大小等数据信息。

3. COS 的启动过程

接触式 CPU 卡和非接触式 CPU 卡中都包含 COS，两种 COS 遵循的协议基本都是以ISO7816-4 标准为基础的，不同之处在于二者进入 COS 的启动过程不同。在此以复旦微电子的非接触式CPU卡FM1208M01为例，与接触式CPU卡的COS启动过程比较如图6.12所示。

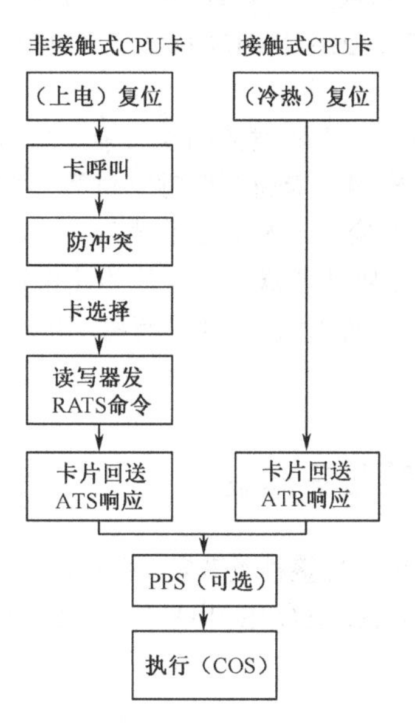

图 6.12　COS 启动过程比较

CPU 卡在进入 COS 之前所做的都是一些为卡片和读写器对话进行的准备工作。接触式CPU 卡的启动过程比较简单，卡片插在卡座上，读写器给卡片一个复位（Reset）信号，卡片回送一个应答 ATR（Answer To Reset），ATR 由 5 部分组成。

① 初始字符：指定字符传送规则，如果是 3B，则高电平表示 1，低电平表示 0，先传送字符最低有效位；如果是 3F，则高电平表示 0，低电平表示 1，先传送字符最高有效位。

② 格式字符：指定存在哪些接口字符以及历史字符的个数。

③ 接口字符：指定协议参数和协议类型。

④ 历史字符：说明如制造商、芯片型号等一般信息。

⑤ 校验字符：保证 ATR 数据的完整性，使用的是异或校验。

非接触式 CPU 卡在进入 COS 之前要通过执行防冲突过程选中一张卡片进行操作，由于不能保证射频场中的卡片都是 CPU 卡，所以读写器选中一张卡片后还要向卡片发送 RATS（Request ATS）命令，CPU 卡会回送一个 ATS（Answer To Select）响应，此 ATS 与接触式CPU 卡的 ATR 类似，同样由 5 部分组成。

① 长度字符：指出 ATS 的长度，不包括后面的校验字节。

② 格式字符：指定存在哪些接口字符以及卡片能接收的帧的最大长度。

③ 接口字符：指定协议参数和协议类型。

④ 历史字符：说明如制造商、芯片型号、序列号等一般信息。

⑤ 校验字符：保证 ATS 数据的完整性，使用的是 2 字节 CRC 校验。

完成ATR或ATS应答之后，读写器与卡片之间可以进行PPS（Protocol Parameter Selection）协商，也可以不协商而使用默认值。此后开始执行COS进行命令数据交换。

4. 高频段CPU卡举例

非接触式CPU卡通常位于高频段，本章前面介绍的Mifare DESFire系列就是CPU卡。另外，复旦微电子的FM1208、FM1216、FM12CD32、FM1280等也是CPU卡，以下对FM1208进行简单介绍。

FM1208系列是复旦微电子自主研发的高端智能非接触式CPU卡，可以应用在城市交通一卡通、高速运输管理、校园一卡通及金融支付等领域。FM1208遵守ISO/IEC14443 TypeA国际标准，MCU指令兼容80C51，工作距离不小于10cm，支持数据传输速率为106 kb/s。芯片内置Triple-DES协处理器，在卡片的使用过程中没有密钥的直接传输，无法通过侦听等方式截取密钥；同时COS内部设有密钥的最大重试次数，能防范对卡片的恶意攻击。

6.1.4 高频段其他类型电子标签

工作频率为13.56 MHz的电子标签种类繁多，除了前面介绍的符合ISO/IEC14443 TypeA和ISO/IEC15693标准的电子标签，ISO/IEC14443 TypeB、FELICA等标准的工作频率也是13.56 MHz。

1. 二代身份证

我国二代身份证采用非接触式IC卡技术制作，工作频率为13.56 MHz。符合ISO/IEC14443 Type B标准。与一代身份证相比，由于采用了非接触式芯片，卡片信息容量更大，写入的信息可以划分为不同的安全等级，分区存储。

二代身份证采用了数字防伪技术，用于机读信息的防伪，将持证人的照片图像和身份相关内容等数字化后采用密码技术加密，存入芯片，可以有效地起到证件防伪作用，防止伪造证件或篡改证件机读信息的内容。

2. FeliCa

FeliCa是索尼公司推出的非接触式智能卡。名称由英语中代表“幸福”的“Felicity”和“Card”（卡片）组合而成。FeliCa的工作频率为13.56 MHz，使用8%～30% ASK调制，数据传输速率212 kb/s或424 kb/s，符合NFC标准。

FeliCa的文件系统结构如图6.13所示。整个系统可以分为物理卡（FeliCa Card）、逻辑卡（Logical Card）、区（Area）、服务（Service）和块（Block）等几个层次。每个Block包含16字节，Block是最小的存取单位。多个Block组成一个Service，Service管理一组Block，为组中的Block提供访问控制。访问Block必须通过Service，Service使用一个2字节的服务编码标识。Area用来管理服务或子区，Area使用一个2字节的区码标识。物理上的一张FeliCa可以分为多个逻辑卡，每个逻辑卡称为一个系统，系统也用一个2字节的系统码标识。

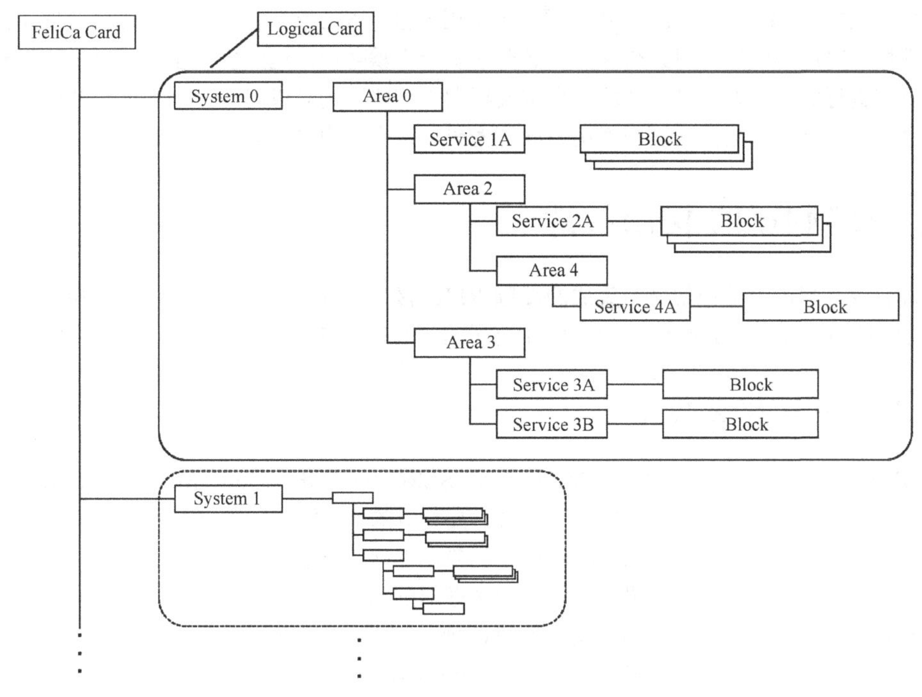

图 6.13　FeliCa 的文件系统结构

FeliCa 支持的命令共 10 条，如表 6.12 所示。

表 6.12　FeliCa 支持的命令

命令	描述
Polling	识别一张卡片
Request Service	验证区和服务是否存在
Request Response	验证一张卡片是否存在
Read Without Encryption	从不需要认证的服务中读取块数据
Write Without Encryption	向不需要认证的服务中写入块数据
Request System Code	获取一张卡片上已经注册的系统码
Authentication1	读写器认证卡片
Authentication2	卡片认证读写器
Read	从需要认证的服务中读取块数据
Write	向需要认证的服务中写入块数据

3. AT88SC6416CRF

AT88SC6416CRF 是由美国 ATMEL 公司设计的非接触式逻辑加密存储卡芯片。AT88SC6416CRF 的工作频率为 13.56 MHz，符合 ISO/IEC14443 Type B 标准，操作距离可达 10 cm，具有 64 kB 的用户存储容量和 2 kB 的系统配置区。

AT88SC6416CRF 具备防冲突功能，支持多卡同时使用。在安全方面，使用 64 位的双向认证协议，可以使用数据加密或校验和加密，具备 4 组用于认证和加密的密钥以及 8 组读写密码，能对密码和认证失败次数进行限制。

读写器与卡片之间数据交换使用的通信速率为 106 kb/s 的半双工模式。数据帧使用 2 字节的 CRC_B 校验，用以保护数据传输的完整性。

64 kB 的用户数据分为 16 个用户区，每个用户区为 512 字节。不同的区可以存储不同类型的数据。对用户区的访问必须在完成必要的安全步骤之后，这些安全步骤可以由用户对每个区分别进行定义。如果多个区的安全定义相同，这些区则可以组成一个大区。2kB 的系统配置区用于存储系统数据、加密密钥、读写密码、每个用户区的安全等级定义等。

6.2 高频 RFID 接口芯片

高频读写器的设计通常使用集成的高频 RFID 接口芯片，常用的高频 RFID 接口芯片有 NXP 公司的 RC 系列、PN 系列，以及 TI 公司的 TRF7960/70 等。

6.2.1 CLRC632 芯片

NXP 公司的 RC 系列芯片包括 MFRC500、SLRC400、MFRC530、MFRC531、CLRC632 等多个类型，是应用于 13.56 MHz 的非接触、高集成的 IC 读卡芯片。RC 系列芯片利用先进的调制和解调概念，集成了在 13.56 MHz 下的被动非接触式通信方式和协议。

这些芯片的设计架构、引脚排列、内部寄存器阵列、天线设计等方面基本相同，不同之处主要是与微控制器的接口界面、支持的协议种类等不一样。RC 系列射频接口芯片的对比如表 6.13 所示，本节以 CLRC632 为例对 RC 系列芯片进行介绍。

表 6.13　RC 系列射频接口芯片的对比

芯片型号	RC400	RC500	RC530	RC531	RC632
支持协议	ISO/IEC15693 ICODE1	ISO/IEC14443A CRYPTO1	ISO/IEC14443A CRYPTO1	ISO/IEC14443A/B CRYPTO1	ISO/IEC14443A/B CRYPTO1 ISO/IEC15693 ICODE1
最大读卡距离	100 mm	100 mm	100 mm	100 mm	100 mm
与微处理器接口	并口	并口	并口 SPI	并口 SPI	并口 SPI
内部 FIFO	64 字节	64 字节	64 字节	64 字节	64 字节
封装	SO32	SO32	SO32	SO32	SO32
内部寄存器数目	64	64	64	64	64
EEPROM	1024 位	4096 位	4096 位	4096 位	4096 位

1. 主要特性

CLRC632 是工作频率为 13.56 MHz 的高度集成射频接口芯片，支持 ISO/IEC14443 Type A 和 ISO/IEC14443 Type B 所有的层，支持 ISO/IEC15693 及 ICODE1 协议，还支持快速 CRYPTO1 加密算法，用于验证 Mifare 系列产品。CLRC632 可以通过并行接口或 SPI 连接到微处理器，给读卡器的设计提供了极大的灵活性。

CLRC632 与卡片的通信速率最高可达 424 kb/s，读写距离可达 10 cm。芯片内部具有 64 字节的发送和接收 FIFO、可编程的定时器和唯一序列号，工作电压为 3.3～5 V。芯片主要应用于电子支付、身份识别、进出控制、银行服务、订阅服务等场合。

2. 引脚排列

CLRC632 采用 SO32 封装，其引脚排列如图 6.14 所示。

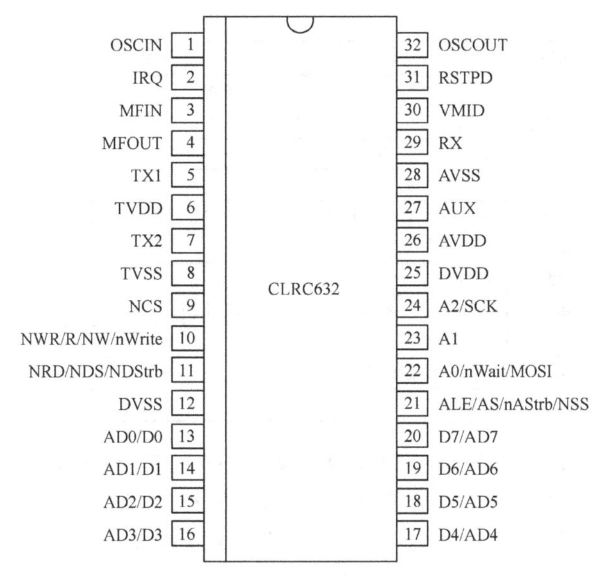

图 6.14　CLRC632 的引脚排列

每个引脚的定义如表 6.14 所示。

表 6.14　CLRC632 的引脚定义

序号	名称	类型	说明
1	OSCIN	输入	外部 13.56MHz 晶振输入
2	IRQ	输出	中断请求信号
3	MFIN	输入	Mifare 串行数据输入接口
4	MFOUT	输出	Mifare 或 I-CODE1、ISO/IEC15693 串行数据输出接口
5	TX1	输出	发送器 1 调制载波输出
6	TVDD	电源	发送器输出级电源
7	TX2	输出	发送器 2 调制载波输出
8	TVSS	电源	发送器输出级地
9	NCS	输入	片选，低电平有效
10	NWR	输入	独立读写信号模式：低电平有效写信号
	R/NW	输入	共用读写信号模式：低电平写，高电平读
	nWrite	输入	带握手的共用读写信号模式：低电平写，高电平读
11	NRD	输入	独立读写信号模式：低电平有效读信号
	NDS	输入	共用读写信号模式：数据选通，低电平表示正进行数据读写
	NDStrb	输入	带握手的共用读写信号模式：数据选通，低电平表示正进行数据读写
12	DVSS	地	数字地
13	D0	输出	SPI 接口的 MISO 信号
13~20	D0~D7	双向	地址与数据总线分开模式：8 位数据总线
	AD0~AD7	双向	地址与数据总线共用模式：8 位地址与数据总线
21	ALE	输入	地址与数据总线共用模式（分开读写）：地址锁存，高电平有效
	AS	输入	地址与数据总线共用模式（共用读写）：地址锁存，高电平有效
	nAStrb	输入	带握手的共用读写信号模式：地址锁存，低电平有效
	NSS	输入	SPI 接口的 NSS 信号
22	A0	输入	地址与数据总线分开模式：地址线 A0
	nWait	输出	带握手的共用读写信号模式：握手信号，低表示开始一个周期，高表示结束一个周期
	MOSI	输入	SPI 接口的 MOSI 信号

（续表）

序号	名称	类型	说明
23	A1	输入	地址与数据总线分开模式：地址线 A1
24	A2	输入	地址与数据总线分开模式：地址线 A2
	SCK	输入	SPI 接口的 SCK 信号
25	DVDD	电源	数字电源输入
26	AVDD	电源	OSCIN、OSCOUT、RX、VMID 和 AUX 引脚的模拟电源输入
27	AUX	输出	用于产生模拟测试信号的辅助输出
28	AVSS	地	模拟地
29	RX	输入	接收器输入端，从天线采样卡片的回送信息
30	VMID	电源	内部参考电压
31	RSTPD	输入	复位和掉电模式输入
32	OSCOUT	输出	晶振输出

CLRC632 支持与各种 8 位微控制器直接连接，并支持 EPP（Enhanced Parallel Port，增强型并行端口）接口。并行接口连接支持独立的读写信号、共用的读写信号及 EPP 带握手的共用读写信号三种方式。除 EPP 方式下地址和数据总线必须复用外，前两种方式均既可以地址与数据总线复用，也可以地址与数据总线分开独立使用；串行总线支持 SPI 接口。在每次上电或硬件复位后，芯片能够根据指定引脚上的外接电平，自动判断接口模式。

3. 中断系统

CLRC632 内部有一个强大的中断系统，当中断发生时芯片可以通过 IRQ 引脚向微处理器申请中断。中断系统可以使微处理器快速高效地处理 CLRC632 的内部事件。

如表 6.15 所示，CLRC632 共有 6 路中断源。这些中断分别由芯片内部的 8 位定时器、与卡片的发送与接收通信电路、64 字节 FIFO、CRC 协处理器以及命令寄存器等发出，由于这些中断源向微处理器发出中断时共用一个 IRQ 引脚，所以在微处理器的外部中断处理程序中需要首先区分 CLRC632 的中断类型。

表 6.15　CLRC632 的中断源

序号	中断标志	中断源	中断条件
1	TimerIRq	定时器	定时值从 1 变为 0
2	TxIRq	发送器	发送结束
		CRC 协处理器	来自 FIFO 的所有数据处理完毕
		EEPROM	来自 FIFO 的所有数据编程完毕
3	RxIRq	接收器	来自卡片的数据流接收完毕
4	IdleIRq	命令寄存器	命令执行完成
5	HiAlertIRq	FIFO	FIFO 满
6	LoAlertIRq	FIFO	FIFO 空

4. 寄存器组

RC 系列 13.56MHz 射频接口芯片的内部都有一组（共 64 个）寄存器，微处理器对芯片的各种配置、与卡片的数据通信都是通过读写这 64 个寄存器完成的。64 个寄存器按功能共分为 8 页（Page0～Page7），每页 8 个寄存器，CLRC632 的寄存器如表 6.16 所示。

表 6.16　CLRC632 的寄存器

页号	地址范围	主要功能
0	00H～07H	命令和状态
1	08H～0FH	控制和状态
2	10H～17H	发送器与编码控制
3	18H～1FH	接收器与解码控制
4	20H～27H	RF 时序与通道冗余
5	28H～2FH	FIFO、定时器和 IRQ 引脚配置
6	30H～37H	RFU
7	38H～3FH	测试与 RFU

对各个寄存器的设置和操作是编程控制 RC 系列射频接口芯片的重点和难点，具体的每个寄存器结构和功能可以参考对应芯片的说明书。

5. 芯片命令

CLRC632 的命令如表 6.17 所示，命令共有 13 条。通过这些命令，可以实现对卡片的读写，对芯片内部 FIFO 和 EEPROM 的读写等操作。

表 6.17　CLRC632 的命令

序	命令	命令码	说明
1	StartUp	3FH	运行复位和初始化时序，该命令只能通过上电或硬件复位激活
2	Idle	00H	取消正在执行的当前命令，芯片处于空闲状态
3	Transmit	1AH	将 FIFO 中的数据发送到卡片
4	Receive	16H	激活接收器电路
5	Transceive	1EH	将 FIFO 中的数据发送到卡片，然后自动激活接收器电路
6	WriteE2	01H	从 FIFO 中读取数据并将其写入 EEPROM
7	ReadE2	03H	从 EEPROM 中读取数据，然后将数据发送到 FIFO
8	LoadKeyE2	0BH	从 EEPROM 中复制密钥到密钥缓冲区
9	LoadKey	19H	从 FIFO 中读取密钥并加载到密钥缓冲区
10	Authent1	0CH	使用 Crypto1 加密机制实施第 1 步认证
11	Authent2	14H	使用 Crypto1 加密机制实施第 2 步认证
12	LoadConfig	07H	从 EEPROM 中读取数据并初始化 CLRC632
13	CalcCRC	12H	激活 CRC 协处理器

6. 典型应用电路

CLRC632 的典型应用电路如图 6.15 所示。芯片与微处理器的接口根据实际需要可以采用并口或 SPI 串行总线接口，天线电路可以有多种连接形式，图中采用了直接耦合的方式。

7. 天线设计

读写距离是射频读写器设计中需要考虑的首要指标，影响读写距离的因素通常包括读写器天线设计、接收电路灵敏度、卡片天线尺寸、外部环境等。其中，天线设计是影响读写距离最直接的要素。

图 6.15 中的天线设计是 NXP 建议的首选电路形式。整个天线电路可以分为 4 部分：EMC 低通滤波器、匹配电路、天线线圈和接收电路。

EMC（Electro Magnetic Compatibility，电磁兼容性）滤波器由 L_0 和 C_0 组成，其实质上是一个低通滤波器。天线的振荡频率由一个外接的晶体振荡器提供，天线外接晶振在生成

13.56 MHz 工作频率的同时，还会产生高次谐波。为了遵守 EMC 相关国际标准，必须采取措施对这些高次谐波进行抑制。

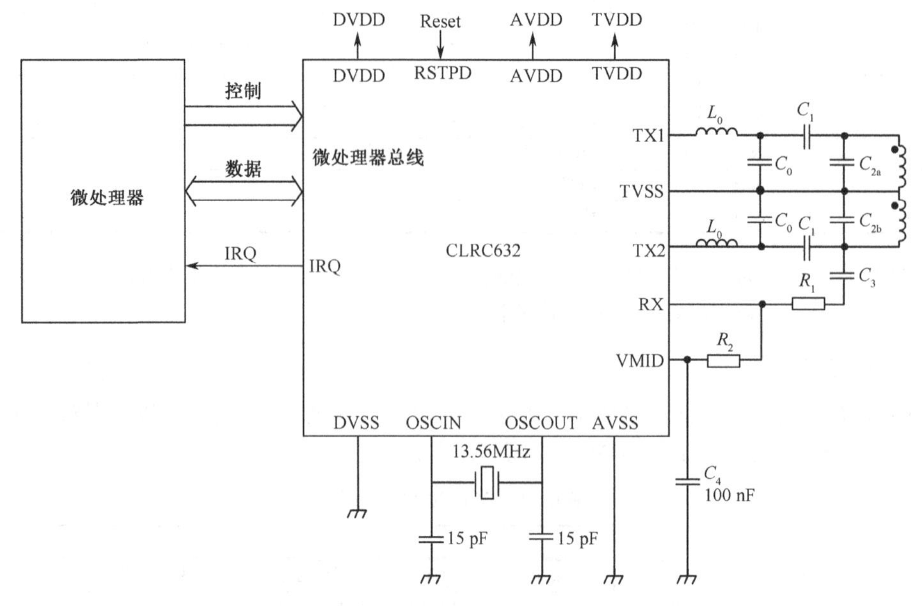

图 6.15　CLRC632 的典型应用电路

接收电路由 R_1、R_2、C_3、C_4 组成，使用芯片内部产生的 VMID 作为 RX 引脚的输入电压，C_4 用来为 VMID 滤波以消除干扰。接收电路通过 C_3 从天线采样卡片的返回信息，并经 R_1、R_2 分压后送至 RX 引脚。

C_1 和 C_2 构成匹配电路，与天线匹配形成 LC 振荡产生卡片工作所需要的射频场。天线通常直接使用 PCB 布线产生，实际天线与匹配电路的 Q 值一般取 50～100。实际设计时可以先制作天线，然后测量天线的电感量 L_a 和等效电阻 R_a，再根据 Q 值确定 C_1 和 C_2。

6.2.2　PN512 芯片

为支持小体积、低功耗的 NFC 通信需求，NXP 开发了一系列支持 NFC 的射频接口芯片，包括 RC522、PN512、PN532 等型号，其中以 PN512 的应用最为典型和广泛。

1. 主要特性

PN512 是工作频率为 13.56 MHz 的高度集成的 NFC 射频前端芯片，内部整合了强大的调制与解调模块，能完成载波为 13.56 MHz 的各种不同协议类型的非接触式通信。PN512 支持以下 4 种操作模式。

① ISO/IEC14443A/Mifare 和 FeliCa 读写模式；

② ISO/IEC14443B 读写模式；

③ ISO/IEC14443A/Mifare 和 FeliCa 卡操作模式；

④ NFCIP-1 模式，可以与其他 NFCIP-1 设备直接通信。

PN512 支持与微处理器的多种接口界面，包括 8 位并口、SPI、UART、I2C 等。在读写器模式和 NFCIP-1 模式下的典型操作距离为 5 cm，卡操作模式下的典型操作距离为 10 cm。芯片需要外接 27.12 MHz 的晶体振荡器，供电电压为 2.5～3.6 V。

2. 引脚排列

PN512 有 HVQFN32、HVQFN40 和 TFBGA64 三种封装形式，以 HVQFN32 封装为例，其引脚排列如图 6.16 所示。

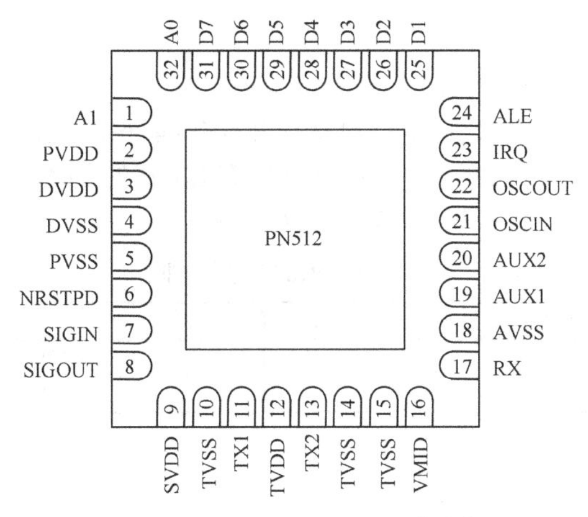

图 6.16　PN512 的 HVQFN32 封装引脚排列

每个引脚的定义如表 6.18 所示。

表 6.18　PN512 的引脚定义

序号	名称	类型	说明
1	A1	输入	地址线
2	PVDD	电源	引脚电源
3	DVDD	电源	数字电源
4	DVSS	电源	数字地
5	PVSS	电源	引脚电源地
6	NRSTPD	输入	复位和掉电模式输入
7	SIGIN	输入	S2C 信号输入
8	SIGOUT	输出	S2C 信号输出
9	SVDD	电源	S2C 引脚电源
10	TVSS	电源	发送器输出级地
11	TX1	输出	发送器 1 调制载波输出
12	TVDD	电源	发送器输出级电源
13	TX2	输出	发送器 2 调制载波输出
14	TVSS	电源	发送器输出级地
15	AVDD	电源	模拟电源输入
16	VMID	电源	内部参考电压
17	RX	输入	接收器输入端
18	AVSS	电源	模拟地
19	AUX1	输出	辅助输出，用于测试
20	AUX2	输出	
21	OSCIN	输入	外部 27.12 MHz 晶振输入

（续表）

序号	名称	类型	说明
22	OSCOUT	输出	晶振输出
23	IRQ	输出	中断请求信号
24	ALE	输入	地址锁存
25-31	D1-D7	双向	7 位双向数据线（32 脚封装不支持 8 位并口）
32	A0	输入	地址线

3. 寄存器组

与 RC 系列射频接口芯片类似，PN512 的内部也有 64 个寄存器，微处理器对芯片的各种配置、与卡片的数据通信都是通过读写这 64 个寄存器完成的。64 个寄存器按功能共分为 4 页（Page0～Page3），每页 16 个寄存器，如表 6.19 所示。

表 6.19　PN512 的寄存器

页号	地址范围	主要功能	页号	地址范围	主要功能
0	00H～0FH	命令和状态	2	20H～2FH	配置
1	10H～1FH	命令	3	30H～3FH	测试

4. 芯片命令

PN512 的命令如表 6.20 所示，命令共 11 条。通过这些命令，可以分别实现芯片在各种操作模式下所应具备的功能。

表 6.20　PN512 的命令

序	命令	命令码	说明
1	Idle	00H	取消正在执行的当前命令，芯片处于空闲状态
2	Configure	01H	配置 PN512 在 FeliCa，Mifare 和 NFCIP-1 模式下通信
3	Generate RandomID	02H	产生一个 10 字节长度的随机 ID 号码
4	CalcCRC	03H	激活 CRC 协处理器进行运算或自我检测
5	Transmit	04H	将 FIFO 中的数据发送到卡片
6	NoCmdChange	07H	不改变当前执行的命令。用于修改命令寄存器的位但不影响当前正在执行的命令
7	Receive	08H	激活接收器电路
8	Transceive	0CH	将 FIFO 中的数据发送到卡片，然后自动激活接收器电路
9	AutoColl	0DH	卡操作模式下处理 FeliCa 轮循和 Mifare 防冲突机制
10	MFAuthent	0EH	读写器模式下执行 Mifare 标准认证
11	SoftReset	0FH	复位 PN512

5. 典型应用电路

PN512 的典型应用电路如图 6.17 所示。芯片与微处理器的接口根据实际需要可以采用 8 位并口、SPI、UART、I2C 之一，天线电路设计与 RC632 类似，此处不再赘述。

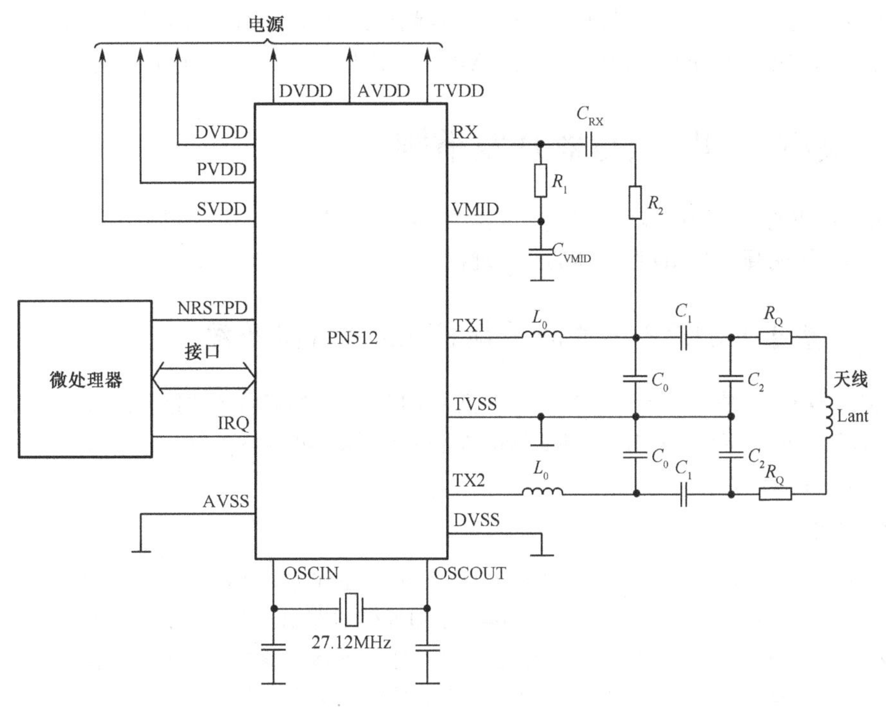

图 6.17　PN512 典型应用电路

6.2.3　TRF7960 芯片简介

TRF7960 是 TI 出品的集成模拟前端（Analog Front End，AFE）和支持多协议数据帧的射频接口芯片。芯片工作频率为 13.56 MHz，支持多种协议，包括 ISO/IEC14443 Type A 和 ISO/IEC14443 Type B、Sony FeliCa、ISO/IEC15693。芯片具有内置的编程选项，适合广泛的 PICC 和 VICC 电子标签的识别和读写应用。

TRF7960 芯片内部有一组控制寄存器，通过配置这些控制寄存器可以选择所需的通信协议，并且可以对影响不同协议性能的各项通信参数进行微调。

TRF7960 芯片支持高达 848 kb/s 的数据通信速率。除了支持各类国际标准，芯片还提供了一种直接操作模式用以支持用户自定义的通信协议。在直接模式下，用户可以直接控制模拟前端的增益、数据及时钟等参数和信号。

接收器具有双输入架构，包括多种自动和手动增益控制选项，可最大程度实现通信稳定。可使用 SPI 或并行接口进行 MCU 和 TRF7960 芯片间的通信。当使用内置的硬件编码器和解码器的时候，发射和接收功能使用一个 12 字节 FIFO 寄存器；对于直接发射或接收功能，内置的编码器和解码器被旁路绕开，以便 MCU 直接处理实时的数据。

TRF7960 芯片支持 2.7～5.5 V 的宽电源电压范围及 MCU I/O 接口的 1.8～5.5V 数据通信电平。内置的可编程辅助稳压器能提供高达 20 mA 的电流。

需要特别说明的是，TRF7960 芯片支持 ISO/IEC14443 Type A 协议，但是不支持 NXP 的 CRYPTO1 保密协议，因此对于常见的 MF1 卡片，由于 MF1 在卡选择之前的操作是遵守 ISO/IEC14443 Type A 协议的，而之后的卡验证和卡数据读写都是基于 CRYPTO1 协议，因此

TRF7960 可以对 MF1 卡执行到卡选择操作，也就是说可以读 MF1 的卡片序列号，但不能对 MF1 卡读写数据，除非开发者自己知道 NXP 的加密协议并自己编写代码实现该协议。

6.3 高频 RFID 读写器开发举例

使用集成的射频接口芯片是进行高频读写器开发的首选，本节分别以 CLRC632 和 PN512 芯片为例，说明高频 RFID 读写器的开发过程。

6.3.1 基于 RC632 芯片的高频 RFID 读写器开发

本节介绍一种基于 STC11F32XE 单片机和 CLRC632 的多协议非接触式射频读写器设计方法，能够实现对符合 ISO/IEC14443 Type A 和 ISO/IEC14443 Type B、ISO/IEC15693 等协议的电子标签的读写操作。

1. 硬件设计

整个读写器的基本框架结构如图 6.18 所示。系统由 CLRC632 射频芯片、单片机 STC11F32XE、液晶显示模块 MGLS12864、串口通信电路 RS232 控制器 PL2303、SPI 接口存储器 W25X80、天线等组成。读写器通过 USB 接口连接计算机，可用于下载程序、传输数据、并给读写器供电。系统支持连续寻卡、读卡操作，支持多卡读取。

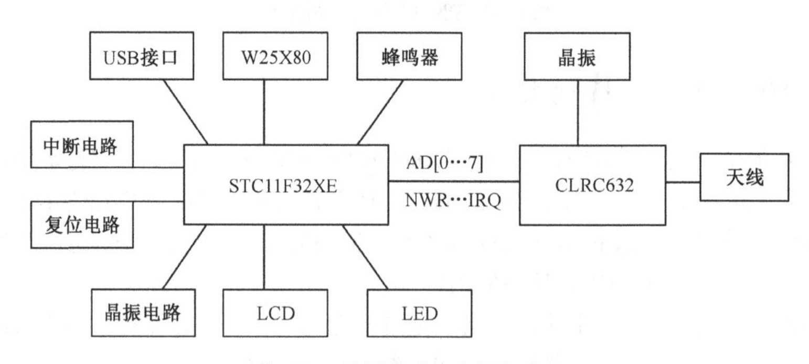

图 6.18 读写器的基本框架结构

（1）读写器核心 MCU

MCU 采用 STC11F32XE 单片机，它是 1 个时钟/机器周期的高速、低功耗、超强抗干扰的新一代增强型 8051 单片机，指令代码完全兼容传统 8051，但速度快 8～12 倍。加密性强。输入输出 I/O 口最多可达 40 个，复位引脚也可以作为 I/O 口使用，这样可以省去外部复位电路。STC11F32XE 内部有 32 kB 的 FLASH、32 kB 的 EEPROM 和 1280 B 的 SRAM。外围电路如图 6.19 所示。

（2）射频接口电路

射频接口电路由 CLRC632 及其天线电路组成。CLRC632 外接 13.56 MHz 石英晶体振荡器，与 MCU 的接口采用独立读写选通、复用地址总线的方式，CLRC632 的 A0～A1 接 VCC，A2 接 GND，在上电复位或硬件复位后，CLRC632 将自动检测当前接口类型。D0～D7 与 STC11F32XE 的 P0 口相连，NWR、NRD、NCS、ALE、IRQ、RSTPD 分别与 STC11F32XE

的 WR、RD、P4.1、ALE、INT0、P4.0 相连。CLRC632 接口及天线电路请参考图 6.14。

天线部分的设计参考了 NXP 公司推荐的电路，并在此基础上做了适当修改。低通滤波器电路元件 L_0=1 μH，C_0=68pF；接收电路中 R_1=560 Ω，R_2=820 Ω，C_3=15 pF，C_4=0.1 μF；天线匹配电路的电容 C_1=27 pF，C_{2a} =C_{2b} =180 pF。TX1，TX2 为天线驱动引脚，RX 为接收引脚。为了达到良好的电磁兼容，这部分的电路必须紧靠 CLRC632 的天线引脚 RX、TX1、TX2，天线采用匝数为 3、边长为 10 cm 的矩形天线。

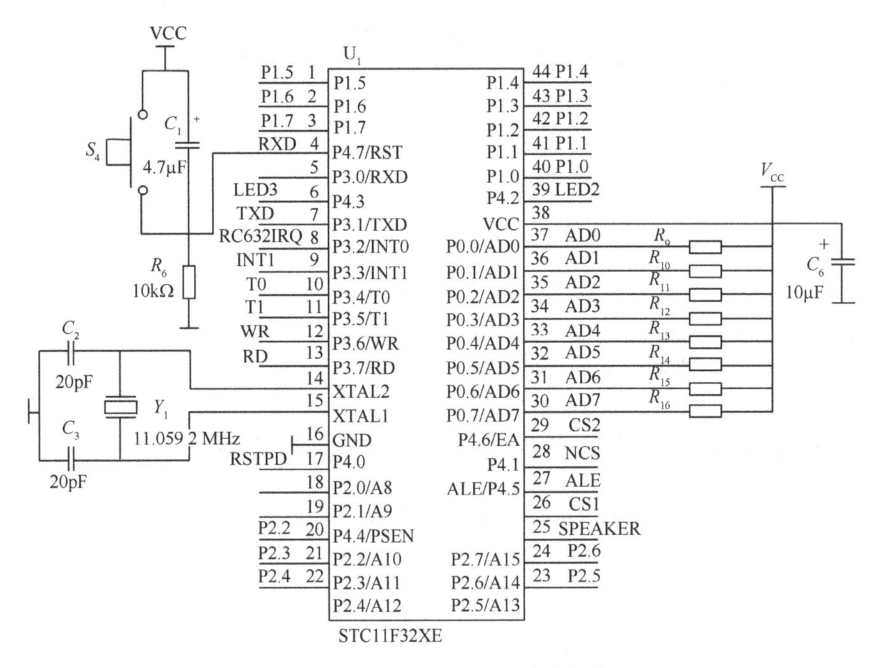

图 6.19　STC11F32XE 及外围电路

（3）外围扩展电路

LCD 采用的是不带字库的 MGLS12864 液晶，为了能显示汉字，专门采用了字库存储芯片 W25X80。W25X80 是 Winbond 公司生产的串行 FLASH 存储器，大小为 1 MB，且自带 256 B 的缓冲区。

读写器与上位机通信接口可以有两种选择，既外扩了 MAX232 作为系统和计算机通信的通道，同时采用了 USB 转串口芯片 PL2303，能够方便连接到各种类型的上位机接口上。

2. 软件设计

读卡器软件主流程如图 6.20 所示。软件设计的主要任务是通过对 STC11F32XE 的编程，控制 CLRC632 芯片根据相关国际标准与对应的电子标签或卡片进行通信，完成对 RFID 射频卡的各种操作。

读卡器上电后首先对整个系统包括 CLRC632 进行初始化，其中对 CLRC632 的初始化需要先对芯片复位，然后读/写 CLRC632 寄存器，若能准确读/写，则说明对 CLRC632 寻址方式和读/写时序是正确的，之后就可以对 CLRC632 进行其他操作。

读写器与上位机之间的通信工作于“命令-应答”模式，上位机向读写器发送命令，读写器收到命令后解析命令，然后根据命令含义执行命令并返回数据。

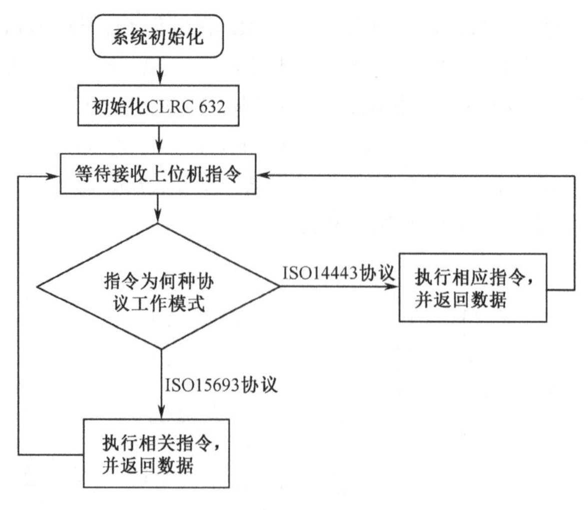

图 6.20　读卡器软件主流程

当收到操作不同类型的卡片命令时，读写器需要首先通过配置 CLRC632 的寄存器改变其遵守的卡片通信协议类型，之后再根据命令执行对卡片的各种操作。

6.3.2　基于 PN512 芯片的高频 RFID 读卡器开发

工作于高频载波 13.56 MHz 的射频卡种类有很多，本设计利用 STM32F103 和 PN512 芯片设计了一款读卡器，可以读取符合 ISO/IEC14443 Type A、ISO/IEC14443 Type B 和 Felica 标准的卡片。

1. 系统硬件设计

系统整体框图如图 6.21 所示。构成读卡器硬件的几个主要模块包括主控制芯片、电源模块、显示模块、与上位机的串行通信模块以及射频通信模块等。

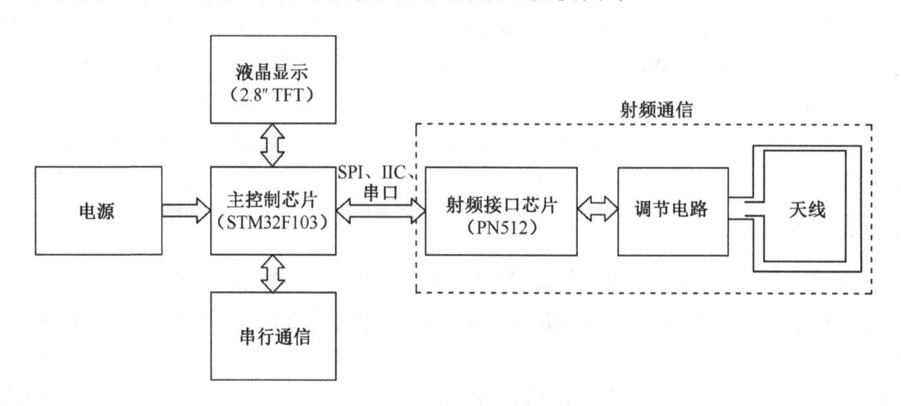

图 6.21　系统整体框图

（1）主控制芯片

读写器以 STM32F103 为主控制芯片，完成所有接口的调度以及事件的处理，该控制芯片是基于高性能、低成本、低功耗应用设计的 ARM Cortex-M3 内核的 32 位微处理器，最高工作频率为 72 MHz，是为具有快速中断响应能力的嵌入式应用而设计的处理器芯片。STM32F103 外设非常丰富，具有极高的集成度。

（2）电源及显示电路

读卡器使用 12 V 外部电压，系统中需要用到 5 V 和 3.3 V 供电。首先采用 MP2359DJ 芯片将 12 V 电压转换为 5 V，然后再通过 AMS1117-3.3 芯片得到 3.3 V 的直流电压，用于给系统供电。根据设计需求，采用 LCD12864 液晶屏显示模块的读写信息，使系统具有良好的可视化效果。

（3）射频接口模块

射频接口芯片 PN512 的电路如图 6.22 所示。芯片工作时需要外接 3.3 V 直流电压和 27.12 MHz 晶体振荡器，与 MCU 的通信采用 SPI 接口。天线部分的设计采用了 NXP 公司建议的电路形式，EMC 低通滤波器元件 L_1 和 L_2 取值为 1 μH，C_{89} 和 C_{90} 取值为 68 pF；匹配电路中 C_{13} 和 C_{14} 取值为 47 pF，为便于调节天线参数，与天线并联的电容采用了 C_{11} 和 C_{19}，以及 C_{12} 和 C_{20} 并联的形式；天线线圈直接布线在 PCB 板上，使用 4 圈边长为 8 cm 的正方形导线；接收电路中由 R_1 和 R_2 组成分压电路，对来自天线的采样信号进行分压，为 RX 引脚提供合适的输入。

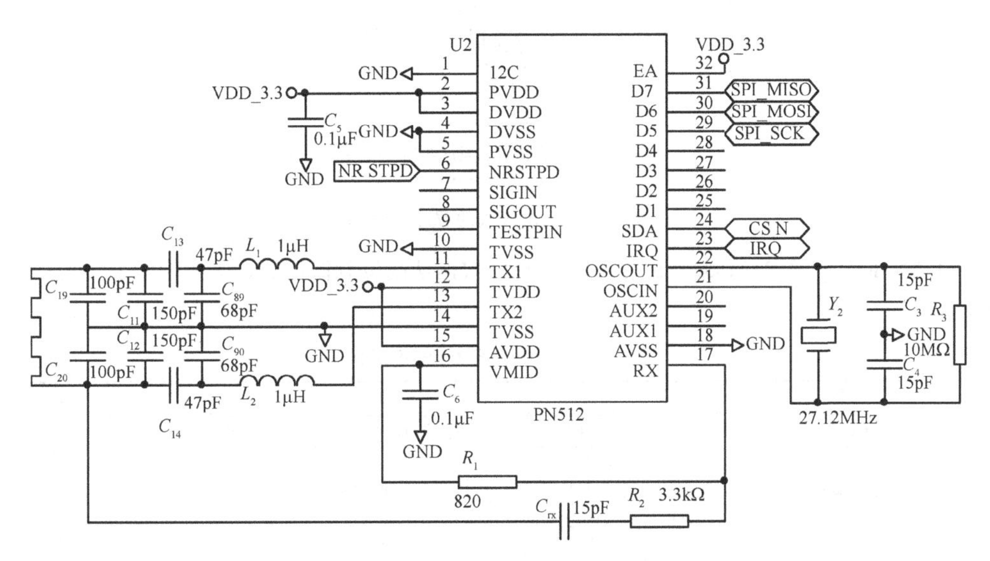

图 6.22 射频接口芯片 PN512 的电路

2. 软件设计

系统可以设置为读写器模式或只读模式，在读写器模式下，每次接收上位机的命令，读写器执行命令然后返回应答，其程序流程图可以参考图 6.20；在只读模式下，读卡器自动读出各种所支持类型的卡片序列号，一方面显示在 LCD 上，同时通过串口发送给上位机。只读模式的程序流程图如图 6.23 所示。

（1）PN512 通信协议类型的改变

MCU 在通过 PN512 分时读取 ISO/IEC14443A、ISO/IEC14443B 和 Felica 卡片序列号时，都要对 PN512 的相关寄存器进行重新设置，其中发送模式寄存器 TxModeReg（地址 12H）和接收模式寄存器 RxModeReg（地址 13H）直接决定了通信协议的类型。

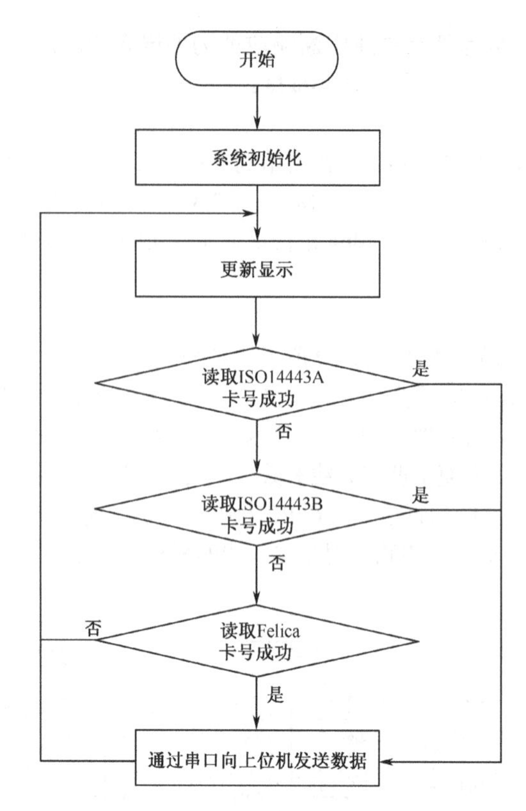

图 6.23　只读模式的程序流程图

TxModeReg 和 RxModeReg 寄存器的 8 位数据从高位到低位的定义如表 6.21 和表 6.22 所示。

表 6.21　TxModeReg 的位定义

位	名称	描述
7	TxCRCEn	设置为 1，启用发送 CRC。但在通信速率为 106 kb/s 时必须设置为 0
6～4	TxSpeed	定义发送数据的位速率 000-106 kb/s；001-212 kb/s；010-424 kb/s；011-848 kb/s； 100-1696 kb/s；101-3392 kb/s；110-保留；111-保留；
3	InvMod	设置为 1，发送的调制数据反相
2	TxMix	设置为 1，SIGIN 引脚信号与内部编码器混合
1～0	TxFraming	定义发送帧协议类型 00-ISO/IEC14443 Type A/Mifare 和 106 kb/s 的被动通信模式； 01-主动通信模式； 10-FeliCa 和 212、424 kb/s 的被动通信模式； 11-ISO/IEC14443 Type B 通信模式

表 6.22　RxModeReg 的位定义

位	名称	描述
7	RxCRCEn	设置为 1，接收期间启用 CRC 运算。但在通信速率为 106 kb/s 时必须设置为 0
6～4	RxSpeed	定义接收数据的位速率 000-106 kb/s；001-212 kb/s；010-424 kb/s；011-848 kb/s； 100-1696 kb/s；101-3392 kb/s；110-保留；111-保留；

（续表）

位	名称	描述
3	RxNoErr	设置为 1，将忽略接收的无效数据流（收到少于 4 位数据），接收器维持激活状态。
2	RxMultiple	设置为 0，接收器在收到一帧数据后停止工作 设置为 1，接收器能够连续接收多帧数据。
1～0	RxFraming	定义期望接收的数据帧协议类型 00-ISO/IEC14443 Type A/Mifare 和 106 kb/s 的被动通信模式； 01-主动通信模式； 10-FeliCa 和 212、424 kb/s 的被动通信模式； 11-ISO/IEC14443 Type B 通信模式

根据表 6.21 和表 6.22 中的位定义，可以使用表 6.23 的设置值分别对应于不同的协议类型。

表 6.23　不同协议类型下 TxModeReg 和 RxModeReg 的设置值

协议类型	TxModeReg	RxModeReg	通信速率
ISO/IEC14443 Type A/Mifare	0x00	0x00	106kb/s
ISO/IEC14443 Type B	0x03	0x03	106kb/s
Felica	0x92	0x92	212kb/s

（2）卡片类型的识别

设计的读卡器可以读取 ISO/IEC14443 Type A、ISO/IEC14443 Type B 和 Felica 等多种协议类型的卡片，每种协议类型又有不同厂家生产的多种卡片型号，其中又以 ISO/IEC14443 Type A 的卡片类型最为丰富。软件设计中可以根据 ISO/IEC14443 Type A 卡片对于卡请求命令的应答 ATQA 来判断卡片型号。常见的 Mifare 系列 ISO/IEC14443 Type A 卡片类型的 ATQA 值如表 6.24 所示。有些卡片的 ATQA 返回值相同，还可以根据后续命令继续判断。

表 6.24　常见的 Mifare 系列 ISO/IEC14443 Type A 卡片类型的 ATQA 值

序	卡片类型	ATQA 值
1	Mifare Ultralight C	00 44H
2	Mifare S500yX	00 44H
3	Mifare S503yX	00 04H
4	Mifare S700yX	00 42H
5	Mifare S703yX	00 02H
6	Mifare Desfire	03 44H

习题 6

6-1　比较 Mifare 系列各类卡片的存储结构、存储容量、UID 特性、安全特性等方面的异同。

6-2　当 MF1 卡某个数据块作为电子钱包时，对该数据块的存储格式有何要求？某数据块 Byte0～Byte15 的值为 A08601005F79FEFFA086010010EF10EF，该数据块是不是值块，如果是，存储的值是多少？块号是多少？

6-3　MF1 S50 卡片的某扇区存取控制要求如下：

（1）Block0 验证密码 A 或 B 可读、写、加、减；

（2）Block1 验证密码 A 或 B 可读，不可写、加、减；

（3）Block2 验证密码 A 或 B 可读、减，不可写、加；

（4）Block3 密码 A 不可读写，密码 B 不可读写；控制字验证密码 A 或 B 可读，不可写；

（5）求该扇区的 4 字节控制字，写出过程。备用字节保持 69H。

6-4　简述 ICODE SLIX2 的执行标准、存储容量和存储结构。

6-5　比较 RC 系列 13.56 MHz 射频接口芯片 MFRC500、SLRC400、MFRC530、MFRC531、CLRC632 的主要特性。如果要做一款读写器用来读取我国二代身份证和 MF1 卡号，应该选用哪种芯片？

6-6　PN512 支持哪几种操作模式？与微处理器的通信接口有哪些类型？

6-7　COS 中的文件类型有几种，各有何作用？

第 7 章　微波 RFID 技术

微波 RFID 技术是指读写器和电子标签的载波频率位于 300 MHz～300 GHz 的射频识别系统。微波 RFID 系统的电子标签多采用反向散射耦合方式而不是电感耦合方式。微波 RFID 技术常用的载波频率有 315 MHz、433 MHz、860～960 MHz、2.45 GHz、5.8 GHz 等，相关国际标准有 ISO/IEC18000-4、ISO/IEC18000-6、ISO/IEC18000-7、EPCglobal 等。

7.1　电磁反向散射耦合

雷达技术为 RFID 系统的反向散射耦合方式提供了理论和应用基础。当电磁波遇到空间目标时，其能量的一部分被目标吸收，另一部分以不同的强度散射到各个方向。在散射的能量中，一小部分反射回发射天线，并被天线接收（因此发射天线也是接收天线），称为回波。对回波信号进行放大和处理，即可获得目标的有关信息。

对 RFID 系统来说，可以采用电磁反向散射耦合的工作方式，利用电磁波反射完成从电子标签到读写器的数据传输。随着电磁波频率的上升，信号的穿透性降低，反射性增强，所以该方式一般适合于超高频和微波频段的 RFID 系统。电子标签工作时离读写器较远，既可采用无源电子标签也可采用有源电子标签。

7.1.1　电磁反向散射工作原理

1. 电磁反向散射耦合的基本过程

电磁反向散射耦合的 RFID 系统工作过程如图 7.1 所示。读写器发射功率为 P_1，经空间衰减后，一部分功率 P_1' 到达电子标签天线，并且在到达天线的这部分功率中，只有功率为 P_2' 的信号成为电子标签的反射信号载波，其余 $(P_1'-P_2')$ 功率用于电子标签工作，为无源电子标签提供射频能量或者将有源电子标签唤醒。

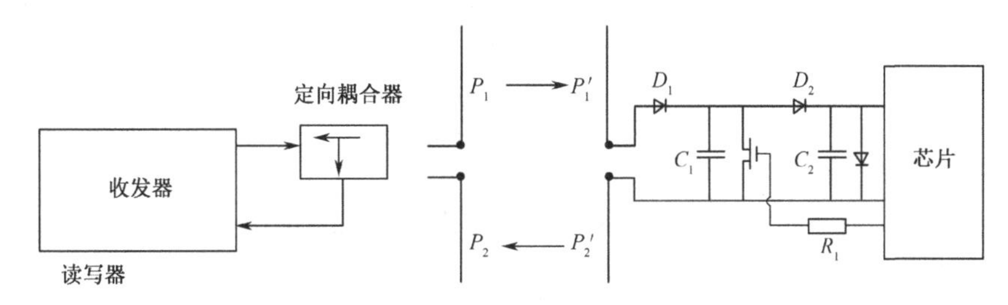

图 7.1　电磁反向散射耦合的 RFID 系统工作过程

功率为 P_2' 的反射调制信号经过空间衰减后，有一部分功率为 P_2 的信号被读写器天线接收，接收信号经过处理和数据解析得到有用的电子标签信息。

电子标签天线的反射性能会受连接到天线负载变化的影响。为了从电子标签到读写器传输数据，可以控制与天线连接的负载的接通和断开，使其和传输的数据流一致，从而完成对电子标签反射的功率 P_2' 的振幅调制。

2. 电子标签调制反射信号的原理

电子标签的等效电路如图 7.2 所示。图中 V_s 为天线接收信号，Z_a 表示天线的阻抗，Z_1 表示芯片的输入阻抗。为了达到调制反射载波的目的，Z_1 有 Z_{11} 和 Z_{10} 两种状态，等效电路中接入 Z_1 不同的阻抗状态，分别对应不同的反射系数 S_1 和 S_2。这样在两种状态下电子标签反射回读写器的信号为：

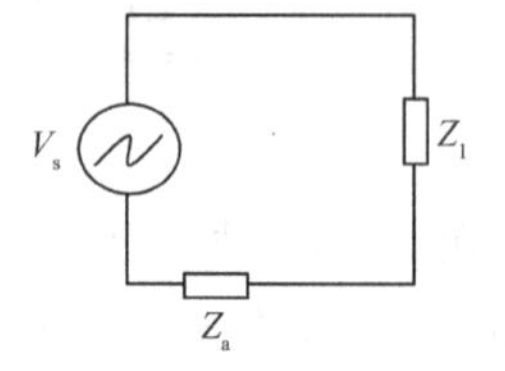

图 7.2　电子标签的等效电

$$S_0(t)=s(t)S_1 \tag{7-1}$$

$$S_1(t)=s(t)S_2 \tag{7-2}$$

式中，$S_0(t)$和 $S_1(t)$为电子标签反射回读写器的信号，$s(t)$为电子标签接收到的信号。

3. 电子标签反向散射的调制方式

当电子标签的阻抗采取不同的阻抗变化方式时，可以形成不同的反向散射调制方式，使得电子标签返回的能量具有不同的特性。常见的电子标签反向散射的调制方式有以下几种。

（1）OOK 调制方式（On-Off Keying，OOK）

OOK 即开/关键控，阻抗状态为 1 时为完全反射，阻抗状态为 2 时不反射，两种阻抗状态下电子标签反射系数的相位相同。S_1 和 S_2 的关系可以表示为

$$|S_1|=1;\qquad |S_2|=0 \tag{7-3}$$

$$\arg(S_1)=\arg(S_2) \tag{7-4}$$

（2）BPSK 调制方式（Binary Phase Shift Keying，BPSK）

BPSK 即二进制相移键控，在该方式下，两种阻抗状态有相同程度的反射，但是两种阻抗状态下的电子标签反射系数相位相反，S_1 和 S_2 的关系可以表示为

$$0<|S_1|=|S_2|<1 \tag{7-5}$$

$$\arg(S_1)=-\arg(S_2) \tag{7-6}$$

（3）任意调制因子的 ASK 调制

在该方式下，这两种阻抗状态有着不同程度的反射，但是这两种阻抗状态下电子标签的反射系数的相位相同。S_1 和 S_2 的关系可以表示为

$$0<|S_1|<|S_2|<1 \tag{7-7}$$

$$\arg(S_1)=\arg(S_2) \tag{7-8}$$

（4）相位反转 ASK 调制

在该方式下，这两种阻抗状态有不同程度的反射，而且这两种阻抗状态下电子标签反射系数的相位相反，S_1 和 S_2 的关系可以表示为

$$0<|S_1|<|S_2|<1 \tag{7-9}$$

$$\arg(S_1)=-\arg(S_2) \tag{7-10}$$

7.1.2 电磁反向散射能量传递

1. 读写器到电子标签的能量传递

读写器天线发射出去的电磁波向外空间传播，在距离读写器 R 处的电子标签的功率密度 S 为

$$S=\frac{P_{Tx}G_{Tx}}{4\pi R^2} \tag{7-11}$$

式中，P_{Tx} 表示读写器的发射功率，G_{Tx} 表示读写器发射天线的增益，R 表示电子标签与读写器之间的距离。而电子标签所能接收到的最大功率 P_{tag} 与读写器的发射功率 S 成正比关系，即

$$P_{tag}=A_eS=\frac{\lambda^2}{4\pi}G_{tag}S \tag{7-12}$$

$$A_e=\frac{\lambda^2}{4\pi}G_{tag} \tag{7-13}$$

式中，G_{tag} 表示电子标签接收天线的增益。

将式（7-11）代入式（7-12），可得

$$P_{tag}=\frac{\lambda^2}{4\pi}G_{tag}\frac{P_{Tx}G_{Tx}}{4\pi R^2}=G_{tag}P_{Tx}G_{Tx}\left(\frac{\lambda}{4\pi R}\right)^2 \tag{7-14}$$

2. 电子标签到读写器的能量传递

读写器发送出去的能量经过一定的衰减后，一部分被电子标签吸收，一部分要反射出去。电子标签反射出去的功率 P_{back} 与它的雷达散射截面 σ 成正比关系，即

$$P_{back}=\sigma S=\sigma\frac{P_{Tx}G_{Tx}}{4\pi R^2} \tag{7-15}$$

而距离电子标签 R 处的读写器的功率密度，也即电子标签返回给读写器的功率密度 S_{back} 就可以由下式表示：

$$S_{back}=\frac{P_{back}}{4\pi R^2}=\frac{\sigma P_{Tx}G_{Tx}}{\left(4\pi R^2\right)^2} \tag{7-16}$$

读写器接收到的功率 P_{Rx} 与它的接收天线的有效面积成正比，所以

$$P_{Rx}=S_{back}A_w=\frac{\sigma P_{Tx}G_{Tx}}{\left(4\pi R^2\right)^2}\frac{\lambda^2}{4\pi}G_{Rx} \tag{7-17}$$

7.1.3 微波 RFID 的防冲突算法

微波 RFID 防冲突算法主要有动态时隙 ALOHA 算法、二进制搜索算法和时隙随机算法等几种。

1. 动态时隙 ALOHA 算法

ISO/IEC18000-6 Type A 使用动态时隙 ALOHA 算法。该算法通过将电子标签分配到特定的防冲突轮和指定的时隙，实现读写器与电子标签的数据交换。每个防冲突轮包含若干时隙，

每个时隙的持续时间长度足够接收一个电子标签的应答，具体的时隙持续时长由读写器决定。

ISO/IEC18000-6 Type A 电子标签状态转换如图 7.3 所示，进入读写器射频场的电子标签得电完成复位后进入 Ready 状态，读写器通过发送 Init_round 命令启动防冲突过程。收到 Init_round 命令的电子标签将初始化内部用于记录当前读写器时隙的时隙计数器为 1，同时选择一个随机时隙准备用于应答，一个防冲突轮中可选时隙的数量由读写器决定并且在 Init_round 命令中发送给场内电子标签。在之后的防冲突处理中，读写器可以根据电子标签冲突情况动态调整可选时隙的数量。Init_round 命令中可选时隙数量的编码如表 7.1 所示。

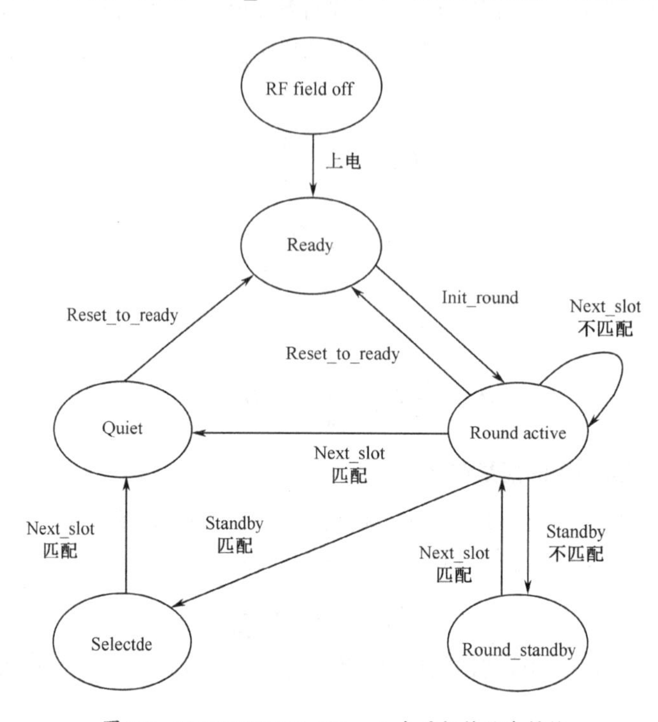

图 7.3 ISO/IEC18000-6 Type A 电子标签状态转换

表 7.1 可选时隙数量的编码

十进制值	二进制编码	可选时隙数量
0	000	1
1	001	8
2	010	16
3	011	32
4	100	64
5	101	128
6	110	256
7	111	1024

在收到一个 Init_round 命令后，如果电子标签选择了第 1 个时隙，则在随机延迟 0～7 个位持续时间后向读写器发送应答。电子标签应答中包含 4 位识别标识，该标识用于区别在同一时隙中应答的电子标签，可以用随机数发生器生成，也可以是电子标签 ID 的一部分。

如果电子标签选择了一个大于 1 的时隙号，则应保留该时隙号并等待后续命令。读写器发送 Init_round 命令后，后续操作有三种可能。

① 读写器没有收到任何应答，可能没有电子标签选择时隙 1 或者虽然有电子标签应答但是读写器没有探测到，读写器将发送一个 Close_slot 命令。

② 读写器探测到两个以上电子标签的应答，从而发生了冲突，读写器同样将发送一个 Close_slot 命令。

③ 读写器唯一接收到一个电子标签的正确应答，读写器将发送 Next_slot 命令，命令中包含刚接收到的电子标签的 4 位识别标识。

当前时隙中没有回送应答的电子标签收到 Close_slot 或 Next_slot 命令后，将对电子标签内的时隙计数器执行加一操作，如果电子标签时隙计数器的值等于启动防冲突时电子标签选择的时隙，电子标签将根据上面的规则回送应答，否则电子标签继续等待后续命令。处于 active 状态的电子标签收到 Close_slot 命令都要对自身的时隙计数器加一。

如果在当前时隙中正确应答了读写器的电子标签收到 Next_slot 命令，命令中的识别标识与自身匹配，电子标签将进入 Quiet 状态，否则将保持当前状态。

在一个防冲突轮中，读写器可以使用 Standby_round 命令暂停防冲突过程，Standby_round 命令中也包含电子标签的 4 位识别标识。电子标签用类似处理 Next_slot 命令的方法处理 Standby_round 命令，如果标识匹配，电子标签进入 Selected 状态，否则进入 Round_standby 状态。Round_standby 状态允许读写器暂停当前防冲突过程，与被选中的处于 Selected 状态的电子标签进行数据交换。

没有被 Next-slot 或 Standby_round 命令识别的电子标签保持当前防冲突状态。读写器在执行 Close_slot 或 Next_slot 命令时也备份之前的防冲突状态以便继续执行防冲突过程。

当读写器的时隙数到达上限，电子标签需要重新选择一个新的时隙和一个新的随机标识，并进入一个新的防冲突轮。通过以上数次防冲突轮，读写器就可以与射频场中的每个电子标签实现数据交换。

2. 二进制搜索算法

ISO/IEC18000-6 Type B 使用二进制搜索算法。读写器可以使用 GROUP_SELECT 和 GROUP_UNSELECT 命令指定射频场中的所有或部分电子标签参加防冲突过程。参加防冲突过程的电子标签在硬件上必须具备两个条件：一个 8 位的计数器和一个输出结果为 0 或 1 的随机数发生器。

ISO/IEC18000-6 Type B 电子标签状态转换如图 7.4 所示，读写器通过 GROUP_SELECT 命令指定参加防冲突过程的电子标签从 READY 状态切换到 ID 状态，并初始化内部计数器的值为 0，然后执行以下防冲突过程。

① 所有处于 ID 状态且计数器初始化为 0 的电子标签向读写器发送电子标签 ID。

② 如果多于一个电子标签发送应答，读写器将检测到冲突，读写器发送 FAIL 命令。

③ 收到 FAIL 命令的电子标签，如果其内部计数器的值不为 0，则内部计数器加 1，这些电子标签之后将不再向读写器发送数据。如果其内部计数器的值为 0（即刚刚发送应答的电子标签），这些电子标签将产生一个随机数 0 或 1。随机数为 1 的电子标签将内部计数器加一从而不再向读写器发送数据，随机数为 0 的电子标签其内部计数器保持为 0，并再次向读写器发送电子标签 ID。之后会出现 4 种可能。

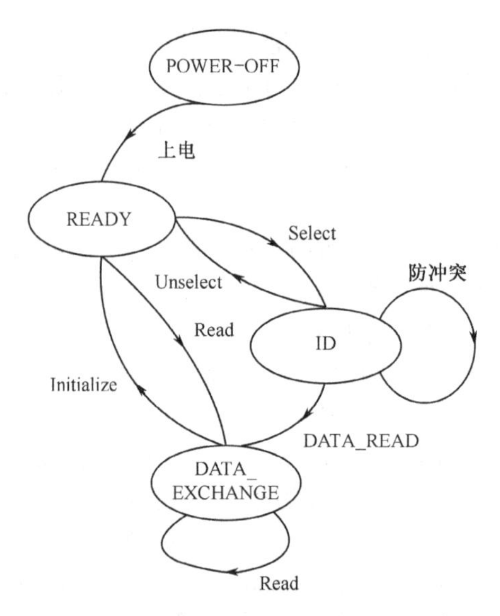

图 7.4　ISO/IEC18000-6 Type B 电子标签状态转换

第 1 种可能：如果仍然有多于一个电子标签应答，则返回第②步；

第 2 种可能：如果没有电子标签应答，读写器将发送 SUCCESS 命令，所有电子标签计数器减 1。计数值为 0 的电子标签发送应答，之后返回第②步；

第 3 种可能：如果仅有一个电子标签应答，并且读写器正确接收到电子标签 ID，读写器将使用电子标签 ID 发送 DATA_READ 命令，对应的电子标签正确收到 DATA_READ 命令后进入 DATA_EXCHANGE 状态，发送其电子标签数据；之后读写器发送 SUCCESS 命令，所有处于 ID 状态的电子标签计数器减 1。如果仅有一个电子标签的计数器值为 1，减 1 为 0 后应答，则重复第①步，如果多于一个电子标签发送数据，则重复第②步；

第 4 种可能：如果仅有一个电子标签应答但读写器接收错误，则读写器发送 RESEND 命令要求电子标签重发，接收正确则转到第①步。如果读写器再次接收错误，则应设定一个最大错误次数，超过设定的错误次数，则读写器应判定有多于一个电子标签应答，转至第③步。

3. 时隙随机算法

ISO/IEC18000-6 Type C 中采用的是基于随机数产生器的时隙随机算法。ISO/IEC18000-6 Type C 时隙随机算法流程如图 7.5 所示。其命令集包括 Query、QueryAdjust、QueryRep 等，主要参数为时隙计数参数 Q，主要防冲突过程如下。

① Query 命令初始化一个识别周期，并决定哪些电子标签参与本轮识别周期（这里“识别周期”定义为连续两个 Query 命令之间的时间）。Query 命令中包含对参与本识别周期电子标签的限制条件和一个时隙计数参数 Q，当接收到一条 Query 命令时，识别区域内所有参与的电子标签应在$(0, 2^{Q}-1)$范围内选出一个随机数，并将这个数置入它们的时隙计数器。选到 0 值的电子标签立即切换到应答（Reply）状态，并向读写器回送应答。假设仅有一个电子标签回送应答，该电子标签反向散射一个随机数 RN16，读写器将收到的 RN16 随机数再发送给电子标签，电子标签确认后就可以进行数据交换。

② 选到非 0 时隙的电子标签切换到仲裁（Arbitrate）状态，等待下一条 QueryAdjust 或

QueryRep 命令。QueryAdjust 或 QueryRep 命令不改变之前 Query 命令限定的参与识别周期的电子标签数量。

处于仲裁和应答状态的电子标签，接收一条 QueryAdjust 命令时，Q 值调整（增大、减小或不变），然后在$(0, 2^Q-1)$范围内选出一个随机数，置入它们的时隙计数器。选到零值的电子标签应转移到应答状态，并立即回答。选到非零值的电子标签应转移到仲裁状态，并等待下一条 QueryAdjust 或 QueryRep 命令。

处于仲裁状态的电子标签每接收到一条 QueryRep 命令时，它们的时隙计数器值减 1 一次。时隙计数器调整后，值为 0 的电子标签转移到应答状态，并立即与读写器进行数据交换。

③ 上一次时隙为 0 的电子标签，在接收到下一条 QueryRep 命令时，电子标签的时隙计数器应从 0000H 减到 7FFFH，从而有效地防止随后再次应答，直到电子标签有新的随机数进入其时隙计数器。在 2^Q-1 条 QueryRep 命令中，电子标签至少应答一次，直至所有电子标签都被识别。

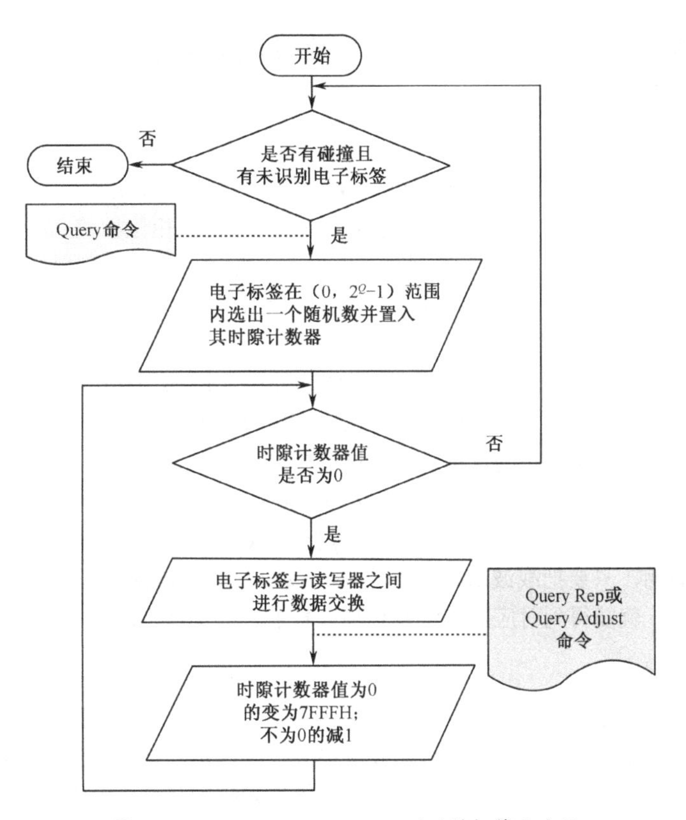

图 7.5 ISO/IEC18000-6 Type C 时隙随机算法流程

电子标签与读写器之间数据交换的具体过程如图 7.6 所示，主要包括以下几步。

① 时隙计数器值为 0 的电子标签返回一个随机数 RN16。

② 读写器接收到 RN16 后，向电子标签发送带有此 RN16 数据的 ACK 命令。

③ 电子标签接收到 ACK 后，验证 RN16，若有效，就将电子标签中的 EPC 和 CRC-16 数据发送至读写器，进行数据交换和识别。

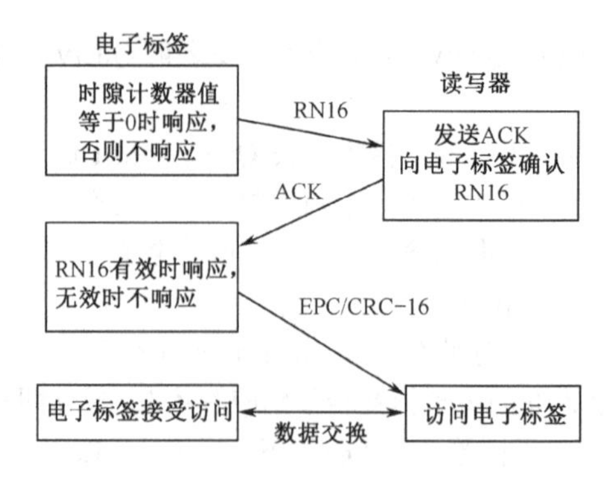

图 7.6 电子标签与读写器之间数据交换的具体过程

7.1.4 IQ 调制与载波泄露

为提高 RFID 读写器与电子标签之间的通信性能，微波段射频电路中常采用 IQ 调制及抑制载波泄露的技术。

1. IQ 调制

IQ 调制就是把数据分为两路，分别进行载波调制，两路载波相互正交。I 是 In-phase（同相），Q 是 quadrature（正交）。正交信号就是两路频率相同，相位相差 90° 的载波，与 I、Q 两路信号分别调制后一起发射。IQ 调制可以实现上下变频，从而得到射频信号或中频信号。

在最早的模拟通信技术中，假设载波为 $\cos\alpha$，信号为 $\cos\beta$，通过相乘实现频谱搬移，可以得到

$$\cos\alpha\cos\beta=(1/2)[\cos(\alpha+\beta)+\cos(\alpha-\beta)] \tag{7-18}$$

这样在输出端产生了两个频率的信号，实际应用只需要一个信号，另外一个信号必须过滤掉。但实际滤波器是不理想的，很难完全过滤掉另外一个。根据三角函数关系

$$\cos(\alpha+\beta)=\cos\alpha\cos\beta-\sin\alpha\sin\beta \tag{7-19}$$

$$\cos(\alpha-\beta)=\cos\alpha\cos\beta+\sin\alpha\sin\beta \tag{7-20}$$

以上公式表明，只要把载波 $\cos\alpha$ 和信号 $\cos\beta$ 相乘，之后它们各自都移相 90° 再相乘，之后相加或相减，就能得到对应的差频或和频信号了。IQ 调制原理如图 7.7 所示。

2. 载波泄露

射频读写器前端通过功率放大器发射读写器调制信号，并且在发射完调制信号后还会持续发送连续载波以激活电子标签。读写器接收端会收到由定向耦合器泄露的发射载波、天线端口因阻抗适配带来的载波反射、空气环境多径等带来的载波反射及天线接收到的电子标签有用信号。

由于面积限制，电子标签所用的天线尺寸普遍较小，导致读写器接收机前端所能收集到的反射调制信号非常微弱，而背景反射干扰功率却非常强。在天线接收的射频信号中，除电子标签返回信号以外，还有发射电路泄露的载波信号，而且电子标签返回信号远小于泄露的载波信号的强度。

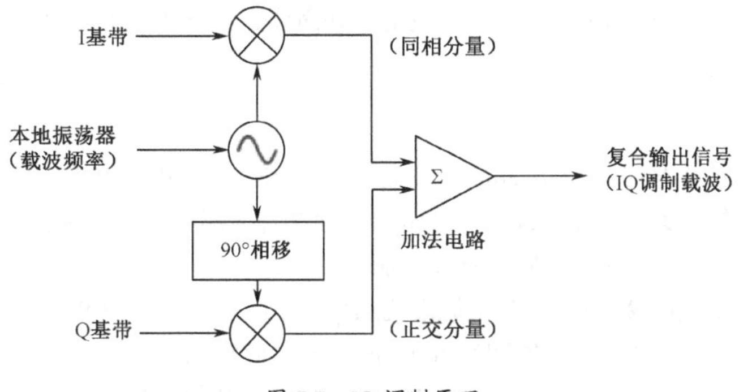

图 7.7　IQ 调制原理

载波泄露导致电路偏离线性工作区，产生接收信噪比的恶化、系统有效阅读距离和解码可靠性下降等问题。除了使用可靠性、抗干扰性更强的元件搭建射频电路，通常使用各种对消原理解决载波泄露问题。图 7.8 是一种采用移相反馈回路抵消或减弱载波泄露的电路原理框图。

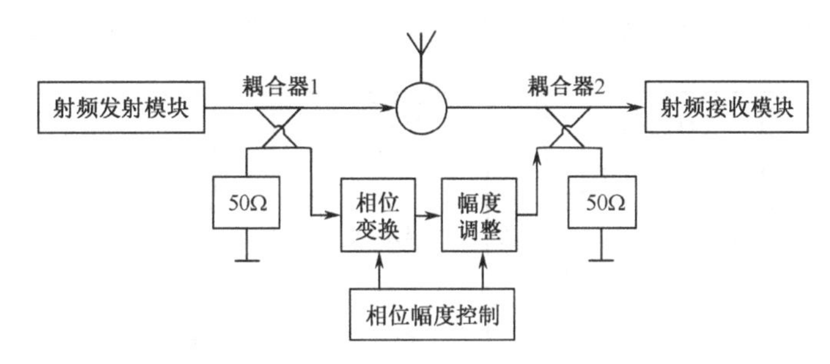

图 7.8　移相反馈回路

图 7.8 在接收电路增加了一个射频移相反馈回路。其原理是根据载波对消原理，利用定向耦合器耦合出部分发射载波信号，将此信号移相后反馈到接收电路中，与接收信号叠加，抵消或减弱泄露的载波信号，从而改善电路接收性能。

7.2　无源微波 RFID 芯片

无源微波 RFID 芯片自身没有电源，通过芯片上的 RF 模块和天线从射频场获取芯片工作所需的能量。在 860～960 MHz 频段有多种遵守 EPCglobal 规范的 UHF 无源应答器芯片，常见的有 NXP 公司的 UCODE 系列芯片、Alien 的 Higgs 系列芯片、Impinj 的 Monza 系列芯片和坤锐 Qstar 系列芯片等。

7.2.1　UCODE 系列无源应答器芯片

NXP 公司的 UCODE 系列芯片包括 UCODE DNA、UCODE 7、UCODE 8、UCODE I2C、UCODE G2iM、UCODE G2iL 等。这些芯片被集成到智能电子标签之中，可以帮助供应链和物流应用实现快速运行。UCODE 系列芯片符合 EPCglobal 规范，可以提供更高的抗碰撞率和准确度、灵敏度，支持全球使用。

本节主要以 UCODE 8/8m 为例进行说明，并简要介绍基于 128 位 AES 加密认证的芯片 UCODE DNA。

1. 主要特性

UCODE 8/8m 是 NXP 公司出品的一款工作在 UHF 860～960 MHz 频段的芯片，芯片的读写距离远，操作速度快，其宽频的工作范围，使芯片应用于全世界成为可能。芯片含有预编程的 96 位 EPC 代码，遵守 EPC Gen2v2 协议。

芯片的读灵敏度为-23 dBm，写灵敏度为-18 dBm。除了 96 位 EPC 代码，芯片内部还包含 0 位（UCODE 8）或 32 位（UCODE 8m）的用户存储空间。芯片 32 位的 Kill 密码可以使芯片永久失效。芯片支持 EPCglobal 规范 V2.0.1 中规定的所有强制命令及部分可选命令，主要应用于零售、供应链管理、船运服务、航空托运、洗衣店管理等场合。

2. 内部结构

UCODE 8/8m 的内部结构框图如图 7.9 所示。芯片主要包括 3 部分：模拟射频接口、数字控制和 EEPROM。模拟射频接口部分提供稳定的电源供应，解调来自读写器的数据并送给数字控制部分进行处理，同时调制数字控制部分回送的数据并通过天线发送给读写器。

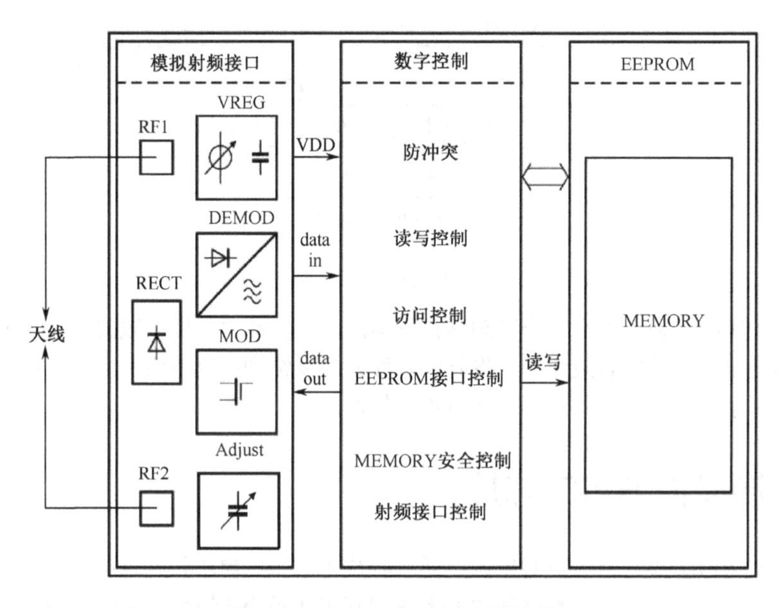

图 7.9 UCODE 8/8m 内部结构框图

数字控制部分主要包括一个状态机，用于对通信协议的处理以及对 EEPROM 中 EPC 代码和用户数据的读写。

3. 数据传送

UCODE 8/8m的双向数据传输遵守EPCglobal Class1 Gen2 UHF RFID 协议 V2.0.1(2015)。读写器通过 ASK 调制的 PIE 编码调制载波向电子标签发送信息，电子标签通过读写器的射频场接收数据信息和工作所需的能量。当电子标签接收到一个有效的读写器命令后，电子标签通过切换不同的反射系数使电子标签天线工作在两种不同的状态，并向读写器反向散射电子标签的数据信息，其编码使用基带调制的 FM0 或副载波调制的米勒码。

4. 存储结构

UCODE 8/8m 的内部存储结构如表 7.2 所示。根据 EPCglobal V2.0.1 的规定，Gen2 电子标签内存分为 4 个 Bank，分别为保留存储区、EPC 区、TID、用户存储区，Bank 地址分别为二进制的 00、01、10 和 11。其中保留存储区共 64 位，包括 32 位的 Kill 密码和 32 位的 Access 密码；UCODE 8m 有 32 位的用户存储区，UCODE 8 则没有用户存储区。每个 Bank 的内部字节编址都是从 00H 开始独立编址的。

表 7.2　UCODE 8/8m 的内部存储结构

<table>
<tr><th colspan="2" rowspan="2">名称</th><th colspan="2">UCODE 8</th><th colspan="2">UCODE 8m</th></tr>
<tr><th>Size(bit)</th><th>Bank（二进制）</th><th>Size(bit)</th><th>Bank（二进制）</th></tr>
<tr><td colspan="2">保留存储区</td><td>64</td><td>00</td><td>64</td><td>00</td></tr>
<tr><td rowspan="2">EPC 区</td><td>EPC</td><td>128</td><td rowspan="2">01</td><td>96</td><td rowspan="2">01</td></tr>
<tr><td>配置字</td><td>16</td><td>16</td></tr>
<tr><td colspan="2">TID</td><td>96</td><td>10</td><td>96</td><td>10</td></tr>
<tr><td colspan="2">用户存储区</td><td>—</td><td>—</td><td>32</td><td>11</td></tr>
</table>

5. 数据完整性

UCODE 8/8m 采用了 3 种不同的策略来保障存储数据的完整性。

① ECC。ECC（Error Correction Code，纠错码）用于 UCODE 8/8m 的 EPC 和用户存储区。在存储中 ECC 能够允许错误，并可以将错误更正。

② 奇偶校验（Parity Check）。奇偶校验用于 TID。在电子标签的制造过程中，计算出 TID 的偶校验位并锁定在电子标签中，读取电子标签 TID 时可以对其进行校验。

③ 边缘校验（Margin Check）。边缘校验用于电子标签的 EPC 存储区、保留存储区和用户存储区。在对目标存储区执行锁定操作时，芯片检查存储区是否有足够的编程空间裕量，只有通过检测才能执行锁定命令。如果裕量不足，芯片将返回错误代码，而不响应锁定命令。

6. 灵敏度自我调节

UCODE 8/8m 具备一种自我调节机制，可以根据工作环境不同自动将电子标签的灵敏度调至最大，该机制在电子标签上电复位时自动执行。电子标签上配置了 3 个不同值的输入电容，自动调节机制可以选择最匹配的电容接入芯片电路以实现灵敏度最大化。

自动调节机制默认是使能的，也可以通过改写电子标签内部的配置字将其关闭。在自动调节机制关闭的情况下，电子标签选择中间值的电容接入电路。

7. UCODE DNA 芯片简介

UCODE DNA 是一款无源 EPC Gen2 UHF RFID 芯片，除了具备 UCODE 系列远距离免接触性能，还添加了尖端的加密安全实施功能用于电子标签认证。UCODE DNA 支持 AES 认证和加密，最多可支持两个 128 位 AES 认证密钥。它们存储在电子标签可靠保护的内部存储器中，可以由 NXP 进行预编程和锁定，或者由用户直接插入，这些密钥可用于电子标签认证或隐私保护。

加密验证提供动态安全性，每次传输都与上一次有所不同，从而最大程度降低数据被模仿伪造的可能。基于 AES 算法的 128 位密钥提供符合 ISO/IEC 29167-10 标准的加密安全性。UCODE DNA 根据 GS1 EPC Gen2 V2 空中接口标准进行设计，该标准支持在 UHF 频率范围内（860～960 MHz）运行 RFID 系统加密验证。

UCODE DNA 可为开发人员提供可信配置（安全保护）服务，该服务能够在制造过程中生成加密密钥，并将其插入 UCODE DNA 电子标签中。UCODE DNA 还提供较大的用户内存（3 kB），最高 448 位的 EPC（电子产品代码），-19 dBm 的读取灵敏度和-11 dBm 的写入灵敏度。

UCODE DNA 在单个 RFID 电子标签中兼顾了非接触式性能和应用安全需求，得到了广泛的应用，例如电子护照、非接触式银行卡、活动票证和电子身份卡、电子公路征费、电子车辆登记、车牌验证、门禁控制、资产追踪、品牌保护、停车，以及大型场所、体育场馆或游乐园的快速游客处理和特殊服务等。

7.2.2 Higgs 系列无源应答器芯片

Higgs 是 Alien 公司推出的遵守 EPCglobal Class1 Gen2（ISO/IEC18000-6C）协议的系列芯片，包括 Higgs 3、Higgs 4、Higgs EC、Higgs 9 等，本节以 Higgs 3 为例进行简单介绍。

1. 主要特性

Higgs 系列芯片工作频段（860～960 MHz）覆盖全世界范围，800 位的 NVM 可满足各种应用需求。芯片采用低功耗的读写模式，在天线匹配的情况下操作距离可达 10 m。Higgs 3 具有唯一 64 位的 TID，产品出厂后 TID 不能改写。32 位的读写密码可实现 Bank 和 Block 级保护，对 Bank 的锁定和解锁功能可以防止误写入。

2. 结构框图

Higgs 3 结构框图如图 7.10 所示，Higgs 3 的内部包含射频模拟接口、数字逻辑控制和存储。射频模拟接口模块通过两个端子外接天线，将射频场输入功率转换为直流电压供整个芯片使用。在数据通信方面，射频模拟接口模块检测调制波，通过改变阻值产生反射向读写器发送数据。

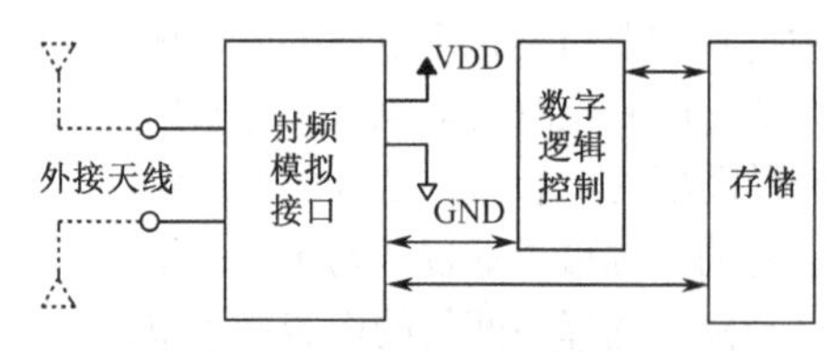

图 7.10　Higgs 3 结构框图

数字逻辑控制模块的主要组成部分是实现 EPC 功能的状态机，根据 EPC 规则完成对读写器命令的分析、解码与执行。此模块根据地址实现对 NVM 的读写操作，对接收和发送的数据消息进行 CRC 运算，还具备随机数发生器的功能。对读写器命令的应答也由此模块产生，并由射频模拟接口模块通过反向散射调制发送给读写器。

3. 内部存储

Higgs 3 包含共计 800 位的可读写非易失性存储器（Non-Volatile Memory，NVM），用来

保存以下内容。

① 96 位的 EPC 数据，最多可以扩展到 480 位。

② 64 位的保留数据（密码）区，包括 32 位的存取密码和 32 位的灭活（Kill）密码，芯片执行 Kill 操作后将永久失效。

③ 64 位的唯一 TID。

④ 512 位的用户数据分为 8 个 Block，每个 Block 包含 64 位。用户数据可以锁定以防止误操作，可以设置密码保护。

4. 命令与应用

Higgs 3 除了支持所有的 EPCglobal Gen2 v1.2 协议强制命令，还支持可选的 BlockPermaLock 命令及两条用户命令 BlockReadLock 和 LoadImage / FastLoadImage。

Higgs 3 主要应用于供应链管理、销售物流、资产清点与跟踪、航空包裹识别与处理、快递识别跟踪与分发、远程物品识别、工厂自动化、品牌保护、产品认证等场合。

7.2.3 Monza 系列无源应答器芯片

Impinj Monza 系列芯片包括 Monza 3、Monza 4、Monza 5、Monza 6 等。本节以 Monza 4 为例作简单介绍。

1. 主要特性

Monza 4 是 Impinj 出品的遵守 EPCglobal Gen2V2 和 ISO18000-6C 的无源 UHF 电子标签芯片。Monza 4 灵敏度高，抗干扰性强，True3D 天线技术实现了全方位的天线支持，QT 技术增强了芯片保密功能，可扩展的内存选项增加了应用灵活性，广泛应用于各种 RFID 场合。

2. True3D 天线技术

Monza 4 采用 True3D 天线技术，提供两个完全独立的天线端口，可以实现电子标签的无盲点阅读。在许多应用中，持续定位某个电子标签对读写器而言是个很大的挑战。基于传统芯片天线的电子标签存在盲点，读写器对一些电子标签角度位置难以定位准确。True3D 天线技术则实现了真正的方位敏感及更为扩展的阅读范围。利用 True3D 天线技术，读写器能够从任意角度阅读电子标签，读取率得到显著提升，且电子标签尺寸更小、更便宜，这些技术优势使电子标签扩展至更为广泛的应用。

3. QT 技术

Monza 4QT 采用 Impinj 的 QT 技术，此技术能够维护两个独立的资料文件，以便对商业机密信息与消费者隐私进行保护。利用 QT 技术，电子标签所有者可以使用私密资料文件来存储机密数据，而公开资料文件则用于存储敏感性较低的信息。在两个资料文件间切换时可设定电子标签访问密码，或是通过短程模式将读取范围缩至很小，也可以同时采用这两种方式。

QT 技术的短程模式通过将电子标签的读取范围缩减至正常范围的十分之一，为用户的私密资料添加一层物理保护。虽然读写器能够在正常范围内识别电子标签并读取相应识别信息，但在此模式下的限制距离之外时，任何访问私密资料文件的尝试均会导致电子标签断电，并断开与读写器的对话。短程模式能够确保仅在电子标签与读写器天线非常接近的情况下，受到保护的信息才可被读取。

4. 内部存储

Monza 4 系列提供多种内存选项，包括扩展的 EPC、用户内存以及 QT 技术等，如表 7.3 所示。其中，Monza 4D 适用于无须大容量内存的应用，Monza 4E 支持快速访问更大的内存，Monza 4QT 还采用了 QT 技术用于为机密数据与消费者隐私提供保护。

表 7.3　Monza 4 系列的内存选项

型号	用户存储	EPC 容量	TRUE 3D 天线	TID 序列号	QT 技术
Monza 4QT	512	128	√	√	√
Monza 4E	128	496	√	√	—
Monza 4D	32	128	√	√	—
Monza 4i	480	256	√	√	—

5. 命令与应用

Monza 4 支持协议中的所有强制命令和部分可选命令，主要应用在供应链、零售、服装、资产跟踪及其他领域。

7.3　微波 RFID 收发器芯片

各频段的 RFID 读写器设计，无论是固定位置的读写器还是可移动的手持终端，一般都是使用该频段的射频收发器芯片，并由 MCU、电源电路、天线和其他外围电路及外壳构成。微波段射频收发芯片根据工作频率不同分为多种类型，常见的有工作频率为 2.4～2.4835 GHz 的 nRF24L01，工作频率为 860～960 MHz 的 R2000、AS3992、WJC200 及 PR9000 芯片，工作频率为 315/433/868/915 MHz 的 CC1110Fx/CC1111Fx 等。

7.3.1　2.4GHz 无线收发器 nRF24L01

1. 主要特性

nRF24L01 是由 NORDIC 生产的支持 GFSK（Gauss Frequency Shift Keying，高斯频移键控）的单片无线收发器，工作在 2.400～2.4835 GHz 的世界通用 ISM 频段，支持自动应答、自动重发、多管道数据接收、CRC 运算等功能。芯片 SPI 接口的通信速率为 0～8 Mb/s，无线通信速率为 1 Mb/s 或 2 Mb/s，具备 126 个可选的工作频道，工作频道间的切换时间短。

芯片采用 20 脚的 QFN20 封装，工作电压为 1.9～3.6 V，输入引脚可耐受 5 V 电压。其主要应用场合为无线键盘鼠标、无线门禁、安防系统、遥控装置、遥感勘测、智能运动装备、工业传感器、玩具等。

2. 内部结构

nRF24L01 的内部结构框图如图 7.11 所示。整个收发器由集成频率合成器、功率放大器、发送 FIFO、接收 FIFO、解调器、调制器和增强型 ShockBurst 等部分组成。芯片输出功率、频道选择、执行协议等参数的设置都可以通过 SPI 接口实现。芯片的电流消耗非常低，当发射功率为-6 dBm 时，发射模式消耗的电流为 9.0 mA；工作在 2 Mb/s 接收模式的电流消耗为 12.3 mA。内置的掉电和休眠模式可以实现更低的功率消耗。

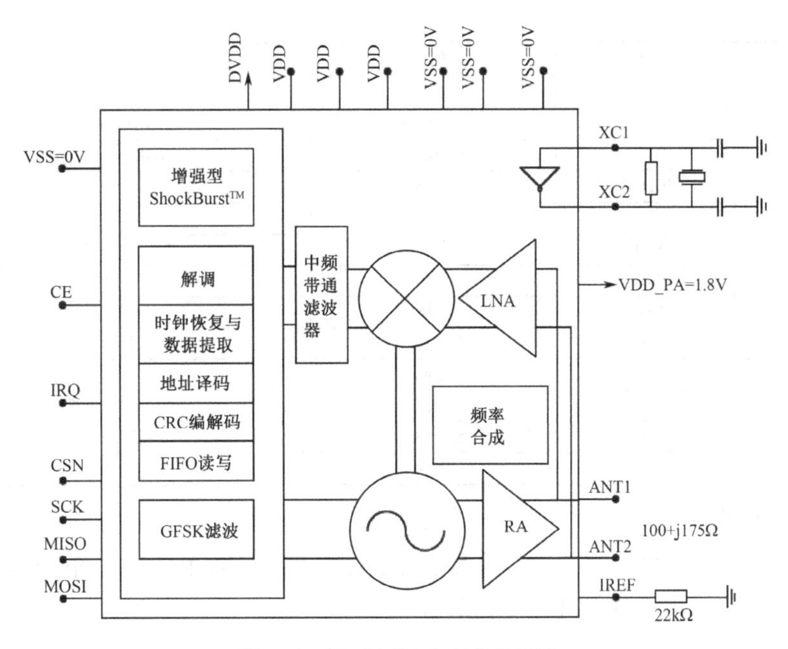

图 7.11　nRF24L01 内部结构框图

3. 引脚功能

nRF24L01 采用 20 引脚的 QFN20 封装，其引脚排列如图 7.12 所示。

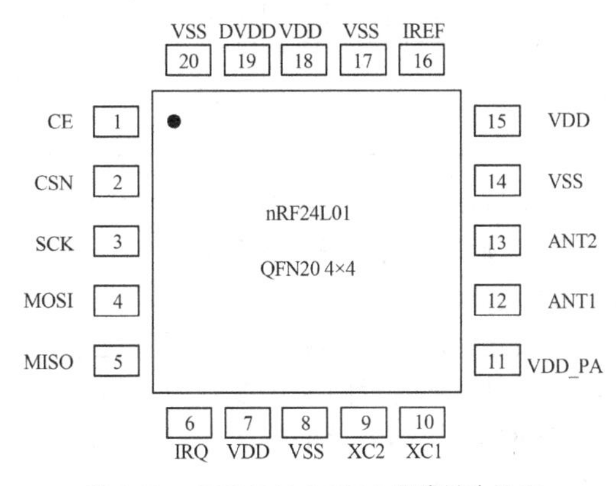

图 7.12　nRF24L01 QFN20 封装引脚排列

nRF24L01 的各引脚功能如表 7.4 所示。

表 7.4　nRF24L01 的引脚功能

编号	名称	性质	描述
1	CE	数字输入	RX 或 TX 模式片选
2	CSN	数字输入	SPI 片选
3	SCK	数字输入	SPI 时钟
4	MOSI	数字输入	SPI 子机输入
5	MISO	数字输出	SPI 子机输出
6	IRQ	数字输出	可屏蔽中断
7	VDD	电源	+3V 直流

（续表）

编号	名称	性质	描述
8	VSS	电源	地
9	XC2	模拟输出	16MHz 晶振引脚 2
10	XC1	模拟输入	16MHz 晶振引脚 1
11	VDD_PA	电源输出	+1.8V 直流
12	ANT1	射频	天线接口 1
13	ANT2	射频	天线接口 2
14	VSS	电源	地
15	VDD	电源	+3V 直流
16	IREF	模拟输入	参考电流
17	VSS	电源	地
18	VDD	电源	+3V 直流
19	DVDD	电源输出	去耦电路电源正极
20	VSS	电源	地

4. 操作模式

通过设置 CE 引脚的电平和芯片内部 CONFIG 寄存器中 PWR_UP 和 PRIM_RX 位的值，nRF24L01 可以工作在几种不同的操作模式，如表 7.5 所示。

表 7.5　nRF24L01 的操作模式

模式	PWR_UP	PRIM_RX	CE	FIFO 状态
RX mode	1	1	1	—
TX mode	1	0	1	数据在 TX FIFO 寄存器中，持续发送
TX mode	1	0	至少 10μs 高电平	数据在 TX FIFO 寄存器中，直至当前数据包发送完
Standby-II	1	0	1	TX FIFO 为空
Standby-I	1	—	0	无数据传输
Power Down	0	—	—	—

在 RX mode 下，芯片持续解调来自接收通道的信号，收到的有效数据包将被存放在 RX FIFO 中，如果 RX FIFO 已满，则收到的数据包被丢弃。

TX mode 在芯片发送数据包时激活。要发送的数据包存放在 TX FIFO 中，CE 引脚持续不小于 10μs 的高电平将启动发送。直到一个数据包发送完毕之前，芯片将保持 TX mode。发送完一个数据包后如果 CE=0，那么芯片返回 Standby-I，如果 CE=1，那么之后的操作取决于 TX FIFO 的状态。如果 TX FIFO 不为空，那么芯片保持 TX mode 并继续发送下一个数据包，如果 TX FIFO 为空，那么芯片返回 Standby-II。

除了发送和接收模式，芯片还有 Standby 模式和 Power Down 模式。其中 Standby-I 用于在系统快速启动时减少芯片电流消耗，此模式下部分晶振电路被激活；与 Standby-I 相比，Standby-II 激活了另外的部分时钟缓冲器，电流消耗比 Standby-I 大。

在 Power Down 模式下，芯片消耗的电流最小，整个芯片的功能关闭，但芯片所有寄存器的值能够保持，且可以通过 SPI 接口读出。

5. 数据包的处理方式

nRF24L01 有两种数据包处理方式：ShockBurst 方式和增强型 ShockBurst 方式。

（1）ShockBurst 方式

ShockBurst 方式下允许使用低成本、低速的 MCU 与 nRF24L01 连接，而 nRF24L01 本身实现高速无线通信。nRF24L01 承担所有与射频通信相关的高速信号处理，与 MCU 使用 SPI 接口通信，SPI 的速率由 MCU 决定。通过允许单片机与 nRF24L01 低速通信而与无线射频部分高速通信，ShockBurst 方式大大降低了应用系统的电流消耗。

（2）Enhanced ShockBurst 方式

Enhanced ShockBurst 方式可以使双向通信链接协议执行起来更加容易且有效。在一个典型的双向通信中，接收方收到数据包后会向发送方回送应答，以便检测数据丢失，如果数据丢失可以重传。在 Enhanced ShockBurst 方式下，nRF24L01 可以对接收到的数据进行应答以及重传丢失的数据包，而这些功能都无须 MCU 的参与。

Enhanced ShockBurst 方式由于在芯片中集成了数据传输及应答和重传功能，提高了数据传输的效率，降低了电流消耗和数据在空气传输中发生“碰撞”的风险，减小了对 SPI 通信性能的要求和软件开发难度。

7.3.2 860～960MHz 系列射频收发芯片

常见 860～960MHz 射频收发芯片有 Impinj 的 R500、R1000、R2000 芯片、AMS 的 AS3992 芯片、TriQuint 的 WJC200 芯片及 Phychips 的 PR9000 芯片等。

1. Impinj R2000

R2000 是 Impinj 出品的一款高性能、低功耗的 UHF 集成读写器芯片，遵守 EPC Gen2 / ISO18000-6C 协议，工作频率为 860～960MHz。芯片内部集成了全部与无源超高频 RFID 电子标签进行数据发送和接收所需要的射频和基带功能模块，采用现代数字信号处理技术和专用自干扰消除技术，即使天线反射强度很高也能确保读取的可靠性。

Impinj R2000 采用 64 引脚的 QFN 封装，其内部结构如图 7.13 所示。内部集成模块包括 LNA（低噪声放大器）、混频器、ADC、DAC、PA（功率放大器）、VCO（压控振荡器）、

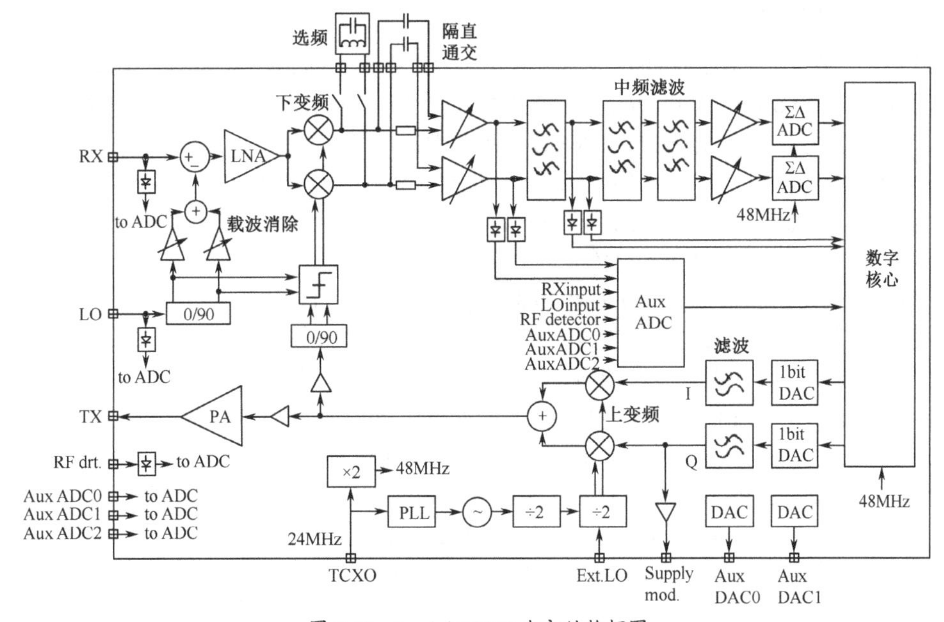

图 7.13　Impinj R2000 内部结构框图

MODEM 等。集成射频包络探测器用于发送和接收时的功率探测，与微控制器的接口可使用高速同步串行总线或 4 位并行总线。整个芯片架构可以分为发送和接收两个通道，在数字内核的控制下完成与电子标签的数据通信。

发送器同时支持 IQ 调制和极化调制，其中 IQ 调制支持 SSB-ASK 和 PR-ASK，极化调制支持 DSB-ASK。这两种调制信号均由数字核心模块产生，经 DAC 转换为模拟信号，再通过滤波、上变频后送至芯片内部的集成功率放大器。可以增加外部线性放大器增大输出功率，从而增加电子标签的读写距离。Impinj R2000 内部自带的功率放大器可以识别距离 2 m 以内的电子标签，具体识别距离由读写器使用的天线决定。如果在 Impinj R2000 外部扩展功率放大器，Impinj R2000 读写器的读写范围可以达到 10 m。

接收器能抑制发射器的载波泄露干扰，可以使用外接的本振信号，也可以使用芯片内部的本振信号执行接收器的下变频混频，如从发射通道的功率放大器引入。接收的信号使用内部 LNA（低噪声放大器）放大，下变频完成后，通过可调电容隔直通交，送入中频放大器。中频模拟滤波器具有可编程的带宽以适应不同的数据速率，其增益可调节以降低 ADC 需要的动态范围，滤波后的 IQ 信号送至 ADC 转换器转换为数字信号。数字核心模块可以实现精确可控的数字滤波，并对信号进行解调。

芯片的工作时钟来源于 24 MHz 的外接温度补偿晶体振荡器（Temperature Compensated Crystal Oscillator，TCXO）。DAC 直接使用 24 MHz 时钟运行，ADC 需要 48 MHz 的工作时钟，通过内部集成的倍频器获得。

Impinj R2000 包含一个集成的 VCO（压控振荡器），其环路滤波器外置，以便合成器满足严格的相位及噪声要求，并提供灵活性。Impinj R2000 支持两种类型的接口，低速的并行接口速率可达 20 Mb/s，高速的串行接口，数据下行速率可达 150 Mb/s，数据上行速率最大 450 Mb/s。两种接口使用相同的引脚，接口类型在上电复位时确定。两种接口的操作电压都是 3.3 V。

2. AMS AS3992

AS3992 是 AMS 出品的 UHF 单片读写器芯片，完整支持 ISO18000-6C（EPC Gen2）协议以及 ISO18000-6 Type A 和 Type B 的直接模式。芯片支持频率调节，通过设置内部的编程选项，能满足全世界范围内的 UHF RFID 应用需求。

AMS AS3992 的内部结构框图如图 7.14 所示。芯片包含数据发送和接收所需的完整模拟和数字功能，集成了 PLL、VCO、电压调节、ADC、DAC、配置寄存器等模块，与 MCU 可以使用 8 位并口或 4 位 SPI 串口通信。

芯片的发送器能够产生 50 Ω 内阻 20 dBm 的功率输出，可以进行 ASK 或 PR-ASK 调制，调制系数可调节。集成的电压调节器保障整个芯片稳定的电源供应。

发送器具有数据编码功能，能够自动产生帧同步、前导码等信号及进行 CRC 运算；接收器可以对 AM 和 PM 信号解调，其接收灵敏度可达-86 dBm，具有自动增益控制功能，可以选择接收器的增益和带宽及数据接收速率。接收器可以对接收的数据帧进行 CRC 校验并解析为字节数据，主机 MCU 可以通过 24 字节的 FIFO 寄存器将接收的数据读出。

AMS AS3992 采用 64 引脚的 QFN 封装，通信接口电压 1.8～5.5 V。内部集成电压调节器具有 20mA 的电流输出能力，可以为 MCU 或外部其他电路供电。

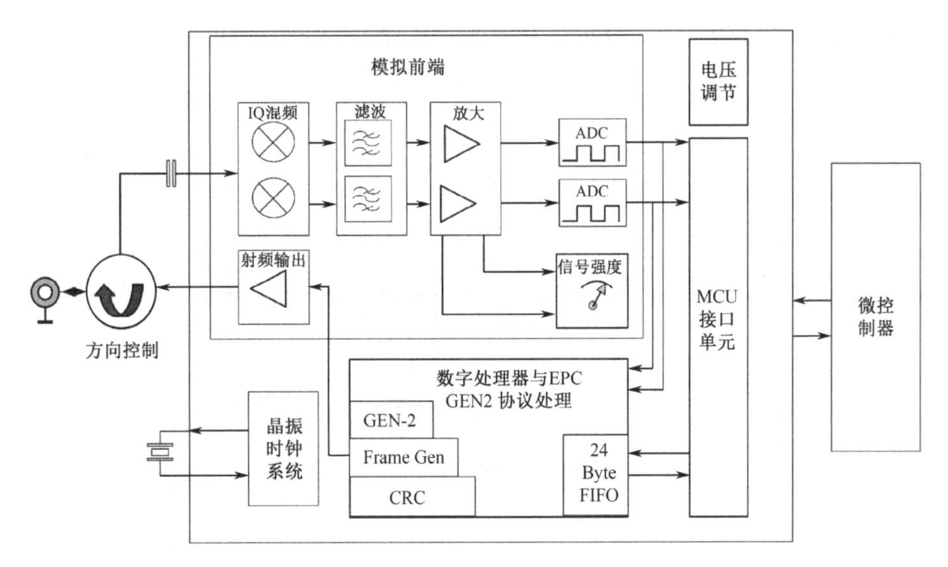

图 7.14　AMS AS3992 内部结构框图

AMS AS3992 使用 20 MHz 晶振，可以工作在 Powerdown、Standby 和 Active 模式，是 UHF RFID 读写器特别是手持设备的理想选择。

AMS AS3992 与电子标签的通信采用 RTF，向电子标签发送和接收数据可以采用以下两种模式。

① 普通模式。此模式下使用芯片内部的硬件编码器和解码器，数据的发送和接收通过 24 字节的 FIFO，协议数据都在芯片内部处理。

② 直接模式。此模式下数据由 MCU 主机系统直接处理，硬件编码器和解码器被旁路，MCU 直接实时处理模拟前端数据。

3. Phychips PR9200

PR9200 是 Phychips 出品的 UHF 单片读写器 SOC（System on Chip，片上系统）芯片，内部集成了高性能 UHF 射频接口、MODEM、ARM Cortex-M0 处理器、64 kB FLASH、16 kB SRAM，完整遵守 ISO18000-6C（EPC Global Gen2）协议，广泛应用于各种移动手持及固定 UHF RFID 读写器。

Phychips PR9200 工作频率为 840～960 MHz，使用 2.6～3.3 V 单电源供电，可以接收 FM0、Miller 编码的信号，通信速率可以为 40 kb/s、80 kb/s、160 kb/s、320 kb/s 和 640 kb/s，采用 64 引脚 6 mm×6 mm FBGA 封装。

Phychips PR9200 内部结构框图如图 7.15 所示。整个芯片可以分为三个组成部分：RF、Modem 和 MCU。从协议层次的角度看，Modem 和 RF 属于物理层，而 MCU 属于高层。高层协议栈的实施由 Cortex-M0 使用 C 语言完成。介于物理层和高层之间的是外部存储器接口（External Memory Interface，EMI），高层可以通过读写外部存储器实现对底层的操作。

从电气角度看，RF 是模拟部分，Modem 和 MCU 是数字部分，模拟部分和数字部分在 Phychips PR9200 内部是分开的，两者的供电电源也需要分开，否则将严重影响系统性能。

Phychips PR9200 芯片包含一个 32 位低功耗的 ARM Cortex-M0 内核，该内核使用精简指令集和 19.2 MHz 主时钟。Phychips 内含 64 kB flash 存储器、16 kB 数据 SRAM 和 4 kB Boot

ROM、UART、快速 I2C、SPI、GPIO、定时器、WDT、软件调试接口等。

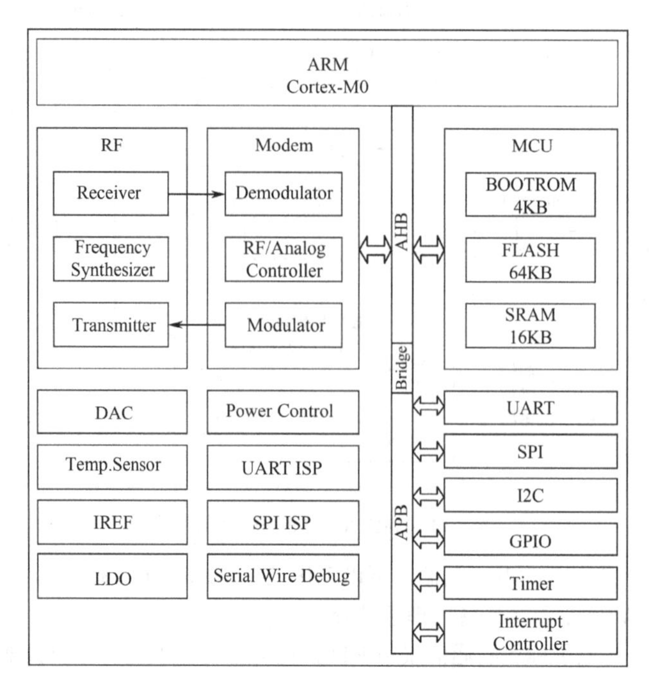

图 7.15 Phychips PR9200 内部结构框图

Modem 位于 RF 和 MCU 之间。Modem 的发送模块将已调制数据发送到 RF，接收模块从 RF 接收电子标签数据。发送和接收 FIFO 用于保存介于 Modem 和 RF 之间的有效数据。

RF 本身可以分为三个组成部分：发送通道、接收通道和频率合成器。来自 RFID 电子标签的反射信号通过接收通道传送给 Modem，Modem 将已调制信号通过发送通道发送给电子标签。频率合成器用于将信号频率在 RF 频率和基带频率之间转换。

7.3.3 低于 1GHz 的多频点无线收发器

某些无线射频收发芯片可以在低于 1 GHz 的多个频点工作，常见的有 IA4420、CC1110Fx 和 CC1111Fx、ADF7020 等。

1. IA4420

IA4420 是 Integration 出品的单片、低功耗、多通道射频收发一体芯片，工作频率为 315/433/868/915 MHz。芯片集成了完整的模拟射频功能和基带收发器功能，内部包含 PLL、PA、LNA、IQ 混频器、基带滤波和放大器、IQ 解调器等组件，仅需外部晶振和旁路滤波即可构成工作电路。

IA4420 内部集成的 PLL 使 RF 设计简单易行，芯片极短的设置时间（settling time）允许快速跳频。旁路多径衰减和干扰使无线连接的可靠性大幅提高，可编程的接收器基带宽度能适应各种偏差，高性能的 PLL 允许在任一频段都可以使用多个通道。

IA4420 全集成的数字数据处理特性极大减轻了与其接口的微控制器的负担。这些特性包括数据过滤、时钟提取、数据结构识别、集成的 FIFO 和 TX 数据寄存器等。芯片的自动频率控制（Automatic Frequency Control，AFC）特性允许使用低精度振荡器从而降低成本，芯片还可以向微控制器提供时钟信号，避免使用两个晶振。在低功耗应用方面，IA4420支持基于内部唤醒定时器的低占空比运行，最低待机电流可低至0.3 μA。

IA4420使用2.2～5.4 V的外部供电电压，芯片封装为16引脚的TSSOP，主要应用于远程控制、家居安防与报警、无线键盘/鼠标及其他PC外设、玩具遥控、远程门控开关、胎压监测、遥感测量、远程自动抄表等场合。

2. CC1110Fx/CC1111Fx

CC1110Fx/CC1111Fx 是一种高性能、低成本的无线收发 SoC 芯片，可以工作在315/433/868/915 MHz等低于1 GHz的ISM/SRD（Short Range Device，短距离设备）频段。其内部集成了一个8051兼容MCU，包含8/16/32 kB非易失性Flash存储器和1/2/4 kB数据存储器，可实现ISP（In-System Programming，在系统编程）功能。芯片使用2.0～3.6 V的宽范围电压供电，主要应用于无线报警和安全系统、工业管理与控制、构建无线传感网络等场合。

CC1110Fx/CC1111Fx采用6x6 mm的QFN36引脚封装，内部可以分为三个模块：CPU相关模块、RF射频模块和电源、测试和时钟分配相关模块。

芯片内部包含一个增强的8051 CPU内核，使用标准8051指令集。由于机器周期从标准8051的12个时钟升级为1个时钟周期，且避免了总线浪费，因而指令执行速度远高于标准8051 CPU。CPU模块中扩展了大量片上资源，包括SRAM、Flash ROM、DMA控制器、调试接口、定时器、WDT、USART、ADC、I2S、AES 运算模块等。CC1111Fx 在 CC1110Fx的特性基础上增加一个全速USB 2.0，CC1110Fx有21个GPIO，CC1111Fx有19个GPIO。

RF 射频模块包括接收通道和发送通道。从天线接收的信号经过低噪声放大器（LNA）放大和正交下变频得到中频信号，并对中频信号利用 ADC 进行数字化后做进一步处理；发送器中则直接利用频率合成器将片内VCO和中频信号合成为射频信号。

芯片内部包含一个低压差电压调节器和一个电源管理控制器。其中电压调节器用来给芯片内部的数字电路提供1.8 V的电源供应；电源管理控制器可以控制芯片工作在1种激活模式（Active mode）和4种电源模式（PM0、PM1、PM2和PM3），共5种状态，其中Active mode为全功能模式，PM3为最低功耗模式。通过工作模式的切换及对时钟振荡器的管理，可以降低芯片的电源消耗，获得最佳工作状态。

为便于调试和测试芯片，多个芯片内部的射频状态信号可以通过芯片部分引脚输出。调试和测试功能的配置需要通过芯片的RF寄存器进行设置。

3. ADF7020

ADF7020是Analog Devices出品的低功耗、高集成度的芯片，且支持FSK/ASK/OOK调制的射频收发器，可以工作在431～478 MHz及862～956 MHz两个频段。FSK调制时数据传输速率为0.15～200 kb/s，ASK调制时数据传输速率为0.15～64 kb/s。

芯片内部集成了完整的收发器功能，内置7位ADC、温度传感器、全自动频率控制回路补偿、数字接收信号强度指示和收发开关等。仅需少量外部分离器件便可以构建功能强大的系统，特别适合于低成本和小体积的应用。

ADF7020的发送器包括一个VCO和低噪声PLL，允许使用跳频扩频（Frequency-hopping spread spectrum，FHSS）。发送器的输出功率可以在-16～+13 dBm之间且以0.3 dBm的间隔编程，接收灵敏度最高可达-119 dBm，芯片的 RF 频率和调制方法均可以通过简单的 3 线接口编程。芯片的供电电压为 2.3～3.6 V，不使用时可以进入掉电模式，在掉电模式下，电流消耗小于 1 μA。

ADF7020 支持多个可编程特性，包括接收的线性度、灵敏度和中频带宽等。芯片电流消耗在接收模式时为 19 mA，在 10 dBm 输出的发送模式时为 26.8 mA。其主要应用于低成本无线数据传输、远程控制、无线计量、无钥匙入口、家居自动化、过程控制、无线语音等场合。

7.4 微波有源应答器设计

大多数 UHF RFID 系统采用通过射频场从读写器获取电源的被动式电子标签。这样有利于减小电子标签尺寸和降低成本，但是会限制读取范围和数据存储能力。带电池的主动式电子标签可以提供较大范围的读取能力和更强的可靠性，不过其尺寸较大，也更贵一些。采用最新的低功耗单片机MSP430F2012和无线数传芯片IA4420，可以设计一种不但读取距离远、可靠度高，而且成本更低、寿命更长的主动式 RFID 电子标签。

7.4.1 设计方案分析

本设计完成的主动式 RFID 电子标签应具有低成本、低功耗、阅读距离长及距离可调、电池供电等特性。分析主动式 RFID 电子标签的这些特性要求，形成设计方案如下。

1. 低成本

通常基于 RFID 的电子识别系统，用于标示物体的 RFID 电子标签总是有较大的使用量，电子标签的单价直接影响到系统整体造价的高低，应尽可能降低电子标签成本。

从元件选型入手，选用集成度高的 MCU 和无线数传芯片，尽量减少外围元件的数量，不仅可以降低硬件成本，还避免了生产过程中的统调工作，降低了生产成本。本设计选用 MSP430F2012 单片机，内部 PLL 电路可以节省一般单片机必需的外部晶振；内建电源电压监测/欠压复位模块（Brown-Out Reset，BOR）省去了外部复位电路；选用 IA4420 无线数传芯片，是目前同类无线数传芯片中外围元件最少的一种（仅需一个 10 MHz 晶振）；差分天线接口可直连设计在 PCB 上的微带天线。这些都使得本设计的硬件成本降到了最低。

2. 低功耗

主动式 RFID 电子标签采用电池供电，为了延长电池使用寿命，系统对低功耗性能要求严格。MSP430 单片机拥有 0.5 μA 的保持模式待机电流和 220 μA（1 MHz，2.2 V）的运行功耗，是目前业界公认的低功耗单片机；IA4420 的低功耗待机模式电流消耗低至 0.3 μA。这两大芯片为本设计的低功耗性能提供了基础保证。低功耗设计一方面从元件的选择入手，另一方面要设计优化合理的运行时序，在完成电子标签功能的前提下，使电路在大多数时间处于待机状态。

3. 长距离及距离可调

无线信号在自由空间中的视距传输距离，与系统总增益的对数成正比，在不增加发射信号强度的情况下，选择高接收灵敏度的无线数传芯片可以达到增加传输距离的效果。

IA4420 具有-109 dBm 的接收灵敏度和最大 8 dBm 射频信号输出功率，室外开阔地实测传输距离达 200 m 以上。按“6dB”法则，在无线系统中，总增益每增加或减少 6 dB，传输距离延长或缩短 1 倍。IA4420 的信号输出功率有 0dBm、-3dBm、-6 dBm、-9 dBm、-12 dBm、-15 dBm、-18 dBm 和-21 dBm（共 8 级可调），配合 0、-6、-14、-20 可调的接收端 LNA 增益，实现了电子标签读写距离的大范围多级可调。

4. 电池供电

本设计选用单节 CR2032 纽扣式锂锰电池，该电池公称电压为 3 V，容量为 200 mAh，建议间歇放电电流<15 mA。CR2032 具有每年低于 1%的内在超低漏电及极其平坦的放电曲线（这两种特性是延长电池使用寿命的理想选择）。本设计省去电池到元件之间的稳压电路，直接由电池给系统供电。也节省了稳压电路所带来的静态电流消耗，使电池寿命进一步延长。为防止发射状态较大的电流造成电池电压瞬态降低，使用较大容量电容与电池并联。

直接用电池为单片机供电，一个值得注意的问题是更换电池时，电池导线的机械接触会产生电源噪声，使单片机复位不完全而产生随机错误操作。MSP430F2012 内部集成零功耗欠压复位（BOR）保护功能，可以在电压低于安全操作范围时执行完全复位，很好地解决了这一问题。

7.4.2 系统软硬件设计

1. 硬件电路设计

主动式 RFID 电子标签硬件电路结构简单，主要包括微控制器 MSP430F2012 和射频收发芯片 IA4420 及其他少量外围元件，硬件电路如图 7.16 所示。

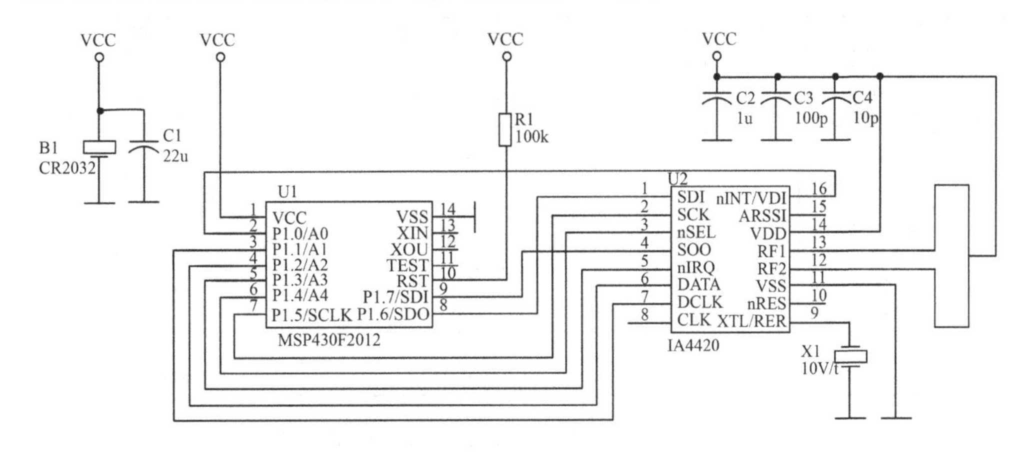

图 7.16 主动式 RFID 电子标签硬件电路

MSP430 是 TI 公司的一个超低功耗单片机系列，完美地结合了功耗低、速度快的特点。CPU 采用 16 位精简指令集，集成了 16 个通用寄存器和常数发生器，极大地提高了代码的执行效率；该系列单片机还将大量的外围模块整合到片内，适合构成较完整的片上系统；提供了 5 种低功耗模式，主要面向电池供电的应用。本设计选用的是 MSP430 系列中更低成本，更高性能的新型单片机 MSP430F2012。

IA4420 是 Integration 公司推出的一体化无线数传芯片，RF 功能完全内置，外部只要一个 10MHz 晶振即可工作。

2. RFID 通信协议

本设计遵从 ISO/IEC18000-7《433MHz 有源 RFID 空中接口通信参数》中关于主动式 RFID 电子标签通信协议的物理层、数据链路层的所有约定。载波频率设定为 433.92 MHz，读写器与电子标签之间的通信都是使用 FSK 调制的曼彻斯特编码，数据传输速率为 27.7 kb/s。通信协议的其他具体内容可以参考该国际标准。

7.5 微波 RFID 读写器开发

由于超高频 RFID 读写器具有读写距离远、多目标识别速度快、抗干扰及穿透能力强及电子标签尺寸小等优点，相关技术及协议标准已成为全球 RFID 产业和研究部门关注的热点。ISO/IEC18000-6 协议就是一种该频段的 RFID 空中接口标准，本节内容基于该协议提出一种微波 RFID 读写器的设计方案。

7.5.1 系统基本参数

ISO/IEC18000-6 系列标准包含了 ISO/IEC18000-6A、ISO/IEC18000-6B 和 ISO/IEC18000-6C 三种类型，其中 ISO/IEC18000-6C 能够兼容 EPC Class1 Gen2 标准。三类标准的工作频率、数据传输速率、调制方式和防冲突算法等比较如表 7.6 所示。

表 7.6 ISO/IEC18000-6 三类标准比较

协议类型		ISO/IEC18000-6A	ISO/IEC18000-6B	ISO/IEC18000-6C
读写器到电子标签	工作频率	860～960MHz	860～960MHz	860～960MHz
	数据传输速率	33kb/s	10kb/s 或 40kb/s	26.7～128kb/s
	调制方式	30%～100%ASK	10%或 100%ASK	DSB-ASK,SSB-ASK,PR-ASK
	编码方式	PIE	Manchester	PIE
电子标签到读写器	副载波频率	未用	未用	40～640kHz
	数据传输速率	40～160kb/s	40～160kb/s	FM0：40～640 kb/s 米勒副载波：5～320 kb/s
	调制方式	ASK	ASK	ASK 或 PSK
	编码方式	FM0	FM0	FM0 或米勒副载波
	UID 长度	64 位	64 位	32～192 位
防冲突算法		动态时隙 ALOHA 算法	二进制搜索算法	时隙随机算法

考虑到兼容性和通用性的要求，本方案设计的读写器支持 ISO/IEC18000-6 系列的三类标准。硬件上采用相同的设计方案，不同的参数由软件设计实现。读写器可以根据不同的命令，以指定或者轮询的方式读取某种或者全部的电子标签。读写器与上位机的命令和数据通信通过异步串口实现。读写器和电子标签之间的通信方式为半双工通信。通信过程中，读写器优先，它为电子标签提供能量和载波，电子标签采用反向散射的方式调制载波实现对读写器命令的应答。

7.5.2 微波 RFID 读写器硬件设计

系统硬件由两部分构成：基带模块和射频模块。基带模块主要实现信息处理、存储和转发；射频模块主要实现发送信号的调制、功率放大及接收信号的低噪声放大和解调。

1. 基带模块

基带模块的主要功能是实现对射频模块的控制，提供对 ISO/IEC18000-6 协议的软件支持，同时响应上位机命令，并处理和传输电子标签信息。基带模块的微处理器采用 TI 公司基于 16 位 RISC 架构的 MSP430F1611。该 MCU 具有 48 kB Flash 与 10 kB RAM，指令周期仅为 125 ns，能快速地处理大量的数据。

MSP430F1611 集成了片上 ADC 和 DAC，支持 UART、SPI、I2C 等通信方式，并提供五种低功耗模式，能最大化电源效率。读写器和上位机通过异步串口通信，由于系统利用 3.3V 供电，因此采用 MAX3232 实现 LVTTL 电平和 RS232 电平转换。

2. 射频模块

射频模块主要采用 ADI 公司的芯片 ADF7020 实现。在接收模式下，ADF7020 相当于一个传统的超外差接收器，射频输入信号经过低噪声放大器放大后翻转进入混频器，通过混频器产生中频信号，中频信号经滤波放大后进入解调器解调，然后直接输出解调后的数字信号，解调信号的同步由芯片提供的时钟信号完成。在发送模式下，数字信号经过调制后再变频，经功率放大器发射出去。

3. 关键电路设计

由于 ADF7020 完整地集成了射频发送和接收回路，仅需少数几个外部分立元件即可，因此大大简化了电路设计。系统的关键电路是射频模块的环路滤波器、阻抗匹配电路和功放。环路滤波器是频率合成器的关键部分，直接影响无线通信的载波质量、接收和发送信噪比等重要参数。环路滤波器可以利用 ADI 的软件 SRD Design Studio 进行设计和仿真，通过频域分析、瞬态分析和频谱分析选择合适的参数。元件最终参数值可以根据仿真结果和实际硬件微调。本系统采用了推荐的 3 阶环路滤波器，如图 7.17(a)所示。其中，C_1 将来自电荷泵（CPOUT 引脚）的脉冲转化为直流电压，R_1 和 C_2 用于控制电路存在的二阶极点引起的不稳定性，C_3 用于滤除 R_1 和 C_2 给直流控制电压带来的纹波。由于采用 ASK 调制方式，发射功率的突变引起的高频电荷泵脉冲会导致输出频谱拓宽，因此应该将环路滤波器带宽设计为数据速率的 10 倍左右，这样有利于频率快速而精确地锁定。

射频收发端主要有阻抗匹配、低通滤波和功率放大电路，如图 7.17(b)所示。L_1 为内部功放提供偏置电压，C_4 起隔直作用，同时 L_1、C_4 构成匹配网络，使得输出功率最大。由于要求的发射功率比较高，采用了两级功放。一级功放采用 Monolithic 公司的 MNA-5，工作频段为 0.5～2.5 GHz，最大输出功率能达到 19 dBm。二级功放采用 RFMD 公司的 RF2162，工作频率为 800～960 MHz，最大输出功率能达到 31 dBm。低通滤波器（Low-Pass Filter，LPF）采用 Murata 公司的片状多层 LC 滤波器 LFL18924MTC1A052，其中心频率为 924.5 MHz，带宽为 70 MHz。

射频接收端主要由带通滤波器和阻抗匹配电路组成。带通滤波器（Band-Pass Filter，BPF）采用 Murata 公司的 SAFCH915MAL0T00，具有良好的带外衰减性能。阻抗匹配电路由 C_5、

C_6、L_2构成，同时实现单端信号到差分信号的转换。射频发送端和接收端通过环行器连接到平板天线上，环行器采用 Mini-Circuits 公司的双向耦合器 BDCN-17-25。

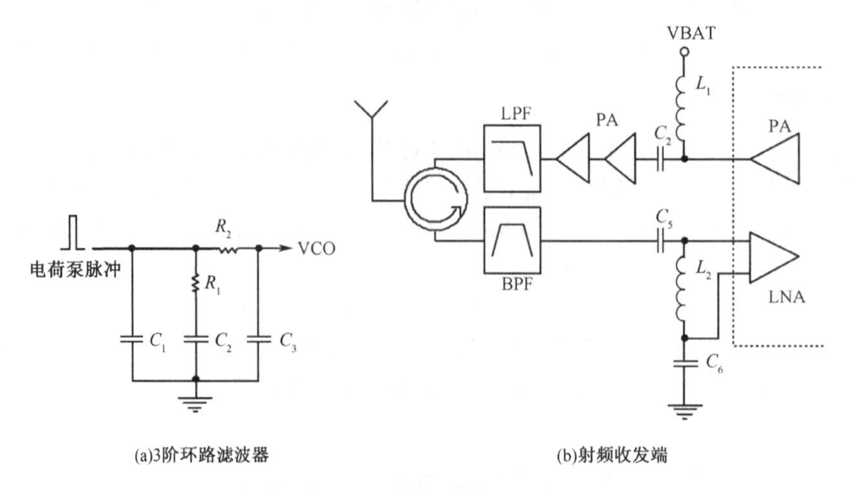

图 7.17 关键硬件电路设计

7.5.3 微波 RFID 读写器软件设计

1. 射频模块控制

基带模块和射频模块的接口电路如图 7.18 所示。

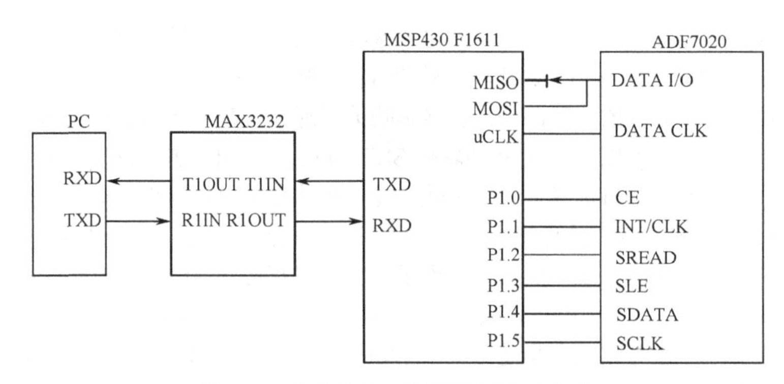

图 7.18 基带模块与射频模块的接口电路

MSP430F1611 的 SPI 口与 ADF7020 的收发数据和时钟引脚相连。ADF7020 的命令和配置接口与 MSP430F1611 的 I/O 口 P1 相连，模拟其通信时序。其中，CE 是片选信号；INT/CLK 在接收模式时作为芯片中断输出，P1.1 配置成上升沿触发的中断模式；SREAD 和 SDATA 分别是数据读取和写入信号；SCLK 是同步时钟；ADF7020 配置数据的低 4 位为寄存器地址，SLE 的上升沿用于将配置数据写入对应地址的寄存器。详细的寄存器配置数据可见 ADF7020 的数据手册。

ADF7020 是半双工的通信模式，收发切换采用内部开关控制，通过编程寄存器 0 的第 27 位实现。发送模式下可以将差分的接收端短路，而接收模式下发送未经调制的信号给电子标签提供载波，则通过编程寄存器 8 的第 13 位实现。

2. 协议封装

（1）编码解码

ISO/IEC18000-6A 和 ISO/IEC18000-6C 协议的前向链路采用脉冲间隔编码（PIE），ISO/IEC18000-6B 协议的前向链路采用曼彻斯特编码；反向链路都采用 FM0（ISO/IEC18000-6C 协议还可以采用米勒码）编码，三种编码方式如图 7.19 所示。

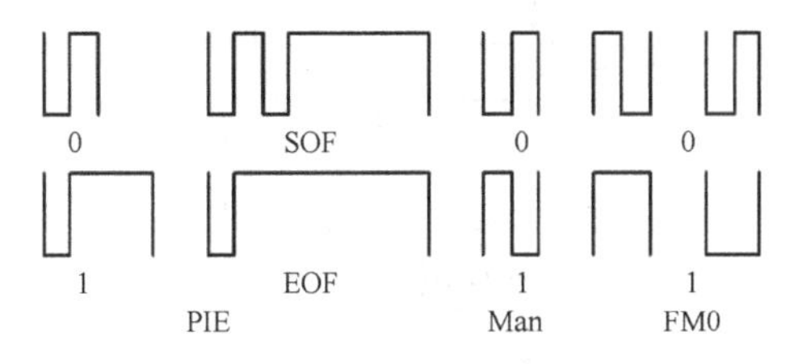

图 7.19 编码图

脉冲间隔编码通过脉冲间隔的不同长度来区分信息“0”“1”、SOF 和 EOF，可以将“0”编码为“01”；“1”编码为“0111”；SOF 编码为“01011111”；EOF 编码为“01111111”。

曼彻斯特编码的特点是将每一个码元分成两个相等的间隔。可以将“0”编码为“01”；“1”编码为“10”。

FM0 编码的特点是“1”的开始和结束会发生电平跳变，“0”则在开始、中间和结束都会发生电平跳变，因此将“01”和“10”解码为“0”；“00”和“11”解码为“1”。

（2）数据帧格式

读写器发往电子标签的数据帧一般包含帧头、分隔符、命令、标志、参数、数据和 CRC 等字段；电子标签发往读写器的数据帧一般包含帧头、标志、参数、数据、CRC 等字段。每种类型读写器和电子标签的数据帧字段数和各个字段的内容不尽相同，不同的命令和数据有不同的帧格式。

（3）防冲突算法

读写器和电子标签的基本通信过程如下。

① 读写器作用范围内的电子标签接收到载波能量，上电复位。

② 读写器与电子标签进行防冲突仲裁。

③ 读写器选择单个电子标签进行读写操作，其他电子标签暂时休眠。该电子标签响应命令后进入睡眠状态。

④ 读写器搜索其他电子标签，进入第②步，循环操作，直到识别出所有电子标签。

ISO/IEC18000-6 三类标准定义了不同的防冲突算法。ISO/IEC18000-6A 采用动态时隙 ALOHA 防冲突算法；ISO/IEC18000-6B 采用二进制树型防冲突算法；ISO/IEC18000-6C 采用随机时隙算法。

3. 读写器工作流程

读写器首先初始化系统，包括设置串口波特率、ADF7020 的工作频率、调制方式、调制深度和发射功率等参数，然后尝试与上位机建立连接，响应上位机命令。成功建立连接后即发送读取命令，然后转为接收模式，同时发送稳定的未调制载波，检测磁场范围内是否有电子标签存在，如果正确读取到电子标签，则向上位机发送电子标签信息；如果检测到碰撞，则进行防冲突仲裁，直到把磁场范围内的电子标签全部读取完毕。

读写器可以根据上位机命令设置为只读三种电子标签中的某一种，或者循环读取所有电子标签。读写器发送给上位机的信息包含电子标签识别码和电子标签类别等信息。读写器工作流程图如图 7.20 所示。

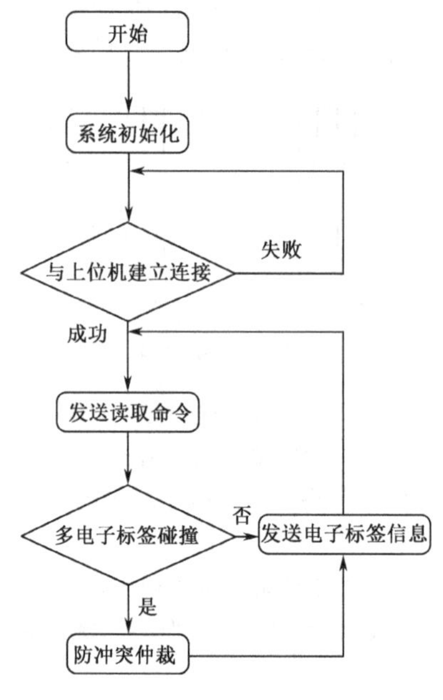

图 7.20 读写器工作流程图

习题 7

7-1 常见的电子标签反向散射的调制方式有哪几种？

7-2 ISO/IEC18000-6 三类标准分别使用何种防冲突算法？

7-3 载波泄露对读写器有何影响？通常使用什么方法解决载波泄露问题？

7-4 常见的无源微波 RFID 电子标签有哪些？

7-5 常见的微波 RFID 收发器芯片有哪些？

第 8 章　RFID 标准体系

标准化是为了在一定范围内获得最佳秩序，对产品、过程或服务等有关的现实问题或潜在问题制定共同使用和重复使用的条款的活动。标准化可以防止贸易壁垒，促进技术合作，获得了标准的制定权就掌握了话语权，牵扯到每一个国家或团体的切身利益。RFID 标准体系是一系列针对 RFID 技术制定的共同使用和重复使用的条款的总称。

8.1　RFID 标准体系概述

目前，RFID 技术在全球范围内发展迅速，其应用也是全球性的，因而标准化工作非常重要。由于当前还不存在全球统一的 RFID 国际标准化组织，因而各厂家依据不同标准推出的 RFID 产品存在许多兼容性问题，造成 RFID 产品在市场和应用上的混乱，势必对未来的 RFID 产品互通造成障碍。

通过对 RFID 技术国际标准的研究，可以跟踪国际 RFID 技术的最新发展动态及标准化进程，指导和推进 RFID 技术在我国各领域的应用，为我国制定 RFID 技术的国家标准奠定坚实基础。

8.1.1　RFID 标准化组织

目前全球并没有形成统一的 RFID 国际标准化组织，公认比较有影响力的 RFID 国际标准化组织有 5 个，分别为 ISO/IEC、EPCglobal、UID、AIM Global 和 IP-X。

1. ISO/IEC

ISO 是国际标准化组织（International Organization for Standardization）的简称，IEC 是国际电工技术委员会（International Electrotechnical Commission）的简称，二者都是全球性的非政府组织，具有较高的公信力。ISO/IEC 制定的 RFID 标准涉及 RFID 的各个频段。

2. EPCglobal

全球电子产品编码中心（Electronic Product Code global）是一个中立的、非营利性标准化组织。EPCglobal 由欧洲物品编码协会（European Article Number，EAN）和美国统一物品编码委员会（Uniform Code Council，UCC）两大标准化组织联合成立。EPCglobal 以欧美为主体阵营，得到了包括沃尔玛、强生、宝洁等许多世界 500 强企业的支持，其标准主要采用 UHF 频段。

3. UID

泛在识别中心（Ubiquitous ID Center，UID）是日本主导的 RFID 标准化组织，得到了绝大多数日本厂商（如索尼、日立、NEC 等）及韩国厂商（如三星、LG 等）的支持。UID 的 RFID 标准使用的频段主要是 2.45 GHz 和 13.56 MHz。

4. AIM Global

国际自动识别制造商协会（Automatic Identification Manufacturers Global，AIM Global）是一个相对较小的 RFID 标准化组织，目前在全球几十个国家与地区有分支机构，是可移动环境中自动识别、数据搜集及网络建设方面的专业协会。

5. IP-X

IP-X 也是一个较小的 RFID 标准化组织，其标准主要在非洲、大洋洲和亚洲推广。目前，南非、澳大利亚等国家采用 IP-X 标准。

8.1.2 RFID 标准分类

如图 8.1 所示，RFID 标准可以分为技术标准、数据内容标准、应用标准和性能标准四部分，其中技术标准和数据内容标准是 RFID 标准的核心。

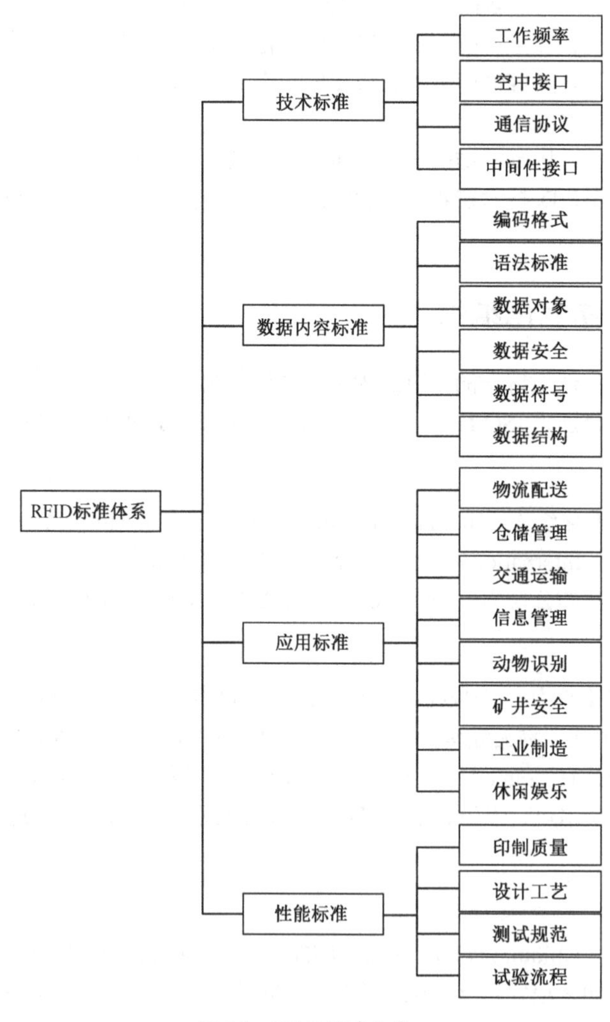

图 8.1 RFID 标准分类

1. RFID 技术标准

RFID 技术标准主要定义了读写器和电子标签之间的通信参数，包括通信使用的工作频段、空中接口、通信协议等。RFID 技术标准也定义了中间件接口。

2. RFID 数据内容标准

RFID 数据内容标准涉及数据协议、数据编码规则和语法。主要包括编码格式，语法标准、数据对象和数据安全等。

3. RFID 应用标准

RFID 应用标准主要规定在特定的应用环境下 RFID 的架构规则和应用规范，如 RFID 在工业制造、物流配送、信息管理、动物识别等领域的应用规范。

4. RFID 性能标准

RFID 性能标准主要涉及设备性能测试和一致性测试标准，包括设计工艺、测试规范和试验流程等几个方面。

8.1.3 ISO/IEC 标准体系总览

ISO/IEC 是信息技术领域最重要的标准化组织之一，是 RFID 标准的主要制定机构。目前 ISO/IEC 大部分关于 RFID 的国际标准都是由其下属的技术委员会（Technical Committee，TC）或分委员会（SubCommittee，SC）制定的。ISO/IEC 制定的部分 RFID 技术标准、数据内容标准、性能标准和应用标准如表 8.1 所示。

表 8.1 ISO/IEC 制定的 RFID 标准

标准分类	标准编号	标准说明
技术标准	ISO/IEC10536	密耦合非接触式 IC 卡标准
	ISO/IEC14443	近耦合非接触式 IC 卡标准
	ISO/IEC15693	疏耦合非接触式 IC 卡标准
	ISO/IEC18000	涵盖低频、高频、微波段的 RFID 空中接口参数协议
	ISO/IEC18000-1	空中接口一般参数
	ISO/IEC18000-2	频率低于 135kHz 的空中接口参数
	ISO/IEC18000-3	频率为 13.56MHz 的空中接口参数
	ISO/IEC18000-4	频率为 2.45GHz 的空中接口参数
	ISO/IEC18000-5	频率为 5.8GHz 的空中接口参数（已被否决）
	ISO/IEC18000-6	频率为 860～960MHz 的空中接口参数
	ISO/IEC18000-7	频率为 433MHz 的空中接口参数
数据内容标准	ISO/IEC15424	数据载体/特征标识符
	ISO/IEC15418	GS1 应用识别符和 ASCMH10 数据识别符及维护
	ISO/IEC15434	大容量 ADC 媒体用的传送语法
	ISO/IEC15459	物品管理的唯一识别号（UID）
	ISO/IEC15961	数据协议：应用接口
	ISO/IEC15962	数据编码规则和逻辑存储功能的协议
	ISO/IEC15963	射频电子标签（应答器）的唯一标识
性能标准	ISO/IEC18046	RFID 设备性能测试方法
	ISO/IEC18047	有源和无源的 RFID 设备一致性测试方法
	ISO/IEC10373	识别卡测试方法

（续表）

标准分类	标准编号	标准说明
应用标准	ISO/IEC10374	货运集装箱识别标准
	ISO/IEC18185	货运集装箱密封标准
	ISO/IEC11784	动物电子标签的代码结构
	ISO/IEC11785	动物 RFID 的技术准则
	ISO/IEC14223	动物追踪的直接识别数据获取标准
	ISO/IEC17363	RFID 供应链应用-货运集装箱
	ISO/IEC17364	RFID 供应链应用-装载单元

ISO/IEC 已出台的 RFID 标准主要关注基本的模块构建、空中接口、涉及的数据结构及其实施问题。用户可以根据自己的需求查阅相关的标准。本书以下内容主要详细介绍 RFID 研发人员常用的部分 ISO/IEC 技术标准和应用标准，并简要介绍 EPCglobal 和 UID 标准的相关内容。

8.2 ISO/IEC14443

国际标准 ISO/IEC14443 主要定义了近耦合集成电路卡（Proximity Integrated Circuit Card，PICC）的作用原理和工作参数。PICC 是指作用距离大约为 0～15 cm 的非接触式 IC 卡。本节主要介绍 ISO/IEC14443 的物理特性与射频能量、信号接口等相关内容。

8.2.1 ISO/IEC14443 的物理特性与射频能量

1. 物理特性

ISO/IEC14443-1 规定了近耦合卡的物理特性。近耦合卡应具有 ISO/IEC7810 中规定的 ID-1 型卡的规格和物理特性，其尺寸与国际标准 ISO/IEC7810 的规定相符，即 85.72 mm×54.03 mm×0.76 mm±容差。此外，ISO/IEC14443-1 还包括对 PICC 弯曲和扭曲试验的附加说明，以及使用紫外线、X 射线和电磁射线进行辐射试验的附加说明等。

在实际应用中，除了符合 ISO/IEC14443 标准的卡片，还存在大量其他各种形状的电子标签，它们同样遵守 ISO/IEC14443 标准协议。

2. 射频能量

ISO/IEC14443-2 中规定了耦合场的性质与特征，该耦合场提供近耦合设备（Proximity Coupling Device，PCD）和 PICC 之间双向通信的通道以及通信所需的能量，但协议中并未规定如何产生耦合场及如何使耦合场符合各国的电磁场辐射和人体辐射安全条例的方法。

PCD 必须产生为 PICC 提供能量并用于通信的射频场，射频场的载波频率为 13.56 MHz ±7 kHz，磁场强度最小不低于 1.5 A/m，最大不超过 7.5 A/m，PICC 在此磁场强度范围内能连续不间断工作。

3. PCD 和 PICC 之间的对话流程

PCD 和 PICC 之间的对话通过如下连续操作进行。

① PCD 的射频场激活 PICC。

② PICC 等待来自 PCD 的指令。

③ PCD 传输相关指令。

④ PICC 回送对命令的响应。

在 PICC 进入 PCD 的射频场得电复位成功后，PCD 与 PICC 之间的通信采用 RTF 模式，即每次由 PCD 发出命令，PICC 收到命令后执行命令并返回应答。没有 PCD 的命令，PICC 不得主动发起通信。

8.2.2 ISO/IEC14443 的信号接口

ISO/IEC14443 协议中定义了存在于 PCD 和 PICC 之间的两种完全不同的信号接口，分别称为 Type A 和 Type B，PICC 只须支持其中一种即可。

1. Type A PCD 发送数据的信号接口

如图 8.2 所示，Type A 的 PCD 向 PICC 发送数据时，数据传输速率为 106kb/s（13.56 MHz/128），采用修正米勒码的 100% ASK 调制。为了保证对 PICC 不间断地进行能量供应，载波间隙（Pause）的时间约为 2～3 μs，并定义以下时序。

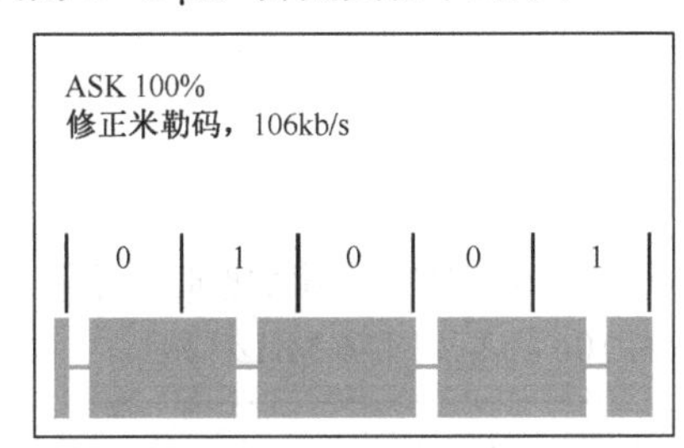

图 8.2 Type A PCD 发送数据的信号接口

① 时序 X：在整个位周期（$128/f_c$）的 $64/f_c$ 处，产生一个 Pause。

② 时序 Y：在整个位周期不发生调制。

③ 时序 Z：在整个位周期的开始处产生一个 Pause。

用以上时序进行信息编码的规则如下。

① 逻辑“1”用时序 X 表示。

② 逻辑“0”用时序 Y 表示。

③ 假如相邻有 2 个或更多的“0”，从第 2 个“0”开始（包括其后面的“0”）采用时序 Z。

④ 通信开始用时序 Z 表示。

⑤ 通信结束用逻辑“0”开始，并跟随其后为时序 Y。

⑥ 假如在帧的起始位后的第 1 位为“0”，则用时序 Z 来表示这一位和直接跟随其后的“0”。

⑦ 无信息时至少有两个时序 Y。

2. Type A PICC 返回数据的信号接口

如图 8.3 所示，PICC 应答时利用接通或断开负载的方法实现副载波调制曼彻斯特编码，副载波的频率 f_s 等于 $f_c/16$（约 847 kHz）。在初始化和防冲突期间，1 位时间等于 8 个副载波时间，数据传输速率为 106 kb/s。定义以下时序。

① 时序 D：载波被副载波在位宽度的前半部分调制。

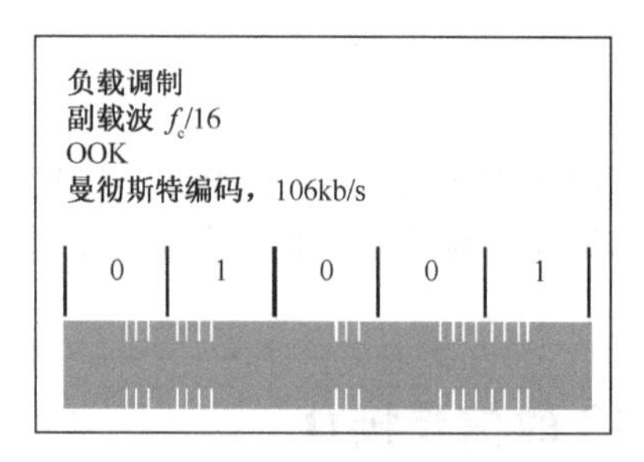

图 8.3　Type A PICC 返回数据的信号接口

② 时序 E：载波被副载波在位宽度的后半部分调制。

③ 时序 F：在整个位宽度内载波不被副载波调制。

用以上时序进行下列信息的编码。

① 逻辑“1”用时序 D 表示。

② 逻辑“0”用时序 E 表示。

③ 通信开始用时序 D 表示。

④ 通信结束用时序 F 表示。

⑤ 无信息时无副载波。

3. Type B PCD 发送数据的信号接口

如图 8.4 所示，Type B 从 PCD 向 PICC 传输数据时，采用 10%的 ASK 调制和不归零编码（NRZ-L），数据传输速率为 106 kb/s（13.56 MHz/128）。

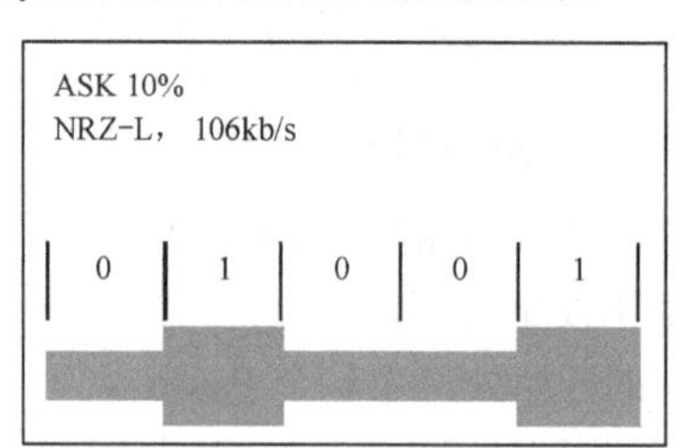

图 8.4　Type B PCD 发送数据的信号接口

4. Type B PICC 返回数据的信号接口

如图 8.5 所示，PICC 向 PCD 返回数据时，也使用了有副载波的负载调制，数据传输速率同样为 106 kb/s。副载波频率为 847 kHz（13.56 MHz/16），调制是通过对副载波进行二进制相移键控（Binary Phase Shift Keying，BPSK）完成的。

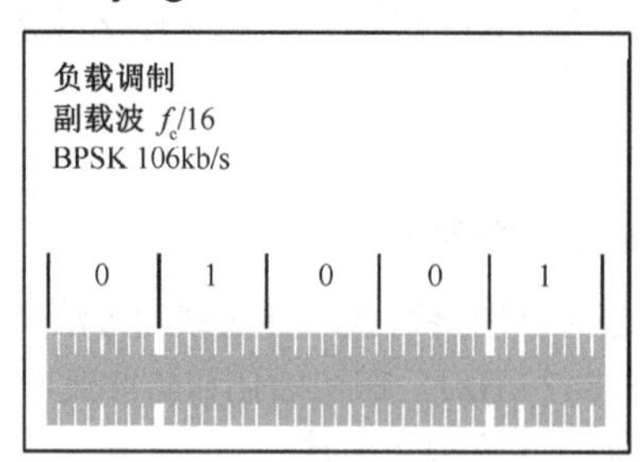

图 8.5　Type B PICC 返回数据的信号接口

8.2.3 ISO/IEC14443 Type A 的帧格式与防冲突

ISO/IEC14443-3 对 Type A 和 Type B 的初始化和防冲突规范分别进行了规定。如果一个 PICC 处于某 PCD 的作用范围内，则 PCD 和 PICC 之间就可以建立起通信关系。为检测是否有 PICC 进入到 PCD 的有效作用区域，PCD 将重复发出请求信号（Polling，轮询），并判断是否有响应。Type A 和 Type B 的命令和响应不能相互干扰。

ISO/IEC14443-3 规定了协议帧的结构，协议帧由数据位、帧起始标记和帧结束标记等基本要素构成。

1. Type A PICC 的初始化

如果 Type A 卡位于读写器的作用范围内，且有足够的电能可供使用，则卡中的芯片就开始工作。在执行一些预置程序（在复合卡的预置程序中，还必须测试 IC 卡是处于非接触工作模式还是接触工作模式）后，IC 卡即处于闲置状态。此时，读写器可以同作用范围内的其他 IC 卡交换数据，处于闲置状态的 IC 卡不能干扰读写器与其他 IC 卡之间进行的通信。

PCD 将重复发出请求信号 REQA 帧用来检测其有效作用区域内是否有卡片，相邻两个 REQA 帧的起始位之间的最小时间定义为请求保护时间，其值为 $7000/f_c$，约为 516 μs。

2. Type A PCD 发送数据的帧格式

Type A 类卡共有 3 种不同的帧格式，简述如下。

（1）REQA 和 WAKE-UP 帧。这种帧应用于卡请求，如图 8.6 所示。

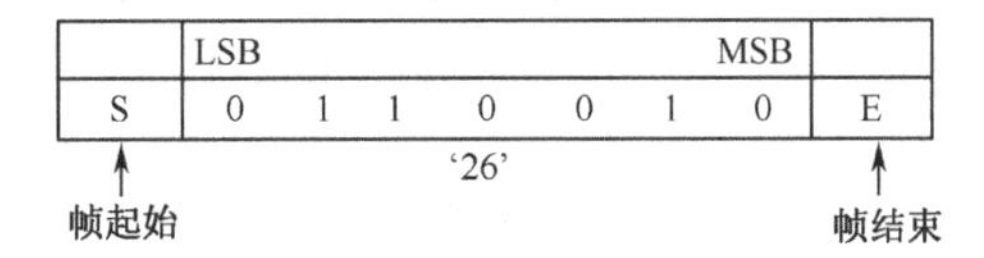

图 8.6 REQA 和 WAKE-UP 帧

该类帧包含一个帧起始位和一个帧结束位，7 位数据位，没有校验位，先发送 LSB。其中 26H 用于 REQA 请求，52H 用于 WAKE-UP 请求。

（2）标准帧。这种帧用于数据交换，如图 8.7 所示。

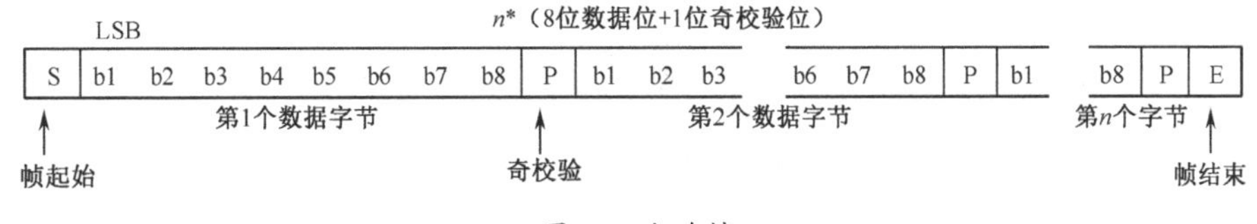

图 8.7 标准帧

该类帧包含一个帧起始位和一个帧结束位，n*（8 位数据位 +1 位奇校验位），且 n 大于等于 1，每字节的数据都先发送 LSB。

（3）防冲突帧。该类帧用于 Type A 的防冲突过程。

ISO/IEC14443-3 规定了为选择某个单独 PICC 而采取的防冲突算法。Type A 和 Type B 防冲突算法的原理不同，Type A 采用位检测防冲突协议，其原理是基于序列号的二进制树型防冲突算法；Type B 则是通过一组命令来管理防冲突过程，采用动态时隙 ALOHA 防冲突算法。

在 Type A 中当至少有两个 PICC 发出不同的比特样本到 PCD 时，PCD 就能检测到冲突。

在这种情况下，由于数据使用曼彻斯特编码，至少有 1 位的载波在整个位宽度内都被副载波调制。Type A 防冲突的实现方法是对一个完整的标准帧，由读写器和射频卡前后接力各自发出一部分组成。

标准帧由 7 个数据字节共 56 位组成，包括 1 字节命令码、1 字节数据长度、4 字节 UID 和 1 字节校验码。56bits 数据被分成两部分，第 1 部分从 PCD 发送到 PICC，第 2 部分从 PICC 发送到 PCD。规定命令码和数据长度两个字节总是由 PCD 发出的，因而第 1 部分的最小长度是 16 个数据位，最大长度是 55 个数据位；第 2 部分的最小长度是 1 个数据位，最大长度为 40 个数据位。由于这两部分可在任意位置上分开，因此出现了两种情况。

第一种情况是在一个完整的数据字节之后分开，在第 1 部分的最后 1 个数据位之后有 1 个校验位，如图 8.8 所示。这种情况下读写器和电子标签发出的都仍然是标准帧。

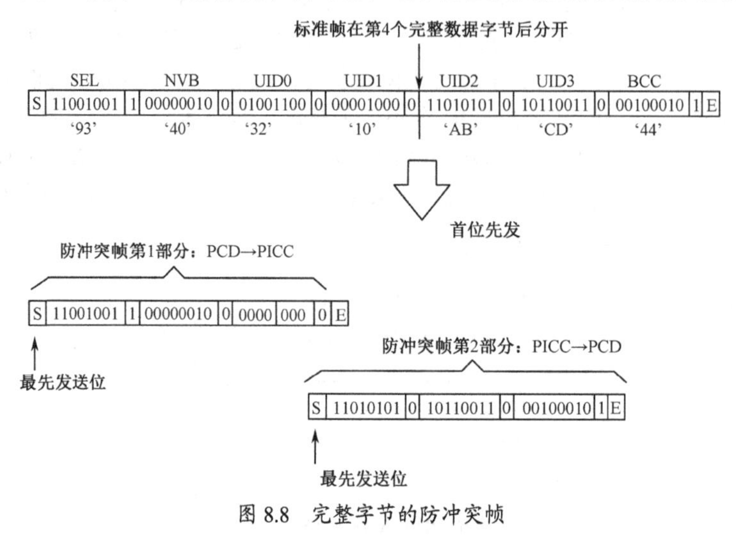

图 8.8 完整字节的防冲突帧

第二种情况是在一个数据字节内分开，如图 8.9 所示。这种情况下读写器和电子标签发出的都不再是标准帧。第 1 部分的最后 1 个数据位之后不加校验位，第 2 部分在第 1 个不完整字节后面需要填充 1 个校验位，PCD 收到这个校验位后将其忽略。

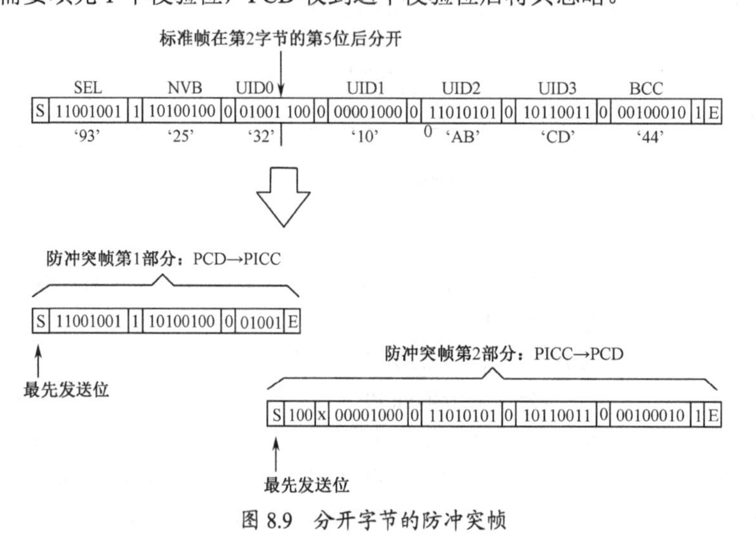

图 8.9 分开字节的防冲突帧

3. Type A 的工作状态

如图 8.10 所示，Type A 在整个工作过程中共有 5 种工作状态。

① POWER OFF。断电状态，PICC 未获取满足芯片工作所需的能量。

② IDLE。休闲状态，PICC 进入磁场得电复位，等待来自读写器的请求命令。

③ READY。就绪状态，PICC 收到 REQA 或 WAKE-UP 命令，此状态下 PICC 可以执行防冲突循环。

④ ACTIVE。激活状态，PICC 的 UID 被 PCD 选中。

⑤ HALT。停止状态，PICC 收到 HALT 命令或其他不在 ISO/IEC14443 Type A 规定范围内的命令，此状态下 PICC 仅接受 WAKE-UP 命令。

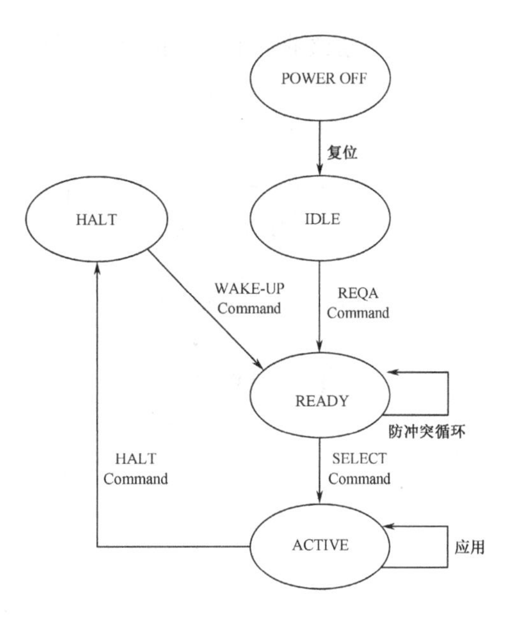

图 8.10 Type A 的工作状态

4. 初始化和防冲突流程

ISO/IEC14443 Type A 初始化和防冲突流程如图 8.11 所示。

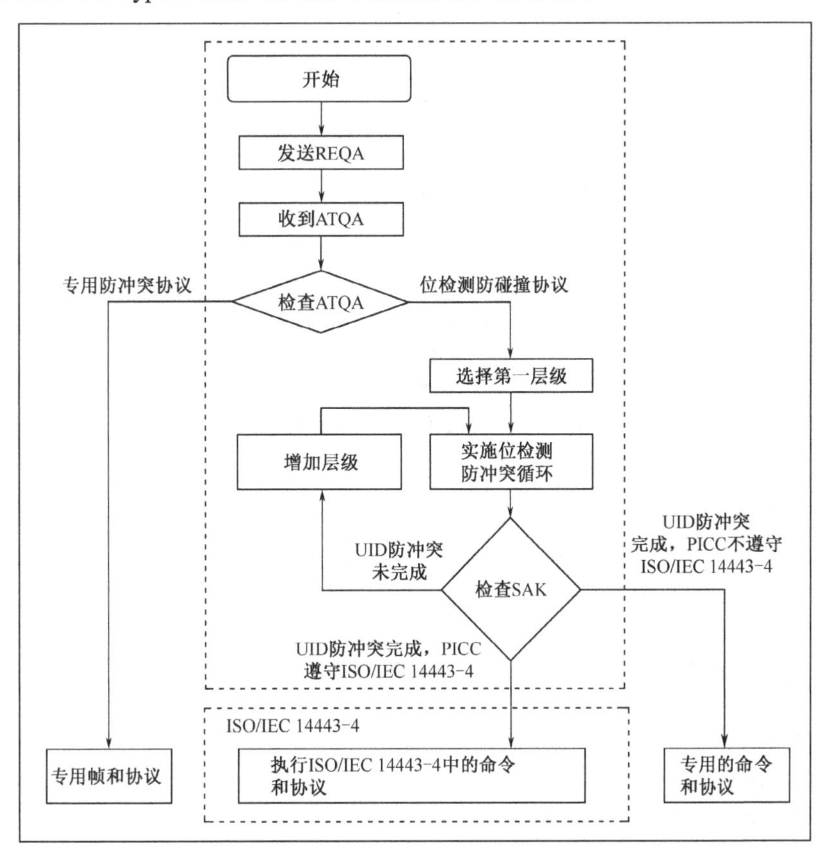

图 8.11 初始化和防冲突流程

每一层级的防冲突循环流程如图 8.12 所示。

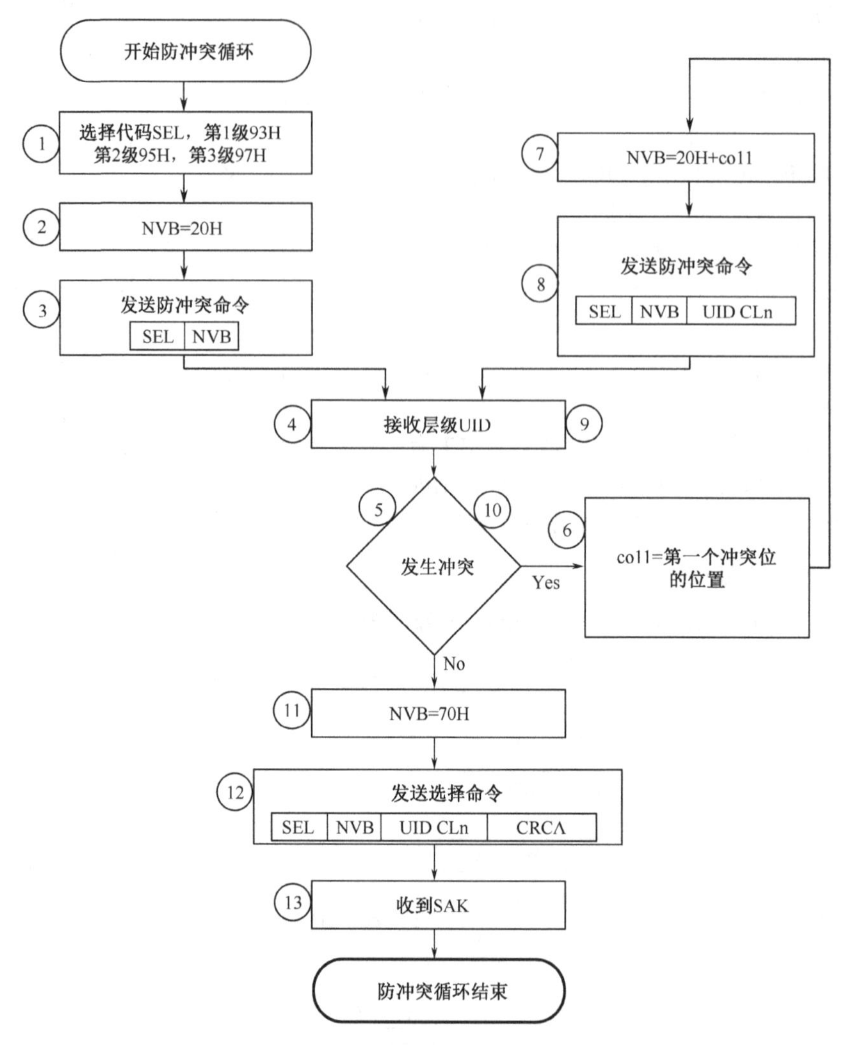

图 8.12　每一层级的防冲突循环流程

5. 初始化和防冲突举例

图 8.13 给出了一个 Type A PICC 从卡请求到卡选择命令的初始化和防冲突实例。PCD 的射频场中共有两张卡片，其中一张卡片的序列号为 4 字节，另一张卡片的序列号为 7 字节，整个防冲突循环需要两个层级。为简单起见，图中未标出起始位、结束位和奇偶校验位。

8.2.4　ISO/IEC14443 Type A 的命令集

ISO/IEC14443-3 Type A 中规定的 PCD 管理进入其能量场的多张卡片的命令有 REQA、WAKE-UP、ANTICOLLISION、SELECT、HALT。所有命令都是由 PCD 发出，PICC 收到后产生应答。通过这些命令，PCD 可以从射频场的多张卡片中选中一张，完成防冲突选择功能。

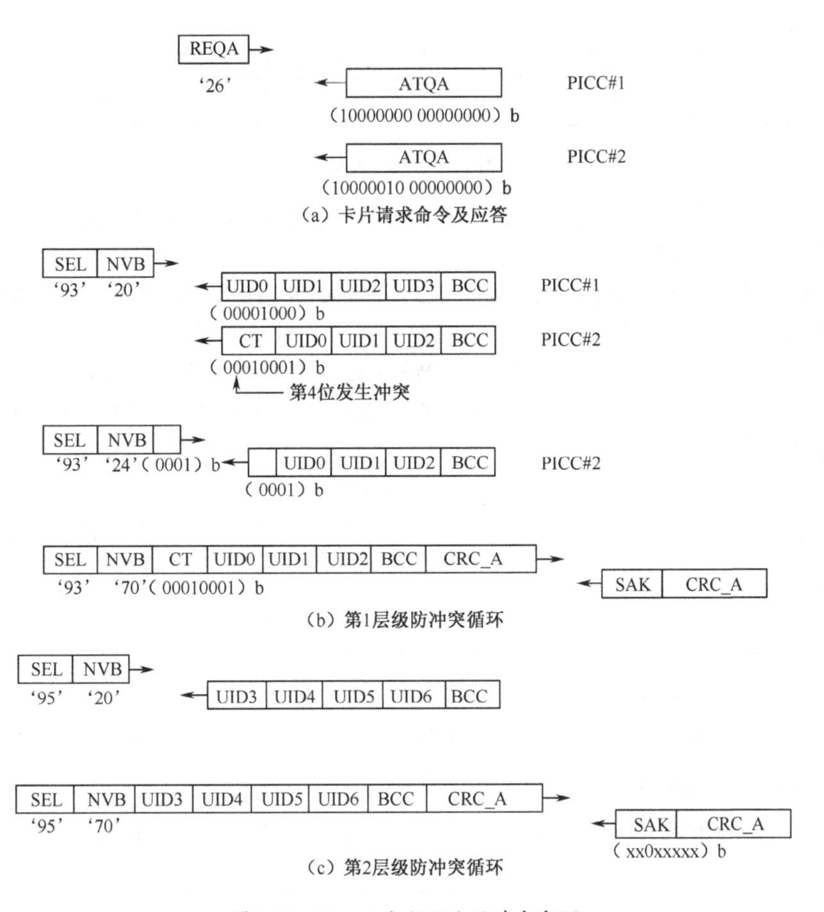

图 8.13 Type A 初始化和防冲突实例

1. REQA 命令和 WAKE-UP 命令

REQA 命令和 WAKE-UP 命令都是卡请求命令，都是使卡片进入 READY 状态，其差别在于 REQA 命令使卡片从 IDLE 进入 READY 状态，而 WAKE-UP 命令使卡片从 HALT 进入 READY 状态，卡片请求命令编码如表 8.2 所示。

表 8.2 卡请求命令编码

b7	b6	b5	b4	b3	b2	b1	说明
0	1	0	0	1	1	0	'26' = REQA
1	0	1	0	0	1	0	'52' = WAKE-UP
0	1	1	0	1	0	1	'35' = 可选的时隙方法
1	0	0	x	x	x	x	'40' to '4F' = 专用
1	1	1	1	x	x	x	'78' to '7F' = 专用
所有其他值							RFU

当 PICC 接收到 REQA 命令或 WAKE-UP 命令后，天线范围内的所有 PICC 同步发出 ATQA（Answer To Request）应答，其长度为 2 字节，其编码如图 8.14 所示。

MSB LSB

<table>
<tr><td>b16</td><td>b15</td><td>b14</td><td>b13</td><td>b12</td><td>b11</td><td>b10</td><td>b9</td><td>b8</td><td>b7</td><td>b6</td><td>b5</td><td>b4</td><td>b3</td><td>b2</td><td>b1</td></tr>
<tr><td colspan="8">RFU</td><td colspan="2">UID长度标识</td><td>RFU</td><td colspan="5">防冲突标识</td></tr>
</table>

图 8.14 ATQA 编码

① b5～b1 中有且仅有 1 位置成 1，表示采用的是 ISO/IEC14443-3 Type A 规定的防冲突方式，其他值保留未用。

② b8b7 表示 UID 卡片的大小。如表 8.3 所示，UID 的长度不是固定的，可以由 1、2 或 3 部分组成。表中的级联是指在卡片防冲突时不同的 UID 长度需要的防冲突级数，4 字节的 UID 只需要 1 级防冲突，命令码为 93H；7 字节的 UID 需要两级防冲突，第 1 级命令码为 93H，第 2 级命令码为 95H；10 字节 UID 需要 3 级防冲突，第 1 级命令码为 93H，第 2 级命令码为 95H，第 3 级命令码为 97H。

表 8.3 UID 的长度

ATQ 的 b8b7	UID 大小	最大级连	UID 长度（字节）
00	1	1	4
01	2	2	7
10	3	3	10

③ b6 和 b9～b16 保留未用，所有 RFU 位均置成 0。

PCD 接收 ATQA 应答，PICC 进入 READY 状态，开始执行后续的防冲突循环操作。

2. ANTICOLLISION 命令和 SELECT 命令

ANTICOLLISION 命令和 SELECT 命令用于 Type A 的防冲突循环，其格式如图 8.15 所示，命令组成如下。

SEL（1 字节）	NVB（1 字节）	第 *n* 级 UID（4 字节）	BCC（1 字节）

图 8.15 ANTICOLLISION 命令和 SELECT 命令的格式

① 1 字节选择代码 SEL。第 1 级防冲突时命令码为 93H，第 2 级防冲突时命令码为 95H，第 3 级防冲突时命令码为 97H，其格式如图 8.16 所示。

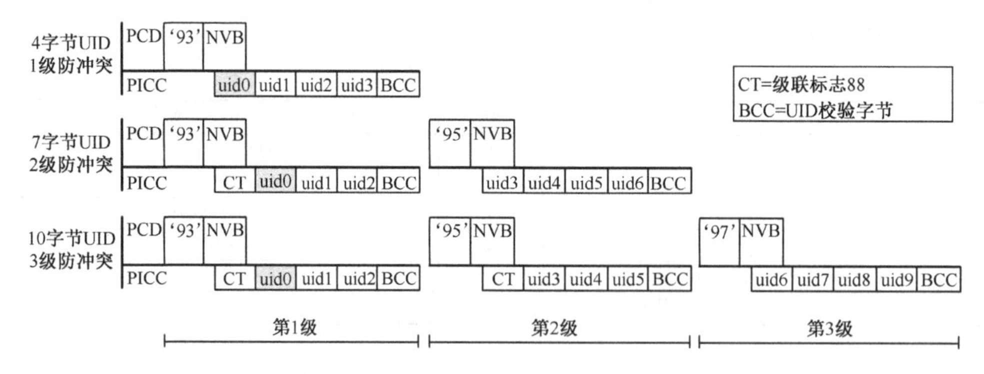

图 8.16 选择代码 SEL 的格式

② 1 字节有效位数量 NVB（Number of Valid Bits），标识本命令帧有多少有效的数据位。

NVB 字节的含义如图 8.17 所示，其高 4 位代表字节数，低 4 位表示除字节数外剩余的比特数。SEL 与 NVB 字节也包括在字节数内，因此最小的字节数为 2，此时 NVB 后面有 0 个数据位；最大的字节数为 7，此时 NVB 后面有 40 个数据位。由于 Type A 的防冲突算法是对一个完整的 7 字节标准数据帧由读写器和射频卡前后接力各自发出一部分，当 NVB=70H 时，即整个命令帧中的数据都由读写器发出，说明读写器已经确定了所要选择的卡片在该层级完整的 UID，此时为 SELELT 命令；小于 7 字节则为 ANTICOLLISION 命令。

b8	b7	b6	b5	字节数
0	0	1	0	2
0	0	1	1	3
0	1	0	0	4
0	1	0	1	5
0	1	1	0	6
0	1	1	1	7

b4	b3	b2	b1	比特数
0	0	0	0	0
0	0	0	1	1
0	0	1	0	2
0	0	1	1	3
0	1	0	0	4
0	1	0	1	5
0	1	1	0	6
0	1	1	1	7

图 8.17　NVB 字节的含义

③ 由 NVB 指定第 *n* 级 UID 及 BCC（0～40 位），BCC 为第 *n* 级 UID 的校验位，是 4 个 UID 字节的“异或”值。

每一层级参与防冲突的 UID 均为 4 字节长度，当 UID 不足 4 字节时，则在第 1 字节的位置补充一个级联标志字节 88H。

特别需要说明的是，当 NVB=70H 时，命令变为 SELECT 命令，此时需要在命令尾部增加两字节的 CRC_A，CRC_A 的运算规则在 ISO/IEC14443-3 的附录 B 中定义。

PICC 收到 SELECT 命令后，返回 SAK 应答，同时卡片由 READY 状态转换为 ACTIVE 状态。SAK 和 CRC_A 的组成如图 8.18 所示。

SAK （1 字节）	CRC_A （2 字节）

图 8.18　SAK 和 CRC_A 的组成

SAK 的编码意义如表 8.4 所示。

表 8.4　SAK 的编码意义

b8	b7	b6	b5	b4	b3	b2	b1	描述
x	x	x	x	x	1	x	x	还有需要防冲突的 UID 层级
x	x	1	x	x	0	x	x	所有 UID 层级防冲突完成，PICC 遵守 ISO/IEC14443-4
x	x	0	x	x	0	x	x	所有 UID 层级防冲突完成，PICC 不遵守 ISO/IEC14443-4

PCD 发出防冲突命令的目的，是想从 PICC 中得到其第 *n* 级 UID 的一部分或全部，从而在多张卡片中选出一张卡片进行操作。

3. HALT 命令

HALT 命令格式如图 8.19 所示，HALT 命令由 4 字节组成，该命令可以使之前被选中的 PICC 进入停止状态。

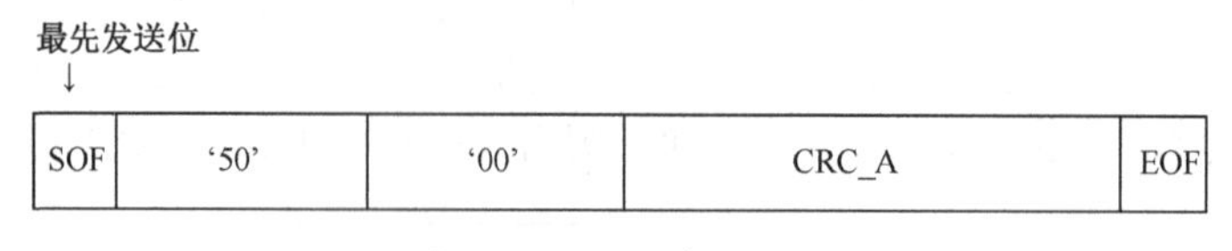

图 8.19　HALT 命令格式

8.2.5　ISO/IEC14443 Type B 的帧格式与防冲突

1. Type B 帧格式

Type B PCD 的命令和 PICC 的应答都是以帧的形式出现的，Type B 的帧格式如图 8.20 所示。每一个数据帧都是由帧起始符（SOF）、字符串和帧结束符（EOF）三部分组成的。字符串总是以两字节的 CRC_B 结尾，CRC_B 是由前面所有字节计算而来的，计算方法在 ISO/IEC3309 中定义。CRC_B 位于数据字节之后，EOF 之前。

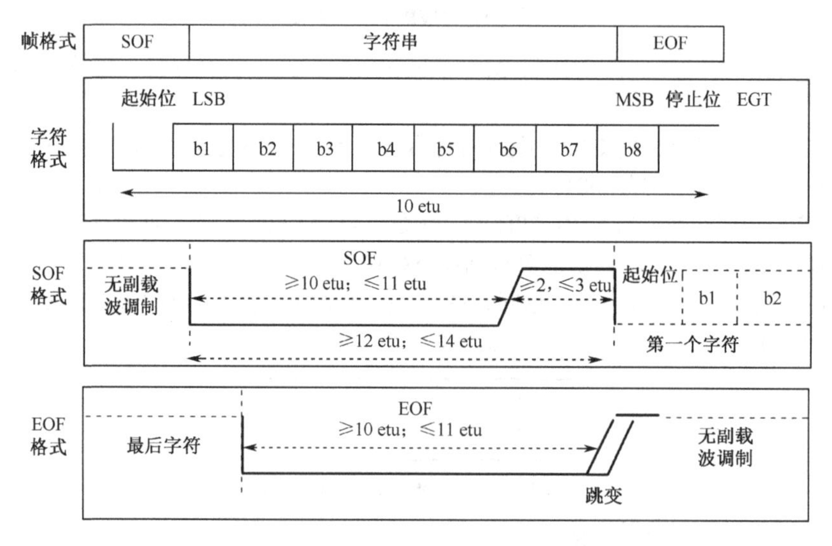

图 8.20　Type B 的帧格式

字符串中的每一个字符都由 1 个起始位、8 个数据位和 1 个停止位组成的。每个数据位的持续时间称为位元时间（elementary time unit，etu），即每传送一个字符最少需要 10 个 etu。为了区分相邻的两个字符，在每个字符的停止位后通常会增加一个额外的保护时间（Extra Guard Time，EGT）。

SOF 从一个下降沿开始，维持 10～11 个 etu 的逻辑 0 和 2～3 个 etu 的逻辑 1 之后开始发送第一个字符。

EOF 也是从一个下降沿开始，维持 10～11 个 etu 的逻辑 0，然后以下一个 etu 中的任意位置的上升沿结束。

2. PCD 与 PICC 通信的时序配合

（1）PICC 的副载波开启与 SOF 发送

PICC 的副载波开启与 SOF 发送如图 8.21 所示，PICC 每次收到 PCD 的命令后，必须延时 TR0+TR1 的时间间隔后才能做出应答。其中，TR0 是从 PCD 的 EOF 上升沿到 PICC 的副载波开启之间的时间，TR1 是从 PICC 的副载波开启到 PICC 发送数据的 SOF 下降沿之间的时间。TR0 和 TR1 的值可以在执行防冲突的过程中由 PCD 和 PICC 协商定义，具体情况见 ATTRIB 命令。

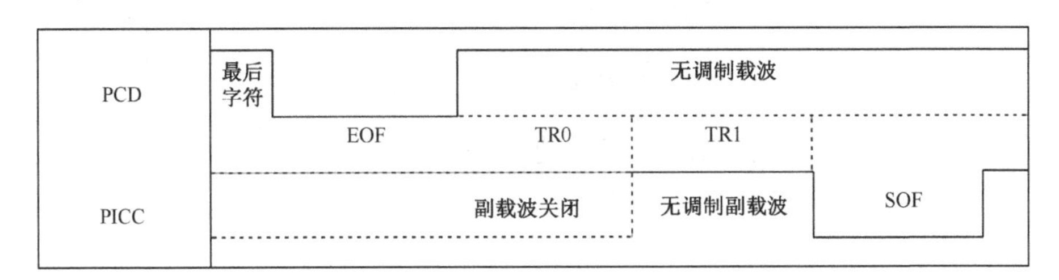

图 8.21　PICC 的副载波开启与 SOF 发送

（2）PICC 的 EOF 发送与副载波关闭

如图 8.22 所示，PICC 的应答数据传送完毕后要关闭副载波。副载波必须在 EOF 发送完毕后不大于 2etu 的时间内关闭。PCD 若要继续发送下一个命令，其 SOF 的下降沿距上一个命令 PICC EOF 的下降沿不小于 14 etu 的时间。

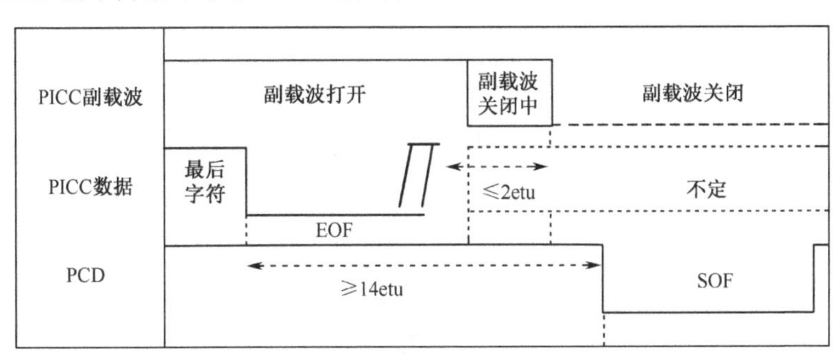

图 8.22　PICC 的 EOF 发送与副载波关闭

3. PICC 的工作状态转换与防冲突流程

图 8.23 展示了 Type B PICC 的工作状态转换与防冲突流程。Type B PICC 共有 6 种工作状态，分别描述如下。

① POWER OFF：断电状态。PICC 未获取满足芯片工作所需的能量。

② IDLE：休闲状态。PICC 进入磁场得电复位，等待来自读写器的卡请求命令。在此状态下，如果收到一个有效的 REQB 命令，PICC 将定义一个有效范围内的时隙号用于 ATQB 应答。如果 PICC 定义的时隙号是第 1 个时隙，则 PICC 立即向 PCD 发送 ATQB 应答，PICC 进入 READY-DECLARED 状态；如果 PICC 定义的时隙号不是第 1 个时隙，则不应答，PICC 进入 READY-REQUESTED 状态。

③ READY-REQUESTED：准备请求状态。此状态下 PICC 已经选择好了时隙号，等待 PCD 叫号。PICC 能够识别 PCD 的 REQB 和 Slot-MARKER 命令。如果时隙号被叫到，PICC

将回送 ATQB 应答，并进入 READY-DECLARED 状态。

④ READY-DECLARED：准备声明状态。PICC 发送了 ATQB 应答后进入此状态。在此状态下，PICC 可以识别 REQB、ATTRIB 和 HALT 命令。如果收到有效的 ATTRIB 命令，PICC 将进入激活状态；如果收到有效的 HALT 命令，PICC 将进入停止状态。

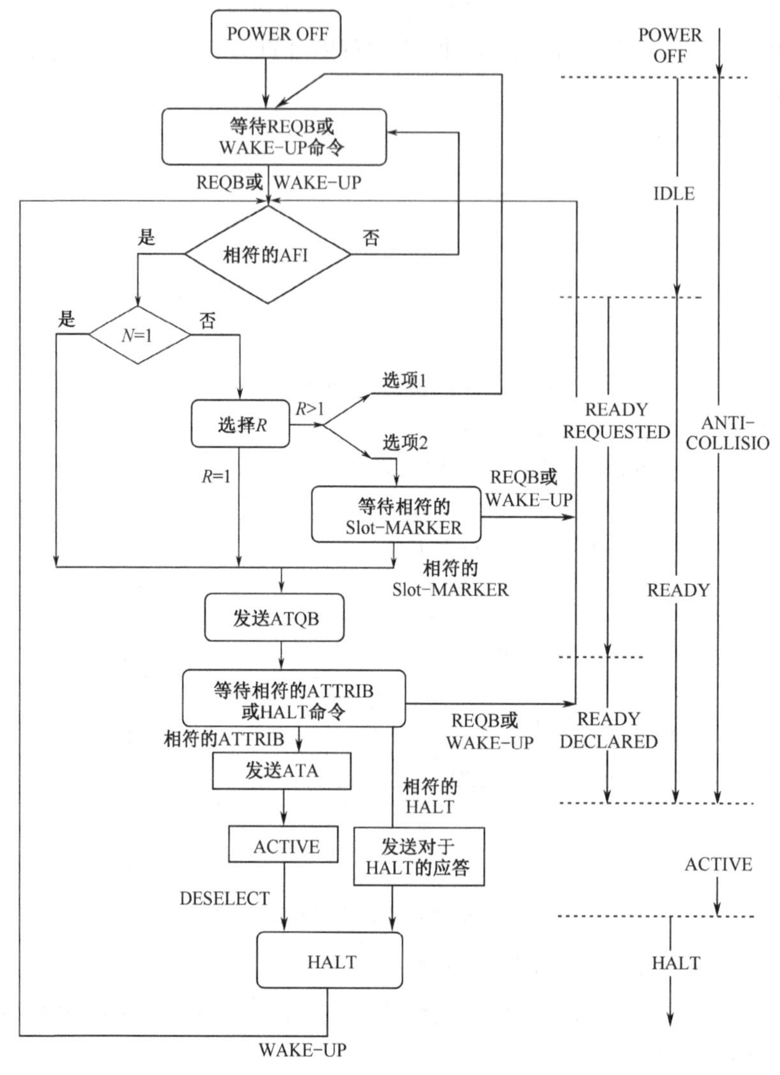

图 8.23 Type B PICC 的工作状态转换与防冲突流程

⑤ ACTIVE：激活状态。PICC 被分配了一个 CID，可以执行 PCD 的高层协议命令。此时如果收到 DESELECT 命令，PICC 将进入停止状态；对于有效的 REQB、Slot-MARKER 或 ATTRIB 命令，PICC 不予应答。

⑥ HALT：停止状态。此状态下 PICC 仅接受 WAKE-UP 命令。

通过与 Type A PICC 的状态对比可知，在防冲突阶段，Type A 的 PICC 只有一个 READY 状态，而 Type B 则将 READY 状态分为 READY-REQUESTED 和 READY-DECLARED 两个状态，这主要是由于两者的防冲突算法不同造成的。

如果某个 Type B 卡位于读写器的作用范围内，则 IC 卡在执行某些预置程序后即处于闲置状态，并等待接收有效的 REQB 命令。对 Type B PICC 来说，通过发送 REQB 命令可以直接启动防冲突算法，采用的防冲突机制为动态时隙 ALOHA 算法。对于这种算法，读写器的时隙数可以动态变化，可供使用的时隙数量编码位于 REQB 命令的参数中。REQB 命令还提供另外一个参数 AFI（Application Familly Identifier，应用族标识符），用这个参数作为检索指针能够事先规定只有符合指定应用的 PICC 可以参与防冲突流程。

整个 Type B 的防冲突流程可以简述如下。

① 进入 PCD 天线磁场的 PICC 得电复位。

② PICC 等待 REQB 命令。

③ PCD 发送 REQB 命令，命令中包含两个重要的参数：AFI 和 N。其中 AFI 指定了参与防冲突循环的 PICC 的类别，不符合此类别的 PICC 不能参加之后的防冲突循环流程。*N* 规定了 PICC 可选择的时隙号范围（1～*N*）。

④ PICC 判断自身是否符合 PCD 指定的 AFI，不符合则返回第②步。

⑤ 如果 PCD 发出的 *N*=1，则符合 PCD 指定的 AFI 的 PICC 不必选择时隙号，可以直接做出 ATQB 应答；否则，PICC 要选择一个时隙号 *R*。如果 PICC 选择的时隙号 *R*=1，则可以在收到 REQB 命令的同时立即做出 ATQB 应答。

⑥ 如果选择的时隙号不为 1，PICC 可以返回第②步等待新的 REQB 命令，也可以等待 PCD 的 Slot-MARKER 命令。如果 Slot-MARKER 命令中的时隙号与自身的 *R* 相等，则做出 REQB 应答；如果收到了 REQB 或 WAKE-UP 命令，则返回第④步。

⑦ 完成 ATQB 应答的 PICC 等待 PCD 的 ATTRIB 命令，收到有效的 ATTRIB 命令后 PICC 进入激活状态，可以进行高层协议的数据交换。如果等待 ATTRIB 命令期间收到了 REQB 或 WAKE-UP 命令，则返回第④步；如果收到了 HALT 命令，则在做出应答后进入停止状态。

⑧ 处于停止状态的 PICC，如果收到 WAKE-UP 命令，则返回第④步。

8.2.6 ISO/IEC14443 Type B 的命令集

在 ISO/IEC14443 Type B 国际标准中，仅规定了 PICC 从卡呼叫到完成卡激活状态所需要的命令，并没有规定高层应用命令。为了区别防冲突命令和高层应用命令，所有防冲突命令的开始第 1 个字节的最低 3 个比特设置成二进制的 101，而在高层应用命令中避免用 101 作为结尾。因此，根据命令的第 1 字节即可区分两类命令。

1. REQB/WUPB 命令

处于 IDLE 和 READY 状态的 PICC 将处理这一命令，REQB/WUPB 命令格式如图 8.24 所示。

Apf （1 字节）	AFI （1 字节）	PARAM （1 字节）	CRC_B （2 字节）

图 8.24 REQB/WUPB 命令格式

（1）APf

APf 前缀字节 00000101。PCD 发出命令时 101 在该低半字节的最后 3 位，PICC 应答时 101 在高半字节的最后 3 位。

（2）AFI

AFI 代表由 PCD 指定的应用类型。AFI 的作用是在 ATQB 之前预选 PICC，只有具有 AFI 指定类型的 PICC 才能应答 REQB 命令。

ISO 用 1 字节的 AFI 来区分不同行业中的 PICC。AFI 的高半字节表示主要行业，低半字节表示主要行业中的细分行业，其编码如表 8.5 所示。如果 AFI＝00H，则表示不限定应用类别，所有 PICC 都可以响应 REQB 命令。

表 8.5　AFI 编码

AFI 高半字节	AFI 低半字节	意义	备注
0	0	所有主要行业和细分行业	相当于没有限定行业
X	0	主行业 X 中的所有细分行业	仅限定了主要行业
X	Y	X 行业中的 Y 细分行业	同时限定了主要行业和细分行业

（3）PARAM

PARAM 中 *N* 值的编码如图 8.25 所示，PARAM 的最低三位用来定义 PICC 可选的时隙号最大值 *N*，PICC 可以选择 1～*N* 之间的整数作为本次防冲突循环的时隙号 *R*。

b3b2b1	*N*
000	$1=2^0$
001	$2=2^1$
010	$4=2^2$
011	$8=2^3$
100	$16=2^4$
101	RFU
11×	RFU

图 8.25　PARAM 中 *N* 值的编码

PARAM 的 bit4 指示请求命令类别。bit4=0 表示 REQB 命令，处于 IDLE 或 READY 状态的 PICC 可以做出应答；bit4=1 表示 WUPB 命令，处于 IDLE、READY 或 HALT 状态的 PICC 都可以做出应答。bit5 指示是否支持扩展的 ATQB 应答，b6～b8 为 RFU。

2. ATQB 应答

对 REQB 和 Slot-MARKER 命令的应答都称为 ATQB（Answer To Request of Type B）应答，如图 8.26 所示，其中 50H（01010000）为前缀字节，其他部分解释如下。

‘50’（1 字节）	PUPI（4 字节）	应用数据（4 字节）	协议信息（3～4 字节）	CRC_B（2 字节）

图 8.26　ATQB 应答格式

（1）PUPI

伪唯一的 PICC 标识符（Pseudo-Unique PICC Identifier，PUPI）用于区分射频场内的 PICC。PUPI 可以是唯一的 PICC 序列号的缩短形式，或唯一的芯片序列号的缩短形式，或加电复位时 PICC 计算的随机数并保留到断电，或 PICC 接收每一个 REQB 命令后计算而得的随机数。

（2）应用数据

4 字节应用数据用来通知 PCD 在 PICC 上安装了的应用，PCD 可以据此选择它所需的 PICC。

（3）协议信息

协议信息用来声明可以接受的通信参数。协议信息的长度在基本 ATQB 时为 24 位，在扩展 ATQB 时为 32 位。两种情况下前 24 位协议信息定义相同，其编码如图 8.27 所示。

比特速率能力（8 位）	最大帧长度（4 位）	协议类型（4 位）	FWI（4 位）	RFU（2 位）	FO（2 位）

图 8.27 协议信息编码

① 比特速率能力，表示 PICC 可以接受的双向通信速率，如表 8.6 所示。如 00000000 表示 PICC 只支持最基本的双向通信速率 106 kb/s。

表 8.6 PICC 可以接受的双向通信速率

b8	b7	b6	b5	b4	b3	b2	b1	含义
0	0	0	0	0	0	0	0	在两个方向上 PICC 仅支持双向通信速率 106kb/s
1	—	—	—	0	—	—	—	从 PCD 到 PICC 和从 PICC 到 PCD 强制相同的比特速率
—	—	—	1	0	—	—	—	PICC 到 PCD，1etu=64/f_c，支持的比特速率为 212kb/s
—	—	1	—	0	—	—	—	PICC 到 PCD，1etu=32/f_c，支持的比特速率为 424kb/s
—	1	—	—	0	—	—	—	PICC 到 PCD，1etu=16/f_c，支持的比特速率为 848kb/s
—	—	—	—	0	—	—	1	PCD 到 PICC，1etu=64/f_c，支持的比特速率为 212kb/s
—	—	—	—	0	—	1	—	PCD 到 PICC，1etu=32/f_c，支持的比特速率为 424kb/s
—	—	—	—	0	1	—	—	PCD 到 PICC，1etu=16/f_c，支持的比特速率为 848kb/s

② 最大帧长度，表示 PICC 可以接收的最大数据帧长度，ATQB 中的最大帧长度代码与最大帧长度的关系如表 8.7 所示。

表 8.7 ATQB 中的最大帧长度代码与最大帧长度的关系

ATQB 中的最大帧长度代码	0	1	2	3	4	5	6	7	8	9～F
最大帧长度（字节）	16	24	32	40	48	64	96	128	256	RFU>256

③ 协议类型。如果该值为 0001，表示 PICC 支持 ISO/IEC14443-4，如果该值为 0000，表示 PICC 支持的协议不同于 ISO/IEC14443-4，其他值为 RFU。

④ FWI（Frame Waiting time Integer，帧等待时间整数），其意义在 ISO/IEC14443-4 中解释。

⑤ RFU，保留位，所有 RFU 都置 0。

⑥ FO（Frame Option，帧选项），表示是否支持 NAD 与 CID，其编码含义如表 8.8 所示。其中 NAD（Node Address，节点地址）主要用于高层的应用协议，用来标识所传送数据块的源地址和目的地址；CID（Card Identifier，卡识别符）是 PCD 分配给 PICC 的临时编号，值为 0～14，在 PCD 天线磁场所有处于激活状态的 PICC 中是唯一的。

表 8.8 FO 的编码含义

b2	b1	含义
—	1	PICC 支持 NAD
1	—	PICC 支持 CID

⑦ 扩展 ATQB 多出的 1 字节，b4～b1 为 RFU，b8～b5 定义 SFGI（Start-up Frame Guard time Integer，启动帧保护时间整数）。

3. Slot-MARKER 命令

该命令用于 PCD 对磁场中的 PICC 进行时隙叫号，其命令格式如图 8.28 所示。Apn=X5H=*nnnn*0l01b，其中 *nnnn* 为时隙编号，在 1～15 之间，实际表示的时隙范围为 2～16，即 0001 相当于呼叫第 2 时隙，0010 相当于呼叫第 3 时隙，以此类推。发送的时序编号并不一定要按顺序增加。如果磁场中的某一 PICC 所选时隙号 *R* 与 *nnnn*+1 相同，则以 ATQB 应答。

APn（1 字节）	CRC_B（2 字节）

图 8.28 Slot-MARKER 命令格式

4. ATTRIB 命令

ATTRIB 命令格式如图 8.29 所示，该命令由 PCD 发出，包括选择 PICC 所需要的信息。

1D（1 字节）	标识符（4 字节）	参数 1（1 字节）	参数 2（1 字节）	参数 3（1 字节）	CID（1 字节）	高层 INF（可选-可变长度）	CRC_B（2 字节）

图 8.29 ATTRIB 命令格式

① 标识符。PICC 在 ATQB 应答中发送的 4 字节 PUPI。

② 参数 1。其编码含义如图 8.30 所示，b2b1 保留未用；b4b3 指示 PCD 有能力抑制从 PICC 到 PCD 的 EOF 或 SOF 中断，该能力可以减少通信开销；b6b5 和 b8b7 分别表示 TR0 和 TR1 的最小值，TR0+TR1 规定了 PICC 每次收到 PCD 的命令后到开始回送应答的最小间隔时间。

TR0		TR1		EOF	SOF	RFU	
b8	b7	b6	b5	b4	b3	b2	b1

图 8.30 参数 1 编码含义

③ 参数 2。b1～b4 用来编码 PCD 可接收的最大帧长度，如表 8.9 所示。

表 8.9 PCD 可接收的最大帧长度

Param 2 b1～b4 的值	0	1	2	3	4	5	6	7	8	9-F
最大帧长度（字节）	RFU	RFU	32	40	48	64	96	128	256	RFU

b5～b8 用于比特速率选择，如表 8.10 所示。

表 8.10 参数 2 的 b5 到 b8 的编码

b6 b5	含义
00	PCD 到 PICC，letu=128/f_c，比特速率为 106kb/s
01	PCD 到 PICC，letu=64/f_c，比特速率为 212kb/s
10	PCD 到 PICC，letu=32/f_c，比特速率为 424kb/s
11	PCD 到 PICC，letu=16/f_c，比特速率为 848kb/s
b8 b7	**含义**
00	PICC 到 PCD，letu=128/f_c，比特速率为 106kb/s
01	PICC 到 PCD，letu=64/f_c，比特速率为 212kb/s
10	PICC 到 PCD，letu=32/f_c，比特速率为 424kb/s
11	PICC 到 PCD，letu=16/f_c，比特速率为 848kb/s

④ 参数 3。编码为 00000001，其作用在标准中没有解释。

⑤ CID。最低有效半字节（b4～b1）定义为 CID，其值为 0～14，15 保留。

⑥ 高层 INF。如果有高层协议命令，可以放在此处。不强制要求 PICC 必须成功处理此处的高层协议命令。

5. 对 ATTRIB 命令的应答

PICC 对 ATTRIB 命令的应答如图 8.31 所示。命令长度等于高层响应数据的长度加 3。

CID（1 字节）	高层响应（可选-长度可变）	CRC_B（2 字节）

图 8.31　PICC 对 ATTRIB 命令的应答

如果 PCD 发送的 ATTRIB 命令中不包含高层协议命令，PICC 也将应答一条不包含高层响应的应答，如图 8.32 和图 8.33 所示。

1D（1 字节）	标识符（4 字节）	参数 1 到 3（3 字节）	CID（1 字节）	CRC_B（2 字节）

图 8.32　PCD 发送到 PICC 的 ATTRIB 命令

CID（1 字节）	CRC_B（2 字节）

图 8.33　PICC 对 ATTRIB 命令的应答

6. HALT 命令及应答

该命令用于将 PICC 置为 HALT 状态，处于 HALT 状态的 PICC 不再响应 REQB，仅对 WAKE-UP 命令做出应答。PCD 发出的 HALT 命令及应答格式如图 8.34 和图 8.35 所示，标识符为 PICC 发送的 ATQB 中 PUPI 的值。

'50'（1 字节）	标识符（4 字节）	CRC_B（2 字节）

图 8.34　HALT 命令格式

'00'（1 字节）	CRC_B（2 字节）

图 8.35　PICC 对 HALT 命令的应答

8.3　ISO/IEC15693

国际标准 ISO/IEC15693 的全称是疏耦合非接触式集成电路卡，主要定义了疏耦合卡（Vicinity Integrated Circuit Card，VICC）的作用原理和工作参数。

8.3.1　ISO/IEC15693 的信号接口

1. 载波与调制

ISO/IEC15693 标准规定 VCD（Vicinity Coupling Device，疏耦合设备）的工作频率为 13.56 MHz±7 kHz；工作场强的最小值为 150 mA/m，最大场强为 5 A/m。VCD 向 VICC 发送数据时采用 ASK 调制，调制深度为 10%和 100%两种，VCD 可以选择其中一种，VICC 必

须能够针对两种调制深度进行正确解码。

2. VCD 向 VICC 发送信息的数据编码

从 VCD 向 VICC 传输信号时，编码方式使用脉冲位置编码（Pulse Position Modulation，PPM）。PPM 编码的原理比较简单，每次用 2^M 个时隙传送 M 位，根据脉冲出现的时隙来决定传送的数据。

ISO/IEC15693 协议使用了两种 M 值，M=8 和 M=2，又称为“256 选 1”和“4 选 1”。这两种 M 值的选择与调制深度无关。

（1）M=8

M=8 是在 4.833ms 的时间内传送 256 个时隙，每次传送 8 位数据，脉冲出现的时隙代表传送的数据。例如，要传送数据 E1H=(11100001b)=225，则在第 225 个时隙传送一个脉冲，这个脉冲将时隙的后半部分拉低，PPM 编码如图 8.36(a)所示。

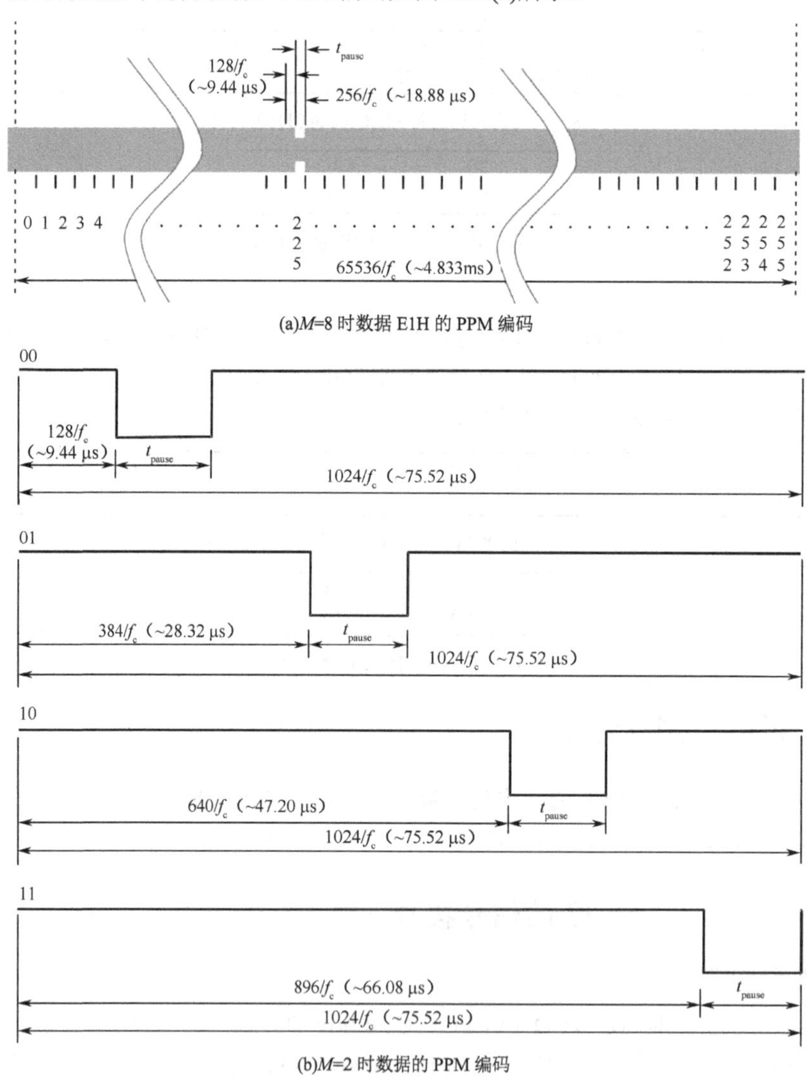

(a)M=8 时数据 E1H 的 PPM 编码

(b)M=2 时数据的 PPM 编码

图 8.36 PPM 编码

（2）M=2

M=2 是在 75.52 us 的时间内传送 4 个时隙，每次传送 2 位数据，脉冲出现的时隙代表传送的数据。例如，要传送数据 02H=(10B)=2，则在第 2 个时隙传送一个脉冲，这个脉冲将时隙的后半部分拉低，PPM 编码如图 8.36(b)所示。

在 M=8 的情况下，每次在 4.833 ms 的时间内传送 8 位数据，数据的传输速率是 1.65 kb/s；在 M=2 的情况下，每次在 75.52 μs 的时间内传送 2 位数据，数据的传输速率是 26.48 kb/s。这两种速率差了十几倍，具体使用哪种速率，由读写器发送的数据帧的起始（SOF）波形决定，如图 8.37(a)和图 8.37(b)所示。两种模式的 EOF 则是完全相同的，如图 8.37(c)所示。

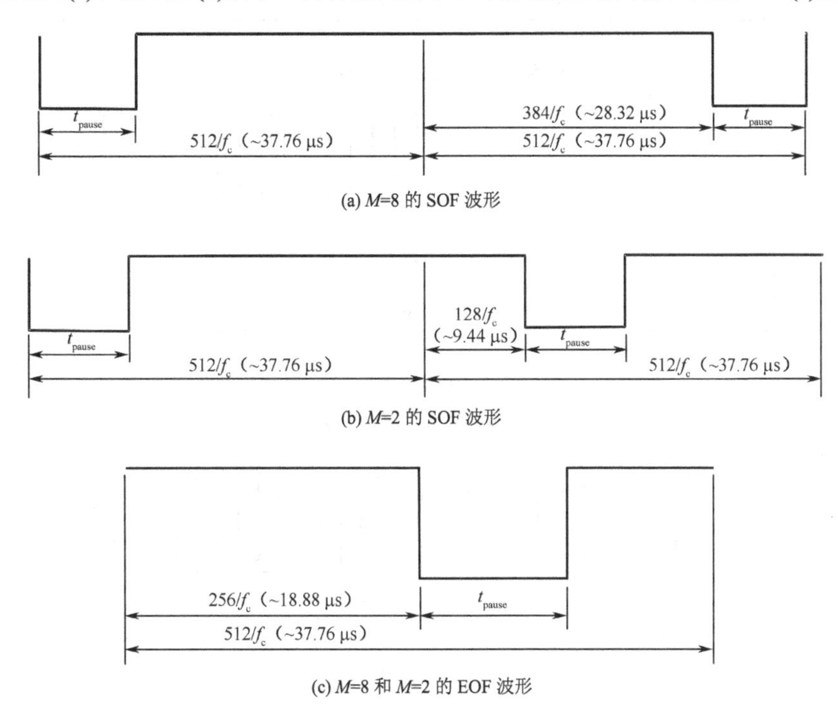

图 8.37　不同的帧起始波形确定 M 值

3. VICC 向 VCD 应答信息的数据编码

ISO/IEC15693 标准的电子标签也使用负载调制的方式向读写器回送数据信息。负载调制可以产生两种速率的副载波，$f_{s1}=f_c/32$（423.75kHz，2.36μs）和 $f_{s2}=f_c/28$（484.28 kHz，2.065 μs）。数据采用曼彻斯特编码，可以仅使用 f_{s1}，也可以 f_{s1} 和 f_{s2} 都使用，采用 1 个或 2 个副载波的 SOF 与 EOF 也有差别。

（1）使用 1 个副载波的数据编码

如图 8.38 所示，当仅使用副载波 f_{s1} 时，逻辑“0”使用 f_{s1} 调制左边，不调制右边；逻辑“1”使用 f_{s1} 调制右边，不调制左边。每位数据传输时间为 37.76μs，数据的传输速率是 26.48 kb/s。

（2）使用 2 个副载波的数据编码

如图 8.39 所示，当同时使用 f_{s1} 和 f_{s2} 时，逻辑“0”使用 f_{s1} 调制左边，f_{s2} 调制右边；逻

辑“1”使用 f_{s1} 调制右边，f_{s2} 调制左边。每位数据传输时间为 37.46 μs，数据的传输速率是 26.69 kb/s。

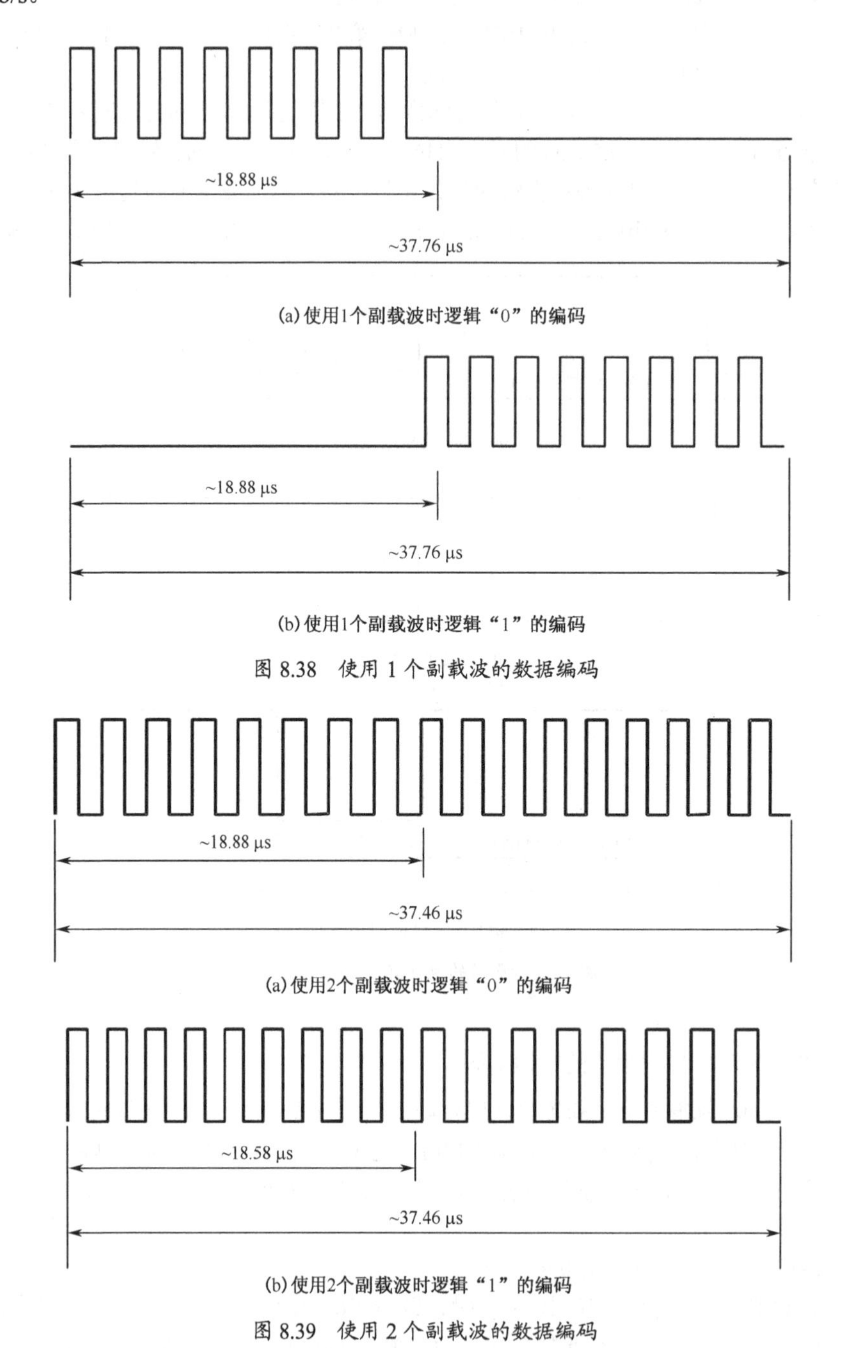

(a) 使用1个副载波时逻辑“0”的编码

(b) 使用1个副载波时逻辑“1”的编码

图 8.38 使用 1 个副载波的数据编码

(a) 使用2个副载波时逻辑“0”的编码

(b) 使用2个副载波时逻辑“1”的编码

图 8.39 使用 2 个副载波的数据编码

（3）PICC 使用 1 个副载波的 SOF 与 EOF

如图 8.40 所示，PICC 使用 1 个副载波的 SOF 由 3 部分组成，包括 56.64 μs 的无副载波时间、56.64 μs 的无调制副载波时间和 1 个逻辑数据“1”；PICC 使用 1 个副载波的 EOF 也是由 3 部分组成，包括 1 个逻辑数据“0”、56.64 μs 的无调制副载波时间和 56.64 μs 的无副载波时间。

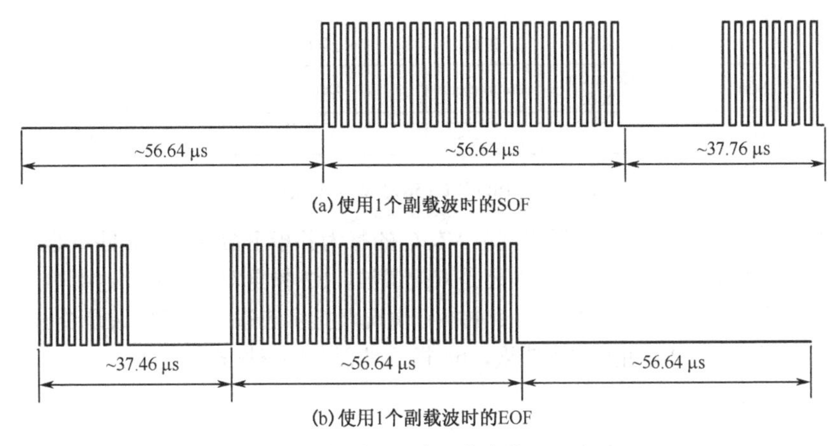

图 8.40 PICC 使用 1 个副载波的 SOF 和 EOF

（4）PICC 使用 2 个副载波的 SOF 与 EOF

如图 8.41 所示，PICC 使用 2 个副载波的 SOF 由 3 部分组成，包括 55.75 μs 的无调制 f_{s2} 副载波时间、56.64 μs 的无调制 f_{s1} 副载波时间和 1 个逻辑数据“1”；PICC 使用 2 个副载波的 EOF 也是由 3 部分组成，包括 1 个逻辑数据“0”、56.64 μs 的无调制 f_{s1} 副载波时间和 55.75 μs 的无调制 f_{s2} 副载波时间。

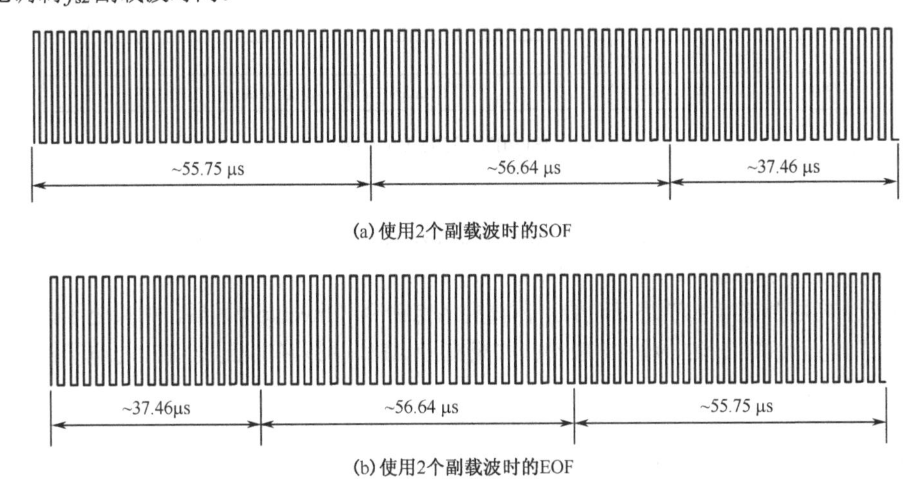

图 8.41 PICC 使用 2 个副载波的 SOF 和 EOF

8.3.2 ISO/IEC15693 的传输协议

ISO/IEC15693 标准的传输协议主要包括帧格式、数据元素、存储容量和选择模式、工作状态和防冲突等。

1. 帧格式

读写器与电子标签之间的数据交流使用“命令-应答”的方式，其命令帧格式如图 8.42

所示。命令帧由 SOF、标志、命令码、参数、数据、校验和 EOF 构成；应答帧中除了没有与命令码（Command code）对应的内容，其结构与命令帧基本类似。

	标志	命令码	参数	数据	校验	
SOF	Flage	Command code	Parameters	Data	CRC	EOF
SOF	Flage		Parameters	Data	CRC	EOF

图 8.42　ISO/IEC15693 的命令帧格式

命令帧中的标志共有 8 位，用于规范 VICC 的行为并指示命令中的某些域是否出现。例如，最低位 b1 指定 VICC 用单副载波还是双副载波，b2 指定双方的通信速率等；应答帧中的标志也是 8 位，用于指出 VICC 对命令的执行情况及指示应答中的某些域是否出现。例如，b1 指示命令执行过程中是否发生了错误，b4 指示是否有协议格式扩展等。

2. 数据元素

VCD 与 VICC 的通信过程中使用的主要数据元素有唯一标识符（Unique Identifier，UID）、应用族标识符（AFI）和数据存储格式标识符（Data Storage Family Identifier，DSFID）等。

（1）UID

UID 是 64 位的唯一标识符，在 VCD 与 VICC 之间的信息交换过程中用来标识唯一的射频标签，其组成如图 8.43 所示。UID7 固定为 16 进制的 E0H；UID6 是电子标签制造商的代码，例如 NXP 的代码为 04H，TI 的代码为 07H；UID5～UID0 为制造商内部分配的号码。

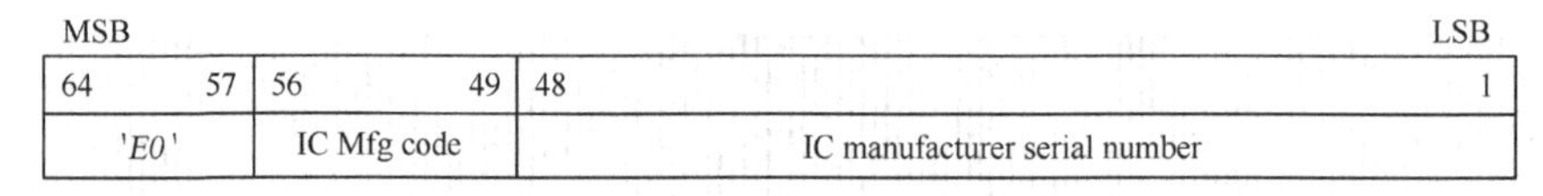

图 8.43　ISO/IEC15693 VICC 的 UID

（2）AFI

应用族标识符 AFI 指明由读写器锁定的应用类型，在读写器工作时，仅选取符合应用类型的射频标签并与之通信。

电子标签是否支持 AFI 是可选的，在收到清点命令（Inventory）后，如果电子标签不支持 AFI，则电子标签必须立刻做出应答；如果支持 AFI，则只有收到的 AFI 与电子标签存储的 AFI 一致才做出应答。

（3）DSFID

DSFID 指明了数据在 VICC 中的存储结构，它被相应的命令编程和锁定，其编码为 1 字节。假如 VICC 不支持 DSFID 的编程，则 VICC 以值 0 作为应答。

3. VICC 的存储容量和选择模式

（1）VICC 的存储容量

电子标签的内存最大可达 2 MB，以数据块（Block）为单位进行管理，电子标签内最多可以有 65536 个数据块，每个数据块最大可以有 32 字节，最大的存储容量为 16 MB。数据块的内容可以锁定以防止修改。

（2）VICC 的选择模式

当 VCD 的射频场中同时存在多个 VICC 时，VCD 必须指定其中的一个或多个 VICC 并与之通信。指定 VICC 的方法主要有三种：地址模式、非地址模式和选择模式。

在地址模式下，VCD 发出的命令中地址标志（Address_flag）被设置为 1，命令中必须包含有指定 VICC 的 UID，射频场中只有与指定 UID 匹配的 VICC 对 VCD 的命令做出应答，其他 VICC 不能应答。

在非地址模式下，VCD 发出的命令中地址标志（Address_flag）被设置为 0，命令中不包含有指定 VICC 的 UID，射频场中所有收到命令的 VICC 都需要做出应答。

在选择模式下，VCD 发出的命令中选择标志（Select_flag）被设置为 1，命令中不包含有指定 VICC 的 UID，射频场中只有处于 Selected 状态或 Selected Secure 状态的 VICC 对 VCD 的命令做出应答，其他 VICC 不能应答。

4. VICC 的工作状态转换

如图 8.44 所示，VICC 共有 5 种工作状态，分别是 Power-off、Ready、Quiet、Selected 和 Selected Secure。其中，前 3 种是强制要求 VICC 必须支持的，后 2 种可以选择性支持。

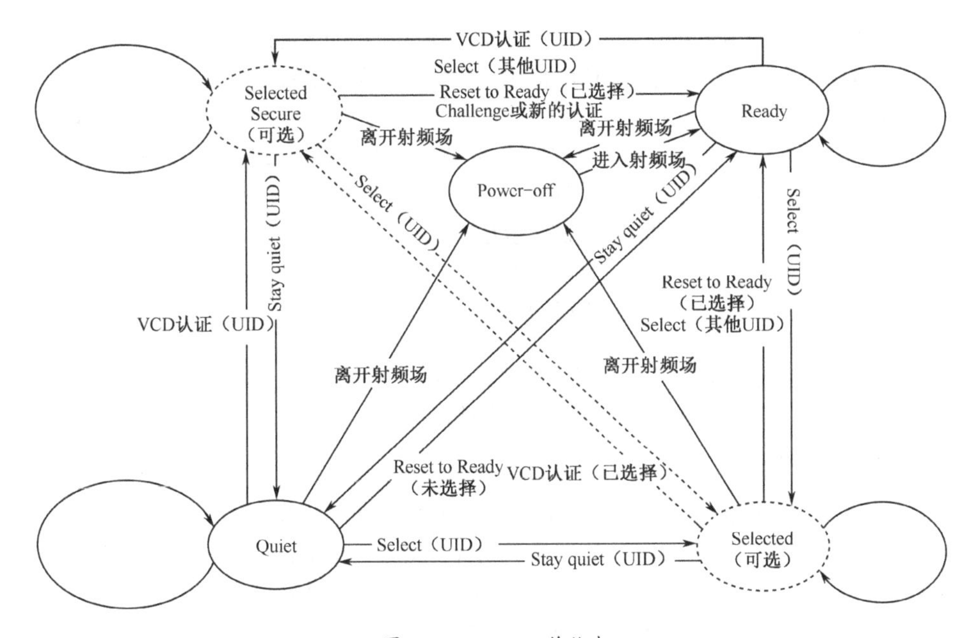

图 8.44　VICC 工作状态

（1）Power-off 状态

VICC 没有进入 VCD 的射频场，电子标签处于断电的状态。

（2）Ready 状态

VICC 进入 VCD 的射频场得电复位被激活。在 Ready 状态下，VICC 能处理所有来自 VCD 的 Select_flag 为 0 的命令，VCD 可以通过执行认证命令使 VICC 进入 Selected Secure 状态，也可以通过执行 Select 命令进入 Selected 状态。

（3）Quiet 状态

在 Quiet 状态下，VICC 能够处理所有 Address_flag 置位而 Inventory_flag 没有置位的 VCD

命令。VCD 可以通过执行认证命令使 VICC 进入 Selected Secure 状态。

（4）Selected 状态

在 Selected 状态下，VICC 能够处理所有 Select_flag 置位的 VCD 命令。通过执行 Select_flag 置位的 Reset to Ready 命令，VICC 可以转换为 Ready 状态；处于 Selected 状态的 VICC 如果收到了新的 Select 命令，但命令中的 UID 与自身不符，也将从 Selected 状态转换到 Ready 状态。

当收到含有正确 UID 的 Stay quiet 命令，VICC 将从 Selected 状态转换到 Quiet 状态。

当正确执行 VCD 发起的认证命令，VICC 将从 Selected 状态转换到 Selected Secure 状态。

（5）Selected Secure 状态

在 Selected Secure 状态下，VICC 可以执行一些可选的命令，这些命令中的 Select_flag 必须置位。

如果执行 Stay quiet 命令，则命令必须使用地址模式，如果 UID 正确，则 VICC 将从 Selected Secure 状态转换到 Quiet 状态。

如果执行 Select 命令，则命令也必须使用地址模式，如果 UID 正确，则 VICC 将从 Selected Secure 状态转换到 Selected 状态。

如果执行了 Select_flag 置位的 Reset to Ready 命令、Challenge 命令、新的认证命令或与 VICC 的 UID 不符的 Select 命令，VICC 将从当前状态转换为 Ready 状态。

图 8.44 中的“已选择”表示 Select_flag 置位，“未选择”表示 Select_flag 没有置位。在任何时刻，射频场中只能最多有一个 VICC 处于 Selected 或 Selected Secure 状态，但可以有一个 VICC 处于 Selected 状态，另一个 VICC 处于 Selected Secure 状态。如果 VICC 无法成功执行 VCD 发送的命令，VICC 将保持在当前状态。

8.3.3 ISO/IEC15693 的防冲突

如果在同一时间段 VCD 的射频场内有多个 VICC 同时响应，则说明发生了冲突，需要通过执行防冲突流程来选择出一个 VICC 与之通信。

1. 防冲突的原理

ISO/IEC15693 的防冲突原理如图 8.45 所示，ISO/IEC15693 使用基于 UID 和时隙轮询的防冲突协议。读写器使用 Inventory 命令执行防冲突流程，Inventory 命令中包含一个由当前时隙（0 位或 4 位二进制数）和部分低位 UID 组成的标识，如果电子标签的低位 UID 对应位的数据与此标识相同，就返回应答，否则不予响应。

读写器通过改变当前时隙和指定的部分 UID 来完成防冲突功能。时隙数目可以是 1 或 16。有效的低位 UID 通过掩码一个以字节为单位的被掩码数据获得。掩码是 1 字节的长度值，掩码长度是被掩码数据中有效的低位 UID 的长度，当使用 16 时隙时，为 0～60 的值；当使用 1 时隙时，为 0～64 的任何值。如果被掩码数据的位长不是 8 的倍数，要在被掩码数据的高位补 0 凑成 8 的整数倍，被掩码数据先发送最低有效位，再发送高有效位。

读写器发出 Inventory 命令即启动第一个时隙，之后读写器通过发出一个 EOF 切换到下一个时隙。

如果读写器未检测到 VICC 应答，那么读写器可以切换到下一个时隙；如果收到一个或多个应答，那么读写器应该接收完整个数据帧后再发出一个 EOF 切换到下一个时隙。

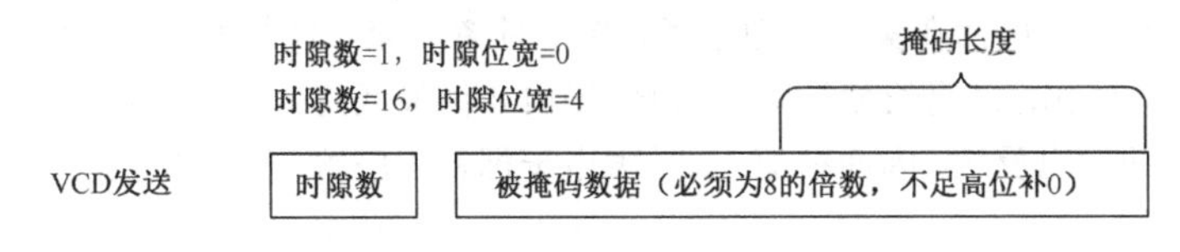

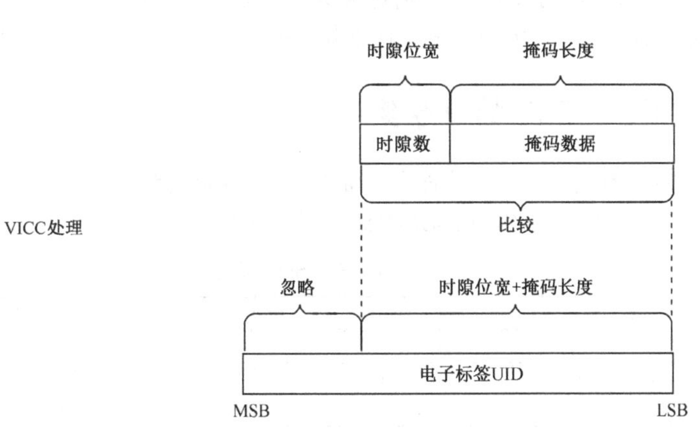

图 8.45　ISO/IEC15693 的防冲突原理

2. 防冲突的逻辑过程

读写器向其射频场发出 Inventory 命令，命令中包含时隙总数（1 或 16）、掩码长度和 *n* 字节被掩码数据 Mask。VICC 收到读写器的 Inventory 命令后，应该按以下逻辑步骤做出应答。

（1）根据读写器命令初始化以下参数

NbS：时隙总数，其值为 1 或 16。

SN：当前时隙序号，当 NbS =1 时，其变化范围为 0～0；当 NbS =16 时，其变化长度为 0～15，初始化为 0。

SN_length：时隙位宽，如果 NbS =1，则 SN_length=0；否则 SN_length=4。

（2）执行以下操作

如果 LSB(UID，SN_length+Mask_length) =LSB(SN，SN_length)&LSB(Mask，Mask_length) 则向读写器回送应答，应答中包含完整的 8 字节 UID。LSB (value, n) 函数表示得到 value 的 *n* 位最低有效位，“&”为连接符。

（3）等待 SOF 或 EOF

如果等到一个 SOF 则停止防冲突过程，并准备处理读写器发来的请求，防冲突序列到此结束。

如果等到一个 EOF，若 SN<NbS−1 则 SN = SN +1 并转到第（2）步继续进行防冲突循环。

3. 防冲突举例

假设有两个电子标签，第 1 个电子标签的 UID 为 11001010，第 2 个电子标签的 UID 为 10100010，被掩码数据为 10001010，则在防冲突过程中有以下结论。

① 若时隙数为 1，掩码长度为 0，则射频场内的所有电子标签立即做出反应。

② 若时隙数为 1，掩码长度为 4，则射频场内 4 位最低有效位等于 4 位掩码值最低有效位的电子标签立即做出反应，因而电子标签 1 应答。

③ 若时隙数为 16，掩码长度为 0，则射频场内 4 位最低有效位等于当前时隙序号的电子标签立即做出反应，因而在第 2 时隙电子标签 2 应答，第 10 时隙电子标签 1 应答。

④ 若时隙数为 16，掩码长度为 4，则射频场内 8 位最低有效位等于当前时隙序号&掩码值的电子标签立即做出反应，因而在第 12 时隙电子标签 1 应答，任何时隙电子标签 2 都不会应答。

⑤ 若时隙数为 16，掩码长度为 3，则射频场内 7 位最低有效位等于当前时隙序号&掩码值的电子标签立即做出反应，因而在第 4 时隙电子标签 2 应答，第 9 时隙电子标签 1 应答。

8.3.4 ISO/IEC15693 的命令集

ISO/IEC15693 标准使用一个字节长度的命令编码，规定的命令类型共有 4 种，分别为强制的、可选的、定制的和专用的。ISO/IEC15693 的命令如表 8.11 所示。

表 8.11 ISO/IEC15693 命令

命令编码	命令类型		命令功能
01	强制	Inventory	清点
02	强制	Stay quiet	保持静止
03～1F	强制	RFU	保留
20	可选	Read single block	读一个数据块
21	可选	Write single block	写一个数据块
22	可选	Lock block	锁定数据块
23	可选	Read multiple blocks	读多个数据块
24	可选	Write multiple blocks	写多个数据块
25	可选	Select	选择
26	可选	Reset to ready	复位到 Ready 状态
27	可选	Write AFI	写 AFI
28	可选	Lock AFI	锁定 AFI
29	可选	Write DSFID	写 DSFID
2A	可选	Lock DSFID	锁定 DSFID
……	可选	……	……
2E～2F 3E～9F	可选	保留	RFU
A0～DF	定制	IC Mfg dependent	由制造商定义
E0～FF	专用	IC Mfg dependent	由制造商定义

（1）强制命令

强制命令的编码值为 01H～1FH，所有符合 ISO/IEC15693 标准的 VICC 都必须支持。

（2）可选命令

可选命令的编码值范围为 20H～9FH，这些命令 VICC 可以支持也可以不支持。如果收到不支持的命令，VICC 可以返回一个错误代码或保持沉默。

（3）定制命令

定制命令的编码值范围为 A0H～DFH，这些命令的功能由 VICC 的制造商定义。

（4）专用命令

专用命令的编码值范围为 E0H～FFH。IC 或 VICC 的制造商使用这些命令实现测试、编程系统信息等功能。

8.4 ISO/IEC18000

ISO/IEC18000 是目前相对较新的一系列标准，其工作频率涵盖从低频到高频、微波等RFID 的各个频段。ISO/IEC18000 系列标准由 7 部分组成，本节仅对 ISO/IEC18000-6 进行简单介绍。

ISO/IEC18000-6 规定的载波工作频率为 860～960 MHz 的 ISM 频段，电子标签采用反向散射模式。标准中共规定了 4 种工作类型，分别称为 Type A、Type B、Type C 和 Type D。电子标签和读写器需要至少支持其中一种工作类型。本书主要介绍常用的 Type A、Type B、Type C，这三种类型都使用 ITF（Interrogator-Talks-First，查询器先讲）模式。

8.4.1 ISO/IEC18000-6 Type A

1. Type A 协议的物理接口

（1）读写器到电子标签之间的数据传输

读写器发送的数据采用 ASK 调制，调制深度 30%～100%，数据传输速率为 33kb/s。数据采用脉冲间隔编码（Pulse Interval Encoding，PIE），即通过定义下降沿之间的不同宽度来表示不同的数据信号。PIE 编码定义了 4 种用于通信过程的数据信号，其编码时间长度和波形图如表 8.12 和图 8.46 所示。表中 Tari 表示数据“0”的两个下降沿之间的时间间隔，其值为 10～20μs。

表 8.12 PIE 编码时间长度

数据信号	时间长度（Tari）
0	1
1	2
SOF	4
EOF	4

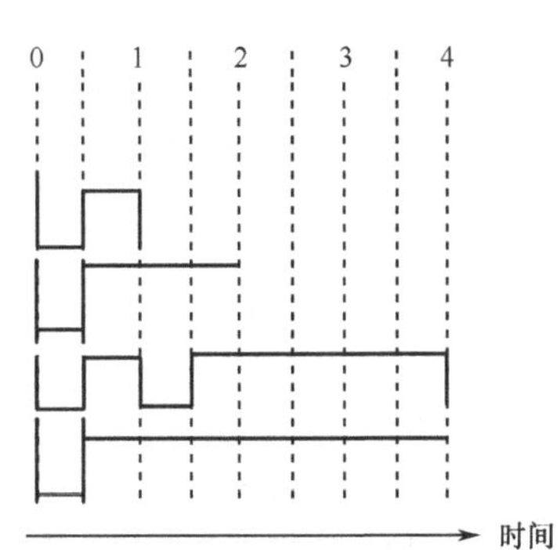

图 8.46 PIE 编码波形图

（2）电子标签到读写器之间的数据传输

电子标签通过反向散射给读写器传输信息，数据采用 FM0 编码，数据传输速率是 40～160 kb/s。数据 B1H 的 FM0 编码如图 8.47 所示。

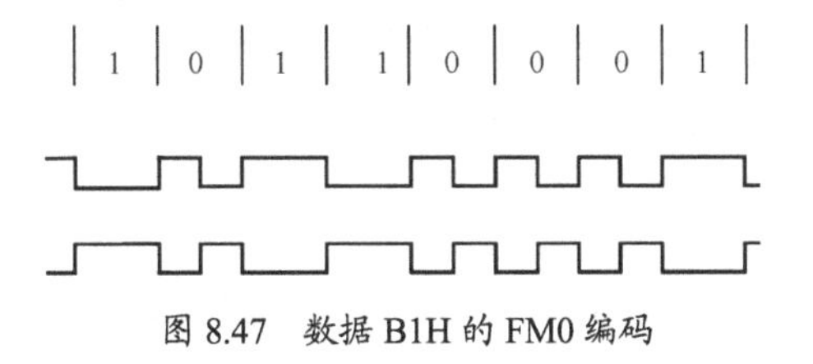

图 8.47 数据 B1H 的 FM0 编码

（3）数据帧结构

读写器发送到电子标签的数据帧格式如图 8.48 所示。在发送数据帧之前，读写器应能保证建立至少 300 μs 的无调制载波，称为静默时间 Taq。整个数据帧以帧起始符 SOF 开头，紧接着是数据和命令部分，最后以帧结束符 EOF 结尾。在 EOF 之后，读写器应该维持一段规定时间的稳定载波，以便电子标签获得足够的能量回送对于命令的应答。

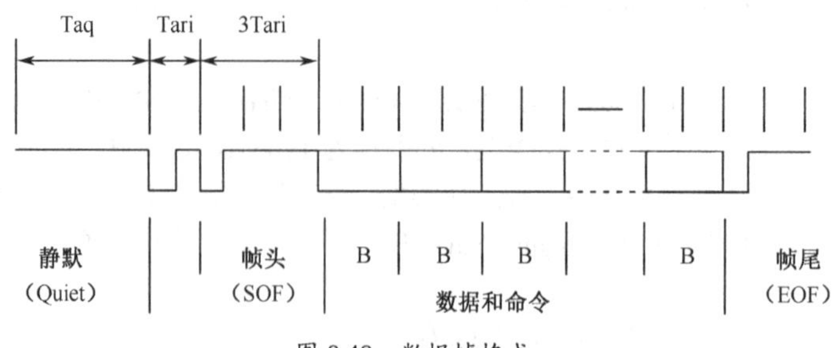

图 8.48 数据帧格式

2. Type A 的协议元素

（1）电子标签 UID

Type A 电子标签的 UID 由芯片制造商在出厂时固化在电子标签内，长度为 64 位，其结构如表 8.13 所示。

表 8.13 Type A UID 结构

b64～b57	b56～b49	b48～b33	b32～b1
固定为 E0H	芯片制造商代码	RFU（0000H）	制造商分配的序列号

在防冲突操作时，读写器命令和电子标签应答中一般使用 UID 的简化格式，称为 SUID（Sub-UID）。SUID 共 48 位，删除了 UID 中 E0H 和 16 位的 RFU 部分，其结构如表 8.14 所示。

表 8.14 Type A SUID 结构

b40～b33	b32～b1
芯片制造商代码	制造商分配的序列号

（2）AFI 与 DSFID

与 ISO/IEC15693 类似，ISO/IEC18000-6 Type A 的通信协议中也使用了 AFI 与 DSFID，它们的长度都是一个字节，作用也与 ISO/IEC15693 中的规定相同。

（3）电子标签存储空间组织

Type A 电子标签的物理存储空间以固定大小的 Block（块）为单位，最多可以有 256 个 Block，每个 Block 容量最大可达 256 位，因此 Type A 电子标签的物理存储空间最大可达 8 kB。协议中规定对电子标签内存的读写以 Block 为单位，一次可以读写一个或多个 Block。

（4）防冲突算法

Type A 使用动态时隙 ALOHA 算法。

（5）带电池的电子标签

电子标签可以有电池，电子标签上有无电池对电子标签普通操作协议没有影响。

3. Type A 的通信协议

Type A 工作在 ITF 模式，读写器与电子标签之间的每次通信都由读写器发起，电子标签收到读写器的命令后返回应答。

（1）命令结构

Type A 的命令结构有两种，长命令和短命令。短命令的长度固定为 16 位，其结构如表 8.15 所示。

表 8.15　Type A 短命令结构

SOF	RFU	命令码	参数/标志	CRC-5	EOF
—	1 位	6 位	4 位	5 位	

长命令的长度不固定，其结构如表 8.16 所示。

表 8.16　Type A 长命令结构

SOF	RFU	命令码	参数/标志	CRC-5	SUID（可选）	数据	数据（可选）	CRC-16	EOF
—	1 位	6 位	4 位	5 位	40 位	8 位	8～n 位	16 位	

（2）应答结构

Type A 电子标签的应答结构如表 8.17 所示。标志位长度为 2 位，其中 bit2 为 RFU，bit1 表示命令执行的情况，bit1 为 0 时说明命令执行正确，bit1 为 1 时表示命令执行发生了错误，后面的内容会给出错误的代码。

表 8.17　Type A 电子标签的应答结构

帧头	标志位	参数	数据	CRC-16

（3）命令分类

Type A 的命令使用 6 位编码，规定的命令类型共 4 种，分别为强制性的、可选的、定制的和专用的。Type A 的命令分类如表 8.18 所示。

表 8.18　Type A 的命令分类

命令编码	命令类型	数量
00,02,04,06,0A,0C～0F	强制	9
01,03,05,07,08,09,0B,10～27,38,39	可选	33
28～37	定制	16
3A～3F	专用	6

强制命令要求所有的读写器和电子标签都必须支持。

可选命令的功能由 ISO/IEC18000 协议规定，读写器需要全部支持这些命令，电子标签可以支持也可以不支持。如果处于选择状态的电子标签收到不支持的命令，电子标签将返回“命令不支持”的错误代码。

定制命令的功能不在 ISO/IEC18000 协议中规定，这些命令的功能由电子标签的制造商定义。电子标签可以支持也可以不支持。如果处于选择状态的电子标签收到不支持的命令，电子标签将返回“命令不支持”的错误代码。

专用命令的功能由芯片制造商定义，主要用于对电子标签的测试、编程系统信息等功能。

8.4.2 ISO/IEC18000-6 Type B

1. Type B 协议的物理接口

（1）读写器到电子标签之间的数据传输

读写器发送的数据采用 ASK 调制，调制深度是 10%或 100%，数据传输速率规定为 10 kb/s 或 40kb/s，采用曼彻斯特编码。

（2）电子标签到读写器之间的数据传输

同 Type A 一样采用 FM0 编码，通过调制入射波并反向散射给读写器传输信息。数据传输速率是 40～160 kb/s。

2. Type B 的协议元素

（1）电子标签 UID

Type B 的 UID 长度也是 64 位，有两种可选的结构形式，如表 8.19 和表 8.20 所示。

表 8.19　Type B 的第一种 UID 结构

Byte0（MSB）	Byte1	Byte2	Byte3	Byte4	Byte5	Byte6	Byte7（LSB）
固定值 E0H	IC 制造商代码	IC 制造商分配的编码					

表 8.20　Type B 的第二种 UID 结构

<table>
<tr><td colspan="2">Byte0（MSB）</td><td>Byte1</td><td>Byte2</td><td>Byte3</td><td>Byte4</td><td>Byte5</td><td colspan="2">Byte6</td><td colspan="2">Byte7（LSB）</td></tr>
<tr><td>3 位</td><td colspan="7">47 位</td><td>8 位</td><td>4 位</td><td>2 位</td></tr>
<tr><td>000</td><td colspan="7">IC 制造商分配的编码</td><td>IC 制造商代码</td><td>FAB</td><td>CK</td></tr>
</table>

表 8.20 中的 FAB 由 IC 制造商分配，当它与 IC 制造商代码和 IC 序列号结合在一起时，得到的数字应该是唯一的；CK 为校验值。

（2）电子标签存储空间

Type B 电子标签的存储空间以 Block（块）为单位，最多可以有 256 个 Block，每个 Block 的长度为 1 字节，因此 Type B 电子标签的物理存储空间最大可达 256 B。

存储空间的 Block0～Block17 被保留用作存储系统信息，其中 Block0～Block7 保存电子标签的 UID。Block18 及以后的 Block 用于普通的用户数据存储。

（3）防冲突算法

Type B 使用二进制搜索算法。

3. Type B 的协议和命令。

（1）命令结构

Type B 的命令结构如表 8.21 所示。

表 8.21　Type B 命令结构

帧头探测	帧头	分隔符	命令	参数	数据	CRC-16

帧头探测是一段持续至少 400 μs 的稳定无调制载波，在 40 kb/s 的通信速率下，相当于 16 位的通信时长；帧头是 9 位的曼彻斯特编码“0”，反向不归零码就是 01 01 01 01 01 01 01 01 01；分割符是用来区分帧头和有效数据的，标准中共定义了 4 种，经常使用第 1 种 5 位的分割符（11 00 11 10 10）；命令和参数的内容决定于具体的命令和参数；CRC-16 是采用 16 位的 CRC 编码。

（2）应答结构

Type B 电子标签的应答结构如表 8.22 所示。

表 8.22　Type B 电子标签的应答结构

静默	返回帧头	数据	CRC-16

静默是电子标签持续约 16 位时长的无反向散射，实际的静默时间决定于电子标签应答数据的通信速度；返回帧头是一个 16 位数据“00 00 01 01 01 01 01 01 01 01 00 01 10 11 00 01”；CRC 采用 16 位的数据编码。

（3）命令分类

Type B 的命令使用 8 位编码，与 Type A 类似，也可以分为强制性的、可选的、定制的和专用的 4 种命令类型。

8.4.3　ISO/IEC18000-6 Type C

ISO/IEC18000-6 Type C 与 EPCglobal Class1 Gen2 协议完全兼容。

1. Type C 协议的物理接口

（1）读写器到电子标签之间的数据传输

读写器通过对载波的 ASK 调制向一个或多个电子标签发送数据信息，数据采用脉冲间隔编码（Pulse Interval Encoding，PIE），Type C 的 PIE 编码如图 8.49 所示，Tari 的值为 6.25～25 μs。

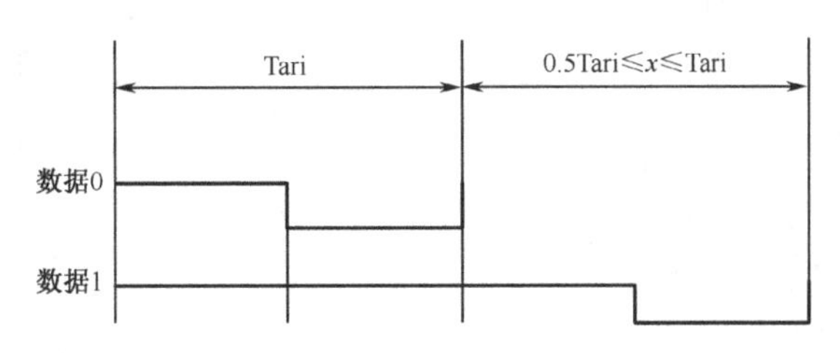

图 8.49　Type C 的 PIE 编码

Type C 的 ASK 调制可以是双边带调制（Double Sideband ASK，DSB-ASK）、单边带调制（Single Sideband ASK，SSB-ASK）或相位反转调制（Phase Reversal，PR-ASK），调制深度均为 90%，数据传输速率为 26.7～128 kb/s，电子标签支持对上述三种调制的解调。

DSB-ASK 的频谱中包含上下两个边带；SSB-ASK 则只对 DSB-ASK 中的上边带或下边带进行传送，提高了信道的频带利用率；PR-ASK 中相邻的数字数据间载波相位有 180° 跳变，相位跳变时产生幅度调制。DSB-ASK、SSB-ASK、PR-ASK 调制 PIE 编码基带数据 010 的波形如图 8.50 所示。

（2）电子标签到读写器之间的数据传输

电子标签从读写器的载波中获取能量，读写器接收电子标签的反向散射应答时要持续向电子标签发送无调制载波，电子标签通过反向散射调制改变载波的幅度或相位来向读写器应答信息，其编码使用基带调制的 FM0 或副载波调制的米勒码。图 8.51 为 Type C FM0 编码，当使用 FM0 编码时，数据传输速率为 40～640 kb/s。

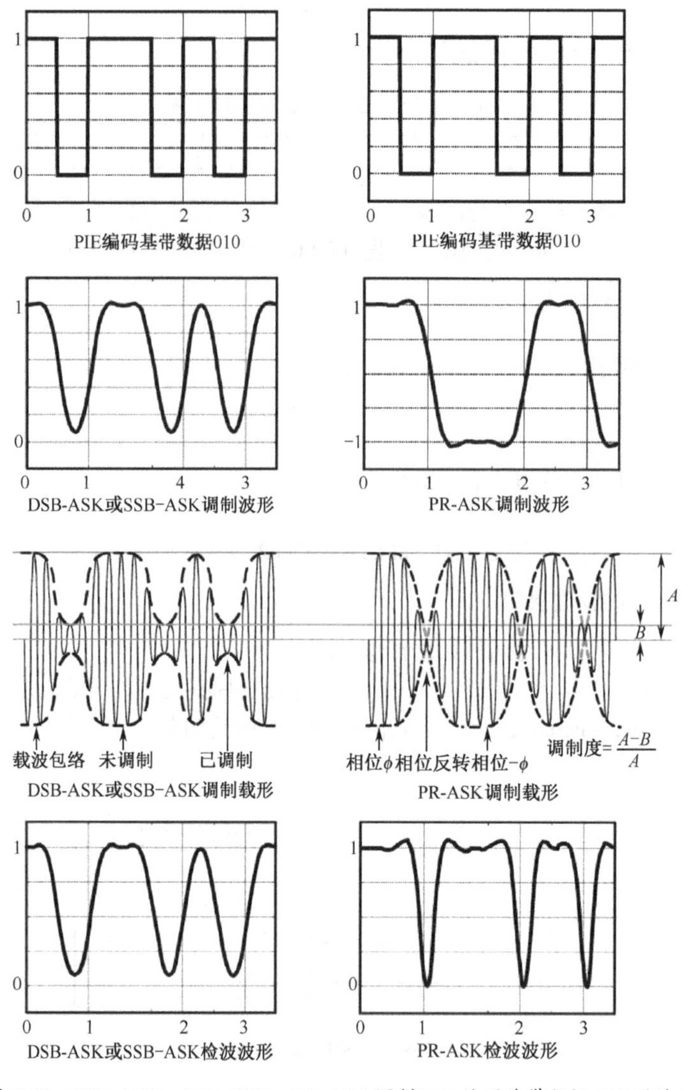

图 8.50　DSB-ASK、SSB-ASK、PR-ASK 调制 PIE 编码基带数据 010 的波形

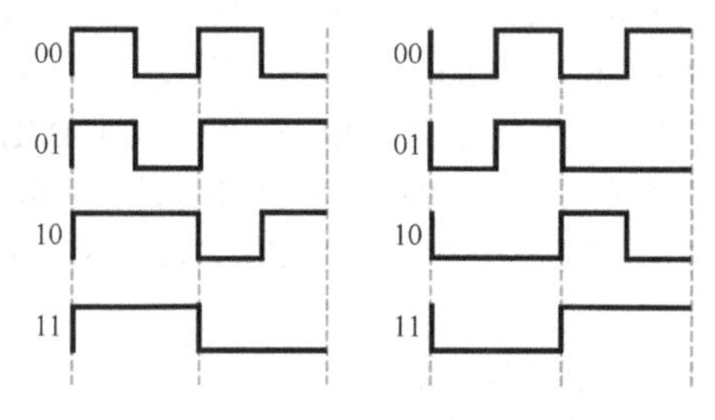

图 8.51　Type C FM0 编码

副载波调制的米勒码，数据传输速率为5～320 kb/s，当数据中心有相位跳变时表示数据 1，无跳变时表示数据 0，当发送连续的 0 时，则从第 2 个 0 开始在数据起始处有相位跳变。每一位数据可以包含 2、4 或 8 个副载波，图 8.52 为每一位数据包含 2 个和 4 个副载波的情形。

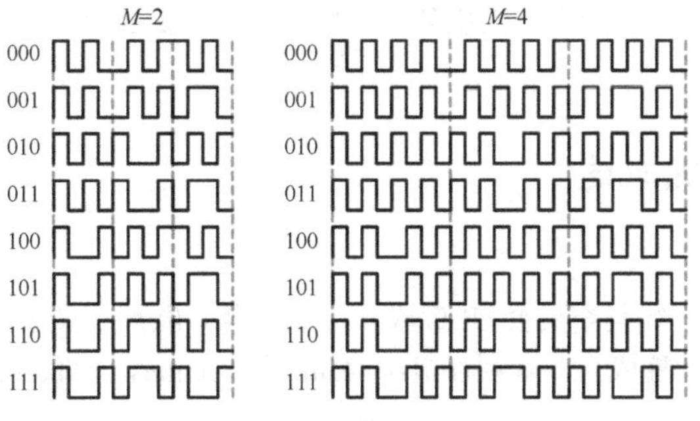

图 8.52　Type C 副载波调制的米勒码

2. Type C 的协议元素

（1）电子标签 UID

Type C 使用长度可变的 UID，最短为 32 位，最长可达 192 位。

（2）电子标签的存储空间

Type C 电子标签的存储空间没有限制，可分为 4 个区域（Bank），分别称为 Reserved 区（Bank0）、UII 区（Bank1）、TID 区（Bank2）和 User 区（Bank3）。

① Reserved 区

Reserved 区用于存放灭活（kill）密码和（或）访问（access）密码。其中灭活密码存放在内存地址 00H～1FH，长度为 32 位，灭活密码主要用于杀死一个电子标签，电子标签被杀死后将无法使用；访问密码存放在内存地址 20H～3FH，长度也为 32 位，用于对电子标签的访问控制。

② UII 区

UII 区用来存放物品的唯一识别码。在 EPCglobal 应用中，UII 区存放物品的 EPC 编码。

③ TID 区

TID 区用来存放电子标签的唯一识别码。

④ User 区

User 区用来存放用户数据。

（3）防冲突算法

Type C 使用时隙随机防冲突算法。

3. 命令类型和结构

Type C 同样定义了强制的、可选的、定制的和专用的 4 种命令类型，其中强制命令和可选命令由国际标准定义，定制命令和专用命令由商家定义。

8.5　EPCglobal 标准体系

EPCglobal 是由 UCC（Uniform Code Council，美国统一编码委员会）和 EAN（European Article Number，欧洲物品编码协会）联合发起并成立的非盈利性机构。EPC（Electronic Product Code，电子产品代码）系统是一种基于 EAN/UCC 编码的系统，作为产品与服务流通过程信息的代码化表示，EAN/UCC 编码具有一整套包含贸易流通过程中各种有形或无形产品所需的全球唯一标识代码，包括贸易项目、物流单元、服务关系、商品位置和相关资产等标识代码。EAN/UCC 标识代码随着产品或服务的产生在流通源头建立，并伴随着该产品或服务的流动贯穿全过程。

8.5.1 EPC 系统概述

1. EPC 发展简史

1973 年，美国统一编码委员会 UCC 成立；1977 年，欧洲物品编码协会成立 EAN；1999 年，在美国麻省理工学院成立非营利性组织 Auto-ID Center，物联网的概念则是由 Auto-ID Center 提出的。

2003 年 11 月，国际物品编码协会 EAN/UCC 成立了 EPCglobal，同时 Auto ID Center 更名为 Auto-ID Lab，为 EPCglobal 提供技术支持。

EPCglobal 于 2004 年 4 月公布了第一代 RFID 技术标准，包括 EPC 电子标签数据规格、超高频 Class0 和 Class1 电子标签标准、高频 Class1 电子标签标准和物理标识语言内核规格。

目前，EPCglobal 由 GS1（Globe Standard 1）负责管理。GS1 是一个非营利性、非政府间国际机构，它致力于建立“全球统一标识系统和通用商务标准——EAN · UCC 系统”，通过向供应链参与方及相关用户提供增值服务，优化全球供应链的管理效率。目前，GS1 已有遍及世界 100 多个国家和地区的系统成员，负责组织实施当地的 EAN/UCC 系统推广应用工作。

2. EPC 系统的特点

① 开放的结构体系。EPC 系统采用了全球最大的公用 Internet，接入方便快捷，具备开放性特点的同时有效地降低了系统的复杂性和系统成本，可以与 Internet 所有可能的组成部分协同工作。

② 独立的平台与高度的互动性。EPC 系统识别的对象是通过网络连接的实体对象，因此很难有一种技术适用于所有的识别对象。同时不同国家和地区的射频识别技术标准也不相同，因此开放的结构体系必须具有独立的平台和高度的互动性。

③ 灵活的可持续发展体系。EPC 系统是一个灵活开放的可持续发展的体系，在不替换原有体系的情况下就可以实现系统平稳升级。

3. EPC 标准体系框架

EPC 标准框架体系主要可以分为三大标准种类，分别为 EPC 物理对象交换、EPC 基础设施和 EPC 数据交换，如表 8.23 所示。

表 8.23　EPC 标准框架体系

标准种类	相关标准
EPC 物理对象交换	UHF Class 0 Gen 1 射频协议
	UHF Class 1 Gen 1 射频协议
	HF Class 1 Gen 1 电子标签协议
	Class 1 Gen 2 超高频空中接口协议
	Class 1 Gen 2 超高频 RFID 一致性要求规范
	EPC 电子标签数据标准
	900MHz Class 0 射频识别电子标签规范
	13.56MHz ISM 频段 Class 1 射频识别电子标签接口规范
	860-930MHz Class 1 射频识别电子标签射频与逻辑通信接口规范

（续表）

标准种类	相关标准
EPC 基础设施	EPCglobal 体系框架
	应用水平事件规范读写器协议
	读写器管理范围
	电子标签数据解析协议
	读写器协议
EPC 数据交换	EPCIS 数据规范
	EPCIS 查询接口规范
	对象名解析业务规范
	EPCIS 数据获取接口规范
	EPCIS 发现协议
	用户认证协议

（1）EPC 物理对象交换

规范用户与带有 EPC 编码的物理对象进行交互。对于许多 EPCglobal 网络终端用户来说，物理对象是商品，用户是该商品供应链中的成员。物理对象交换包括许多活动，例如装载、接收以及其他许多用途，这些活动的一个主要功能是对物品所使用电子标签进行标识。EPCglobal 体系框架定义了 EPC 物理对象交换标准，从而能够保证当用户将一种物理对象提交给另一个用户时，后者将能够确定该物理对象有 EPC 代码并能较好地对其进行说明。

（2）EPC 基础设施

为达成 EPC 数据的共享，每个用户开展活动时将为新生成的对象进行 EPC 编码，通过监视物理对象携带的 EPC 编码对其进行跟踪，并将搜集到的信息记录到组织内的 EPC 网络中。EPCglobal 体系框架定义了用来收集和记录 EPC 数据的主要设施部件接口标准，因而允许用户使用互操作部件来构建其内部系统。

（3）EPC 数据交换

EPCglobal 体系框架定义了 EPC 数据交换标准，为用户提供了一种点对点共享 EPC 数据的方法，并提供了用户访问 EPCglobal 核心业务和其他相关共享业务的机会。

8.5.2 EPC 编码体系

EPC 编码是 EPC 系统的重要组成部分，是对实体及实体的相关信息进行代码化，通过统一、规范化的编码建立全球通用的信息交换语言。EPC 编码是 EAN/UCC 在原有全球统一编码体系基础上提出的，是新一代全球统一标识的编码体系，也是对现行编码体系的拓展和延伸。

1. EPC 编码规则

EPC 编码是与 EAN/UCC 编码兼容的新一代编码标准，EPC 由现行的条码标准逐渐过渡到 EPC 标准或者是在未来的供应链中 EPC 和 EAN/UCC 系统共存。EPC 是存储在射频电子标签中的唯一信息，且已经得到 UCC 和 EAN 两个主要国际标准监督机构的支持。

EPC 中码段的分配是由 EAN/UCC 来管理的，然后分配到具体的国家或地区。在我国，EAN/UCC 编码的分配和管理由中国物品编码中心负责，来满足国内企业使用 EPC 的需求。EPC 的编码遵循以下规则。

（1）唯一性

EPC 提供对物理对象的唯一标识，一个 EPC 编码仅分配给一个物品使用。为了确保物理对象标识唯一性的实现，EPCglobal 采取了如下基本措施。

① 足够的编码容量。EPC 使用了足够的编码冗余度，从世界人口总数（2019 年大约 77 亿）到全世界大米总粒数（2019 年全球大米产量为 5.113 亿吨，按每公斤大米 40000 粒估算，粗略估计 2 亿亿粒），EPC 都有足够大的地址空间来标识所有这些对象。

② 组织保证。必须保证 EPC 编码分配的唯一性并寻求解决编码碰撞的方法。EPCglobal 通过全球各国编码组织来负责分配本国的 EPC 代码，并建立相应的管理制度。

③ 使用周期。对一般实体对象，使用周期和实体对象的生命周期一致。对特殊的产品，EPC 代码的使用周期是永久的。

（2）简单性

EPC 的编码在为实体对象提供唯一标识的同时，其编码结构又非常简单。以往的编码方案，很少能被全球各国和各行业广泛采用，原因之一就是编码的复杂导致不适用。

（3）可扩展性

EPC 编码留有备用空间，具有可扩展性和足够的冗余，从而确保了 EPC 系统的升级和可持续发展。

（4）保密性与安全性

EPC 编码与安全和加密技术相结合，具有高度的保密性和安全性。保密性和安全性是配置高效网络的首要问题之一。安全的存储、传输和实现是 EPC 能否被广泛采用的基础。

2. EPC 编码关注的问题

① 生产厂商和产品。目前世界上的公司估计超过 2500 万家，EPC 编码中厂商代码必须具有一定的容量。对厂商来讲，产品数量的变化范围很大，通常一个企业产品类型数均不超过 10 万种。

② 内嵌信息。在 EPC 编码中嵌入相关产品信息，如货品重量、尺寸、有效期、目的地等。

③ 分类。分类是指对具有相同特征和属性的实体进行管理与命名，是具有相同特点物品的集合。

④ 批量产品编码。给批次内的每一样产品分配唯一的 EPC 代码，同时可将该批次产品视为单一的实体对象，为其分配一个批次的 EPC 代码。

⑤ 载体。EPC 电子标签是 EPC 代码存储的物理媒介，对所有的载体来讲，其成本与数量成反比。EPC 电子标签要广泛采用，必须尽最大可能地降低成本。

3. EPC 编码结构

EPC 代码是由一个版本号加上另外三段数据（域名管理、对象分类、序列号）组成的一组数字，其结构如表 8.24 所示。

表 8.24　EPC 编码结构

编码方案	类　型	版本号	域名管理	对象分类	序列号
EPC-64	Ⅰ	2	21	17	24
	Ⅱ	2	15	13	34
	Ⅲ	2	26	13	23

（续表）

编码方案	类　型	版本号	域名管理	对 象 分 类	序 列 号
EPC-96	I	8	28	24	36
EPC-256	I	8	32	56	160
	II	8	64	56	128
	III	8	128	56	64

① 版本号：用于标识 EPC 编码的版本次序，使得 EPC 随后的码段可以有不同的长度。

② 域名管理：描述与此 EPC 相关的生产厂商的信息，如可口可乐公司。

③ 对象分类：记录产品精确类型的信息，如美国生产的 330ml 罐装减肥可乐（可口可乐的一种新产品）。

④ 序列号：唯一标识货品，会明确 EPC 代码标识的是哪一罐 330ml 罐装减肥可乐。

4. EPC 编码类型的选择

目前，EPC 编码有 64 位、96 位和 256 位。为了保证所有物品都有一个 EPC 编码并使其载体——电子标签成本尽可能降低，应该选择合适的 EPC 编码长度。例如 96 位 EPC 编码，其数目可以为 2.68 亿个公司提供唯一标识，每个生产厂商可以有 1600 万个对象种类，并且每个对象种类可以有 680 亿个序列号，这对当前世界几乎所有产品已经非常够用了。

如果不需要那么多序列号，则可以采用 64 位 EPC 编码，这样会进一步降低电子标签成本。但是随着 EPC-64 和 EPC-96 版本的不断发展，EPC 编码作为一种世界通用的标识方案将逐渐无法满足长期使用的要求，到时候则可以选择 256 位的编码方案。

8.5.3 EPC 电子标签分类

根据电子标签的性能、安全性等因素的不同，EPC 电子标签可分为 Class0～Class4，共 5 类。

1. Class0 EPC 电子标签

Class0 EPC 是能满足物流、供应链管理（如超市的结账付款、超市货架扫描、集装箱货物识别、货物运输通道及仓库管理等）基本应用功能的电子标签。Class0 EPC 电子标签必须包含 EPC 代码、24 位自毁代码和 CRC 代码，Class 0 EPC 电子标签可以被读写器读取，可以被重叠读取，可以自毁，但是存储器不可以由读写器进行写入。

2. Class1 EPC 电子标签

Class1 EPC 电子标签又称身份电子标签，是一种无源、反向散射式电子标签。除了具备 Class0 EPC 电子标签的所有特征，它还具有一个电子产品代码标识符和一个电子标签标识符。Class1 EPC 电子标签具有自毁功能，能够使得电子标签永久失效。此外，还有可选的密码保护访问控制和可选的用户内存等特性。

3. Class2 EPC 电子标签

Class2 EPC 电子标签也是一种无源、反向散射式电子标签。它除了具备 Class1 EPC 电子标签的所有特征，还包括扩展的电子标签标识符、扩展的用户内存、选择性识读功能。Class2 EPC 电子标签在访问控制中加入了身份认证机制，并可定义其他附加功能。

4. Class3 EPC 电子标签

Class3 EPC 电子标签是一种半有源的、反向散射式电子标签。它除了具备 Class2 EPC 电子标签的所有特征，还具有完整的电源系统和综合的传感电路。其中，片上电源用来为电子标签芯片提供部分能量来源。

5. Class4 EPC 电子标签

Class4 EPC 电子标签是一种有源的、主动式电子标签，除了具备 Class3 EPC 电子标签的所有特征，还具有电子标签到电子标签的通信功能、主动式通信功能和特别组网功能。

8.5.4 EPC 系统组成

EPC 系统是一个非常先进的、综合性的、复杂的系统，其最终目标是为每一单品建立全球的、开放的标识体系。它由 EPC 电子标签、EPC 读写器及 EPC 信息网络系统三部分组成，如图 8.53 所示。

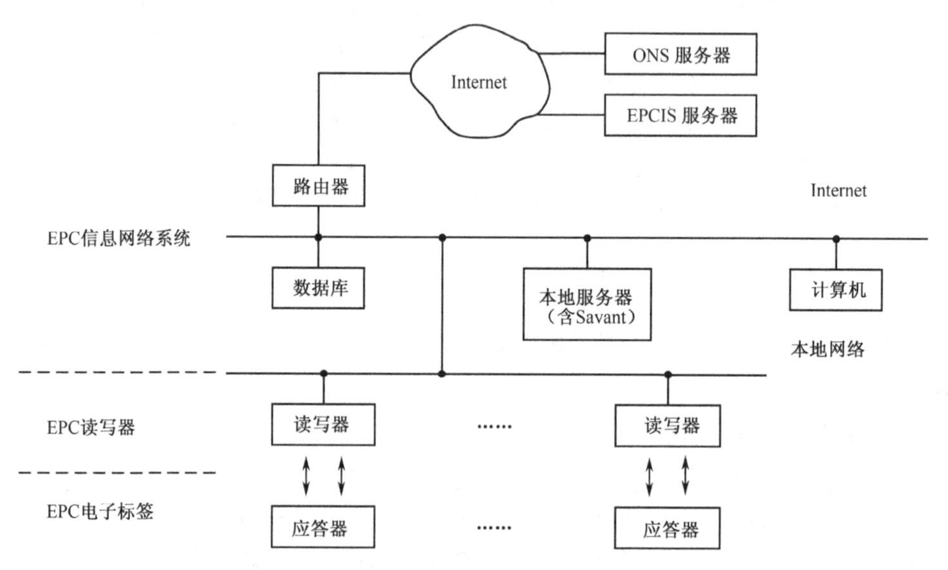

图 8.53　EPC 系统结构

1. EPC 电子标签

EPC 电子标签是产品电子代码的信息载体，主要由天线和芯片组成。电子标签中存储物品的信息代码。为降低成本，EPC 电子标签通常是被动式射频电子标签。

2. EPC 读写器

EPC 读写器用来识别 EPC 电子标签的装置，与信息系统相连实现数据交换。当靠近时，读写器天线与电子标签天线之间形成磁场，电子标签就利用该磁场发送电磁波给读写器，返回的电磁波被转换为数据信息，即电子标签中的 EPC 编码。

3. EPC 信息网络系统

EPC 信息网络系统由本地网络和全球互联网组成，是实现信息管理和信息流通的功能模块。EPC 信息网络系统是在全球互联网的基础上，通过 EPC 中间件（Savant）及对象命名解析系统（Object Numbering System，ONS）、XML/PML（Physical Markup Language，物理标识语言）和 EPC 信息服务实现全球商品互联。

（1）EPC 中间件

EPC 中间件被称为 Savant，它是具有一系列特定属性的“程序模块”或“服务”，并被用户集成以满足他们的特定需求。如图 8.54 所示，Savant 是连接读写器和应用程序的软件，是物联网中的核心技术，可认为是该网络的神经系统。Savant 的核心功能是屏蔽不同厂家的 RFID 读写器等硬件设备、应用软件系统及数据传输格式之间的异构性，从而可以实现不同的硬件与不同应用软件系统间的无缝连接与实时动态集成。

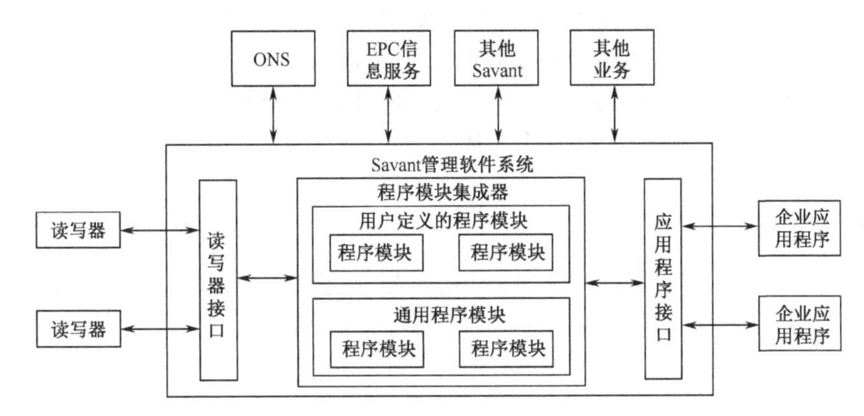

图 8.54　Savant 与其他应用程序的通信

（2）对象名解析服务

对象名解析服务是一个自动的网络服务系统，类似域名解析服务 DNS，ONS 为 Savant 指明了存储产品相关信息的服务器。ONS 是联系 Savant 和 EPC 信息服务的网络枢纽，ONS 设计与架构都以 Internet 域名解析服务为基础。

（3）XML 与 PML

可扩展标记语言（eXtensible Markup Language，XML）是跨平台的一种简单的数据存储语言，使用一系列简单的标记描述数据，已经成为数据交换的公共语言。EPC 系统使用 XML 的目标是为物理实体的远程监控和环境监控提供一种简单、通用的描述语言。在 EPC 系统中，XML 用于描述产品、过程和环境信息，为软件开发、数据存储和分析服务。

PML（Physical Markup Language，物理标记语言）是一种用于描述物理对象，过程和环境的通用语言，以可扩展标记语言 XML 的语法为基础。

（4）EPC 信息服务 EPCIS

EPCIS（Electronic Products Code Information Service，EPC 信息服务）是 EPC 系统的重要部分，利用标准的采集和共享信息方式，为 EPC 数据提供标准接口，可与已有的数据库、应用程序及信息系统相连接，供各行业和组织灵活应用。

EPCIS 针对中间件传递的数据进行 EPCIS 标准转换，通过认证或授权等安全方式与企业内的其他系统或外部系统进行数据交换，符合权限的请求方也可通过 ONS 定位向目标 EPCIS 进行查询。所以，能否构建真正开放的 EPC 网络，实现各厂商 EPC 系统的互联互通，EPCIS 起决定性作用。

EPCIS 主要有两种数据流方式，一是读写器发送原始数据至 EPCIS 以供存储；二是应用程序发送查询至 EPCIS 以获取信息。

8.6 UID 泛在识别中心标准体系

泛在技术也称为“泛在网（络）技术”或“U 网（络）技术”，即广泛存在的网络，它以无所不在、无所不包、无所不能为基本特征，以实现在任何时间、任何地点、任何人、任何物都能顺畅地通信为目标。目前，随着经济发展和社会信息化水平的日益提高，构建“泛在网络社会”，带动信息产业的整体发展，已经成为一些发达国家和城市追求的目标。

泛在网战略最早由日本和韩国提出，其规范由日本泛在识别中心（Ubiquitous ID Center，UID）负责制定。该规范对频段没有强制要求，电子标签和读写器都是多频段设备，能同时支持 13.56MHz 或 2.45GHz 频段。泛在识别中心的技术体系架构由泛在识别码、泛在通信器、信息系统服务器和解析服务器等 4 部分组成。

8.6.1 泛在识别码

泛在识别码 ucode 是识别对象不可缺少的要素，赋予每一个“物品”固有的 ID 是识别对象身份的基础。最基本的泛在识别技术，就是为现实世界中的各种物品赋予固有的泛在识别码 ucode，且通过计算机从物品中读取，即计算机可以自动识别现实世界中的物品，并能够进行适当的数据处理。

ucode 的基本代码长度为 128 位，且能够以 128 位为单位进行扩充，最终形成 256 位、384 位、512 位的结构。如图 8.55 所示，ucode 的结构由编码类别标识、编码内容和物品的唯一标识三部分组成。

编码类别标识	编码的内容（长度可变）	物品的唯一标识

图 8.55　ucode 的结构

ucode 的最大特点是可以兼容各种已有的 ID 代码体系，包括 JAN（Japanese Article Number，日本条码）、UPC（Universal Product Code，通用产品代码）、EAN（European Article Number，欧洲商品编码）、ISBN（International Standard Book Number，国际标准书号）、ISSN（International Standard Serial Number，国际标准连续出版物编号）、IP 地址、全世界的电话号码等，均可包含其中。

8.6.2 泛在通信器

泛在通信器简称为泛在通，它是随时随地进行交流所需的终端，主要由 IC 电子标签、读写器和无线广域通信设备等部分构成，主要用于将读取的 ucode 码信息传送到 ucode 解析服务器，并从信息系统服务器获取有关信息。泛在通作为重要的泛在识别设备之一，是泛在计算环境与人进行交流所需的终端。泛在通有以下主要特征。

1. 多元通信接口

泛在通能够提供与多种电子标签通信所需的通信方式，实现对各类 RFID 电子标签操作所需的读写功能，可同时读取多个公司不同种类的电子标签或卡。

泛在通可连接多种类型的通信网，如手机电话网、无线局域网、蓝牙等，泛在通通过多种不同的网络将读取到的物品信息与信息服务器通信。

2. 无缝通信

泛在通不仅具备多元通信接口，还可以在多个通信接口之间平滑切换。例如在建筑物中通信时，可以使用免费 Wi-Fi，当移动到室外时自动切换到手机移动通信网络。

3. 安全性

泛在环境下的安全威胁主要来自窃听和泄密，针对泛在环境下通信的安全性和个人隐私保护，UID 中心均提出了多种防范措施。

8.6.3 信息系统服务器

信息系统服务器存储并提供与 ucode 相关的各种信息。出于安全考虑，采用 eTRON 安全基础结构，从而保证具有防复制、防伪造特性的电子数据能够在分散的系统框架中安全地流通和工作。

TRON（The Real-time Operating system Nucleus）是由日本东京大学坂村健博士于 1984 年提出的计算机操作系统规范，目的是想构筑一种理想的计算机结构，实现新的计算体系——“普遍存在的计算环境”，即“泛在计算环境”。所谓“泛在计算环境”是指将微型计算机嵌入到日常生活中的所有机器、设备、工具中，通过网络相互通信，协调运行，以实现高度计算机化的社会环境。

在 TRON 基础结构中通用的安全基础结构是 eTRON（Economy and Entity TRON）。在泛在计算环境中，很有可能通过网络分解的手段被他人偷窥，或被对方窃取控制权。因此，有必要对计算环境的所有机器限制权限，实现严密的安全管理。通过设备自带的 eTRON ID，信息系统服务器能够接入多种网络建立通信连接。利用 eTRON，信息系统服务器能实现电子票务和电子货币等有价信息的安全流通，以及离线状态下的小额付款费用的征收，同时还能保证各泛在设备间安全可靠的通信。

信息系统服务器具有专业的抗破坏性，使用基于 PKI 技术的虚拟专用网（Virtual Private Network，VPN），具有只允许数据移动而无法复制等特点。PKI（Public Key Infrastructure，公钥基础设施）是一种遵循标准的利用公钥加密技术为电子商务的开展提供一套安全基础平台的技术和规范。

8.6.4 ucode 解析服务器

ucode 解析服务器确定与 ucode 相关的信息存放在哪个信息系统服务器上，其通信协议为 ucode RP（ucode Resolution Protocol，泛在编码解析协议）和实体传输协议（entity Transfer Protocol，eTP），其中 eTP 是基于 eTRON（PKI）的密码认证通信协议。

ucode 解析服务器是以 ucode 码为主要线索的，能够对提供泛在识别相关信息服务的系统进行地址检索，是一种分散型轻量级目录服务系统。ucode 解析服务器的主要特征如下。

1. 分散管理

ucode 解析服务器通常不是由单一组织实施管理，而是使用一种分散管理的分布式数据库，其管理方法类似于互联网的 DNS。UID 中心管理的是根服务器和用户所委托的服务器。

2. 与已有的 ID 服务的统一

在对提供泛在识别相关信息服务的系统地址进行检索的过程中，可以使用某些已有的解析服务器。

3. 安全协议

ucode RP 规定在 eTRON 结构框架内进行的 eTP 对话时，需要进行数据加密和身份认证，以维护通信安全。

4. 支持多重协议

使用的通信基础设施不同，检索出的地址种类也不同。ucode 解析服务器解析的地址种类不限于 IP 地址，也包括其他地址类型。

8.6.5 ucode 电子标签分级

ucode 电子标签有多个性能参数，包括成本、安全性能、传输距离、可粘贴材料、可改写数据空间的工作状态（活化或失效）等。根据电子标签的性能和安全性等因素的不同，ucode 电子标签目前主要分为 9 类（Class0～Class8）。

1. Class0

光学性 ID 电子标签，是可通过光学性手段读取的 ID 电子标签，条码、二维条码等相当于此类电子标签。

2. Class1

低级 RFID 电子标签，是代码已在工厂烧制在商品内，不可改变，因受其形状大小等限制而生产困难，是可耐复制的电子标签。

3. Class2

高级 RFID 电子标签，是通过简易认证方式、具有访问控制的电子标签。代码已通过认证，是可写入的，且可以通过指令控制其工作状态。

4. Class3

低级智能电子标签，具有抗破坏性，通过身份认证和数据加密增强通信的安全性等级、具有端到端访问保护功能的电子标签。

5. Class4

高级智能电子标签，具有抗破坏性，可数据加密和身份认证，具有端到端访问保护功能和防篡改的电子标签。

6. Class5

低级主动性电子标签，可实现简易认证，具备可写入功能。带有长寿命电池或自我发电功能，因而可以进行主动通信。

7. Class6

高级主动性电子标签，具有抗破坏性，通过数据加密和身份认证提升通信的安全性等级，具有端到端访问保护功能。带有长寿命电池或自我发电功能，可进行编程。

8. Class7

安全盒，是可存储大容量数据的、安全且牢固的计算机节点。物理外形上具有抗破坏功能的框体，备有 eTRON ID，实际安装有 eTP 协议。

9. Class8

安全服务器，是可存储大容量数据的、安全且牢固的计算机节点，除具有 Class 7 的安全盒功能以外，还可通过更加严密的保密手段工作。

习题 8

8-1 当前比较有影响力的 RFID 国际标准化组织有哪些？RFID 标准可以分为哪几类？

8-2 ISO/IEC14443 Type A PICC 共有几种工作状态？各种工作状态之间是如何转换的？

8-3 ISO/IEC14443 Type A PICC 的 UID 长度有几种，各自需要几级防冲突循环？每一层级的防冲突命令码是什么？

8-4 比较泛在识别中心与 EPCglobal 的系统组成、识别码长度、识别码构成、电子标签分级数。

8-5 比较 ISO18000-6 Type A、Type B 和 Type C，ISO14443 Type A 和 Type B、ISO15693 协议的工作频率、读写器发送数据的调制方法与数据编码方法、电子标签回送数据的调制方法与数据编码方法、防冲突算法、UID 相关规定、电子标签最大容量。

8-6 有两个 ISO15693 电子标签，其 UID 分别为 00010011 和 01010111，假设被掩码数据为 10000111，写出以下几种条件电子标签防冲突应答情况。

（1）时隙数为 1，掩码长度为 0；

（2）时隙数为 1，掩码长度为 3；

（3）时隙数为 16，掩码长度为 0；

（4）时隙数为 16，掩码长度为 2。

第 9 章　RFID 系统应用

RFID 应用十分广泛，目前已经在金融支付、身份识别、交通管理、军事与安全、资产管理、防盗与防伪、金融、物流、工业控制等领域获得大规模应用。随着技术的进一步成熟和成本的进一步降低，RFID 将会更深入地应用到各行各业中。

9.1　RFID 应用系统构建

构建 RFID 应用系统涉及多个方面的工作，包括标准选择、频率选择、元件选择、系统架构搭建、运行环境与接口方式的确定等。

9.1.1　标准选择

一个完整的 RFID 系统要能够正常工作，必须要有电子标签和读写器设备之间的通信协议、无线频率的选用、电子标签编码系统和数据格式、产品数据交换协议、软件系统编程架构、网络与安全规范等标准。这些标准不仅包括第 8 章中 RFID 本身相关的标准，还涉及硬件、软件及具体应用相关的标准，具体可以归纳为以下 4 大类。

1. 电子产品编码类标准

电子标签是一种只读或可读写的数据载体，所携带的数据内容中最重要的就是其唯一标识号 UID，UID 通常是全球唯一，有时仅要求在某个范围内局部唯一。当前全球的三大 RFID 标准 ISO/IEC、EPCglobal 和 Ubiquitous ID 都有关于电子产品编码的详细规定。

2. 通信类标准

通信类标准包括 RFID 读写器与电子标签之间的无线通信接口及读写器与应用系统软件或中间件的应用接口。ISO/IEC 的各种技术标准如 ISO/IEC18000、ISO/IEC14443、ISO/IEC15693 中对读写器与电子标签之间的空中接口都有详细的规定，而应用接口如 USB、RS-232、蓝牙、Wi-Fi 等也都有相应的标准规范。

3. 频率类标准

RFID 电子标签与读写器之间进行的无线通信频段有多种，分为低频、高频和微波段，每个频段的载波频率基本都是该频段的 ISM 频点，这些频点应用的射频识别系统一般都有相应的国际标准予以支持。

4. 应用类标准

射频识别在行业上的应用类标准包括动物识别、道路交通、集装箱识别、产品包装、自动识别等。构建射频识别系统时必须遵守所在行业的 RFID 应用类标准。

9.1.2 频率选择

工作频率是 RFID 系统最重要的技术参数之一。工作频率的选择在很大程度上决定了射频电子标签的工作距离、应用范围、技术可行性及系统成本。RFID 系统归根结底是一种无线电通信系统，占据一定的空间通信信道。在空间通信信道中，RFID 系统以电磁耦合或电感耦合的方式传送数据信息。因此 RFID 系统的工作性能必定要受到电磁波空间传输特性的影响，产品的生产和使用必须符合相关国家与国际标准。

频率选择是 RFID 技术中的一个关键问题，频率标准直接影响 RFID 技术的应用。频率选择既要适应各种不同的应用需求，还需要考虑各国对无线电频段的管制和发射功率的规定与限制。射频识别应用占据的频段或频点在国际上有公认的划分，即位于 ISM 波段之中，典型的工作频率有 125 kHz、134.2 kHz、13.56 MHz、27.12 MHz、315 MHz、433.92 MHz、860～960 MHz、2.45 GHz、5.8 GHz 等。

1. 低频段

低频 RFID 技术的工作频率为 30～300 kHz，典型工作频率有 125 kHz、134.2 kHz。低频电子标签主要特点如下。

① 多采用无源、电感耦合、读写距离小于 1 m。

② 相关国际标准有 ISO11784/11785、ISO18000-2 等。

③ 读写速度慢、存储容量小。

④ 主要用于低速、近距离、低成本的应用中，如多数的考勤、门禁控制、动物管理和防盗追踪等。

2. 高频段

高频段 RFID 技术的工作频率为 3～30 MHz，典型工作频率有 13.56 MHz、27.12 MHz。高频电子标签的主要特点如下。

① 多采用无源、电感耦合、读写距离小于 1 m。

② 相关国际标准有 ISO14443、ISO15693、ISO18000-3、ISO/IEC18092 等。

③ 读写速度比低频电子标签快，电子标签存储容量比低频电子标签大。

④ 常用于小额支付、证卡等应用，如公交、校园一卡通等。

3. 微波段

微波段 RFID 技术的工作频率为 300 Hz～300 GHz，典型工作频率有 315 MHz、433.92 MHz、860～960 MHz、2.45 GHz、5.8 GHz 等。微波电子标签的主要特点如下。

① 可以采用有源或无源，多数工作在电磁耦合方式，识别距离一般大于 1 m，典型工作距离 10 m。

② 读写速度快，电子标签的数据存储容量一般在 2k 字节以内。

③ 相关国际标准有 ISO10374、ISO18000-4/5/6/7 等。

④ 应用于需要较长的读写距离和高读写速度的场合，典型应用包括移动车辆识别、电子身份证、仓储物流应用、电子遥控门锁控制器等。

不同于低频段和高频段，微波段的 ISM 频点存在有各个国家或地区频率法规不一的问题，其中典型的是 860～960 MHz 频段，此频段内各国标准不一，美国为 902～928 MHz，欧洲为

865～868 MHz，日本为 952～954 MHz，我国一般使用 920～925 MHz。

9.1.3 元件选择

RFID 应用系统的元件选择主要包括读写器的选择、电子标签的选择、天线结构形式的选择等方面。

1. RFID 读写器的选择

（1）读写器工作频率

工作频率是读写器最重要的工作参数，除了根据实际系统需要选择适合的低频、高频或微波频段的工作频率，有时还要求读写器可以识别多个工作频率的电子标签，这时就要选择支持多个频点的混合频率读写器。

在制定部署全球性的 UHF RFID 计划时，还要特别注意在 860～960 MHz 频段，全球各个国家或地区的 ISM 频段不一致的问题，确保所选读写器遵守当地 UHF ISM 频段的规定，在全球的不同国家或地区都能工作。

（2）读写器的性能

可以根据读写器的性能高低简单地将读写器分为智能读写器和傻瓜读写器。智能读写器成本较高，可以读取不同频率的电子标签信息，同时具有过滤数据和执行指令的功能，而傻瓜读写器的功能单一但价格便宜。

具体选择哪一种读写器，要根据实际需要、成本预算、未来升级等因素综合考虑。例如在具体操作中，有时需要多个读写器读取单一型号的电子标签信息，例如读取传送装置上的电子标签信息，这时可以选用功能较简单的读写器。但是如果零售商的产品来自不同的供货商，这时就需要使用智能读写器获取不同电子标签中的货物信息。

（3）读写器的结构形式

读写器按结构形式可以分为固定式读写器和移动式读写器。固定式读写器位置固定，使用电压适配器供电，可以认为其能量供应是无限的而专注于读写性能的发挥。

移动式读写器通常都是手持式的，其使用方式灵活，但大多使用电池供电，对节能要求较高，通常读写距离受能量限制比固定式读写器短。

（4）读写器天线

移动式读写器一般使用内置天线，而固定式读写器既可以使用内置天线，也可以通过天线接口使用外部天线。

具有内部天线的固定读写器的优点是容易安装，信号从读写器到天线的传输过程中衰减也较少。外部天线使用灵活，但有传输衰减，传输线的分布参数本身在设计时也需要考虑。

2. 电子标签的选择

（1）电子标签工作频率

电子标签的工作频率通常都是单一的，其工作频率直接决定了读写距离、读写速度等性能。同样在制定部署全球性的 UHF RFID 计划时，也要注意在 860～960 MHz 频段全球各个国家或地区的 ISM 频段不一致的问题，确保所选电子标签遵守当地 UHF ISM 频段的规定。有些 UHF ISM 频段的电子标签工作频率可以在 860～960 MHz 范围内调节设定，为 UHF RFID 在世界范围内的部署提供了很大便利。

（2）电子标签的性能

电子标签的性能包括其容量、是否可读写、读写速度、读写距离等几个方面。只读电子标签容量小，电子标签内部只有一个识别号，多用于考勤、门禁、物流、物品定位等场合。可读写电子标签容量大，除了识别号还可以存储其他内容，常用于金融、一卡通、票证等行业。

电子标签的读写距离主要与工作频段和是否有源有关。微波电子标签工作频率高，读写距离远；同类型的电子标签，有源电子标签的工作距离远大于无源电子标签。

（3）电子标签的结构形式

电子标签的结构形式主要分为卡片式和其他各种形状。卡片式结构规范，有相应的国际标准，其使用对象一般是人，而其他各种形状的电子标签主要与其使用条件有关。例如，生猪防疫系统使用的电子标签做成圆形的耳标，宠物电子标签做成针状便于皮下植入，赛鸽电子标签做成脚环的形状，婴儿防盗电子标签则做成手环适合于佩戴，包装箱上的电子标签则使用薄片便于粘贴等。

（4）电子标签天线

电子标签的天线一般和电子标签芯片集成在一起，天线形状直接影响电子标签的性能。卡片状的电子标签由于其天线面积较大，读写距离较远；微波电子标签通常天线需要足够的小以至于能够贴到目标物品上。

此外天线的方向性也很重要，电子标签天线可以分为全向天线和定向天线，全向天线电子标签无论物品在什么方向，天线的极化都能与读写器的询问信号相匹配，提供最大可能的信号给电子标签芯片。

9.1.4 应用系统架构与运行环境

1. 应用系统架构

典型的 RFID 应用系统由电子标签、读写器、应用系统软件和中间件组成。

2. 应用系统要求

（1）可用性

可用性是最基本的应用系统要求，应用数据应该在系统的各组成部分之间畅通无阻，消除物理层、边缘层、集成层及相邻层之间所有端点故障，确保数据穿越整个基础架构和应用协议栈可靠地传递至正确的目的地。

（2）可伸缩性

RFID 应用系统的设计应该为将来发展留有余量，应用系统不仅在处理正常数量的数据时工作良好，处理同时到来的海量 RFID 数据时也不能发生阻塞。

（3）安全性

RFID 应用系统要采取必要的加密、认证等安全措施，保护数据不被泄露和窃取。

（4）互操作性

读写器通信协议标准化，只要遵守协议，不同厂家生产的读写器都可以接入应用系统正常工作；中间件接口标准化，不同的应用系统软件都可以使用标准接口与中间件互通互连。

（5）集成

应用系统对从读写器获取的海量数据进行归类、集成、分析，抽象出有用的结论应用于整个系统。

（6）管理

这包括设备管理和对读写器的配置。一个中央配置主机应能够将配置推行至边缘和整个应用系统中的读写器。

3. 应用系统运行环境

一个 RFID 应用系统良好性能的发挥与许多环境因素有关，RFID 应用系统的运行环境包括硬件环境、软件环境、外部环境等方面。

（1）硬件环境

此处的硬件环境主要讨论 RFID 应用系统中使用的微处理器及其外围设备，主要包括读写器及与读写器通信的上位机中对微处理器的要求。

读写器通常是一个典型的嵌入式系统，在使用射频接口芯片的读写器中，射频数据的收发以及编码解码通常由射频收发芯片完成，对 MCU 没有特殊要求，从低端的 51 单片机到高端的 ARM Cortex 都可以使用；而如果射频收发芯片工作于直通模式，数据的实时编码和解码工作需要直接由 MCU 完成，则对 MCU 的性能有较高要求。除了与电子标签的通信，读写器 MCU 的选择还要考虑读写器其他功能要求，例如与上位机的通信、对输入/输出设备的支持等。

RFID 应用系统的上位机一般是计算机或服务器，应根据系统的实际需要选择。系统规模、是否需要数据库支持、数据的吞吐量、通信方式等是选择上位机硬件配置的主要因素。

（2）软件环境

RFID 应用系统的软件环境相对比较宽松，可以在现有的任何系统上运行基于任何编程语言的任何软件。

计算机操作系统包括 Windows、Linux、UNIX 及 DOS 平台系统，编程语言包括 C、C++、C#、BASIC、JAVA 等。

（3）外部环境

外部环境主要指读写器和电子标签的工作环境。除了环境的温度、湿度、电磁辐射等因素会影响 RFID 应用系统的性能，射频场附近的金属和遮挡对读写器的读写能力影响尤为明显。对于贴附于金属表面的电子标签，可以使用铁氧体薄膜置于电子标签和金属之间进行隔离，降低金属对电子标签性能的影响。

9.1.5 接口方式

此处的接口方式主要指读写器与其上位机的通信接口类型。读写器的对外接口可以分为有线和无线两种类型，其中常用的有线接口方式有 RS-232、RS-485、USB、RJ45、PS/2、ABA、Wiegand 等，常用的无线接口方式有蓝牙、Wi-Fi、ZigBee 等。

1. RS-232

RS-232 是个人计算机上的通信接口之一，是由电子工业协会（Electronic Industries Association，EIA）所制定的异步传输标准接口。通常 RS-232 接口采用 9 个引脚（DB-9）或 25 个引脚（DB-25），一般计算机上会有两组 DB-9 的 RS-232 接口，分别称为 COM1 和 COM2，如图 9.1（a）所示。通信时一般只使用接收（RXD）、发送（TXD）、地（GND）三条线，其中双方的 RXD 和 TXD 交联，GND 直连。

RS-232 标准规定的数据传输速率有 300、600、1200、2400、4800、9600、19200、38400、57600、115200 kb/s。RS-232 的传输距离较短，一般用于 20 m 以内的通信，具体通信距离还与数据传输速率有关，例如，在数据传输速率为 9600 kb/s 时，使用普通双绞屏蔽线的传输距离可达 30～35 m。

（a）RS-232　　（b）RS-232 转 RS-485、RS-422

图 9.1　RS-232、RS-485 与 RS-422

读写器的 MCU 一般都具备 TTL 电平的 RS-232 接口，需要电平转换芯片转换为标准 RS-232，常用的电平转换芯片有 MAX232、SP3232 等。

2. RS-485/RS-422

RS-232 可以实现点对点的通信方式，但不能实现联网功能，随后出现的 RS-485 解决了这个问题。RS-485 采用两线制接线方式的总线式拓扑结构，在同一总线上可以挂接多个节点。

RS-485 接口采用差分方式传输信号，传输距离可达 1200 m。RS-485 在总线电缆的开始和末端都并接终端电阻，终端电阻一般取值为 120 Ω。

RS-485 使用半双工传输，数据的发送和接收使用同一对传输线。当采用两组 RS-485 组成 4 线制全双工差分传输时，则称为 RS-422。一般计算机上通常没有专门的 RS-485/RS-422 接口，一般使用 RS-232/485 转换器将 RS-232 转换为 RS-485/RS-422，如图 9.1（b）所示。RFID 读写器则常使用 MAX485 芯片将 MCU 的 UART 转换为 RS-485。

3. USB

USB（Universal Serial Bus，通用串行总线）是在 1994 年由英特尔、康柏、IBM、Microsoft 等多家公司联合提出的一个外部总线标准，用于规范计算机与外部设备的连接和通信。

USB 用一个 4 针（USB3.0 标准为 9 针）插头作为标准插头，采用菊花链形式可以把所有的外设设备连接起来，最多可以连接 127 个外部设备。USB 具有传输速度快、使用方便、支持即插即用和热插拔、连接灵活、独立供电等优点，在 RFID 读写器中获得广泛应用。需要特别说明的是，许多 RFID 读写器虽然有 USB 接口，但实际上是一个 USB 的虚拟串口，执行的仍然是 RS-232 通信协议，读写器中常用的 USB 转串口芯片有 CP2102、CH340 等。USB 接口的 RFID 读写器如图 9.2 所示。

图 9.2　USB 接口的 RFID 读写器

4. RJ45

RJ45 是布线系统中信息插座连接器的一种，连接器由插头（水晶头）和插座（模块）组成，插头有 8 个凹槽和 8 个触点。RJ45 连接插头与双绞线端接有 T568A 和 T568B 两种结构。两种接法唯一的区别是线序不同，在 T568A 中，与之相连的 8 根线分别定义为：白绿、绿、白橙、蓝、白蓝、橙、白棕、棕。在 T568B 中，与之相连的 8 根线分别定义为：白橙、橙、白绿、蓝、白蓝、绿、白棕、棕。实际使用中一般采用 T568B 标准。RJ45 接口一般采用 TCP/IP 协议，但许多 RFID 读写器使用 RJ45 接口，采用的仍然是 RS-232 传输协议。RJ45 接口的 RFID 读写器如图 9.3 所示。

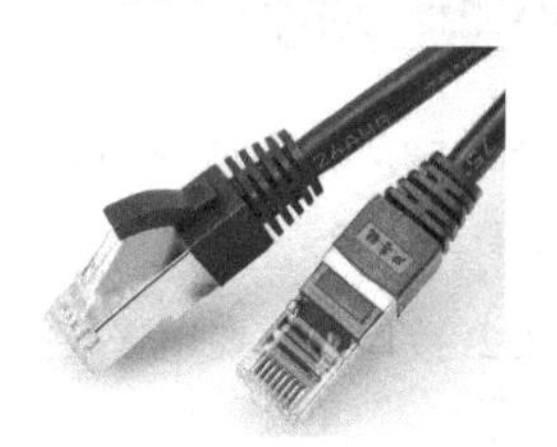
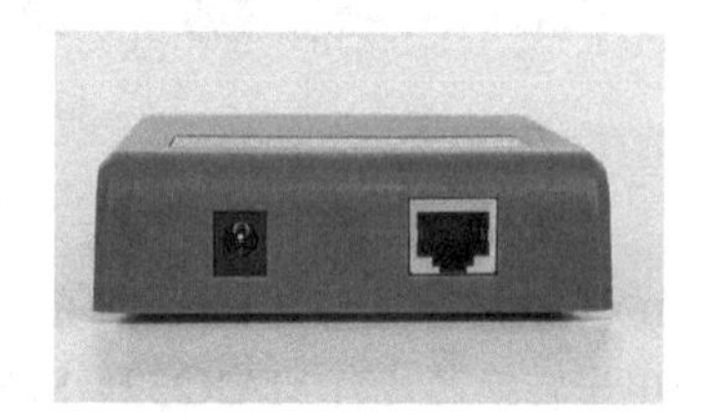

图 9.3　RJ45 接口的 RFID 读写器

5. PS/2

PS/2 是一种计算机兼容型接口，可以用来连接键盘及鼠标。PS/2 的键盘及鼠标接口在电气特性上十分类似，其中主要的差别在于键盘接口需要双向通信。

PS/2 键盘接口共有 6 个引脚，其中只有 4 个引脚有意义，分别是 Clock（时钟引脚）、Data（数据引脚）、+5V（电源引脚）和 Ground（电源地）。PS/2 键盘接口靠计算机的 PS/2 接口提供+5 V 电源，另两个引脚 Clock（时钟引脚）和 Data（数据引脚）都是集电极开路的，必须接大阻值的上拉电阻。它们平时保持高电平，有输出时才被拉到低电平，之后自动上浮到高电平。

PS/2 通信协议是一种双向同步串行通信协议。通信的两端通过 Clock（时钟引脚）同步，并通过 Data（数据引脚）交换数据。任何一方如果想抑制另一方通信时，只需要把 Clock（时钟引脚）拉到低电平即可。

使用 PS/2 键盘接口的 RFID 读卡器通常模拟键盘输出，依靠 PS/2 接口供电，刷卡时上传到计算机的数据等同于从键盘输入的数据。PS/2 接口的插头与插座如图 9.4 所示。

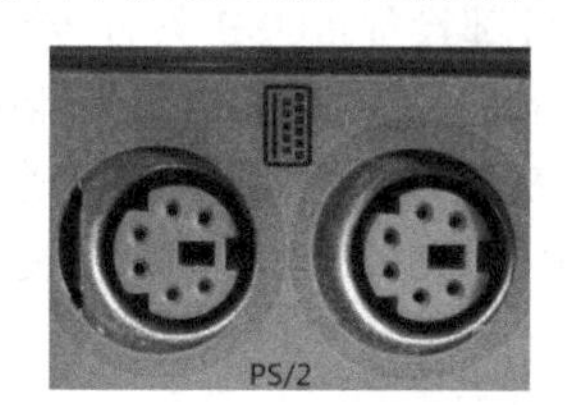

图 9.4　PS/2 接口的插头与插座

6. Wiegand

Wiegand（韦根）协议是由摩托罗拉公司制定的一种通信协议，特别适用于门禁控制系统的读卡器。如图 9.5 所示，Wiegand 数据输出由 DATA0 和 DATA1 二根线组成，分别用来传输数据“0”和“1”。无数据传输时，两条线都是高电平；当传输数据“1”时，DATA0 为高，DATA1 为低；当传输数据“0”时，DATA0 为低，DATA1 为高。也就是说，无论传输数

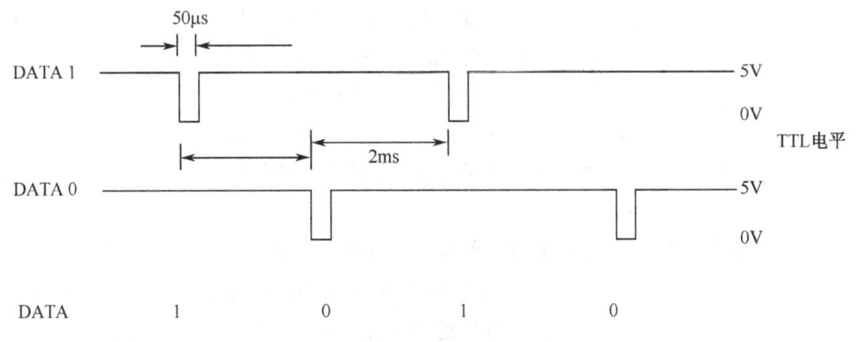

图 9.5　Wiegand 数据输出

据“0”还是“1”，两条数据线上的电平都是“异或”关系，每一位数据的持续时间为 50～100 μs，数据间隔为 1600～2000 μs。

Wiegand 有很多格式，标准的 Wiegand26 是最常用的格式，还有 Wiegand34、Wiegand36、Wiegand44 等格式。以下分别说明 Wiegand26 和 Wiegand34 的数据格式。

（1）Wiegand26

Wiegand26 数据格式如下。

E XXXX XXXX XXXX YYYY YYYY YYYY O

其中，E 为后面 12 位 XXXX XXXX XXXX 的偶校验，XXXX XXXX XXXX YYYY YYYY YYYY 为要传输的 24 位有效数据，O 为其前面 12 位 YYYY YYYY YYYY 的奇校验。Wiegand26 每次传输的有效数据为 24 位（3 字节）。

（2）Wiegand34

Wiegand34 与 Wiegand26 类似，格式为如下。

E XXXX XXXX XXXX XXXX YYYY YYYY YYYY YYYY O

其中，E 为后面 16 位 XXXX XXXX XXXX XXXX 的偶校验，XXXX XXXX XXXX XXXX YYYY YYYY YYYY YYYY 为要传输的 32 位有效数据，O 为其前面 16 位 YYYY YYYY YYYY YYYY 的奇校验。Wiegand34 每次传输的有效数据为 32 位（4 字节）。

在 RFID 系统中，Wiegand26 和 Wiegand34 常用来传输卡片识别号，因为一般卡号 UID 都大于等于 4 字节，使用 Wiegand34 可以传送低位 4 字节。如果使用 Wiegand26，则只传送卡号的低位 3 字节。

7. ABA

许多卡片的背面有一个黑色的磁条，这种卡片一般称为磁卡。磁卡的使用已经有很长的历史了。由于磁卡成本低廉、易于使用且便于管理，因此它的发展得到了很多世界知名公司，特别是各国政府部门的鼎力支持，尤其是在银行系统几十年的推广使用，使得磁卡的普及率非常高。

（1）磁卡磁道分类

磁卡的磁条上有 3 个磁道（Track），一般都是使用位（bit）方式来编码数字或字符。根据数据所在的磁道不同，用 5 位或 7 位记录一个数字或字符。磁道的应用分配一般是根据特殊的使用要求而定制的，例如银行系统、证券系统、门禁控制系统、身份识别系统、驾驶员驾驶执照管理系统等，都会对磁卡上的 3 个磁道制定不同的应用格式要求。本节主要讨论符合国际流通的银行/财政应用系统的银行磁卡上的 3 个磁道的标准定义。

Track1 的数据标准制定最初是由国际航空运输协会 IATA（International Air Transportation Association）完成的，因此有时称为 IATA Track1。Track1 可记录数字（0～9）、字母（A～Z）和其他一些符号（如括号、分隔符等），最大可记录 79 个字符，每个字符由 7 位组成。

Track2 的数据标准制定最初是由美国银行家协会 ABA（American Bankers Association）完成的，因此也称为 ABA Track2。Track2 所记录的字符只能是数字（0～9），最大可记录 40 个字符，每个字符由 5 位组成。

Track3 的数据标准制定最初是由财政行业（THRIFT）完成的，因此也称为 Thrift Track3。Track3 可以记录数字（0～9），不能记录字母，最大可记录 107 个字符，每个字符由 5 位组成。

Track1 与 Track2 是只读磁道，在使用时磁道上记录的信息只能读出而不允许写入或修改。Track3 为读写磁道，在使用时可以读出，也可以写入。

相对于非接触式 IC 卡，磁卡的保密性和安全性较差，磁条上的信息容易读出和修改。但由于普及率非常高，为了节省用户成本，新的 IC 卡系统通常需要与原有系统兼容，这就要求某些 RFID 读写器的输出支持磁卡信号，尤其以支持 ABA Track2 信号格式居多。

（2）磁卡信号输出时序

磁卡读卡器的数据输出一般使用 3 线制，其输出时序如图 9.6 所示。

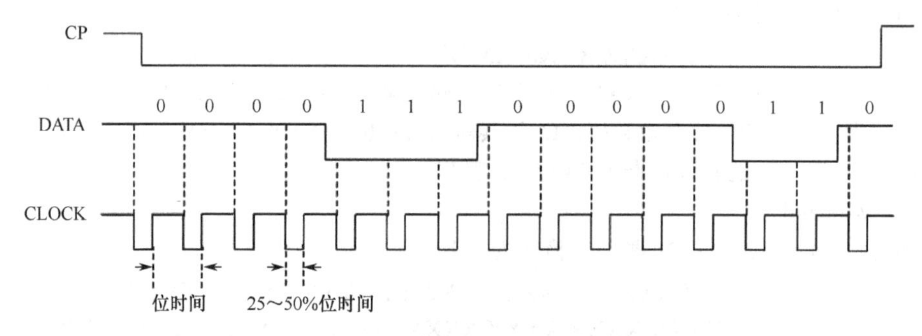

图 9.6　磁卡信号输出时序

3 条线分别是 CP（Card Present，卡出现）、DATA（数据）、CLOCK（时钟），有时 CP 可以省略，但 DATA 和 CLOCK 必须有。无信号时三条线都是高电平。当刷卡时从磁条触及磁头开始，CP 线变低，直到整个磁条滑过磁头，CP 恢复为高。磁条上的数据出现在 CLOCK 的下降沿，DATA 为高表示数据“0”，DATA 为低表示数据“1”。

（3）ABA Track2 数据编码

ABA Track2 用 4 个数据位和 1 个奇校验位共 5 位二进制数表示一个数据，只能表示 0～F 共 16 个字符。这 16 个字符中，A～F 用来作为控制符，其中 B 表示起始符，F 表示结束符，所以实际表示的数据只有数字 0～9。除了每个字符有一个奇校验位，为了检查所有数据的完整性，把所有数据（包括起始符和结束符）的异或值作为最后一个数据传输，这最后一个数据称为纵向冗余校验符（LRC）。所以 ABA Track2 实际的传输顺序为：先传输起始符，然后是数据部分，接着是数据结束符，最后是 LRC。图 9.7 是分别传输数据“0”“01”和“0123”时的数据编码。

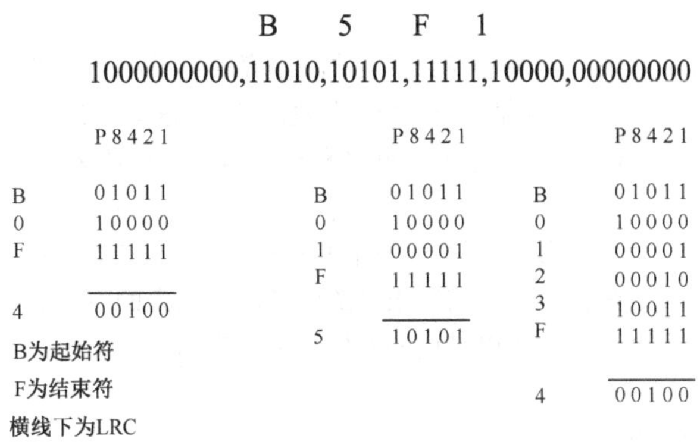

B　5　F　1

1000000000,11010,10101,11111,10000,00000000

	P8421		P8421		P8421
B	01011	B	01011	B	01011
0	10000	0	10000	0	10000
F	11111	1	00001	1	00001
4	00100	F	11111	2	00010
		5	10101	3	10011
				F	11111
				4	00100

B为起始符

F为结束符

横线下为LRC

图 9.7　ABA Track2 数据编码举例

发送每个字符数据时，先发送数据的低位，然后发送高位，最后发送校验位。同时为了同步，整个的数据在发送前和发送后都附加发送若干个数据“0”。例如，发送数据“5”的位顺序如下。

8. 无线接口

在某些特殊条件下，RFID 读写器使用有线接口比较困难或者无法满足系统要求，此时就需要考虑使用无线接口方式，常用的无线接口方式有 Wi-Fi、蓝牙、Zigbee 等。

（1）Wi-Fi

需要接入互联网的读写器一般通过以太网或 Wi-Fi 与局域网或广域网相连接。Wi-Fi 是一种允许电子设备连接到一个无线局域网（WLAN）的技术，通常使用 2.4 GHz UHF 或 5 GHz SHF ISM 射频频段。Wi-Fi 最主要的优势在于不需要布线，可以不受布线条件的限制，因此非常适合移动办公用户的需求，并且由于发射信号功率不超过 100 mW，低于手机发射功率，且不与人体直接接触，是一种安全健康的无线连接方式。

Wi-Fi 的国际标准是 IEEE802.11，IEEE802.11 的最初标准主要用于解决办公室局域网和校园网中用户与用户终端的无线接入，业务主要限于数据存取，速率最高只能达到 2 Mbps。由于它在传输距离和速率上都不能满足日益增长的需要，IEEE 又相继推出了一系列新标准。这些标准都是在“802.11”后面增加 1～2 个字母作为相互之间的区别，其中以 802.11a、802.11b、802.11g、802.11n 和 802.11ac 应用较为广泛和成熟。

Wi-Fi 接口的 RFID 读写器将读到的数据通过无线局域网利用 TCP/IP 协议发送到上位机，上位机通常位于局域网内，也可以通过网关连接到外网。

（2）蓝牙

蓝牙（Bluetooth）是一种无线技术标准，可实现固定设备、移动设备和个域网（Personal Area Network，PAN）之间的短距离数据交换，使用 2.4～2.485 GHz 的 ISM 频段的 UHF 无线电波。蓝牙技术最初由爱立信公司于 1994 年研发，现在由蓝牙技术联盟（Bluetooth Special Interest Group，SIG）管理。

蓝牙技术从低（蓝牙 1.1 和 1.2）到高（蓝牙 5.0）有多个版本，版本之间的通信速率、通信性能和可靠性都有差别。蓝牙 5.0 于 2016 年 6 月发布，为现阶段最高级的蓝牙协议标准。其传输速度是蓝牙 4.2LE 版本的两倍；有效工作距离可达 300 m，是蓝牙 4.2LE 版本的 4 倍；添加了导航功能，可以实现 1 m 的室内定位；为支持物联网功能，蓝牙 5.0 针对物联网进行了很多底层优化，力求以更低的功耗和更高的性能为智能家居服务；为应对移动客户端需求，其功耗更低，且兼容老的版本。

（3）Zigbee

ZigBee 是一种低速短距离传输的无线网上协议，底层是采用 IEEE802.15.4 标准的媒体访问层与物理层。IEEE802.15.4 标准是一种经济、高效、低数据速率（<250 kb/s）、工作在 2.4 GHz 和 868/915 MHz 的标准技术，用于个人区域网和对等网络，它是 ZigBee 应用层和网络层协议的基础。

ZigBee 主要用于近距离无线连接。它依据 IEEE802.15.4 标准，在数千个微小的传感器之间相互协调实现通信。这些传感器只需要很少的能量，以接力的方式通过无线电波将数据从一个网络节点传到另一个节点，所以它们的通信效率非常高。

9.1.6 应用系统软件

RFID 应用系统软件是 RFID 应用系统的重要组成部分，其主要功能分为两个方面，一方面是直接或通过 RFID 中间件间接与 RFID 读写器通信，另一方面是对获取的数据进行分析处理执行预定的操作。软件功能主要决定于应用系统本身的用途，以下以 Mifare 系列卡片读写软件为例进行简单说明，其界面如图 9.8 所示。

图 9.8　Mifare 系列卡片读写软件界面

Mifare 系列卡片读写软件功能相对简单，主要通过串口与读写器通信实现 MF0 和 MF1 系列卡片的常规功能操作。软件使用 VB.NET 语言编写，直接通过串口控件执行与读写器的通信协议，没有使用中间件。界面设计中设置了一系列功能按钮，可以实现读卡类型、读卡序列号、读写数据块、修改密码及电子钱包的读写加减等功能。

9.1.7 RFID 项目实施

RFID 项目的实施，可以分为起步、测试和验证、试点实施、实施 4 个阶段，逐步实现平稳有序的过渡。

1. 起步

起步阶段主要开展一些基础性、前瞻性、全局性的工作，包括确定用户需求、规划整体方案、建立开发环境、选择合作伙伴等。

（1）确定用户需求

这是最关键的第一步，只有深刻理解和把握了用户需求，后续的各项工作才不至于跑偏。用户需求分析是指在系统设计之前和设计、开发过程中对用户需求所做的调查与分析，是系统设计、系统完善和系统维护的依据。当完成用户需求调查后，对用户需求进行细化，对比较复杂的用户需求进行建模分析，以帮助软/硬件开发人员更好地理解需求。

当完成需求的定义及分析后，需要将此过程书面化，要遵循既定的规范将需求形成书面的文档，邀请同行专家和用户一起评审，尽最大努力正确无误地反映用户的真实意愿。需求评审之后，开发方和用户方的责任人要做书面承诺和确认。

（2）规划整体方案

方案的整体规划严格基于用户需求分析，并根据用户所处行业的发展特点和发展方向“量身定做”。在明确对象和任务的基础上，首先进行整体设计，确定系统架构，然后规划系统信息流和作业流程。

以 RFID 在仓库管理系统中的应用为例，仓库管理的主体是仓库管理员，其管理对象包括库存品（仓库中保管的物品）、库位和库管设备（用于仓库管理的设备，如叉车）；仓库管理的主要作业任务有入库、出库、移库、盘库、报表等。

在进行仓库管理系统总体设计时，基本思路是给每一库位贴电子标签，在进行库房管理作业时，读取库位电子标签编号，就可判定当前作业的位置；在物品入库时，给每个库存管理物品贴电子标签，在进行库房作业时，读取物品电子标签的编号，即可确定作业物品；架设无线网络时，要覆盖整个仓库作业区，保证所有作业数据实时传输。在叉车上安装固定无线数据终端，手工作业人员配手持式无线数据终端。无线数据终端具有接受作业指令、确认作业位置与作业货物是否准确、返回作业实况等功能；使用自动导引车 AGV（Automatic Guided Vehicle）作为平台，在上面安装 RFID 读写器、控制设备、无线通信设备。安装读写器设备的 AGV，每天在设定时间自动对库房进行盘点，并把盘点结果传输给仓库管理信息系统。

仓库管理系统设计可采用三层架构：第一层是采集层，主要是通过射频识别设备及其他自动识别设备采集数据，包括库位电子标签、物品电子标签、无线数据终端、AGV 等；第二层是移动层，即通过无线通信技术，把采集来的数据传输到中央数据库，包括无线接入设备和相关的网络设备；第三层是管理层，对采集的数据进行管理，包括数据库服务器、网络服务器等设备和仓库管理系统软件。与三层架构相对应，仓库管理系统的信息流程可以分为上行和下行两个方向，上行的顺序是采集层、移动层、管理层；下行的顺序是管理层、移动层、采集层。

仓库管理信息系统由三部分组成：仓库管理中心子系统负责仓库管理数据库的集中管理与维护，负责进货计划、出库计划的制定和指令下达，打印生成各种管理报表；仓库管理现场子系统负责发行入库电子标签、进行实时库存管理（库位管理）、通过无线网络发布仓库管理作业指令；仓库管理执行子系统完成入库、出库、移库、盘库等作业的具体操作，并返回执行实况。

仓库管理系统的作业流程包括库位电子标签的制作与安装、入库作业流程、出库作业流程、移库作业流程、盘库作业流程等。以入库和出库作业流程为例，入库作业流程包括收货检验、制作和粘贴电子标签、现场计算机自动分配库位、作业人员运送物品到指定库位、无线数据终端把入库实况发送给现场计算机、更新库存数据库等；出库作业流程包括中心计算机下达出库计划、现场计算机编制出库指令并下载到数据终端、作业人员按数据终端提示到达指定库位、从库位上取出指定数量的物品并改写库位电子标签内容、物品运送到出口处并取下物品电子标签、向现场计算机发回完成出库作业信息、更新中心数据库等。

（3）建立开发环境

RFID 应用系统的开发环境包括硬件开发环境、软件开发环境和测试环境。硬件开发环境指用于开发的计算机物理系统；软件开发环境指运行于计算机硬件之上的驱动计算机及其外围设备实现 RFID 应用系统开发的软件系统，包括操作系统、开发软件及相关周边软件等；测试环境是指为了完成应用系统测试工作所必需的计算机硬件、软件、网络设备、检测设备、模拟数据等的总称。

（4）选择合作伙伴

在 RFID 应用领域，有大批的制造商和服务提供商，从中选择那些在技术和解决方案上有优势的公司进行合作是保障应用项目顺利实施的重要因素。要寻找的供应商除了可以提供完全满足要求、价位合理的产品和服务，还应综合考虑其经验和核心能力、产品和解决方案的专注程度、售后服务是否完善等方面。

在经验和核心能力方面，软/硬件设备供应商应该是技术和市场驱动的公司，而不是产品驱动的公司，公司应该有 RFID 应用系统的成功先例，具备相关产品或工程经验。

在产品和方案的专注程度方面，要考察 RFID 项目是否是公司业务中的优先项目或重点，是否有完整的管理团队支持和充足的资金来支持这个业务的发展。

在售后服务方面，完成最初的项目实施后，支持和维护是一个长期的任务。合作伙伴的产品和工程技术人员应该能参与随时需要的对话沟通，解答问题，并听取反馈意见。他们应该在实施和使用 RFID 应用系统的整个过程中提供持续的技术支持，帮助解决各种问题。

2. 测试和验证

在经过了起步阶段的准备工作并规划了整体方案之后，应对方案细化并测试和验证方案的正确性和可行性。测试和验证可以分为硬件验证、软件验证、系统功能验证等方面。验证应尽量模拟实际工作场景，最好有专门的实验测试场地，依次对电子标签与读写器的可用性、中间件边缘层与读写器及业务集成层与上层应用软件的可用性、编码方案的合理性等进行测试和验证。

3. 试点实施

项目试点实施的目标是开发出一个可预期、范围可调节的系统，进一步验证项目方案的可行性。在试点实施的过程中要小心测量、精心记录，尽量减少各种错误，同合作伙伴和用户一起建立最终的作业流程。要标记重要事件，以便详细规划系统实施情况；不要一味往前赶，要不时地停下来评估目前的解决方案。

经过试点实施，建立确定的业务流程和步骤，在接近实际工作的条件下测试 RFID 软/硬件设备，并验证系统的精确性，为今后的业务打下坚实基础。

4. 实施

项目实施是 RFID 应用系统建设的实质性阶段。实施包括项目准备工作、项目计划执行和控制三个过程。在 RFID 项目计划付诸实施之前要进行一些必要的准备工作，包括项目动员、计划核实、资源保证等；项目计划执行是指通过完成项目范围内的工作来完成项目计划，在项目执行的整个过程中可以建立工作核准制度，所有项目有关人员之间都要保持顺畅地沟通，并编写项目执行报告；项目控制就是监控和测量项目实际进展，捕捉、分析和报告项目的执行情况，若发现实施过程偏离了计划，就要找出原因，采取行动，使项目回到计划的轨道上来。

在实施阶段，要寻求各种机会提高效率，并为流程建立起度量标准用以量化改进幅度，为实现高的投资回报率打下基础。在试点运行时选取的方案应该是一个可调节、可升级的系统，以便以较低的成本实施 RFID 方案。

9.2 基于低频 RFID 技术的赛鸽竞翔系统

赛鸽竞翔是指信鸽在相同的气候、时间等条件下进行比赛，以同距离先到或不同距离平均速度最高者为赢家，比赛目的是为了培育优良信鸽，促进赛鸽事业的发展。科技的发展使赛鸽竞翔运动越来越网络化和电子化，电子脚环感应踏板是现代赛鸽竞翔中一项重要的电子设备，本节主要讨论电子脚环感应踏板的原理及硬件和软件设计。

9.2.1 比赛规则与形式

中国信鸽运动发展迅速，很多信鸽爱好者纷纷加入赛鸽竞翔这项赛事中来。中国信鸽协会为规范信鸽比赛活动，制订了中国信鸽协会比赛规则。

赛鸽竞翔的形式多样，其中以公棚比赛最为流行。公棚比赛又分为国内、国际与公办、私办等种类，比赛方法大体上相同。

公棚比赛要求信鸽爱好者分别将各自未出窝的信鸽送到所选定比赛公棚中，公棚专业人员对所送的信鸽在相同条件下进行饲养、训练，然后参加比赛。比赛一般情况都是在秋季进行的，参赛的信鸽在同一地点、同一时间放飞，同一地点归巢，按照速度快慢来计算名次。在这种公棚比赛中，竞翔的一切客观条件均在相同情况下进行。

如图 9.9 和 9.10 所示，电子脚环感应踏板是现代赛鸽竞翔中必不可少的电子设备。在赛鸽竞翔中，感应踏板的灵敏度和精度直接影响着比赛的进程和最终名次，影响着比赛的公平和公正性。信鸽爱好者在平时饲养信鸽的过程中，电子脚环感应踏板也是必不可少的驯放设备之一。

(a)电子脚环外形

(b)电子脚环佩戴

图 9.9 电子脚环

基于 RFID 技术的 125 kHz 6 格电子脚环感应踏板接收范围大，灵敏度高，目前在各类信鸽比赛中得到越来越广泛的应用。

(a)单格电子脚环感应踏板

(b)4 格电子脚环感应踏板

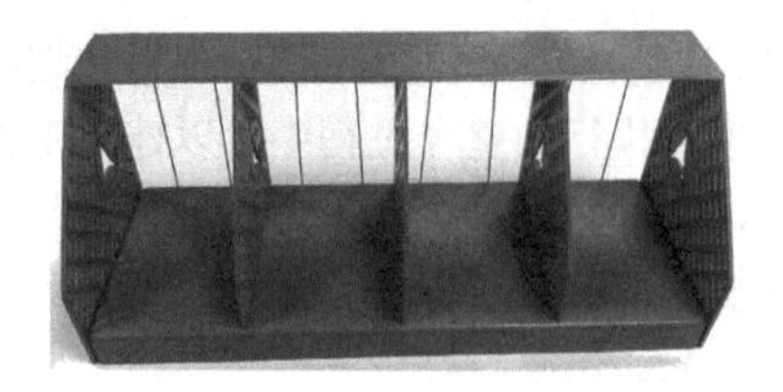

(c)安放 4 格电子脚环感应踏板的赛鸽归巢口

图 9.10 电子脚环感应踏板

9.2.2 电子脚环感应踏板的工作原理

赛鸽竞翔归巢时，低速掠过感应踏板，电子脚环在感应踏板的磁场中得电并向感应踏板发射电子脚环编码信号，微处理器通过射频接口芯片的接收通道接收该信息，然后将其解码得到电子脚环识别号。

由于单格电子脚环感应踏板探测范围有限，因此常使用 4 格或 6 格电子脚环感应踏板。由于 6 格电子脚环感应踏板使用 6 个独立的天线，若 6 个天线同时工作将产生 6 个天线射频磁场，各个磁场之间会产生同频干扰。这种干扰尤其以相邻的两个磁场之间最为严重，不相邻磁场之间的干扰相对较轻，可以忽略。为此，可以采用交替扫描法，将 6 格电子脚环感应踏板按位置顺序编号为 1～6 号，将彼此之间相隔一个感应踏板的 1、3、5 号和 2、4、6 号感应踏板分别归为一组，微处理器每次仅扫描其中的一组，而将另一组天线磁场关闭。这样便可以有效克服同频干扰问题。电子脚环发送一个完整的编码需要约 32ms，经实际测试，选定两组感应踏板的扫描切换时间为 80ms 性能较佳。

9.2.3 电子脚环感应踏板的硬件设计

如图 9.11 所示，整个系统以 ATMEGA64 及 HTRC110 接收模块为核心进行设计，系统采用一个 12MHz 晶体振荡器为 6 个 HTRC110 接收模块提供振荡脉冲，HTRC110 接收模块驱动天线电路产生磁场。接收到的电子脚环编码信号经 HTRC110 接收通道送至 ATMEGA64 进行解码，解码后得到的电子脚环识别号经串行口 1 送出。当需要扩大扫描接收范围时，可以将多块感应踏板串联，组成一个大的串行通信通道。系统还配备了 LED 指示，当某格天线接收到电子脚环信号时，对应的 LED 闪烁。

1. 主控芯片电路

由于感应踏板工作时需同时扫描 3 路接收信号，这不仅要求处理器的速度快，而且需要多个定时器；当多个感应踏板串联时，还需要 2 个串行通信口，因此综合考虑选用美国 ATMEL 公司的高性能、低功耗的 AVR 8 位微处理器 ATMEGA64 作为本系统的主控芯片。

该微处理器特点如下：

① 先进的 RISC 结构（工作于 16 MHz 时性能高达 16 MIPS）。

② 53 个可编程的 I/O 口，两个全双工 UART 串口。

③ 4 kB 内部数据 RAM，64 kB FLASH 存储器，可以在系统中编程。

④ 4 个通用计数器、定时器阵列，SPI 串口。

⑤ 多种节电休眠和掉电工作方式。

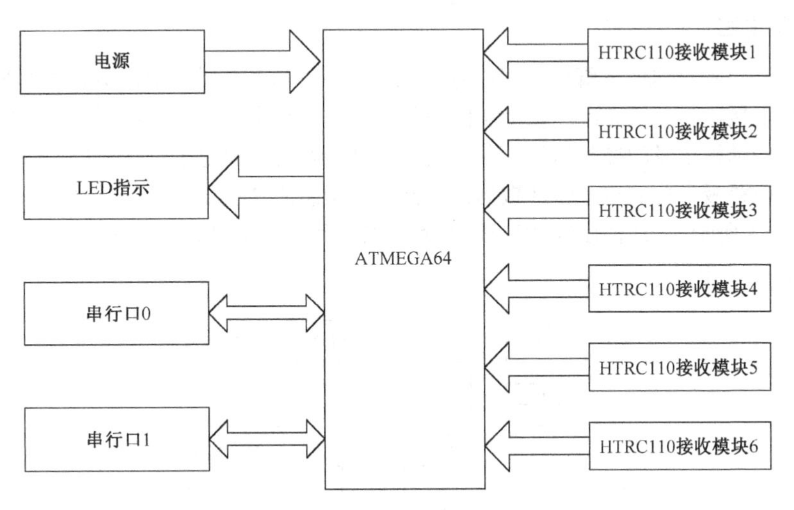

图 9.11　系统框图

2. HTRC110 接收模块电路

HTRC110 接收模块电路如图 9.12 所示。接收模块电路产生 125 kHz 射频场，给电子脚环提供工作时所需的能量，并接收来自电子脚环的编码信号。接收电路中的主芯片使用 HTRC110，HTRC110 可以实现 125 kHz 载波上的调制与解调，芯片只提供读写通道，具体的数据编码方式由实际选用的电子脚环类型决定。在实际的应用中一般选用 HITAG 系列或 EM 系列的电子标签设计电子脚环，将电子脚环设定为主动发送的 64 位 ID 卡格式。这种格式使用曼彻斯特编码，数据传输速率为 2 kb/s。

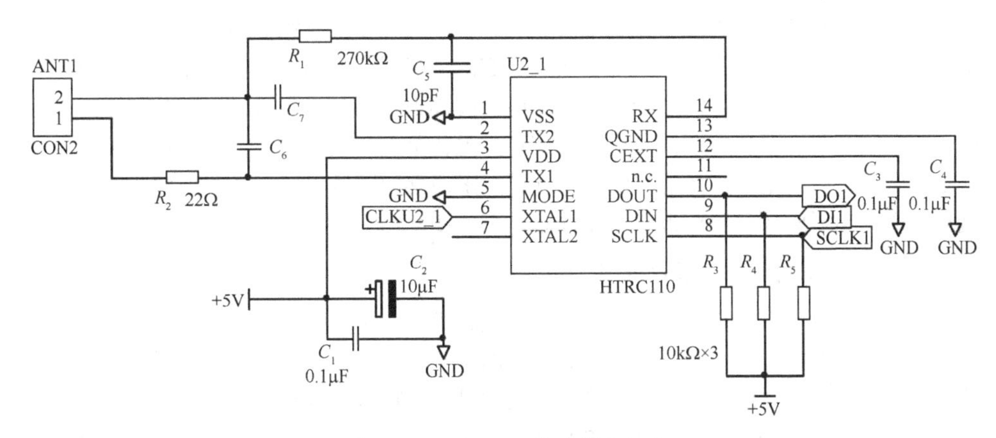

图 9.12　HTRC110 接收模块电路

HTRC110 时钟可选用 4M、8M、12M 或 16M，电路中选用一个 12 MHz 有源晶振，同时为主 CPU 和 6 个 HTRC110 接收模块提供时钟。HTRC110 使用 3 线通信，SCLK、DOUT、DIN 引脚加上拉电阻后与微处理器的 I/O 口相连接。CON2 插座用于外接天线，6 组天线线圈均匀排列在感应踏板上。工作时，6 个接收通道轮流交替接收信号。工作的通道开启天线，接收 DOUT 引脚上输出的电子脚环编码信号。不工作的通道关闭天线，以避免相邻线圈间的同频干扰。

3. 通信电路

通信电路负责传送电子脚环编码信号和控制信号。当多个感应踏板串联工作时，本级感应踏板还负责接收下一级感应踏板上传的信号并发送至更上一级感应踏板。串行口 0 用于接收上一级感应踏板下发的控制信号，并向上一级感应踏板传送电子脚环数据，串口 1 用于接收下一级感应踏板上传的电子脚环数据，并向下一级感应踏板传送控制信号。

如图 9.13 所示，通信电路使用一片 MAX232，利用两个接收和发送通道将 TTL 电平转换为标准 RS232 电平。

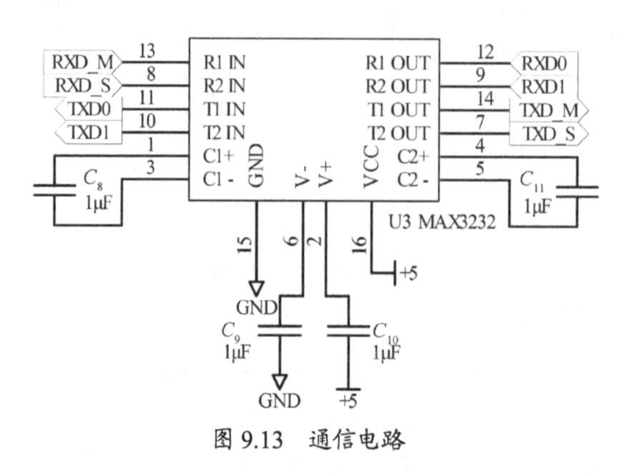

图 9.13　通信电路

9.2.4　电子脚环感应踏板的软件设计

电子脚环感应踏板软件主要由扫描接收程序、通信程序及时钟节拍服务程序三部分组成。扫描接收程序实现了对 6 路 HTRC110 接收通道的交替循环扫描，是软件设计的重点。通信程序按一定的协议通过串行口发送扫描到的电子脚环识别码，当多级感应踏板串联工作时，通信程序接收从下一级感应踏板发送来的信息并上传至上一级感应踏板。时钟节拍服务程序实现定时管理，包括电子脚环解码的脉宽计算，多级感应踏板串联工作时各感应踏板之间的步调协调等。电子脚环感应踏板软件设计总框图如图 9.14 所示。

1. 电子脚环识别码扫描接收程序

系统开机初始化后设定 HTRC110 工作于接收模式，接收来自磁场中的电子脚环识别码信号。当赛鸽低空掠过感应踏板时，赛鸽携带的电子脚环进入感应磁场，电子脚环上的天线电路得电复位，再以 2 kb/s 的数据传输速率回送曼彻斯特编码调制的电子脚环识别信号。调制波经 HTRC110 芯片解调后从 DOUT 引脚输出曼彻斯特编码信号。该信号上升沿为 1，下降沿为 0。每两个数据沿之间的时间间隔为 512 μs，连续的 0 或连续的 1 之间插入一个状态转换沿，状态转换沿和数据沿之间的时间隔间为 256 μs。程序中使用 16 位定时器 1 作为计时器，记录每两个跳变沿之间的时间间隔。然后根据时间间隔和跳变沿的方向解码数据。每次扫描 3 个互相间隔的感应踏板，扫描时间持续 80 ms，之后关闭当前扫描感应踏板的天线，开启另一组 3 个感应踏板的天线进行扫描。

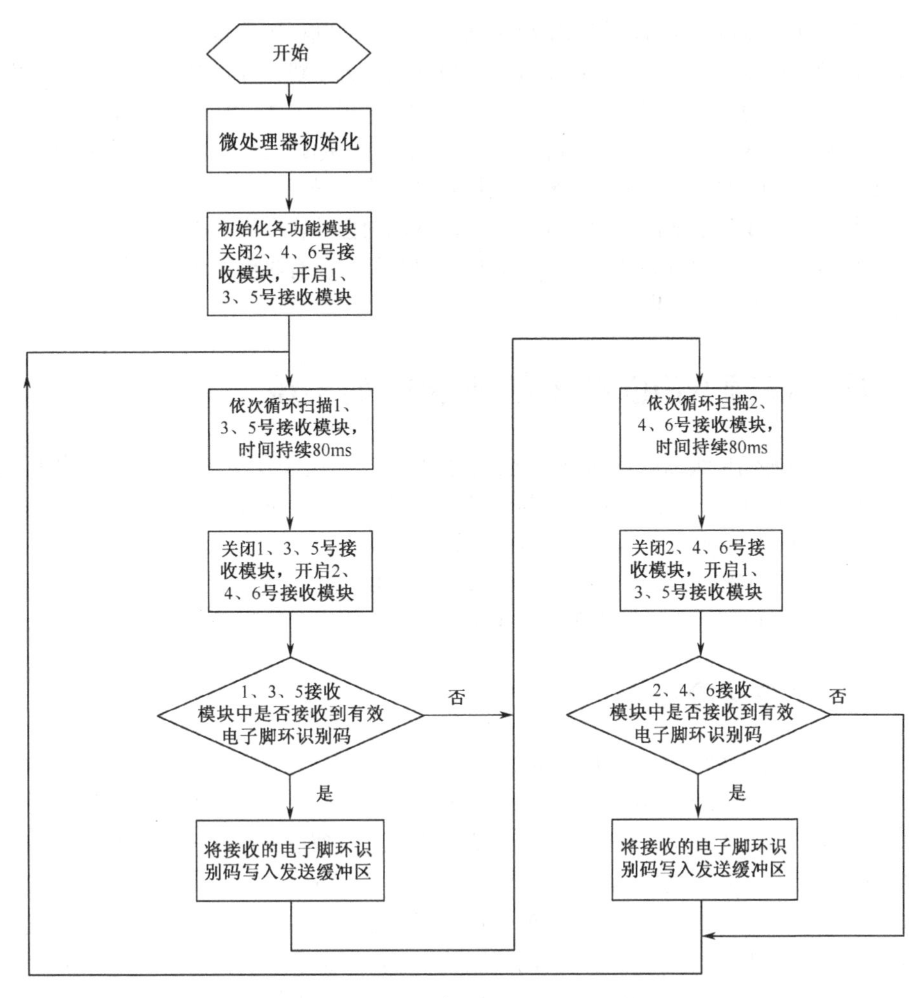

图 9.14　电子脚环感应踏板软件设计总框图

2. 通信程序

通信程序主要实现三个功能：传送电子脚环识别码、传送控制信号、传送同步信号。感应踏板读到有效的电子脚环识别码后将其写入串行口 0 的发送缓冲区，同时将串行口 1 接收的下一级感应踏板上传的电子脚环数据也写入串行口 0 的发送缓冲区，通过串行口 0 向上一级感应踏板发送电子脚环数据，最后一级感应踏板将所有电子脚环数据发送至鸽钟。控制信号实现鸽钟对所有感应踏板的检测与监控，仅由鸽钟发送。在串联感应踏板的最后一级，将串口 1 的发送端和串口 0 的接收端短接。这样每个感应踏板的两个串行口和鸽钟的串行口就组成了一个大的通信环路。通过这个串行通信环路，鸽钟可以实现对感应踏板的轮询、检测等各种控制。

3. 时钟节拍服务程序

当需要宽度较大的探测区域时，可以将多个感应踏板首尾相连。当多个感应踏板串联工作时，为克服相邻感应踏板之间的同频干扰，必须使所有串联的感应踏板同步工作，即相邻的天线总是交错打开与关闭。在程序中，和鸽钟直接相连的感应踏板定义为主机，由主机每隔一段时间发送同步校正信号，使与主机串联的所有感应踏板工作步调一致。

感应踏板上电复位后，每个感应踏板先将自己定义为主机，并通过串行口 1 对外发送同步信号，同步信号为一个字节。当 1、3、5 号接收模块开启，2、4、6 号接收模块关闭时，发送同步信号为“0x00”，反之，当 1、3、5 号接收模块关闭，2、4、6 号接收模块开启时，发送同步信号为“0xff”。下面串联的感应踏板收到同步信号后同步关闭或开启天线。主机在工作的过程中如果收到了来自串行口 0 的同步信号，则自动转变为子机，不再主动发送同步信号，而是转发收到的同步信号。同样，如果一段时间后没有收到同步信号，则自动由子机转变为主机，产生并发送同步信号。

9.3 基于高频 RFID 技术的酒店门锁系统

电子门锁是现代星级酒店管理电子化、智能化的重要电子设备。相较于传统的机械锁，基于 RFID 技术的电子门锁使用方便，易于管理，安全性高，可实现对开锁用户分优先级自动管理，对房间入住信息实现自动统计与报表输出等功能。

本设计是基于 MF1 射频卡的电子门锁，具备 RFID 电子门锁的所有优点，并强化了抗干扰和节能设计，目前在各类星级酒店、旅馆中得到越来越广泛的应用。

9.3.1 系统整体分析

MF1 S50 和 MF1 S70 是遵守 ISO/IEC14443A 国际标准的非接触式逻辑加密卡，MF1 S50 内共有 1024 字节非易失性存储空间，分为 16 个扇区，每个扇区包含 4 个数据块，每个扇区都有一组独立的密码 A 和 B，扇区内的每个数据块都可单独设置存取条件。MF1 S70 存储结构与 MF1 S50 类似，存储空间为 4096 字节，分为 40 个扇区。

旅客入住酒店时，酒店前台将旅客的入住时间、退房时间、房间号等信息写入已授权卡片指定扇区的数据块。客人在选定的房间门锁前刷卡，门锁射频读卡模块使用定时红外线扫描，当探测到卡片后启动读卡程序，读出卡片的全球唯一序列号和卡内的旅客入住信息，并比对房间号和入住与退房时间，决定是否开门，并将事件记录在门锁的 E2PROM 中。

卡内使用一个字节作为卡类型标识，除了客人卡，还可识别管理卡、清洁卡、楼层卡、报警卡、时钟卡等不同功能的卡片，并设置不同的权限。卡内的门锁操作记录可以使用 MF1 S70 采集，以便定期导出进行汇总统计。

在各元件执行严格的休眠与掉电模式的节能情况下，系统使用 4 节 7 号高能电池可稳定工作 18 个月。

9.3.2 系统硬件设计

系统硬件设计框图如图 9.15 所示，整个系统以 ATMEGA88V 为主控芯片，外围电路包括 RC522 读卡模块、门锁电机控制模块、红外线探测模块、E2PROM 存储模块及电源、实时时钟、声光指示等功能模块。ATMEGA88V 定时进行红外线探测，当探测到红外线有遮挡时启动 RC522 读卡模块进行读卡操作，根据卡内信息决定是否进行开门操作，并通过实时时钟获得时间信息，最后将事件记入 E2PROM 存储模块中；如果识别为设置卡，则对系统进行参数设置。声光指示模块可以在卡片和门锁操作的过程中指示不同的状态，ISP 接口实现应用程序的下载和更新。

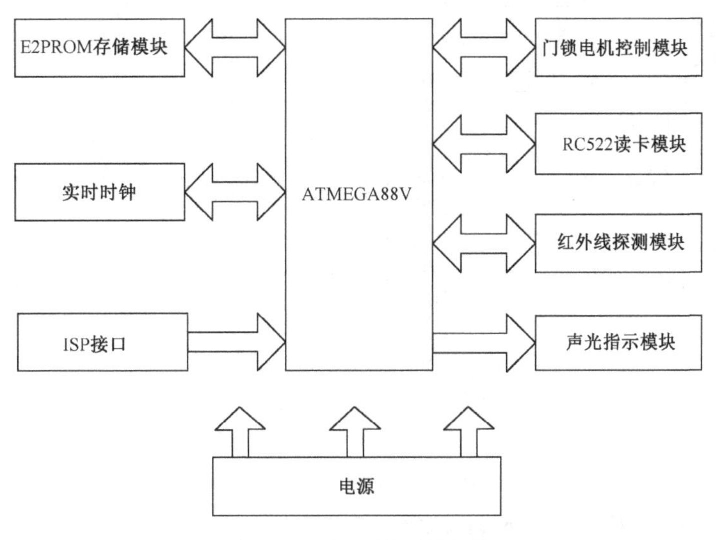

图 9.15 系统硬件设计框图

1. 主控芯片电路

由于门锁工作时对能耗指标的要求非常苛刻，所以选取主控芯片的原则是运行速度快、耗电少、内部资源够用，尽量减少闲置不用的资源。因此综合考虑选用美国 ATMEL 公司的高性能、低功耗的 AVR 8 位微处理器 ATMEGA88V 作为本系统的主控芯片。

该微处理器特点如下：

① 先进的 RISC 结构（工作于 16 MHz 时性能高达 16MIPS）。

② 23 个可编程的 I/O 口，8 路 10 位 ADC 通道。

③ 1kb 字节内部数据 RAM，8kB FLASH 存储器，可以在系统中编程。

④ 3 个通用计数器、定时器阵列，SPI 串口。

⑤ 多种节电休眠和停机方式，掉电模式下最低仅需 0.5 μA。

2. RC522 读卡模块

读卡模块读取卡片信息供单片机来控制门锁或进行参数设置，并在导出记录时将记录信息写入 MF1 S70。射频接口芯片选用了体积小、低电压、低功耗的 RC522，以满足门锁控制模块对体积和能耗的要求。RC522 支持 ISO14443 Type A 及 Mifare CRYPTO1 加密协议，最大读写距离 6 cm，具备硬件掉电、软件掉电和发送器掉电等多种节电工作模式。RC522 读卡模块接口电路如图 9.16 所示。

RC522 与单片机之间的通信可以使用 UART、I2C、SPI 接口，本设计选用 SPI 接口。硬件上电路板分为两个部分，天线和红外线探测及声光指示组成 PCB 前板，其他元件作为硬件底板，TX1 和 TX2 连接 PCB 前板上的天线。Q1 控制 RC522 的电源，在单片机休眠时 RC522 完全断电，以节省能量延长更换模块电池的间隔时间。

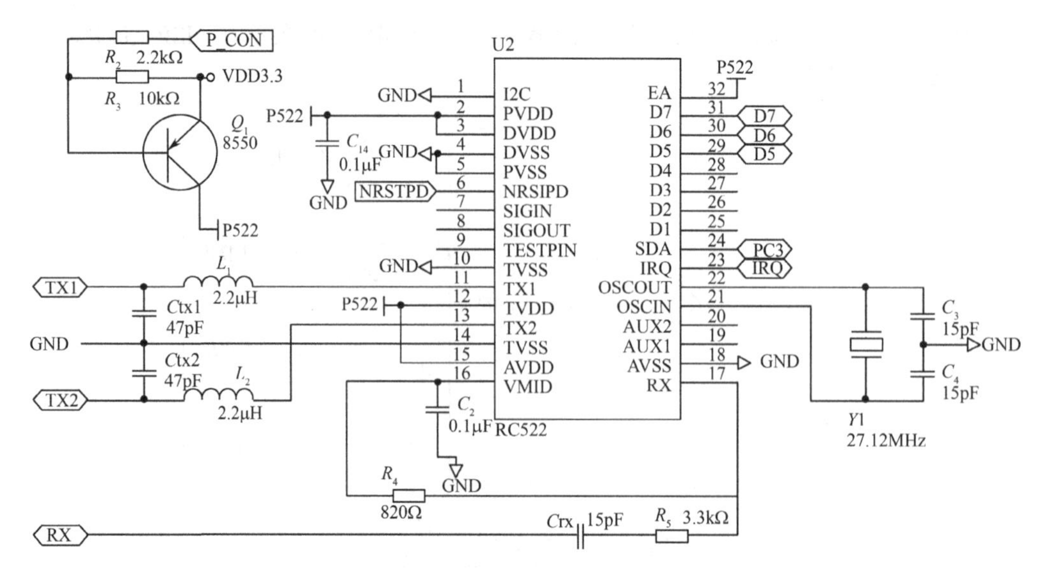

图 9.16　RC522 读卡模块接口电路

3. 门锁电机控制模块与红外线探测模块

门锁电机控制模块与红外线探测模块电路如图 9.17 所示。门锁电机控制电路选用一片 BA6287 作为驱动。BA6287 的供电电压范围 4.5～15 V，最大输出驱动电流可达 1 A。M+和 M−分别接门锁直流电机的正负极，FIN 和 RIN 接单片机的 I/O 口。BA6287 可以实现电机的正转、反转、刹车及芯片本身的掉电休眠模式，非常适合于门锁电机的驱动控制。

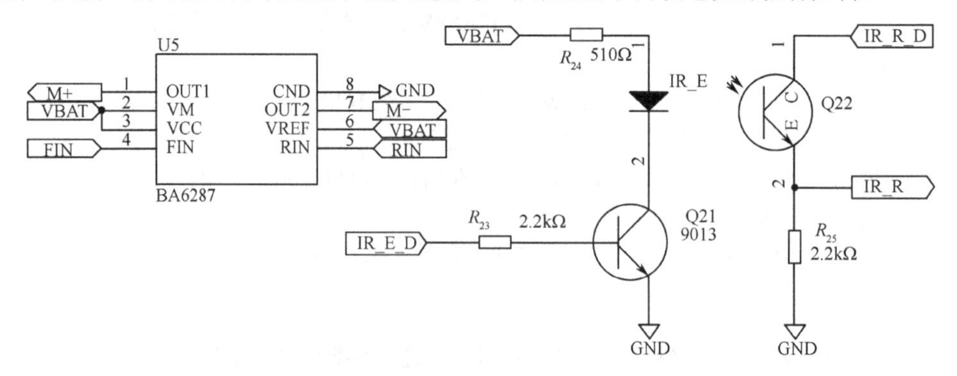

图 9.17　门锁电机控制模块与红外线探测模块电路

红外线探测模块用于探测天线区域内是否有卡片存在。探测时，单片机将 IR_E_D 置高电平，Q21 导通，二极管 IR_E 向模块正前方区域发射红外线，同时置位 IR_R_D 电压，并通过 ADC 通道读取 IR_R 的电压值。当射频场内有卡片时，发射的红外线通过卡片反射回来被 Q22 接收，Q22 导通，IR_R 的电压高于基准值，单片机据此启动 RC522 读卡电路。反之当没有卡片时，红外线没有反射，Q22 不导通，此时 IR_R 电压为基准值。

9.3.3　系统软件设计

门锁电路的软件设计主要由射频卡探测与读写程序、门锁驱动与状态指示程序及门开关记录保存与导出程序三部分组成。射频卡探测与读写程序实现了卡片探测与卡片操作，门锁驱动与状态指示程序根据读取的卡片信息对电机进行驱动，并显示门锁的当前状态信息，这两部分是软件设计的重点。门开关记录保存与导出程序将门开关记录记入 E2PROM 并可导出到 MF1 S70，供主机采集与分析使用。门锁电路软件设计框图如图 9.18 所示。

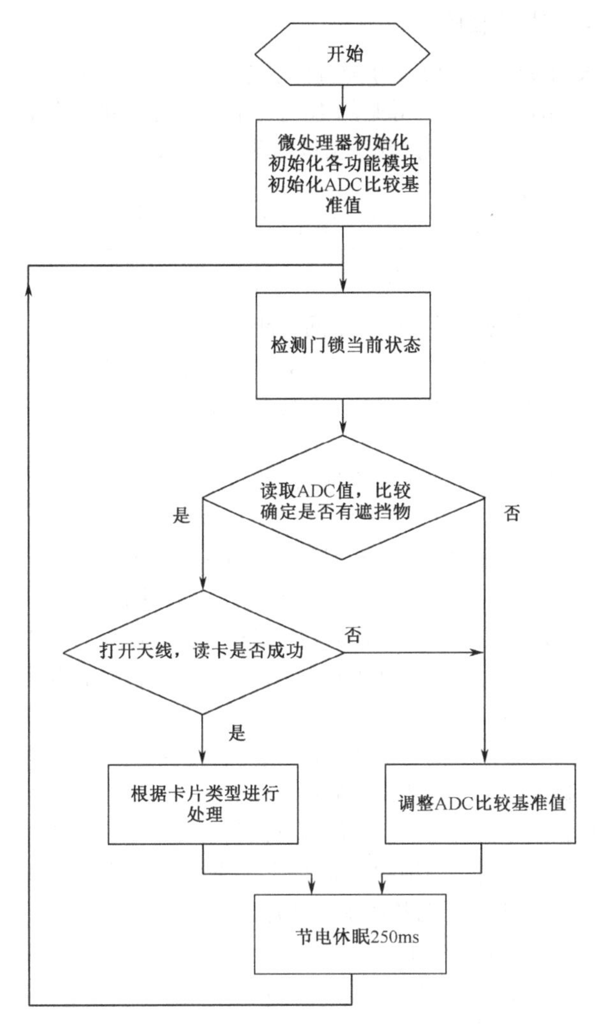

图 9.18　门锁电路软件设计框图

1. 射频卡探测与读写程序

红外线探测到射频场内有卡片后，单片机启动 RC522 进行读卡操作。由于 RC522 每次间隔 250 ms 探测一次卡片，在间歇期内 RC522 处于掉电休眠状态，因此读卡的第一步是先给 RC522 上电复位，然后进行端口和 RC522 寄存器配置，之后开启天线进行卡呼叫、卡防冲突、卡选择和卡认证等操作。只有获得授权的卡片才能通过卡认证一步，之后单片机根据卡类型进行判断，如果是 MF1 S50，则读取两个 Block 的卡内配置信息，并根据这些信息调用门锁驱动程序执行开、关门操作或进行系统参数设置；如果是 MF1 S70，则调用开关门记录导出程序，将模块内存储的开关门记录写入 MF1 S70。

如果红外探测到场内有卡片，但卡呼叫未成功，则可能是有其他物体遮挡红外线或可见光干扰，此时单片机将启动 ADC 基准值的动态平滑机制，将本次采样值加入样本，同时剔除最老的样本并计算样本平均值作为下次 ADC 采样比较基准值。经过较短时间的采样平滑后，基准值实现跟随外部干扰变化动态调整，从而消除干扰的影响。

2. 门锁驱动与状态指示程序

门锁驱动程序根据读取的 MF1 S50 配置信息进行各种操作。卡片内的配置信息使用卡片的两个 Block 共 32 字节，第一个 Block 的 16 字节格式固定，第二个 Block 的内容根据不同的卡类型所存储的信息有差别，卡片数据结构如图 9.19 所示。

00	01	02～06	07～0B	0C	0D	0E	0F	10	11～16	17～1C	1D～1E	1F
卡类型	FLAG	BEGIN	END	楼号	楼层	房号						

图 9.19　卡片数据结构

① 卡类型。一个字节的卡类型标识不同功能类型的卡片。常见的卡类型可以分为两大类，开门卡和设置卡。开门卡可以实现开关门，如客人卡、楼层卡、清洁卡、楼号卡、应急卡、常开卡等；设置卡用来设置模块参数，如退房卡、管理卡、房号设置卡、时钟设置卡、勿扰卡、报警卡等。

② FLAG。标志字节，可以设置 8 个标志，如是否允许开反锁、是否比较开门时间、是否比较房号等。

③ BEGIN 和 END。开始时间和结束时间，格式为年、月、日、时、分，只有在这个时间区间内才能开门。当卡片为时钟设置卡时，使用 BEGIN 来设置系统时钟。

④ 楼号、楼层和房号，用来比较房间是否正确。房号有两个字节，第一个字节为主房间号，第二个字节为子房间号。有些高级套房内部有子房间，并具有独立的门锁控制。没有子房间的客房在比较时忽略子房间号。

第二个 Block 的内容根据不同的卡类型，其意义有所不同，如清洁卡可用来设置清洁区域号和清洁时间段，设置卡用来存放模块的授权码等。

门锁驱动程序根据上述信息对门锁电机驱动或将设置卡的设置参数写入 EEPROM。

门锁状态指示程序用来显示门锁的当前状态。门锁状态使用一个蜂鸣器和一个双色 LED（红灯和绿灯）来表示。正常开门时蜂鸣器和绿灯同时动作 0.5 s；发生错误时蜂鸣器和红灯同时动作 0.2 s；设置卡设置成功后蜂鸣器和绿灯同时动作 0.2 s；客人在房间内将门反锁时，绿灯每隔 5 s 动作一次；正常开门卡开门后 5 s 门未正常关闭，则蜂鸣器和红灯每隔 1 s 动作一次；电池电压低则蜂鸣器发出旋律可变的报警声。

3. 门开关记录保存与导出程序

系统扩展了 E2PROM 存储模块来存储系统参数和门开关记录，其采用了 AT24C64 来实现。AT24C64 的容量为 8 kB，其中前 256 字节（00H～FFH）用来存储系统参数，包括卡密码、楼号、楼层号、房间号等。AT24C64 剩余的存储空间（100H～1FFFH）用来存储门开关记录，每条记录的长度为 16 字节，门开关记录数据结构如图 9.20 所示。

00	01～04	05～0A	0B	0C～0F
卡类型	卡序列号	操作时间	操作类型	备注

图 9.20　门开关记录数据结构

卡类型占用 1 字节，记录所刷卡片的类型；卡序列号记录卡片的 4 字节序列号；操作时间记录刷卡的年、月、日、时、分、秒，占用 6 字节；操作类型记录门开关的类型，包括正常开门、常开卡开门、常开卡关门、机械钥匙开门等。一片 AT24C64 共可以存储 496 条记录。

门锁中的记录使用 MF1 S70 导出。MF1 S70 的容量为 4 kB，除去制造商块和每个区的区尾块，每张 MF1 S70 可以记录 215 条记录，导出全部模块中的记录共需要 3 张 MF1 S70。当用授权的 MF1 S70 刷卡时，门锁控制模块自动将 EEPROM 中记录读出，然后依次写入 MF1 S70 的 Block 中，每一条记录对应一个 Block。写完第一张卡片后，模块自动等待第二张卡片进入射频场，直到写完第三张卡片。如果等待超过 10 s 未检测到卡片，程序将超时退出。

9.4 基于微波 RFID 技术的 ETC 系统

随着道路交通需求的快速增长和高速公路建设力度的加大，人工收费方式和半自动收费方式面临巨大挑战，基于 RFID 技术的 ETC（电子不停车收费）系统以其不停车、无须人、无现金的三大特点，获得了公路管理部门的大力推广与普及。

9.4.1 ETC 系统概述

1. 高速公路的收费方式

高速公路的收费方式主要有三种，即人工收费、半自动收费和全自动收费。

（1）人工收费方式

人工收费方式是在每个收费岗亭设置收费员，按规定的收费标准对通过车辆进行收费。比较典型的收费操作程序分为四步：识别车型、收取费用、发放收据、放行车辆。人工收费方式的最大优点是简单易行，可节省大量的建设及管理经费。但突出的缺点是容易出现少收、漏收等情况，同时要求收费人员的素质比较高。

（2）半自动收费方式

半自动收费方式也称计算机辅助收费方式，由人工和计算机相互配合，共同完成收费工作。我国主要采用人工或仪器识别车型，人工收取费用，利用计算机及自动控制技术自动读写信息、计算收费金额、打印数据、累计和汇总。这种方法既避免了设备过于复杂的问题，又对作弊行为起了很好的抑制作用。

（3）全自动收费方式

全自动收费方式预先在车辆规定的位置安装或粘贴与该车相对应的识别标识，车辆经过收费站时，标识读取装置自动读取识别标识并传递给计算机，计算机按获取的标识来读取预先储存的车辆信息，根据不同情况来控制管理系统产生不同的动作，如计算机收费管理系统从该车的预付款项账户中扣除此次应交的费用，或发出指令给其他辅助设施，如激活违章车辆摄像系统、自动控制栏杆等。

全自动收费方式不仅自动判断车型，还可以采集到有关车辆和车主的诸多信息，使收费方式变得非常灵活。

2. ETC 系统

ETC 系统属于全自动收费方式，是国际上正在努力开发并推广普及的一种用于公路、桥梁和隧道的新型电子自动收费技术。它在车载电子标签与微波天线之间采用专用短程通信（Dedicated Short Range Communication，DSRC）技术，在不需要司机停车和其他收费人员采取任何操作的情况下，自动完成收费处理全过程。不停车、无须人、无现金是 ETC 系统的三大特点。

3. ETC 系统的关键技术

ETC 系统的关键技术主要集中在以下几方面。

① 车辆自动识别（Automatic Vehicle Identification，AVI）技术。主要由车载设备和路边设备组成，两者通过 DSRC 技术完成路边设备对车载设备信息的一次读写，即完成收付费交易所必须的信息交换过程。

② 自动车型分类（Automatic Vehicle Classification，AVC）技术。在 ETC 车道安装车型传感器测定和判断车型，以便按照车型进行收费。

③ DSRC 技术。车载单元 OBU（On-Board Units）采用 DSRC 技术，建立与路侧单元 RSU（Road Side Unit）之间的微波通信链路。

④ 违章车辆抓拍系统（Video Enforcement Systems，VES）。主要由数码相机、图像传输设备、车辆牌照自动识别系统等组成。对不安装 OBU 的车辆用数码相机实时抓拍，并传输到收费中心，通过 AVI 技术识别违章车辆，并实施费用的补收手续。

9.4.2 ETC 系统构成

ETC 系统主要由车辆自动识别系统、中心管理系统和其他辅助设施等组成。其中，与 RFID 技术紧密相关的车辆自动识别系统又包括 OBU、RSU 及 DSRC 三部分。

1. OBU

OBU 又称车载设备或电子标签，一般安装于车辆前面的挡风玻璃上并通过 DSRC 与 RSU 进行通信。OBU 中存储车辆识别信息，在 ETC 系统中，车辆高速通过 RSU 的时候，OBU 和 RSU 之间利用微波通信，识别车辆合法性并获得车型、费用等信息，自动扣除费用。

车载电子标签有多种不同的分类方式。根据供电方式可以分为有源和无源方式，有源方式的有效距离远，一般可达 30～100 m，缺点是受电池工作时间限制；无源方式的电子标签体积小安装方便，缺点是有效距离短，一般通信距离在 10 m 以内。

车载电子标签根据通信方式可以分为主动式和被动式，主动式电子标签一定含有电源，自身具备发射能力，通信距离较远；被动式电子标签既可以是有源的，也可以是无源的，通信距离较近。

车载电子标签根据读写方式可以分为只读型和读写型，只读型电子标签的内容只能被读出，而不可被修改或写入，较多地应用于桥梁、隧道环境下按通过次数记费的开放式收费系统。读写型电子标签的内容既可被读出，也可被写入或修改，适合按里程计费的封闭式收费系统。

车载电子标签根据电子标签结构可分为单片式与双片式，单片式电子标签不支持 IC 卡操作，它由一片存有车辆属性（标识码等）的集成电路芯片和一个小型微波发射机组成。属性数据只能一次性写入，不能更改；双片式电子标签支持 IC 卡操作，它由一张 IC 卡和车载微波收发机组成。IC 卡中含有一微型 CPU 或专用集成电路，具有一定的计算、处理和存储数据能力。因此它比单片式电子标签的功能要多，不但可作为电子标签使用，而且可充当信用卡和金融卡。作为电子标签使用时，IC 卡要插入车载机，由车载机完成电子标签与路侧设备之间的双向通信。

2. RSU

RSU 安装在路侧并通过 DSRC 技术与 OBU 进行通信。RSU 对其覆盖范围内的车载电子标签进行识别，完成对电子标签的识别、认证、加密访问、电子钱包扣款等操作，实现车辆身份识别、费用扣除等功能。

RSU 的基本结构如图 9.21 所示，RSU 主要由控制单元和射频单元两部分组成，控制单元包括电源模块、数字处理模块、SAM（Secure Access Module，安全访问模块）等，射频单元主要包括射频电路、辐射器等。其中电源模块主要完成对电源的处理，包括整流、滤波、稳压，实现系统输入电压到各个模块所需直流电压的转换；数字处理模块主要实现 RSU 的基带信号数字处理和 ETC 应用层协议功能，并提供与车载机的通信接口；SAM 提供必要的安全机制以防止外界对 RSU 所存储或处理的安全数据进行非法攻击；射频电路实现射频锁相环时钟产生，前向信号的调制和功率放大及后向信号的解调和放大；辐射器完成微波信号的接收与发送。

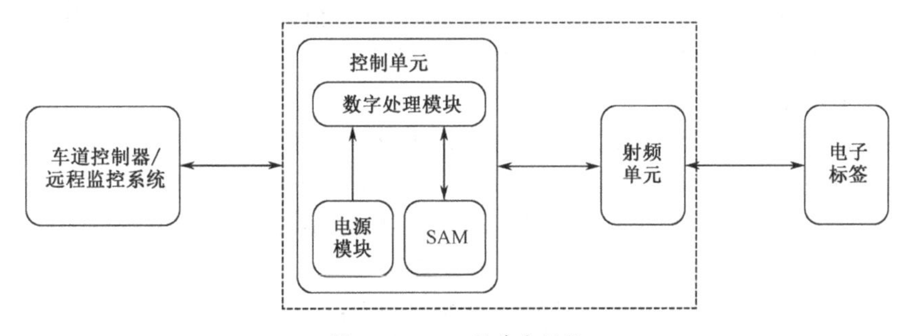

图 9.21　RSU 的基本结构

RSU 通过 DSRC 与 OBU 通信，并通过应用接口与车道控制器或远程监控系统通信。高速公路 ETC 系统的 RSU 中的控制单元和射频单元一般采用两个独立的实体设计。

3. DSRC

DSRC 是一种高效的无线通信技术，它可以实现特定小区域内（通常为数十米）对高速运动下的移动目标的识别和双向通信，如车辆的“车-路”和“车-车”双向通信，实时传输图像、语音和数据信息，将车辆和道路有机连接。DSRC 广泛地应用在不停车收费、出入控制、车队管理、信息服务等方向。

国际上 DSRC 曾有 3 个主要的工作频段：800～900 MHz、2.4 GHz 和 5.8 GHz，我国采用的是 ISO/TC204 国际标准化组织智能运输系统技术委员会的 5.795～5.815 GHz ISM 频段，下行链路的通信速率为 500 kb/s，上行链路的通信速率为 250 kb/s。

DSRC 是 OBU 和 RSU 保持信息交互的通道，参照 OSI 模型，DSRC 制定了逻辑分层结构，分别是物理层、数据链路层和应用层，如图 9.22 所示。

① 物理层。物理层提供媒体信道，规范了传输媒体及其上下行链路的物理特性参数，主要包括载波频率、通信速率等；

② 数据链路层。数据链路层组织物理层的原始比特流传输，定义了帧的具体结构，提供可靠传输、差错控制、流量控制等；

③ 应用层。应用层是在数据链路层提供服务的基础上提供特定的应用服务，如实现通信初始化和释放、广播服务支持、远程应用相关操作等。

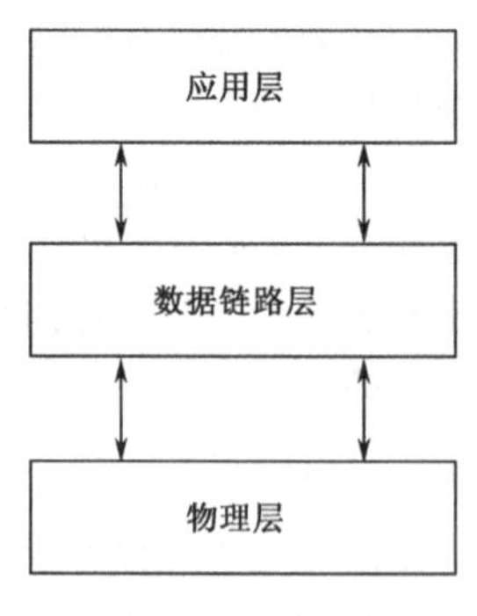

图 9.22 逻辑分层

9.4.3 ETC 系统的优缺点及发展展望

1. ETC 系统的主要优点

使用 ETC 系统，可以以更低的基建投入和运营成本，获得更高的收费站通行能力、更快的通信速度和更便捷的付费服务，提供更好的服务水平。

（1）更高的收费站通行能力

高速公路收费站车道通行能力是指在一定服务水平下，在单位时间内能够通过车道的最多车辆数。与传统的人工收费（Manual Toll Collection，MTC）车道相比，1 条 ETC 车道的通行能力相当于 3～5 条 MTC 车道，大大提高了通行效率。

（2）更好的服务水平

使用 ETC 车道，由于通行能力的提高，通行环境大幅改善，付费服务更加便捷，司机与乘客将会享受更好的驾乘体验。由于车辆拥堵减少，车辆在收费站的排放和造成的环境污染降低。全自动的 ETC 系统数据采集更加全面，提供的运营数据服务也更加准确。

（3）更低的基建投入和运营成本

虽然单条 ETC 车道的建设成本比 MTC 车道高很多，但由于 ETC 车道的通行能力是 MTC 车道的数倍，在同等通行能力的情况下，建设较少的 ETC 车道便可以达到多条 MTC 车道的通行能力。由于在运营的过程中人工成本和维护费用较低，因此 ETC 的运营成本远低于 MTC。

2. 当前 ETC 系统存在的主要问题

当前 ETC 系统存在着一些阻碍其发展普及的问题，涉及技术、运营、管理等方面。

（1）技术方面主要是跟车干扰问题

跟车干扰问题可以分为三种，一是前车无电子标签，后车有电子标签，RSU 与后车交易成功而放行两辆车；二是前车有电子标签，后车无电子标签，前车与 RSU 交易成功后，后车在栏杆没有落下的瞬间尾随前车通过；三是两辆车都有电子标签，但 RSU 仅与其中一辆车交易成功却放行两辆车。

可以采取多种措施解决或缓解跟车干扰问题，如统一电子标签的灵敏度，规范车辆电子标签的安装位置，提高 ETC 车道软件逻辑判断能力，辅助以车牌识别技术等。

（2）运营问题

实际运营中，由于目前多数高速公路收费站都是ETC车道与MTC车道并存，经常会有非ETC车辆误入ETC车道引起车辆拥堵；设有自动栏杆的车道，栏杆的抬起与放下减慢了车辆通行速度；少数车辆还存在恶意旁道插队逃费的现象等。

针对上述问题，可以通过逐步增加ETC车道、交通诱导、车道自由流收费、加大宣传、加强对违规车辆的处罚等方式解决。

（3）管理问题

当前ETC系统已经比较成熟，但在过去的很长一段时间内，ETC的普及率并不高，其中一个重要原因便是管理问题。之前的ETC申办门槛过高，ETC信用卡的申领需要缴纳保证金及设备费用，高速公路的管理各个省（区、市）各自独立，ETC系统之间时常存在兼容问题。

为解决这些管理问题，2019年5月，国务院办公厅印发了《深化收费公路制度改革取消高速公路省界收费站实施方案》，要求加快取消全国高速公路省界收费站，实现不停车快捷收费，力争在2019年年底前基本取消全国高速公路省界收费站，确保在2019年年底前各省（区、市）高速公路入口车辆使用ETC比例达到90%以上，同时实现手机移动支付在MTC车道全覆盖。

另外，为加快现有车辆免费安装ETC车载装置，还将组织发行单位开展互联网发行、预约安装、上门安装等服务。依托商业银行网点以及汽车主机厂、4S店、高速公路服务区和收费站出入口广场等车辆集中场所，增加安装网点，方便公众就近便捷免费安装。

3. ETC系统的发展展望

（1）自由流收费

ETC技术电子标签识别率高、交易安全可靠，目前国内使用栏杆的收费形式无法完全发挥出ETC技术的特点，而无收费站的自由流收费模式效率更高，是我国高速公路收费的发展方向。

自由流收费指的是在行车的过程中不停车、不减速，ETC系统在车辆正常行驶中就完成了收费操作。自由流收费是收费系统应用比较高级的手段，它又可以分为单车道自由流和多车道自由流，多车道自由流甚至可以允许正常行驶的车辆超车和换道，车辆通过天线区域时无须减速。多车道自由流不停车收费车道不设拦截设施、不设人工辅道，在自由流车道数据采集点安装RSU与OBU进行交互，读取电子标签信息，进行安全合法性校验，生成交易记录上传到采集点服务器。对于没有电子标签、黑名单车辆或者无法读取电子标签的车辆，通过抓拍系统进行抓拍，并控制现场设备进行提示、警示。多车道自由流不需要现场人工干预处理，可以做到无人值守。

在ETC用户成为绝对主流、高速公路去现金化收费基本实现、信用体系更加完善等前提下，自由流收费将成为高速公路收费主要技术形态。

（2）ETC应用领域扩展

《深化收费公路制度改革取消高速公路省界收费站实施方案》提出，要在2019年年底前完成ETC车载装置技术标准制定工作，从2020年7月1日起，新申请批准的车型应在选装配置中增加ETC车载装置。为加快ETC推广应用，《深化收费公路制度改革取消高速公路省界收费站实施方案》要求制定加快推进高速公路电子不停车快捷收费应用服务实施方案，鼓励 ETC 在停车场等涉车场所应用。

随着 ETC 的普及和标准制定，除了高速公路收费，ETC 在其他涉车场所的应用将越来越普及。

（3）ETC 与其他新技术相结合

ETC 应主动拥抱各类新技术，如移动支付技术、电子车牌技术、高清视频识别和地图信息技术、北斗高精度定位技术等，做好融合发展，使 ETC 识别准确率更高、交易速度更快，进一步焕发出 ETC 技术新的生命力。

（4）ETC 助力车联网、物联网的发展

车联网技术的发展为 ETC 扮演更重要角色提供了可能。未来车载智能电子标签可以具备移动通信（4G、5G）能力，在满足 ETC 自由流收费的同时，丰富车与路、车与人、车与车之间的信息交互内容，为将来过渡到车路协同技术，提前构建起完整的“智能电子标签+智能路侧设备+云端信息服务平台”的基础框架。

9.5 EAS 系统简介

随着生活水平的提高，生活节奏的加快，开架自选超市为顾客提供了方便快捷的购物方式，越来越受到顾客的欢迎。超市的大量涌现一方面给顾客带来极大的方便，使商家的服务质量和经济效益显著提高，同时商品失窃的风险也大大增加。电子商品防盗（Electronic Article Surveillance，EAS）系统，是目前大型零售行业为防止商品失窃而广泛采用的安全措施之一。

9.5.1 EAS 系统概述

1. EAS 系统组成

EAS 系统主要由检测器、电子标签和解码器/开锁器三部分组成。

（1）检测器

检测器一般为超市出入口或收银通道处的检测系统装置。在收到顾客为购买某商品应付的正确款项后，收银员就可以通过对粘贴在商品上的标签进行解码，授权该商品合法地离开某指定区域。而未经解码的商品在经过检测器装置（多为门状）时，会触发报警，从而提醒收银人员、顾客和商场保安人员及时处理。

（2）电子标签

电子标签分为软标签和硬标签，软标签成本较低，直接粘附在较“硬”商品上，软标签不可重复使用；硬标签一次性成本较软标签高，但可以重复使用。硬标签须配备专门的开锁器，多用于服装类柔软的、易穿透的物品。

EAS 系统中使用的电子标签的数据量通常是 1 位，电子标签只有 1 和 0 两种状态。检测器检测电子标签后只能发出两种状态，分别是“在检测器工作区有电子标签”和“在检测器工作区没有电子标签”。1 位电子标签不需要芯片，可以采用射频法、微波法、分频法、智能型、电磁法和声磁法等多种方法进行工作。

（3）解码器/开锁器

解码器是使软标签失效的装置。解码器多为非接触式设备，有一定的解码高度，当收银员收银或装袋时，软标签无须接触消磁区域即可解码。也有将解码器和激光条码扫描器合成到一起的设备，做到商品收款和解码一次性完成，方便收银员的工作，此种方式则需要和激光条码供应商相配合，排除二者间的相互干扰，提高解码灵敏度。

开锁器是快速、方便、简单地将各种硬标签取下的装置。

2. EAS 系统的性能指标

衡量 EAS 系统性能的重要指标是检测率和误报率。

（1）检测率

检测率是指 EAS 系统检测天线在设计安装宽度内对一定大小尺寸的标签的检测能力。检测天线的场分布并不均匀，不同原理的 EAS 系统检测率也有差异，正常系统的检测率应在 85%以上。

（2）误报率

误报率是检测天线在正常使用情况下，在单位时间内因受到环境或非防盗标签物体的影响而产生的误报警次数。在日常现实生活中往往能找到与防盗标签相类似物理特性的物体，当该物体在经过检测天线时，就会不可避免地产生误报警。

9.5.2 射频法 EAS 系统

1. 射频法 EAS 系统工作原理

如图 9.23 所示，射频法 EAS 系统一般由发射器和接收器两部分组成。其基本原理是利用发射天线将某一频率的交变磁场发射出去，在发射天线和接收天线之间形成一个扫描区，而在其接收范围内利用接收天线将交变磁场接收还原，再利用电磁波的共振原理来搜寻特定范围内是否有有效标签存在，当该区域内出现有效标签即触发报警。

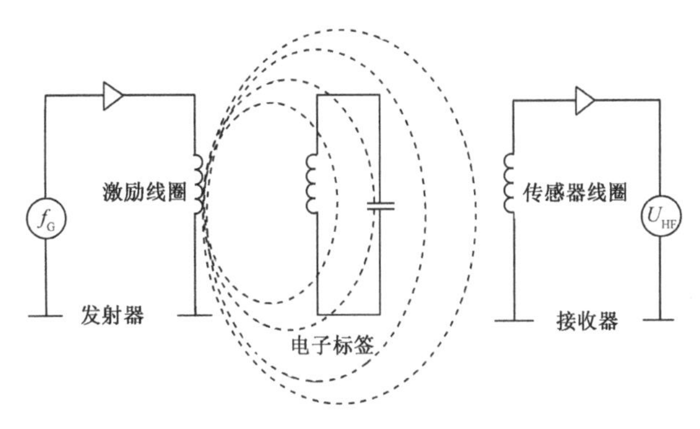

图 9.23 射频法 EAS 系统工作原理

电子标签采用 LC 振荡电路进行工作，LC 振荡电路将频率调谐到某一振荡频率上。当扫描区检测器产生的交变磁场频率与电子标签的谐振频率相同时，电子标签的振荡电路产生谐振，同时振荡电路中的电流对外部的交变磁场产生反作用，并导致交变磁场振幅减小。检测器如果检测到交变磁场减小，就将报警。当电子标签使用完毕后，用解码器将电子标签销毁。

2. 射频法 EAS 系统抗干扰性能

射频法 EAS 系统受金属屏蔽影响严重，这是射频法 EAS 系统在实际使用中表现的主要局限之一。当大块金属进入系统的检测区域，或者金属购物车、购物篮经过时，里面的商品即使有有效标签，有时也会因为屏蔽而不产生报警。

射频场周围环境中还稳定存在有大量杂乱的通信信号，包括 WLAN、通信基站信号、电台信号等，以及一些移动通信设备如手机、对讲机信号。这些通信信号被系统接收后同样会大大影响系统对电子标签的识别能力。可以通过提升系统灵敏度、增加软/硬件滤波、改善自适应算法等方式提高射频法 EAS 系统的抗干扰性能。

习题 9

9-1 目前，RFID 的工作频率主要有哪些？各频段有何特点？主要适用于何种场合？

9-2 RFID 读写器常用的对外接口方式有哪些？

9-3 某读卡器读到的射频卡卡号为 02A5DE633BH，如果用 Wiegand26 输出该卡号的右边 3 个字节，试写出要输出的 26 位二进制位串，并指出 DATA1 数据线上输出的负脉冲个数。

9-4 磁卡的磁条上一般有几条磁道？每条磁道记录的数据有何特点？

9-5 ABA 传输使用的三条通信线名称是什么？如何传输数据？

9-6 电子脚环感应踏板在赛鸽竞翔运动中的作用是什么？可以采用什么办法克服多个感应踏板各磁场之间的干扰问题？

9-7 什么是 ETC 系统？ETC 系统的关键技术有哪些？

9-8 什么是 EAS 系统？说明 EAS 系统的组成和工作原理。

第 10 章　RFID 中间件与系统测试

RFID 中间件位于读写器和系统应用软件之间，是 RFID 系统架构中的重要组成部分。系统测试是 RFID 相关工作的重要一环，在实际应用前对 RFID 系统和应用环境进行测试，可以降低 RFID 系统实际运行时发生故障的概率，有助于促进整个 RFID 产业链的形成和发展。本章将就 RFID 中间件与系统测试做简要介绍。

10.1　RFID 中间件概述

RFID 中间件就是在系统应用软件和 RFID 信息采集系统之间数据流入和数据流出的软件，是连接 RFID 读写器与系统应用软件的纽带，扮演着二者之间的中介角色。通过使用 RFID 中间件，即使存储 RFID 电子标签信息的数据库软件或读写器发生变化，应用程序本身也不需修改而是交由 RFID 中间件去处理，省去多对多连接的维护复杂性问题。

10.1.1　RFID 软件分类

软件是 RFID 系统的重要组成部分，根据在 RFID 系统中所处位置及功能的不同，RFID 系统中的软件可以分为以下 4 类。

1. 前端软件

前端软件是直接与电子标签交互的软件，包括读写器中的软件、设备驱动软件、接口软件等。前端软件的主要功能如下。

① 读/写功能。能够从电子标签中读取数据及将数据写入电子标签。

② 防冲突功能。当有多个电子标签同时进入读写器的天线磁场时，能够依次识别出每一个电子标签并与之交互信息数据。

③ 安全功能。采用加密、认证等措施确保电子标签和读写器双向数据通信的安全。

④ 检错纠错功能。采用保障数据完整性的措施，使电子标签与读写器之间交换的数据正确无误。

2. 中间件

中间件位于前端软件和后端软件之间，将从前端软件采集的信息向后端软件传递与分发，也将后端软件的命令和数据发送给前端。中间件是本章将要重点讨论的内容。

3. 后端软件

后端软件处理通过中间件上传的前端软件采集的数据信息，实现对信息的管理和系统的实际应用。后端软件的主要功能如下。

① 电子标签信息管理。例如在物流系统中，将电子标签的序列号存入数据库中，通过各种表格实现电子标签序列号和每个物品的序号、产品名称、型号规格、芯片内记录的详细

信息等相对应，并完成数据库信息的实时更新。

② 数据分析和储存。对整个系统内的数据进行统计分析，生成相关报表，对分析得到的结果进行存储、管理和备份。

③ 实现与前端软件的通信。通过中间件将应用系统软件的命令传送到前端软件。

④ 其他功能。例如应用系统参数设置、系统用户信息和权限的管理、系统运行日志、报警日志的生成与管理等。

4. 其他软件

其他软件指为RFID系统服务的外围软件或辅助软件等，其他软件主要包括以下几类。

① 开发平台。用来开发RFID前端软件、中间件和后端软件的软件。

② 测试软件。用来对系统的整体或部分功能进行测试，例如可以编写一个模拟读写器软件测试中间件与后端软件的通信情况。

③ 评估软件。用来对整个系统的硬件和软件性能进行评估，有时和测试软件合二为一，称为测试评估软件。

④ 演示软件。用来向目标用户演示模块或系统功能的软件。例如读写器的开发厂家通常配有该读写器的演示软件，可以展示读写器的读写功能、通信协议等。

⑤ 仿真软件。用计算机软件模拟RFID系统中的组成模块或工作环境要素，通过模拟实验来研究已经存在的或正在设计中的RFID系统。

10.1.2 RFID中间件的基本概念

1. 中间件的基本概念

中间件是基础软件中的一大类，属于可复用软件的范畴。中间件处于平台（硬件和操作系统）与用户的应用软件之间。中间件在操作系统、网络和数据库的上层，在应用软件的下层，总的作用是为处于其上层的应用软件提供运行与开发的环境，帮助用户灵活、高效地开发和集成复杂的应用软件。中间件是一类软件，而非一种软件，中间件是基于分布式处理的软件，最突出的特点是其网络通信功能。

2. RFID中间件的基本概念

RFID中间件是负责将原始的RFID数据转换为一种面向业务领域的结构化数据形式并发送到系统应用软件中供其使用，同时负责多类型读写器的即插即用、多设备间协同的软件，是连接读写器和系统应用软件的纽带。RFID 中间件的主要任务是在将数据送往系统应用软件之前进行标签数据校对、读写器协调、数据传送、数据存储和业务处理等。

目前，RFID中间件的代表产品主要有IBM的WebSphere RFID Device Infrastructure和WebSphere RFID Premises Server，BEA的WebLogic RFID Edge Server、WebLogic RFID Compliance Express和WebLogic RFID Enterprise Server，Oracle的Sensor Edge Server，Sybase的RFID Anywhere 2.1，微软的BizTalk RFID，Sun公司的Java System RFID Software等。

3. RFID中间件的使用

为了实现RFID系统各组成部分之间的整合，优化业务流程，提高产品与服务的核心竞争力，RFID 系统的应用框架应当是一个灵活的架构，结合实际应用的需求，对其中的各部分进行定制与调整。RFID 中间件的使用并不是必须的，使用 RFID 中间件与实际 RFID 系统的结构、大小、安全性要求等因素有关，可以分为以下几种情况讨论。

（1）简单的信息采集与处理系统

如图 10.1 所示，简单的信息采集与处理系统仅由电子标签、读写器和后端应用系统构成。读写器通过外部接口直接与后端应用系统通信，不使用 RFID 中间件。此类应用系统架构的特点是结构简单、成本较低、安装方便；后端应用系统的功能较为单一，主要是对所识别的信息进行记录，或者与读写器之间只是进行简单的命令交互。例如门禁管理系统，后端应用系统的功能通常只是读取门禁控制器的内部记录，或者向门禁控制器写入黑名单或白名单；例如射频卡小额充值系统，后端应用系统通过串行口或 USB 直接与单一的读写器通信，实现小额充值等。这两类 RFID 系统通常都不必使用 RFID 中间件。

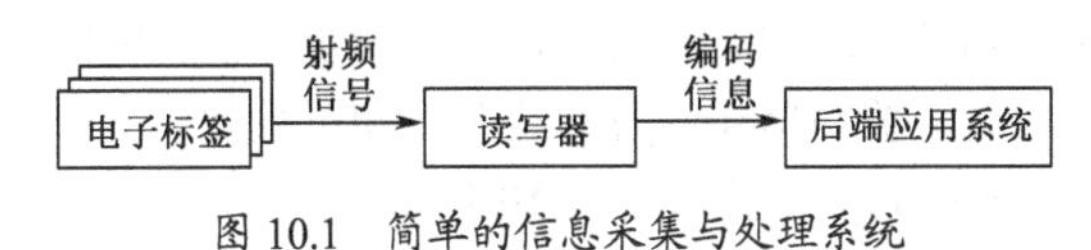

图 10.1　简单的信息采集与处理系统

（2）企业内 RFID 应用系统

以企业内 RFID 应用系统为例讨论复杂的 RFID 应用场景。如图 10.2 所示，企业希望通过 RFID 技术实现对企业的生产物料及产品的跟踪和管理。在这种场景和需求下，简单的信息采集与处理系统将面临一些挑战。

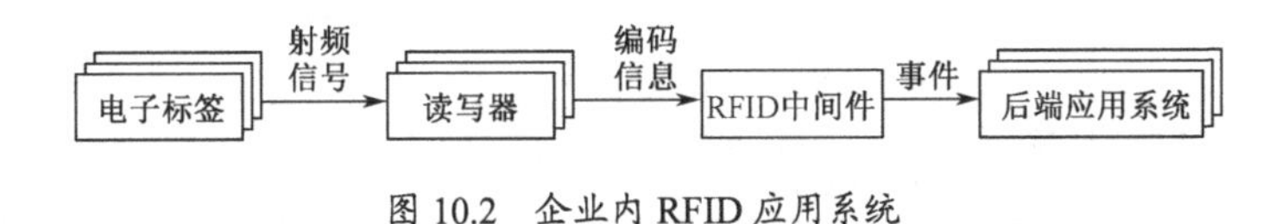

图 10.2　企业内 RFID 应用系统

一方面，企业各生产部门选用的 RFID 系统前端软件的电子标签和读写器的型号可能不同，而所产生的 RFID 编码数据量较大，为少量读写器定制开发处理的软件的可扩展性有限；另一方面，为节约重新开发和重新培训的成本，企业开发的 RFID 后端应用系统需要与已经部署的管理信息系统有效集成。为此，有必要在 RFID 系统中引入 RFID 中间件，即在前端软件和后端应用系统之间增加一个中间层，构成企业内 RFID 应用系统。

企业内 RFID 应用系统的核心组件是 RFID 中间件。在与前端软件交互方面，RFID 中间件对所有读写器进行统一管理，屏蔽不同读写器之间的协议差异，过滤 RFID 电子标签数据；在与后端应用系统交互方面，RFID 中间件从大量的 RFID 电子标签数据中提取出对后端应用系统有意义的信息，通过多种集成方法与企业资源计划系统（ERP）、供应链管理系统（SCM）等实现系统集成。

（3）企业间 RFID 应用系统

企业间 RFID 应用系统是更为复杂的 RFID 应用场景，如图 10.3 所示。在全球化物流采购的背景下，企业期望通过 RFID 技术获得生产物料及产品的具体信息，而这些信息存储在公共的 RFID 信息服务或者合作企业的信息系统中。在这种需求下，需要对企业内 RFID 应用系统进行扩展，以支持 RFID 电子标签的跨企业、跨行业的信息查询与交互，构成企业间 RFID 应用系统。

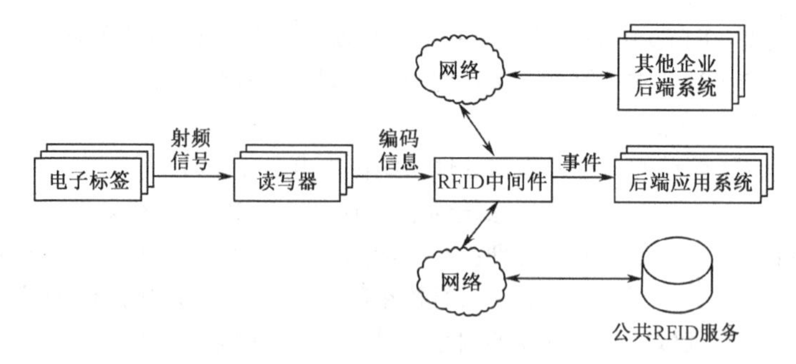

图 10.3　企业间 RFID 应用系统

企业间 RFID 应用系统需要开放的公共 RFID 服务的支持，公共 RFID 服务的范围甚至可以扩展到全球，实现全球物品信息的实时共享，提供对全球供应链网贸易单元即时准确的自动识别和跟踪，提高供应链上贸易单元信息的透明度和可视性。

上述 3 种 RFID 应用系统的对比分析如表 10.1 所示。

表 10.1　三种 RFID 应用系统的对比分析

序号	类型	结构组成	架构特点	应用场景举例
1	简单的信息采集与处理系统	电子标签、读写器与后端应用系统	结构简单，安装方便，程序针对特定场景，效率较高	本地部署的 RFID 应用系统，例如门禁系统
2	企业内 RFID 应用系统	电子标签、读写器，RFID 中间件，后端应用系统	支持与多种 RFID 前端和多种企业应用系统的集成	企业内闭环 RFID 应用系统，例如基于 RFID 的仓储管理
3	企业间 RFID 应用系统	电子标签、读写器，RFID 中间件，后端应用系统，公共 RFID 服务等	支持与不同企业应用系统和公共 RFID 服务的集成	企业间开环 RFID 应用系统，例如基于公共 RFID 服务的物资跟踪管理

4. RFID 中间件的分类

目前市场上出现的 RFID 中间件可以分成非独立的中间件和独立的通用中间件两大类。

（1）非独立的中间件

非独立的中间件将 RFID 技术纳入现有中间件的软件体系中，RFID 作为系统中的可选子项。这种在现有中间件基础上开发 RFID 模块的方式，优点是开发工作量小，技术成熟度高，而且集成度好；缺点是整个中间件较为庞大，即使仅需要中间件的功能，也要买下整个软件，价格高，不利于中小企业中低成本、轻量级的应用。

（2）独立的通用中间件

独立的通用中间件具有独立性，不依赖于其他软件系统，各模块都是由组件构成的，根据不同的需要进行软件重构，灵活性高，能够满足各种行业应用要求。独立的通用中间件优点是使得 RFID 中间件是轻量级的，价格较低，便于中小企业低成本快速集成；缺点是开发工作量较大，自成体系，技术仍处于走向成熟的过程中。

5. RFID 中间件的特征

一般来说，RFID 中间件具有以下特征。

（1）独立于架构

RFID 中间件是 RFID 架构中的独立组成部分，介于 RFID 读写器和后台应用系统之间，可以同时连接多个读写器，并为多个后台应用系统服务。

（2）数据流

数据处理是 RFID 中间件最重要的功能，RFID 中间件具有数据的收集、过滤、整合与传递等特性，以便将正确的对象信息传递到后台应用系统。在 RFID 读写器获取大量的突发数据流或者连续的电子标签数据时，需要取出重复数据，过滤垃圾数据，或者按照预定的数据采集规则对数据进行校验并提取可能的警告信息。

（3）过程流

过程流指数据的前后顺序，RFID 中间件采用程序逻辑及存储转发等功能提供有顺序的数据流，具有数据排序与管理的能力。

（4）支持多种编码标准

目前，国际上的许多机构和组织提出了多种编码方式，尚未形成统一的 RFID 标准编码体系，RFID 中间件应具有支持多种编码标准并进行数据整合与集成的能力。

（5）状态监控

RFID 中间件还具备监控连接到系统中的 RFID 读写器的状态等功能并可以自动向应用系统汇报。状态监控功能非常重要，分布在多地的 RFID 应用系统，通过视觉或人工方式监控读写器的工作状态是不现实的。设想在一个大型仓库中，多个不同地点的 RFID 读写器自动采集系统信息，如果某台读写器状态错误或连接中断，那么在这种情况下，及时准确的汇报将能快速定位出错位置。在理想情况下，RFID 中间件还能监控读写器以外的其他设备，如系统中同时应用的条码读写器或智能电子标签打印机等。

（6）安全功能

在 RFID 中间件中配置安全模块，可以实现网络防火墙的功能，保障数据的安全性和完整性。

6. 使用 RFID 中间件的优点

（1）降低开发难度

企业使用 RFID 中间件进行二次开发时，可以减轻开发人员的负担，使其可以不用关心复杂的 RFID 应用系统，而集中精力在自己擅长的业务开发中。

（2）缩短开发周期

基础软件的开发是一件耗时的工作，特别是 RFID 方面的开发，它有别于常见应用软件的开发，仅靠单纯的软件技术不能解决所有问题，还需要一定的硬件、射频等基础支持。使用成熟的 RFID 中间件，可大大缩短开发周期。

（3）规避开发风险

任何软件系统的开发都存在一定的风险，因此，选择成熟的 RFID 中间件，可以在一定程度上规避开发风险。

（4）节省开发费用

使用成熟的 RFID 中间件，可以节省大量的二次开发费用。

（5）提高开发质量

成熟的 RFID 中间件在接口方面都是清晰和规范的，规范化的模块可以有效地保证应用系统质量及减少新旧系统的维护。

10.1.3 RFID 中间件的层次结构

由于实际应用千变万化，所以 RFID 中间件的层次结构也各不相同，常见的分层方法有按网络框架分层和按数据流分层。

1. 按网络框架分层

如图 10.4 所示，根据网络框架结构，RFID 中间件可以分为边缘层与业务集成层两个逻辑层次。

（1）边缘层

边缘层与实际的读写器相关，位置靠近读写器，主要负责过滤和消减海量 RFID 数据、处理 RFID 复杂事件，这样可以防止大量无用数据涌入系统，同时负责读写器的接入与管理。

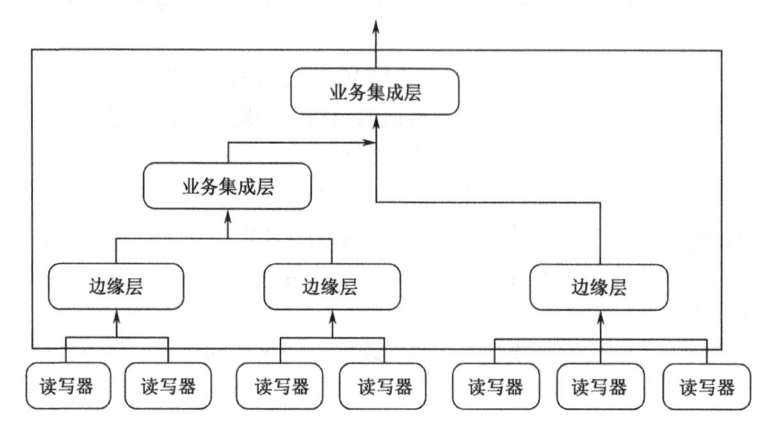

图 10.4　RFID 中间件按网络框架分层

（2）业务集成层

业务集成层与实际的读写器设备无关，它是对边缘层采集的数据进行处理并与应用系统衔接的部分，位于边缘层之上。业务集成层收集从边缘层传递过来的 RFID 数据和事件，根据事件驱动业务流程，并对 RFID 数据信息进行进一步处理，提供多种方式与上层的应用系统进行交互、集成。

2. 按数据流分层

RFID 中间件按数据流分层可分为三层次，自底向上依次为数据采集层、事件处理层和信息发布层，如图 10.5 所示。

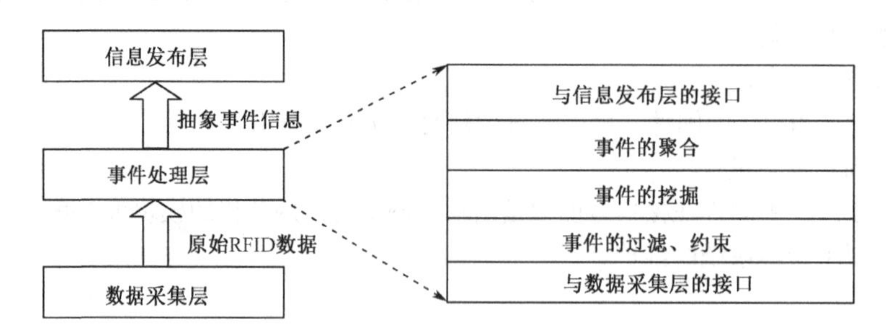

图 10.5　RFID 中间件按数据流分层

（1）数据采集层

数据采集层负责采集电子标签信息，为整个系统提供精确的实时数据。整个系统的可用性、可靠性等都以此为基础。数据采集层主要有读写器的管理、大规模读写器间的协调、异构读写器网络的管理等功能。

（2）事件处理层

事件处理层负责处理来自数据采集层的事件和数据，是RFID中间件的核心。RFID事件处理以形式化方法（formal methods）、数据挖掘、神经网络、传感网络、复杂事件处理等理论为基础。事件处理层减少数据冗余、压缩事件规模并为上层商业应用提供语义信息，有效地解决了原始数据规模大和原始数据包含的语义信息少两个问题。图10.6所示为RFID中间件事件处理过程示意图。

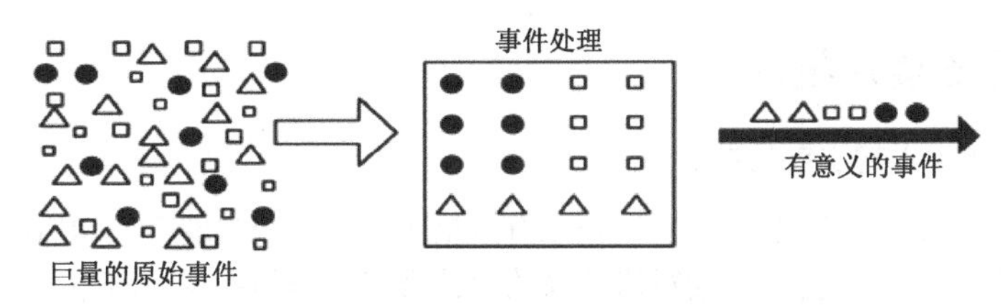

图10.6　RFID中间件事件处理过程示意图

① 事件描述。事件是指示某种行为的信息，包括系统产生的消息、系统状态的改变、任务的开始和结束等。事件在形式上类似于消息，二者都包含数据，其不同之处在于事件直接指示某些行为的发生。事件根据角度不同有多种分类方法。根据事件语义的聚合程度不同，事件可以分为简单事件和复杂事件；从分层的角度划分，事件又可分为底层事件和高层事件，底层事件是系统产生的实际事件（actual event），高层事件是由用户自定义的从低层事件映射而成的复杂事件（虚拟事件）。从系统响应的角度来划分，事件可以分为常规事件、异常事件等。

② 事件过滤。事件过滤是指在巨量的原始事件中发现有意义的事件，过滤冗余的、无关的数据，其目标在于减少事件的数量。在RFID事件过滤方面，尚无成熟的过滤规则或标准可以遵循。尽管商业逻辑不同，但过滤都可归结为一些特定操作，如分组、计数、冗余删除、区分等。

③ 事件挖掘。事件挖掘是指基于事件之间的时间、空间和因果关系及事件的属性信息，利用形式化的模式语言，实时地从大规模事件集合中提取模式的过程。这个过程所发现的模式是事件聚合的基础。事件挖掘是数据挖掘在复杂事件处理研究领域的延伸。

④ 事件聚合。事件聚合是指由匹配某种模式的事件子集生成符合相应输出模式的高层事件的过程。该事件通常具有更丰富的语义信息，更易于被应用程序所理解和使用。

⑤ 事件响应。事件响应是由事件聚合产生的高层事件，触发用户预设的动作或行为，为反应式应用与主动式应用提供良好的支持。

⑥ 事件存储。事件存储是为了更高效地处理大批量事件数据，减少数据处理中对后台数据库的频繁操作和因存储、查询所带来的数据在网络中的来回传输。其中，内存数据库的研究是当前热点，内存数据库采用不同的缓存策略，使得RFID系统在把数据提交到磁盘存储之前可以将其写入RAM，其效率是传统操作效率的几百倍甚至几千倍。

（3）信息发布层

信息发布层负责处理来自事件处理层的抽象事件信息，对其进行存储、传送和发布等处理以服务用户。从事件处理层传递来的RFID信息流，不同的应用对其有不同的计算需求，如在物流领域用于定位与追踪，在安全领域用于身份识别，在终端客户领域用于物品防伪等。但是不同的应用都有信息存储、信息包的路由、信息发布、访问控制、安全认证等共性需求，这些共性需求可抽取出来作为支撑不同应用的基础设施。这些基础设施就构成了整个信息发布层。

10.2 RFID中间件的关键技术

尽管不同RFID中间件体系架构、功能容量各不相同，但实现某些特定模块功能的技术是相通的，这些技术包括设备接入技术、设备监控技术、应用层事件规范、面向服务的体系结构等。

10.2.1 设备接入技术

1. 设备接入技术的主要功能

一个构建良好的RFID系统，应当采取有效措施管理系统中现有的RFID读写器，同时在实际应用过程中还经常会发生读写器数量的更改及读写器的更换等问题，因此RFID中间件设备接入技术应能满足以下要求。

① 对原有RFID读写器的发现和重新配置。

② 新读写器的自动配置。当有新的读写器要加入网络中时必须能够发现这些新的读写器，能够将新的读写器加入现有系统中，而不需要针对每一个读写器进行手工的干预。

③ 当系统中读写器出现问题时，底层系统还应该动态地对读写器进行重新配置，从而完成对读写器简单故障的恢复。

2. 读写器的唯一标识

RFID中间件边缘层需要同时管理多个用来完成不同目标的读写器，所以每个读写器作为单一的个体，必须用唯一的名字、序列号、IP地址等为之进行命名。

通过每个读写器的唯一标识，可以找到相应的读写器，对读写器ID、读写器类型、位置号、IP地址、IP端口号、串口号、波特率等各项参数进行设定。

3. 物理读写器与逻辑读写器

如果读写器的唯一标识与实际的读写器一一对应，这种读写器称为物理读写器。使用物理读写器的系统与硬件设备关联性紧密，在硬件设备改变时，相应的标识就必须做出改变。而多数时候，上层软件系统并不关心执行这一功能的是哪一个具体的读写器，它关心的是接收到的事件是来自指定位置的电子标签数据。

为了避免上述问题，可以通过使用逻辑读写器以降低系统与硬件设备的关联性。逻辑读写器是客户端用来使用一个或多个读写器完成单一的逻辑目的的抽象名字。

一个逻辑读写器是一个名字，用它来代替一个或多个原始的电子标签数据事件源。来自一个逻辑读写器的一个事件周期集合了所有指定的关联到此逻辑读写器的物理读写器读到的数据。

类似计算机网络中IP地址与MAC地址的映射，逻辑读写器也需要映射到实际的物理读写器。映射的方法可以是一个逻辑读写器一对一地直接映射到一个物理读写器，也可能是一个逻辑读写器映射到多于一个的物理读写器上。

10.2.2 设备监控技术

RFID 中间件的另一个重要功能是对接入系统的读写器工作状态进行监视与诊断。RFID 中间件应该能够对所接入的读写器进行动态的管理与监控，将读写器的工作状态等信息发送给上层系统。同时，RFID 中间件能够向上层系统报告读写器的错误情况或读写器状态的改变，上层系统能够为操作员提供类似仪表盘的工具来查看所有读写器的状态。当需要对问题进行分析时，上层系统能够提供查看读写器以往状态的详细信息的能力。

1. 监控方法

类似计算机系统中 CPU 与外设的通信可以使用轮询或中断的方式，RFID 中间件与读写器的通信也可以采用以下两种方式：轮询或中断。

使用轮询的方式，RFID 中间件依次查询每一个读写器的当前状态，每一个读写器都能被监控到，优点是能发现读写器的各种异常情况，包括读写器的掉线；缺点是轮询将消耗很多的系统资源，信息的实时性较差。

使用中断的方式，是读写器有异常情况需要与上位机通信时，由其自身向上层系统发出中断。中断方式的优点是信息实时性高，系统资源消耗少，缺点是在某些故障情况下，读写器可能已经无力发出中断信号，而上层系统却无法知晓。

2. 监控工作状态

RFID 中间件中的设备监控构件通过对底层读写器的监控可以获得读写器的各种工作状态。读写器的工作状态一般可以分为正常、繁忙和出错三种情况。

读写器正常工作状态表明所有读写器工作正常；繁忙工作状态表明此刻该读写器的工作超出负荷，上层系统可以联合附近其他的读写器分担任务，均衡负荷；出错工作状态表明该读写器工作异常，上层系统会通知用户对该读写器进行检测。

3. 设备协调技术

在实际的 RFID 应用系统中，单个读写器通常是无法满足业务需要的，需要将多个读写器协调工作。不同的读写器采用的设备协调技术也不同。常见的情况可以分为读写器之间支持互联与不支持互联两种。

如果读写器之间支持互联，则在最终数据送往上层系统之前，各读写器间可先自行协调，保证读写器之间负荷均衡、每个读写器的读取率和读取数据的精确度，并能对所读取的数据进行简单的纠错与冗余处理，减轻上层系统中的设备协调构件的工作量。

如果读写器之间不支持互联，则每个读写器只能完成各自独立的功能，上层系统中的设备协调构件通过网口或串行口等方式直接与每个读写器连接，将每个读写器发送的数据合并筛选，过滤重复的数据，保证每个读写器的读取率和读取数据的准确度。

10.2.3 应用层事件规范

应用层事件（Application Level Event，ALE）规范，简称 ALE 规范，于 2005 年 9 月由 EPCglobal 组织正式对外发布。它定义了 RFID 中间件对上层系统应该提供的一组标准接口，不涉及具体实现。在 EPCglobal 组织的规划中，支持 ALE 规范是 RFID 中间件最基本的一个功能，在统一的标准下，应用层上的调用方式就可统一，应用系统也就可以实现快速部署。

1．ALE 产生的背景

RFID 读写器工作时，会不停地读取电子标签，这会造成同一个电子标签在一分钟之内被读取几十次，这些数据如果直接发送给应用系统，将带来很大的资源浪费，因此需要 RFID 中间件对这些原始数据进行依次收集和过滤处理，提供出有意义的信息。

2．ALE 与应用系统的关系

ALE 接收从数据源（一个或多个读写器）中发来的原始电子标签读取信息，然后按照时间间隔等条件累计数据，将重复或不感兴趣的数据剔除过滤，减少原始数据的冗余性，提炼有效的业务逻辑。同时进行计数及组合等操作，最后将这些信息向应用系统进行汇报。

3．ALE 关键概念和技术

（1）事件发生器

事件发生器（Event Originator）是能捕捉 RFID 电子标签的存在或其他来自物理世界的测读记录的任何设备。RFID 读写器和传感器就是一种事件发生器。ALE 规范将物理设备和识读器区分开来。一个识读器可以映射一个物理设备，也可以映射到多个物理设备，还可以多个识读器映射到一个物理设备。在 ALE 规范中，一个物理设备可能是拥有一个或多个天线的 RFID 读写器、一个符合 EPC 规范的条码扫描器或类似设备。

（2）识读周期

一个识读器能以一组频率（或根据要求）扫描 RFID 电子标签或得到其他物理测读记录，每次扫描称为一个识读周期，也称读写周期。识读周期是和读写器交互的最小单位，一个识读周期的结果是一组 EPCs 集合。识读周期的时间长短和具体的天线、RF 协议有关，识读周期的输出就是 ALE 的数据来源。识读周期示例如图 10.7 所示。

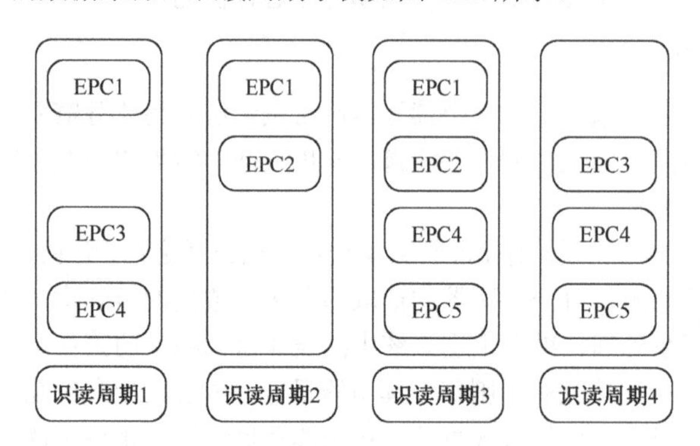

图 10.7　识读周期示例

（3）事件周期

事件周期是客户端使用 ALE 服务进行交互的一个单位，它与识读周期的映射关系有很大的灵活性。事件周期可以是一个或多个识读周期，它是从用户的角度来看待读写器的，可以将一个或多个读写器当作一个整体。事件周期是 ALE 接口和用户交互的最小单位，应用业务逻辑层的客户在 ALE 中定义事件周期之后，就可接收相应的数据报告。

（4）报告

报告则是在事件周期的基础上，由 ALE 向应用层分析提供的数据结果。

4. ALE 规范的主要优点

（1）事件管理标准

为了可以从 RFID 读写器接收、过滤及分组事件，ALE 规范提供了读写器接口。这样，使用兼容 ALE 规范的中间件的应用程序不需要为每个读写器都安装单独的驱动程序，也不需使用每个读写器的专有编程接口。

（2）扩展性

ALE 规范具有高度扩展性。虽然 ALE 规范的目标是处理 EPC 事件源，但它也可以创建一些应用扩展以连接到非 EPC 电子标签或非 RFID 读写器设备的接口上。

（3）接口和实现的分离

ALE 规范在客户端和 RFID 中间件中提供一个接口，把实现细节留给开发人员，即开发人员可以根据技术平台、部署选项、附加特性等来选择实现技术的细节。RFID 中间件使 ALE 规范可以在应用系统的边缘或内部作为一个独立的模块存在，也可以驻留在 RFID 读写器中。

10.2.4 面向服务的体系结构

RFID 技术在企业中大规模应用的关键是与业务过程集成，在多个企业间实时共享 RFID 数据信息，从而能够实现快速决策。将集成了 RFID 技术的业务流程以服务的形式在多个企业间进行协同，并可以从统一的工作环境访问有价值的 RFID 信息，为企业应用系统提供了极大的灵活性和高效性，也使得集成系统具有极强的适应性、扩展性和灵活性。

为满足上述需求，使现存异构系统和应用程序尽可能无缝地进行通信，提出了面向服务的体系结构（Service Oriented Architecture，SOA）的概念。

1. 基本概念

SOA 是一个组件模型，它将应用程序的不同功能单元（称为服务）进行拆分，并通过这些服务之间定义良好的接口和契约联系起来。接口是采用中立的方式进行定义的，它应该独立于实现服务的硬件平台、操作系统和编程语言。这使得构建在各种各样的系统中的服务可以以一种统一和通用的方式进行交互。

由于面向服务，SOA 可以根据需求通过网络对松散耦合的粗粒度应用组件进行分布式部署、组合和使用。服务层是 SOA 的基础，可以直接被应用调用，服务之间的通信不涉及底层编程接口和通信模型。

2. 松耦合体系结构

SOA 的最大特点是采用了松耦合体系结构。松耦合体系结构指服务接口具有中立的定义，没有强制绑定到特定的实现上。松耦合体系结构的好处有两点，一点是它的灵活性，二是当组成整个应用程序的每个服务的内部结构逐渐发生改变时，它能够继续存在。与之相反，紧耦合体系结构意味着应用程序的不同组件之间的接口与其功能和结构是紧密相连的，因而当需要对部分或整个应用程序进行某种形式的更改时，紧耦合体系结构就显得非常脆弱。

松耦合体系结构可以根据不同业务应用程序的需要提供灵活的服务，以适应不断变化的环境。

3. SOA 与 POP 和 OOP

软件设计的早期思想是面向过程（Procedure Oriented Programming，POP），POP 是分析解决问题的步骤，然后用函数把这些步骤一步一步地实现，最后在使用的时候一一调用即可。

面向对象编程（Object Oriented Programming，OOP）是把构成问题的事务分解成各个对象，这些对象描述了某个事物在解决整个问题的过程中所发生的行为。为了实现整体运算，每个对象都能够接收信息、处理数据和向其他对象发送信息。

SOA 是 OOP 的替代模型，而 OOP 的模型是采用紧耦合体系结构的。虽然基于 SOA 的系统并不排除使用 OOP 的设计来构建单个服务，但是其整体设计却是面向服务的。

不同于 OOP 的应用程序体系规范 CORBA（Common Object Request Broker Architecture，通用对象请求代理体系结构）使用接口描述语言（Interface Definition Language，IDL）来描述接口，SOA 使用基于可扩展标记语言（eXtensible Markup Language，XML）的 Web 服务描述语言（Web Services Definition Language，WSDL）来描述接口，构建了更动态且更灵活的接口系统。

使用面向服务的架构思想，设计者只需要通过集成各种服务即可完成系统的构建。通常情况下，面向服务的架构思想主要用于分布式系统的构建，设计者通过特定的数据格式集成一些服务完成系统构建。相比 POP 和 OOP 而言，面向服务的架构思想是粒度最大的，这些特点决定了 SOA 特别适合于 RFID 中间件的编程设计。

10.2.5 Web Service

1. Web Service 的基本概念

Web Service 是构建 SOA 的理想平台。Web Service 是一个平台独立、低耦合、自包含、基于可编程的 Web 应用程序，可使用开放的 XML 标准来描述、发布、发现、协调和配置这些应用程序，用于开发分布式互操作的应用程序。

Web Service 能使运行在不同机器上的不同应用无须借助附加的、专门的第三方软件或硬件，就可相互交换数据或集成。依据 Web Service 开发的应用，无论它们所使用的语言、平台或内部协议是什么，都可以相互交换数据。Web Service 是自描述、自包含的可用网络模块，可以执行具体的业务功能。Web Service 也很容易部署，因为它们基于一些常规的产业标准及已有的一些技术，例如标准通用标记语言下的子集 XML、HTTP。Web Service 减少了应用接口的花费，为整个企业甚至多个组织之间的业务流程的集成提供了一个通用机制。

2. Web Service 的技术支持

Web Service 需要一套协议来实现分布式应用程序的创建。任何平台都有其数据表示方法和类型系统。要实现互操作性，Web Service 必须提供一套标准的类型系统，用于沟通不同平台、编程语言和组件模型中的不同类型系统。目前这些协议主要有以下几种。

（1）XML 和 XSD

可扩展标记语言 XML 是 Web Service 中表示数据的基本格式。除了易于建立和易于分析，XML 的主要优点在于它既与平台无关，又与厂商无关。XML 是由万维网协会创建的，万维网协会制定的 XSD 定义了一套标准的数据类型，并给出了一种语言来扩展这套数据类型。XSD 用来描述一组规则，这些规则定义了 XML 的格式和架构，一个 XML 文件必须遵守这些规则。

Web Service 是用 XSD 来作为数据类型系统的。当用某种语言如 VB. NET 或 C#来构造一个 Web Service 时，为了符合 Web Service 标准，所有使用的数据类型都必须被转换为 XSD 类型。

（2）SOAP

SOAP 即简单对象访问协议，它是用于交换 XML 编码信息的轻量级协议。SOAP 采用了已经广泛使用的两个协议 HTTP 和 XML，其中 HTTP 用于实现 SOAP 的 RPC 风格的传输，而 XML 是它的编码模式，即 SOAP 通信协议使用 HTTP 来发送 XML 格式的信息。

SOAP 协议简单、可扩展，完全和厂商无关，与编程语言和平台无关。SOAP 可以使用任何语言来完成，可以在任何操作系统中无须改动正常运行，可以相对于平台、操作系统、目标模型和编程语言独立实现。

（3）WSDL

Web Service 描述语言 WSDL 就是用机器能阅读的方式提供的一个正式描述文档，文档基于 XML 语言，用于描述 Web Service 及其函数、参数和返回值。因为是基于 XML 的，所以 WSDL 既是机器可阅读的，又是人可阅读的。

（4）UDDI

UDDI（Universal Description Discovery and Integration，通用描述、发现与集成服务）是一种用于描述、发现、集成 Web Service 的技术，它是 Web Service 协议栈的一个重要部分。通过 UDDI，企业可以根据自己的需要动态查找并使用 Web Service，也可以将自己的 Web Service 动态地发布到 UDDI 注册中心，供其他用户使用。

UDDI 的目的是为电子商务建立标准，同时也是 Web Service 集成的一个体系框架。它包含了服务描述与发现的标准规范。UDDI 利用了很多现成标准作为其实现基础，如 XML、DNS 等，在跨平台的设计特性中，UDDI 主要采用了 SOAP。

UDDI 是一个分布式的互联网服务注册机制，它集描述（Universal Description）、检索（Discovery）与集成（Integration）为一体，其核心是注册机制。UDDI 实现了一组可公开访问的接口，通过这些接口，网络服务可以向服务信息库注册其服务信息、服务需求者可以找到分散在世界各地的网络服务。

程序开发人员通过 UDDI 机制查找分布在互联网上的 Web Service，在获取其 WSDL 文件后，就可以在自己的程序中以 SOAP 调用的格式请求相应的服务了。

10.3 RFID 测试与分析技术概述

RFID 已经成为 IT 领域的热点，许多国家都在不遗余力地推广这种技术。尽管 RFID 技术在各行各业中正逐步为人们所认识和重视，但无论 RFID 技术本身还是基于这项技术所衍生的各种应用系统都还存在着尚未解决的问题。

因此，在实际应用前对 RFID 系统和应用环境进行测试，就会降低 RFID 在企业中部署和应用的困难，从而有助于促进整个 RFID 产业链的形成和发展。

10.3.1 RFID 测试的目的与分类

1. RFID 测试的目的

RFID 测试通过模拟应用环境，对国际、国内的 RFID 设备进行功能、性能和环境应用的测试，目的是为企业实施 RFID 技术提供参考依据，为 RFID 产品和方案的设计提供指导，方便 RFID 生产和科研单位加速 RFID 科技成果的转化进程，完善我国已初步形成的 RFID 产业链，推动 RFID 技术、产业和应用的发展。

RFID 测试通过提出 RFID 技术的系列测试方法，建立开放式 RFID 软/硬件产品和应用的联合测试平台，制定系列 RFID 软/硬件产品测试标准与规范，形成 RFID 技术的测试标准体系，满足 RFID 技术测试、应用测试等公共服务需求。

2. RFID 测试的分类

RFID 测试是应用的技术保障。按照测试的对象和目的不同，RFID 测试可以分为 RFID 技术测试和 RFID 应用测试。

（1）RFID 技术测试

RFID 技术测试主要测试 RFID 产品的功能、性能、可靠性等，包括硬件和软件测试，具体又分为读写器、电子标签、中间件和应用系统软件的测试。

（2）RFID 应用测试

RFID 应用测试主要是在具体应用环境中所进行的测试。通过测试，可以检验和校核应用方案的可行性，降低应用项目的实施风险。

10.3.2 RFID 测试技术现状和发展趋势

1. 国外 RFID 测试研究工作现状

国外的企业界和政府机构充分认识到 RFID 测试的重要意义，纷纷涉足这一领域，如 IBM、SUN、英飞凌等厂商都建立了测试实验室，针对自己的产品进行性能测试；日本产品化工作进展较快，已推出的技术和产品均通过了测试；韩国也提出建设测试床计划（Test-bed Building Plan），该计划于 2005 年启动，目标是建成 RFID 综合测试中心。

目前，国际标准化组织 ISO 已经制定了识别卡及自动识别方面的相关测试方法的标准，主要以 ISO/IEC18046-1 和 ISO/IEC18046-2 标准为主，面向的对象是 RFID 设备性能测试方法；ISO/IEC18047 是针对 ISO/IEC18000 空中接口协议所进行的标准符合性测试方法的标准，目前已针对各个不同频段的空中接口，制订了相应的符合性测试方法。

2. 国内 RFID 测试研究工作现状

在 RFID 产品与系统测试领域，国内最完备的是非接触式卡（HF RFID）的测试与验证。目前已经建立了一批权威的测试机构，并且已经形成了较为完善的测试流程和规范。

在用于物品标识的电子标签性能测试和标准验证方面，国内起步较晚，目前主要分散在产品的生产厂家，测试不够系统，而且缺乏统一的测试环境，一般都是针对某一个具体应用项目而进行的。

目前，国内外对于测试技术方面的工作主要是从对产品的认证和评测的角度开展的，其特点是搭建理想化或典型化的 RFID 应用场景，对各种产品和数据标准进行测试和评估。

工业和信息化部成立的电子标签标准工作组也已开展 RFID 标准的研究工作，一些大学和科研机构，如中国科学院自动化研究所、上海复旦大学、中国标准化技术研究所、电子工业标准化研究所等相关机构开展了 RFID 应用评测中心的建设工作。

3. RFID 测试技术发展趋势

RFID 系统中的关键技术趋于成熟，功能性的实现已经没有难点，而在实际应用中的性能表现对 RFID 系统有较大的影响，因此 RFID 测试技术越来越重视性能测试。例如电子标签所附物品的介质不同引起的对射频信号的影响、多个电子标签同时读取时的碰撞等，这些问题不是某项技术攻关就能解决的，而是要在大量的测试基础上对 RFID 系统进行协调和验证。

RFID 测试技术将以自动化、集成化的测试系统为主要发展方向，在自动测试系统的平台下进行集成测试。针对 RFID 行业内存在的标准不统一等问题，测试系统可灵活扩展和开放组合。针对复杂的应用环境，测试系统也能很好的模拟仿真测试环境，得出精确的测试报告。在标准不断完善的过程中，测试系统也在以标准为基础做出相应的改进，满足标准提出的新的、更高的测试要求。

10.4 RFID 技术测试

RFID 技术测试主要是对组成 RFID 系统的产品进行的测试。由于 RFID 系统的应用环境大多比较复杂，尤其在一些如潮湿、高低温、油污等传统条码无法胜任的场合，必须保证 RFID 设备的工作可靠性，因此对 RFID 设备进行技术测试是非常必要的。

10.4.1 RFID 技术测试的主要内容

RFID 技术测试的主要内容包括对 RFID 设备的标准符合性测试、可互操作性测试、性能测试、RFID 产品的物理特性测试和质量验证等方面。

1. 标准符合性测试

标准符合性测试是测试 RFID 产品是否符合某项国内或国际标准（如 ISO18000 标准）。比如读写器功能测试，包括读写器的调制方式测试、解调方式测试、编码解码方式测试、指令测试等；电子标签功能测试，包括电子标签调制解调方式和返回时间测试、反应时间测试、返回准确率测试、返回速率测试、命令测试等。

2. 可互操作性测试

可互操作性测试是测试待测设备与其他设备之间的协同工作能力。例如，待测品牌的读写器对其他电子标签的读写能力，待测品牌的电子标签在其他读写器的有效工作距离范围内的读写特性，待测品牌的读写器读取其他读写器写入电子标签的数据等。测试又可分为单读写器对单电子标签，单读写器对多电子标签，多读写器对单电子标签，多读写器对多电子标签等不同的方式。

3. 性能测试

性能测试用于测试 RFID 产品的性能，以读写器和电子标签的性能测试为例，包括静态测试和动态测试，以及无干扰情况下的测试和有干扰情况下的测试等。

（1）电子标签测试

电子标签测试包括工作距离测试、天线方向性测试、最小工作场强测试、返回信号强度测试、抗噪声测试、频带宽度测试，各种环境下电子标签读取率测试、读取速度测试等。

（2）读写器测试

读写器测试包括读写器灵敏度测试、发射频谱测试、天线磁场强度测试等。

（3）RFID 系统测试

RFID 系统测试包括电子标签和读写器，通过改变电子标签的移动速度、附着材质、数量、环境、方向、操作数据，以及多电子标签的空间组合方案等，测试在不同参数下的系统通信距离、通信速率等性能。

4. RFID 产品物理测试和质量验证

RFID 产品的物理特性测试和质量验证，针对电子标签、读写器、天线、模块等 RFID 系统中的关键产品的技术指标进行质量验证与测试，主要包括以下内容。

① 电磁兼容性（EMC）。一方面，RFID 设备在正常运行过程中对所在环境产生的电磁骚扰不能超过一定的限值；另一方面，RFID 设备对所在环境中存在的电磁骚扰具有一定程度的抗扰度。

② 环境试验参数，包括高温、低温、腐蚀等环境条件下的测试。

③ 电气安全参数，如抗电强度试验、电源适应能力试验等。

④ 电子标签的特殊技术指标测试。

⑤ 读写器的特殊技术指标测试。

10.4.2 RFID 技术测试的环境

RFID 技术测试需要满足一定条件的外部环境，主要包括硬件环境和软件环境。这些软件和硬件环境不仅用于 RFID 技术测试中，也用于 RFID 应用测试中。

1. RFID 技术测试的硬件环境

RFID 技术测试中测试平台需要的硬件环境包括以下主要方面。

（1）测试场地

由于被测 RFID 系统类型和性能参数不同，其读取范围也从几厘米到几十米、上百米不等。这就要求针对不同 RFID 系统的测试，需要选择不同大小的测试场地。

（2）基本设备

基本设备包括用于放置电子标签的货箱、托盘、叉车、集装箱等。由于电子标签应用广泛，在实际使用过程中可能被设置在各种材料和规格的物品上，因此在测试阶段就应考虑到这一点，从实际应用出发，全面分析各种情况。

（3）数据采集设备

数据采集设备包括用于采集环境数据的温度计、湿度计、场强仪、测速仪等。有许多环境因素会对测试结果产生较大影响，测试过程中需要对这些环境因素进行实时的监控和调节。

（4）数据分析设备

数据分析设备用来对测试数据进行全面分析，找出其中的规律从而得出测试结论。常用的分析设备包括频谱分析仪、电子计算机及相关数据库、数据分析软件等，数据分析设备和软件是产品测试报告中最重要的数据来源和依据。

除上述设备之外，在部分 RFID 技术测试过程中还可能需要用到特殊设备，如要研究产品在无干扰环境下的表现就需要对外界信号进行屏蔽，这就需要屏蔽室或电波暗室。

2. RFID 技术测试常用仪器

RFID 技术测试常用的仪器包括频谱分析仪、信号发生器、示波器、场强仪、测速仪等。

（1）频谱分析仪

频谱分析仪用来研究射频信号的频谱结构，用于信号失真度、调制度、谱纯度、频率稳定度和交调失真等信号参数的测量，可用来测量 RFID 设备中放大器和滤波器等电路系统的某些参数。频谱分析仪如图 10.8 所示。

（2）信号发生器

信号发生器能提供各种频率、波形和电平的输出电信号。信号发生器在 RFID 技术测试中可用来模拟读写器或电子标签，还可以用来产生各种类型的干扰信号。信号发生器如图 10.9 所示。

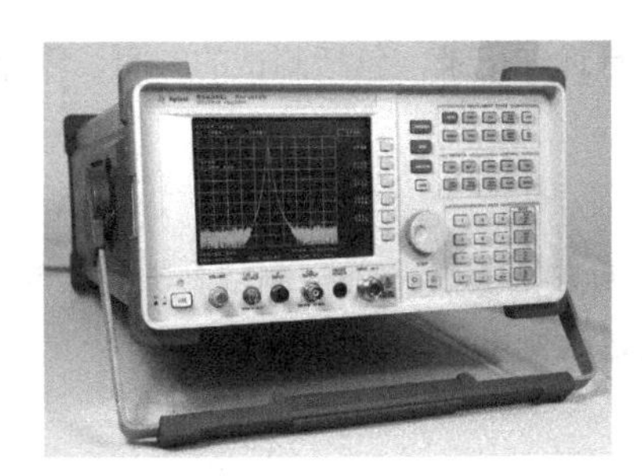

图 10.8　频谱分析仪

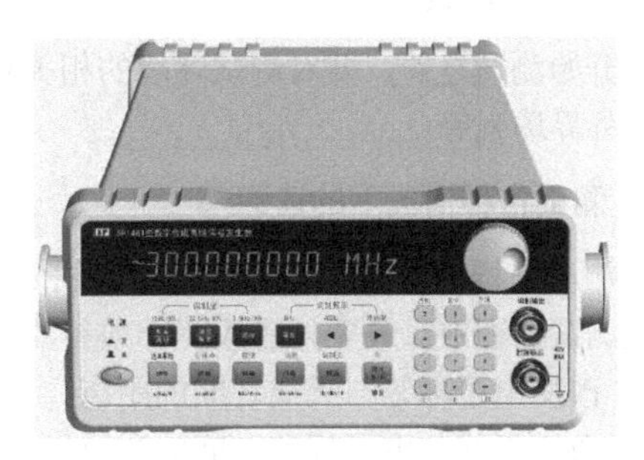

图 10.9　信号发生器

（3）示波器

示波器能把各种信号变换成看得见的图像，在 RFID 技术测试过程中便于观察各种不同信号幅度随时间变化的波形曲线，测试电压、电流、频率、相位差、调制度等。

（4）场强仪

场强仪可以用来测量读写器、信号发生器等设备天线产生的射频场强度。

（5）测速仪

在进行可移动 RFID 技术测试时，需要使用测速仪测量物品移动的速度。例如 ETC 系统中安装了 OBU 的车辆速度，流水线上粘贴了电子标签的货品移动速度等。

3. RFID 技术测试的软件环境

根据使用的测试设备和测试场景不同，RFID 技术测试可以使用多种软件辅助进行测试分析。例如使用 Lab Window/CVI 图形化交互式 C 语言开发平台辅助编程，使用 MATLAB 和 Simulink 对系统进行仿真测试，利用各种数据库软件存储和分析测试数据等。

10.4.3　RFID 技术测试的步骤

RFID 技术测试的过程不是自由的，对于不同产品的测试报告，其可比性是建立在相同的测试条件和测试程序基础上的。因此，应该有一套测试规范来控制整个测试过程。

根据被测对象及其指标的不同，RFID 的各种技术测试又有所差异。测试步骤的制定首先从实际应用出发，根据影响被测对象的因素逐一进行测试，如速度、介质、环境、电子标签方向、干扰等。通过这样的测试，才能了解产品在实际应用过程中的表现，从中得出有用的结论，指导产品的使用。以下以电子标签读取率的测试流程为例加以说明。

1. 布置测试环境

选择一个合适的测试场地，首先应该尽量减少外界干扰，如附近不能有向外发射电磁信号的设备，避免在测试场地布置与测试无关的金属物品，因为金属制品对天线发出的信号会产生较大影响。

布置测试用的电子标签、货箱及读写器，不同测试所使用的货箱材料不同。在当前的物流行业中，金属、塑料、木质和纸质货箱应用最为广泛，这几种货箱对读取率的影响各不相同。在同一次测试中，应保证货箱材料的统一，特别是对不同厂家生产的电子标签和读写器进行测试时，最好使用相同的货箱，并保证放置位置和外界环境的一致性。

2. 记录环境数据

在开始测试之前，要对测试环境的相关数据进行详细记录，包括测试的时间、环境的温湿度、外界场强等。

3. 测试各种情况下的读取率

在测试过程中，改变电子标签与天线之间的各种相对参数，分别测试其读取率并记录。在每次测试过程中，最多只能改变一项参数。常通过改变以下参数进行测试。

① 改变电子标签与天线之间的距离。

② 改变天线与电子标签之间的方位。

③ 改变电子标签本身的角度。

④ 改变天线与电子标签之间的遮挡物。

⑤ 改变天线与电子标签之间的电磁干扰。

以上各种情况下都要保证足够的测试次数，如每种情况测试 500 次，然后取均值来表示读取率，以降低某些特殊情况对测试结果造成的影响。

4. 分析测试数据

测试所得到的数据，可以输入计算机，使用相关软件对其进行分析，或转换为图表使结果更加形象直观。多次测试的结果还可以汇总起来，得到被测对象的全面特性。对这些数据和图表进行分析、归纳和总结，可以得到被测指标的众多因素中，哪些是主要的，哪些影响相对小一些。这对于进一步改善产品性能、指导产品应用是十分重要的。

10.5 RFID 应用测试

企业或 RFID 系统集成商在进行 RFID 系统现场实施之前，需要对所制定的 RFID 系统方案进行测试，校核方案的可行性，降低 RFID 项目的实施风险。有别于对 RFID 电子标签、读写器、天线、中间件等产品进行的技术测试不同，这是一种应用测试，是在接近实际应用环境的场景下，对 RFID 的实施方案进行测试。RFID 的系统实施者可以根据测试结果不断修改和完善方案，并积累 RFID 项目实施经验，尽可能减少在企业现场实施时出现问题的可能性。

10.5.1 RFID 应用测试的主要内容

RFID 应用系统测试还处于初期的探索研究阶段，主要内容包括以下部分。

（1）RFID 应用中不同材质对电磁信号的影响及其解决方法

主要是对应用环境中各种介质的影响进行测试，例如应用环境中的金属、塑料、玻璃、水等，测试指标包括射频信号强度、损耗、匹配频率、方向特性、读取范围等，给出不同材质对射频信号所产生影响的测试分析报告。

（2）RFID 应用流程与解决方案的测试验证

针对系统设计的应用流程与解决方案进行测试，验证流程与方案的合理性，及早发现问题并提出问题的解决方案。

（3）RFID 设备部署方案的测试验证

测试 RFID 设备部署方案的合理性及可用性。对 RFID 设备部署方案进行系统化分析和建模，对各设备之间的有线或无线通信性能指标进行综合评估和仿真。

（4）RFID 系统架构的测试验证

利用模型化、图形化的方法对系统的硬件架构、软件架构进行测试验证，分析和评估各项指标是否满足实际应用需求。

（5）各种受控环境参数对应用系统的影响测试

测试和分析各种 RFID 应用场景的受控物理特性和环境参数、不同环境特性如温度、湿度、电磁干扰等对 RFID 应用系统性能的影响。

（6）RFID 应用系统无线网络测试

RFID 在复杂工业环境中应用或企业实施跨区域、跨网络 RFID 应用时，将会遇到很多组网问题。通过测试 RFID 与无线网络系统，测试多层次异构通信系统的通信性能，为具有不同服务质量（Quality of Service，QoS）要求的各种无线通信业务提供灵活、可靠、及时的接入服务。

10.5.2 RFID 应用测试的一般方法

RFID 系统复杂的硬件体系结构和系统架构以及数据的海量性都对应用系统测试提出了挑战，为此常采用虚拟测试与实际测试相结合的办法。常见的虚拟测试主要是仿真测试，而典型场景测试则是重要的实际测试方法。

1. 仿真测试

进行仿真测试，首先通过对 RFID 设备部署方案和系统架构的分析，确定主要性能指标和约束，如无线覆盖约束、信号干扰约束、RFID 性能指标等；然后对 RFID 设备和网络实体进行抽象，建立其面向对象的组件模型，进而构建 RFID 设备部署和系统架构仿真测试平台。

仿真测试平台使用图形化组态软件，提供虚拟读写器、电子标签、TCP/IP 连接等各种组件，生成 RFID 设备部署方案和系统架构，通过内置的 RFID 协议、无线组网和网络仿真功能，测试 RFID 设备部署方案的可行性，主要从 RFID 性能和约束两方面进行分析。在虚拟测试的基础上，对关键性能节点再进行场景实际测试，以保证测试结果的可信度。

仿真测试平台包括读写器、天线、电子标签及组网节点的仿真模型、图形化设备部署组态界面的开发、虚拟 RFID 环境的开发、RFID 仿真协议的开发、RFID 与传感器网络、无线网络的仿真开发等。仿真测试的基本步骤如下。

① 采用电子标签建模工具，对电子标签单独建模，分析电子标签的各种属性（如回波损耗、方向性等），选择部分最优设计待用。

② 对读写器和天线建模，分析读写器和天线的各种属性（读取范围、最快响应时间等），选择部分最优设计待用。

③ 建立 RFID 应用环境的仿真，通过测试和经验数据给出该环境下多种材质的电磁反射与吸收情况，给出应用所能使用的部分最佳布局。

④ 使用第③步所选择的布局在应用环境中部署第①、②步所选择的读写器、天线和定义电子标签的参数、运动方向、速度、数量等。

⑤ 建立网络模型和通信协议，使得设备与设备之间、设备与业务逻辑模块之间、业务逻辑模块与上层应用系统之间交互，完成对整个应用的仿真。

⑥ 对仿真结果进行分析，评价该应用模型的性能、效果、可能产生的瓶颈，得出测试结果。

2. 典型场景测试

典型测试场景是建设可模拟现场应用的物理测试环境，对 RFID 进行接近实际运行条件的测试。客观性、可控性、可重构、灵活性是建设典型场景的关键需求，配置先进的测试仪器和辅助设备可在一定程度上保证测试结果的客观性。通过配置温湿度控制器可以实现对温度、湿度的控制；通过配置速度可调的传送带，可以模拟实现物体移动速度对电子标签读取率的影响；通过配置各种信号发生器、无线设备、可产生可控的电磁干扰信号，检查无线网络和 RFID 设备协同工作的有效性。

典型测试场景通常由多个单元组成，各测试单元可灵活组合，动态的实现多种测试场景。常见的典型测试场景包括如下单元。

（1）门禁单元

门禁单元由 RFID 读写器、可调整天线位置的门架等组成，可模拟物流的进库、出库、人员进出控制等场景。

（2）传送带综合测试单元

传送带综合测试单元由可调速传送带、传送带附属天线架、天线架屏蔽罩、配套控制软件系统等组成，可模拟生产领域的流水线，邮政的邮包分拣等所有涉及传送带的应用场景。

（3）机械手测试单元

机械手测试单元主要由多自由度机械手组成，在机械手上粘贴电子标签可模拟各种电子标签在一定空间范围内的移动。

（4）高速测试单元

高速测试单元主要由高速滑车组成，用于测试高速运动电子标签的读取性能，可模拟高速公路上的不停车收费系统等应用。

（5）复杂网络测试单元

复杂网络测试单元主要由服务器、路由器、无线 AP 等网络设备组成。通过这些设备的不同组合和配置，可模拟多种网络环境，以验证实际网络是否可以承受 RFID 的海量数据。

（6）智能货架测试单元

智能货架测试单元主要由货架、RFID 设备、智能终端等组成，可测试仓库中货物的定位技术，零售业商品的自动补货、智能导购系统等。

（7）集装箱货柜测试单元

集装箱货柜测试单元由温湿度可调的集装箱、传感器、GPRS、智能终端等组成，用于测试供应链可视化系统，模拟监测陆运、海运过程中运用 RFID 技术对集装箱内货物的监控。

习题 10

10-1　RFID 系统相关的软件主要有哪几类?

10-2　什么是 RFID 中间件？其主要任务是什么?

10-3　从网络框架上来看，RFID 中间件可以分为哪几层？每层的主要功能是什么?

10-4　ALE 的主要作用是什么？RFID 中间件中构建 SOA 的理想平台是什么?

10-5　RFID 技术测试的主要内容有哪些?

10-6　RFID 测试中的常用测试仪器有哪些?

10-7　RFID 应用测试的主要内容有哪些?

附录A　本书采用的缩写

缩写	英文全称	中文含义
ABA	American Bankers Association	美国银行家协会
AES	Advanced Encryption Standard	高级加密标准
AFC	Automatic Frequency Control	自动频率控制
AFE	Analog Front End	模拟前端
AFI	Application Family Identifier	应用族标识符
AGV	Automatic Guided Vehicle	自动导引车
AI	Artificial Intelligence	人工智能
AID	Application Identifier	应用标识符
AIM	Automatic Identification Manufacturers Global	自动识别制造商协会
ALE	Application Level Event	应用层事件
AMS	Asset Management System	资产管理系统
API	Application Programming Interface	应用程序编程接口
ASIC	Application Specific Integrated Circuit	专用集成电路
ASK	Amplitude Shift Keying	幅移键控
ATQA	Answer To Request of Type A	对 Type A 请求的应答
ATQB	Answer To Request of Type B	对 Type B 请求的应答
AVC	Automatic Vehicle Classification	自动车型分类
AVI	Automatic Vehicle Identification	车辆自动识别
Balun	Balanced to unbalanced transformer	巴伦（平衡不平衡变换器）
BCC	Block Check Character	块校验码
BJT	Bipolar Junction Transistor	双极结型晶体管
BOR	Brown-Out Reset	欠压复位
BPF	Band-Pass Filter	带通滤波器
BPSK	Binary Phase Shift Keying	二进制相移键控
CDMA	Code Division Multiple Access	码分多路法

CID	Card Identifier	卡识别符
CORBA	Common Object Request Broker Architecture	通用对象请求代理体系结构
COS	Chip Operating System	片内操作系统
CRM	Custom Relation Manager	客户关系管理系统
DES	Data Encryption Standard	数据加密标准
DNS	Domain Name System	域名系统
DR	Dynamic Range	动态范围
DSRC	Dedicated Short Range Communication	专用短程通信
DSFID	Data Storage Family IDentifier	数据存储格式标识符
EAN	European Article Number	欧洲商品编号
EAS	Electronic Article Surveillance	电子商品防盗
ECC	Error Correction Code	纠错码
EGT	Extra Guard Time	额外保护时间
EIA	Electronic Industries Association	电子工业协会
EMC	Electro Magnetic Compatibility	电磁兼容性
EPC	Electronic Product Code	电子产品代码
EPCIS	Electronic Product Code Information Service	电子产品代码信息服务
EPP	Enhanced Parallel Port	增强型并行端口
ERP	Enterprise Resource Planning	企业资源计划
etu	elementary time unit	位元时间
ETC	Electronic Toll Collection	电子不停车收费
FDMA	Frequency Division Multiple Access	频分多路法
FDX	Full DupleX	全双工
FET	Field Effect Transistor	场效应管
FHSS	Frequency Hopping Spread Spectrum	跳频扩频
FSK	Frequency Shift Keying	频移键控
FWI	Frame Waiting time Integer	帧等待时间整数
GF	Galois Field	伽罗华域，有限域
GFSK	Gauss Frequency Shift Keying	高斯频移键控
HDX	Half DupleX	半双工
HF	High Frequency	高频

IATA	International Air	
	Transportation Association	国际航空运输协会
ICC	Integrated Circuit Card	集成电路卡
IDL	Interface Definition Language	接口描述语言
IEC	International Electrotechnical Commission	国际电工技术委员会
IP	Internet Protocol	网际互连协议
	Third-order Intercept Point	三阶截止点
ISBN	International Standard Book Number	国际标准书号
ISSN	International Standard Serial Number	国际标准连续出版物编号
ISM	Industrial Scientific Medical	ISM 频段
ISO	International Organization	
	for Standardization	国际标准化组织
ISP	In-System Programming	在系统编程
ITF	Interrogator Talks First	查询器先讲
ITU-R	International Telecommunication	国际电信联盟无线电通信组
	Union-Radio communication sector	
JAN	Japanese Article Number	日本条码
LF	Low Frequency	低频
LMS	Logistics Management System	物流管理系统
LNA	Low Noise Amplifier	低噪声放大器
LPF	Low-Pass Filter	低通滤波器
LRC	Longitudinal Redundancy Check	纵向冗余校验
MAC	Message Authentication Code	消息认证码
MCU	Microcontroller Unit	微控制单元
MIMO	Multi-Input & Multi-Output	多输入多输出
NAD	Node Address	节点地址
NAK	Negative AcKnowledge	否定应答
NFC	Near Field Communication	近场通信
NIST	National Institute of Standards	
	and Technology	美国国家标准与技术研究院
NUID	Non-Unique ID	不唯一序列号

NVB	Number of Valid Bits	有效位数量
NVM	Non-Volatile Memory	非易失性存储器
OBU	On-Board Unit	车载单元
OMS	Order Management System	订单管理系统
ONS	Object Numbering System	对象命名解析系统
OOK	On-Off Keying	开/关键控
OOP	Object Oriented Programming	面向对象编程
OSI	Open System Interconnection	开放式系统互联
OTP	One Time Programmable	一次性可编程
PAN	Personal Area Network	个域网
PCD	Proximity Coupling Device	近耦合设备
PICC	Proximity Integrated Circuit Card	近耦合集成电路卡
PIE	Pulse Interval Encoding	脉冲间隔编码
PKI	Public Key Infrastructure	公钥基础设施
PML	Physical Markup Language	物理标识语言
POP	Procedure Oriented Programming	面向过程编程
PPM	Pulse Position Modulation	脉冲位置编码
PR-ASK	Phase Reverse Amplitude Shift Keying	相位反转幅移键控
PSK	Phase Shift Key	相移键控
PUPI	Pseudo-Unique PICC Identifier	伪唯一 PICC 标识符
QoS	Quality of Service	服务质量
REQA	Request Command Type A	A 类卡请求命令
REQB	Request Command Type B	B 类卡请求命令
RF	Radio Frequency	射频
RFC	Radio Frequency Choke	射频扼流圈
RFID	Radio Frequency Identification	射频识别
RPC	Remote Procedure Call	远程过程调用
RSU	Road Side Unit	路侧单元
RTF	Reader Talk First	读写器先讲
SAM	Secure Access Module	安全访问模块
SCM	Supply Chain Management	供应链管理系统

SDMA	Space Division Multiple Access	空分多路
SIG	bluetooth Special Interest Group	蓝牙技术联盟
SOA	Service Oriented Architecture	面向服务的体系结构
SOAP	Simple Object Access Protocol	简单对象访问协议
SOC	System on Chip	片上系统
SRD	Short Range Device	短距离设备
SWR	Standing Wave Ratio	驻波比
TCXO	Temperature Compensated Crystal Oscillator	温度补偿晶体振荡器
TDMA	Time Division Multiple Access	时分多路
TID	Tag IDentifier	标签识别符
TS	Time Slot	时隙
TTF	Tag Talk First	标签先讲
UCC	Uniform Code Council	美国统一物品编码委员会
UDDI	Universal Description Discovery and Integration	通用描述、发现与集成服务
UHF	Ultra High Frequency	超高频
UID	Unique Identifier	唯一识别码
	Ubiquitous ID Center	泛在识别中心
UII	Unique Item Identifier	唯一项目识别码
UPC	Universal Product Code	通用产品代码
USB	Universal Serial Bus	通用串行总线
V2X	Vehicle to Everything	车与外界信息交换
VCD	Vicinity Coupling Device	疏耦合设备
VCO	Voltage Controlled Oscillator	压控振荡器
VES	Video Enforcement Systems	违章车辆抓拍系统
VICC	Vicinity Integrated Circuit Card	疏耦合卡
VPN	Virtual Private Network	虚拟专用网
VSWR	Voltage Standing Wave Ratio	电压驻波比
WMS	Warehouse Management System	仓库管理系统
WSDL	Web Services Definition Language	Web 服务描述语言
XML	eXtensible Markup Language	可扩展标记语言

参考资料

[1] 许毅，陈建军. RFID 原理与应用[M]. 北京：清华大学出版社，2013.

[2] 黄玉兰. 物联网射频识别（RFID）技术与应用[M]. 北京：人民邮电出版社，2013.

[3] 单承赣，单玉峰，姚磊. 射频识别（RFID）原理与应用[M]. 北京：电子工业出版社，2008.

[4] 黄玉兰. 射频电路理论与设计[M]. 北京：人民邮电出版社，2014.

[5] 马海武，毛力. 通信原理[M]. 北京：北京邮电大学出版社，2012.

[6] 潘春伟，罗明华. 125kHz 赛鸽电子脚环感应踏板设计[J]. 电子技术应用，2011, 37 (11):37-39.

[7] 潘春伟，罗明华，姚庆梅. 具有防复制卡功能的 ID 卡读卡器设计与实现[J]. 物联网技术，2015(2):34-36.

[8] 张建文，王怀平. 125kHz 低频 RFID 读写器设计[J]. 软件工程师，2011, 17 (4):52-54.

[9] 马欢，张涛. 基于 CLRC632 的射频读写器的 RFID 系统设计[J]. 现代电子技术，2012, 35 (6):155-157.

[10] 王赜坤. 基于多协议的射频识别读写器设计[J]. 信息技术，2014 (5):43-45.

[11] 陈文浩，朱义胜，张广璐. 宠物管理系统中 RFID 读卡器设计[J]. 现代电子技术，2008 (12):61-62.

[12] 张建军，包国峰，马一兵. 基于 ISO 11784/5 的动物识别标签设计[J]. 单片机与嵌入式系统应用，2008 (12):49-52.

[13] 邓毅华. ISO 18000-6 RFID 读写器设计[J]. 微计算机信息，2009(32):7-9.

[14] 王明磊. 基于 MSP430F2012 和 IA4420 的主动式 RFID 标签设计[J]. 电子产品世界，2006(11):92-93.

[15] 李鹰，李倩，朱建红等. RFID 系统测试标准体系研究[J]. 电子产品可靠性与环境试验，2010, 28(2):43-47.

[16] 马倩，时良平，周立宏. ISO18000-6C 标准的防碰撞算法研究[J]. 计算机应用，2008, 28(12):341-343.

[17] ISO/IEC 14443:2008 Identification cards-Contactless integrated circuit(s) cards – Proximity cards[S].

[18] ISO/IEC 15693:2019 Cards and security devices for personal identification – Contactless vicinity objects[S].

[19] ISO/IEC 18000-6:2010 Parameters for air interface communications at 860 MHz to 960 MHz[S].